中国轻工业"十四五"规划立项教材

高等学校食品科学与工程类专业教材

功能性食品学

肖功年　楚秉泉　主编

中国轻工业出版社

图书在版编目（CIP）数据

功能性食品学／肖功年，楚秉泉主编. -- 北京：
中国轻工业出版社，2024. 9. -- ISBN 978-7-5184
-5052-7

Ⅰ. TS218

中国国家版本馆 CIP 数据核字第 2024V2E882 号

责任编辑：马　妍　　责任终审：劳国强
文字编辑：赵萌萌　　责任校对：朱燕春　　封面设计：锋尚设计
策划编辑：马　妍　　版式设计：砚祥志远　　责任监印：张　可

出版发行：中国轻工业出版社（北京鲁谷东街 5 号，邮编：100040）
印　　刷：三河市万龙印装有限公司
经　　销：各地新华书店
版　　次：2024 年 9 月第 1 版第 1 次印刷
开　　本：787×1092　1/16　印张：21.25
字　　数：540 千字
书　　号：ISBN 978-7-5184-5052-7　定价：55.00 元
邮购电话：010-85119873
发行电话：010-85119832　010-85119912
网　　址：http://www.chlip.com.cn
Email：club@ chlip.com.cn

本书编写委员会

主　编　肖功年　浙江科技大学
　　　　楚秉泉　浙江科技大学

副主编　陈秋平　浙江万里学院
　　　　张　慧　浙江科技大学

参　编（按姓氏笔画排序）
　　　　方若思　浙江科技大学
　　　　石　萌　湖南农业大学
　　　　刘少莉　浙江科技大学
　　　　许韩山　杭州余杭区质量技术监测中心
　　　　孙金才　浙江药科职业大学
　　　　李　玲　浙江科技大学
　　　　李归浦　贝因美（杭州）食品研究院有限公司
　　　　李脉泉　湖南农业大学
　　　　杨胜利　浙江工业大学
　　　　吴红宇　杭州千岛湖康诺邦健康产品有限公司
　　　　何光华　浙江科技大学
　　　　宋恭帅　浙江科技大学
　　　　张佳凤　杭州市食品药品检验研究院
　　　　罗自生　浙江大学
　　　　周琛媛　浙江经贸职业技术学院
　　　　赵广生　杭州新希望双峰乳业有限公司
　　　　施　笑　贝因美（杭州）食品研究院有限公司
　　　　姜　荷　杭州市食品药品检验研究院
　　　　骆冬莹　杭州新希望双峰乳业有限公司
　　　　袁海娜　浙江科技大学
　　　　袁婷兰　浙江科技大学
　　　　钱　锋　浙江省健康产品与化妆品行业协会
　　　　倪伟红　杭州市食品药品检验研究院
　　　　龚金炎　浙江科技大学
　　　　龚显月　杭州千岛湖妙品食品有限公司
　　　　程坤伟　优鲜工坊（浙江）食品有限公司
　　　　潘　虹　浙江省食品工业协会
　　　　魏培莲　浙江科技大学

在新消费的浪潮中，功能性食品是品类创新的热门赛道。无论是对中国人餐饮食物的补充、优化还是替代，功能性食品都在很大程度上重构现代人的食品种类。功能性食品可为健康人群预防性地补充营养素，也可为生理功能异常人群促进康复进程。《"健康中国 2030"规划纲要》等重要文件的印发，标志着国家对大健康产业的政策支持。同时，民众不断增强的自我健康意识和人口老龄化的到来，也预示着中国大健康产业时代的来临。社会日新月异，产品形态也增添了许多新的变化，除口服液、胶囊、泡腾片、咀嚼片外，增加了软糖、乳品、冰淇淋等，这些差异化在消费者的眼里感知极为强烈，大量技术驱动的创新得到应用，用甜味剂减少糖分，人造肉替代红肉，生物活性肽得到广泛应用，人参、红枣、薏米等传统保健食材的新吃法也层出不穷。所以有必要编撰一本《功能性食品学》教材，为企业开发相关的功能性产品抛砖引玉。

功能性食品学是一门以食品科学为核心，与营养学、医学、药学等结合、交叉的应用性课程。该课程使学生正确认识功能性食品，掌握功能性因子的获取、分类、功能、应用以及对亚健康状态甚至某些疾病的预防机制，能用所学知识进行功能性食品的开发或对现有功能性食品改良。本教材系统全面地介绍功能性食品概述、功能性食品对人类健康的贡献、功能性食品的现状与发展趋势等，阐述功能性糖类、蛋白质、脂类、维生素等功能性食品原料的理论基础，介绍清除自由基的功能特性产品及一系列特殊人群的功能性产品，编写针对功能性食品的评价方法和加工技术。

本教材兼顾理论性和实用性，可提升学生或读者对于功能性食品的认识，让"寓医于食""食疗养生"等理念深入人心，能够自主设计如尿酸高、血糖高、胆固醇高等潜在疾病人群的膳食模式。本教材目的是让学生掌握功能性食品的特点、性能及加工技术等理论知识，从而实现功能性食品的开发、功能性食品的选择等实用性作用。为此我们组织了生物学、微生物学、食品化学、食品加工和质量管理等相关领域的专家，尤其是国内大型企业的资深工程师来参与编写。本书可作为高等学校食品科学与工程、食品质量与安全等相关专业的本科生、研究生教材，或高等职业教育相关专业教材。教材中引入具体功能性产品特性与开发，也可供从事食品新产品研发、生产、加工、贸易以及质量管理人员参考。

全书由浙江科技大学、浙江大学、浙江工业大学、湖南农业大学、浙江药科职业大学、浙江万里学院、浙江经贸职业技术学院、杭州市食品药品检验研究院、杭州余杭区质量技术监测中心和贝因美（杭州）食品研究院有限公司、杭州新希望双峰乳业有限公司、优鲜工坊（浙江）食品有限公司、杭州千岛湖康诺邦健康产品有限公司、杭州千岛湖妙品食品有限公司、浙江省食品工业协会、浙江省健康产品与化妆品行业协会联合编写。全书共十二章，其中第一章由肖功年、孙金才、潘虹编写,第二章由张慧、杨胜利、倪伟红编写,第三章由方若思、罗自生、魏培莲编写,第四章由袁婷兰、宋恭帅、赵广生编写,第五章由李脉泉、石萌、周琛媛编写,第六章由张佳凤、姜荷、骆冬莹编写,第七章由陈秋平、程坷伟、吴红宇编写,第八章由李玲、肖功年、龚显月编写,第九章由楚秉泉、袁海娜、方若思编写,第十章由陈秋平、楚秉泉、龚金炎编写,第十一章由何光华、许韩山、施笑编写,第十二章由钱锋、刘少莉、李归浦编写。全书由肖功年、楚秉泉共同组织、整理和统稿。

功能性食品学涉及面广,尤其是功能类型、功能评价、营养与安全性问题日新月异,内容和要求变化快,加之编写者个人能力有限,书中难免会有疏漏和不妥之处,恳请广大读者和科研工作者批评指正!

编者

2024 年 1 月

于杭州

CONTENTS | **目录**

第一章

绪 论

学习目标

　　了解当今功能性食品发展的方向和趋势、理解功能性食品内容，阐述什么是普通食品、保健食品、特殊医学用途食品、药品等，掌握不同类型功能性食品的特征与内涵。

名词及概念

　　功能性食品定义、内涵。

第一节　概述

　　近年来，消费、教育、公卫等各个方面的事件对社会产生了影响，许多人的健康观念产生了转变，逐渐意识到增强自身身体机能、提高免疫力和抵抗力的重要性，不少消费者希望向自己的消费清单中添加一些营养保健补充剂。功能性食品是指具有特定营养保健作用的食品和具有调节机体功能、但不能进行治疗的食品。保健食品是指声称并具有特定保健功能或者以补充维生素、矿物质为目的的食品，即适用于特定人群食用，具有调节机体功能，不以治疗疾病为目的，并且对人体不产生任何急性、亚急性或慢性危害的食品。保健食品是一种与一般食品相似的食品，可以调节人体机能，适合特定人群食用，但不以治疗疾病为目的。功能性食品目前在我国没有明确的官方定义和法律地位，其定位尚未达成共识。部分研究人员认为功能性食品是普通食品，按照普通食品进行监管，产品上市前无需注册或备案，不得进行功能声称。从监管角度分析，保健食品的定位、生产销售以及监管要求明确，功能性食品其本质仍是普通食品，按照普通食品进行监管，产品上市前无需注册或备案，不得进行产品的功能声称。从科研角度分析，保健食品重点是基于现有成熟的科学技术对安全可控的保健食品原料进行标准化的研究，确保最终产品的安全性和功效性。功能性食品重点基于先进科学技术开发新产品、发现新物质、研究新功能，重点在于科技创新技术落地。国际生命科学研究院欧洲分部的一个由欧洲专家组成的项目小组将功能性食品定义为一种可以令人信服地证明对身体某种或多种机能有益处，有足够营养效果，能够改善健康状况或减少患病概率的食用品。日本定义为功能性食品是具有与生物防御、生物节律调整、防治疾病、恢复健康等有关功能因子，经过设计加工制成的对生物体有明显调整功能的食品。

非药品的营养补充剂在每个国家都有不同的分类及审批程序。以日本为例，非药品的营养补充剂有三个分类：普通食品、保健机能食品、特别用途食品。其中有一种横跨保健机能食品与特别用途食品的亚分类称为特定保健用食品，简称 FOSHU（Foods for Specified Health Uses），其是指能够调节机体功能作用或降低因生活习惯引起的健康风险，在其安全性和有效性等相关科学依据经审查并经主管部门许可后，可以依法标识特定保健用途的食品。而在国内，对于营养补充剂的分类，除去只能通过医院渠道凭借处方购买的特医食品外，市面上我们经常能见到的产品可以分为两类：保健食品和普通食品。

然而老百姓感觉还是有些混乱，根据《中华人民共和国食品安全法》（以下简称《食品安全法》），我国的食品类别可划分为普通食品与特殊食品两大类。其中，特殊食品包括保健食品、婴幼儿配方食品和特殊医学用途配方食品。婴幼儿配方食品（婴幼儿配方乳粉）特征明显，消费者易于理解与区分。

保健食品，因其产品标志特点经常被大家直接称为"小蓝帽"。保健食品是具有调节机体功能，不以治疗疾病为目的，声称具有特定保健功能或者以补充维生素、矿物质为目的的食品。一般来说，企业申请保健食品需要经过产品研发-样品制造-注册检验-制作申报材料等步骤，2023 年 8 月国家市场监督管理总局、国家卫生健康委员会和国家中医药管理局联合发布《允许保健食品声称的保健功能目录　非营养素补充剂（2023 年版）》，2020 年 11 月，国家市场监督管理总局起草了《保健功能释义（2020 年版）（征求意见稿）》，规定了保健食品的申报功能为 24 项。

1. 有助于增强免疫力

免疫力是机体对外防御和对内环境维持稳定的反应能力，受多种因素影响。营养不良、疲劳、生活不规律时会出现免疫力降低，应注意调整和纠正这些因素。有科学研究提示，补充适宜的物质可以改善机体免疫力。

2. 有助于抗氧化

氧化是机体利用氧过程中的一个环节，抗氧化是机体控制过度氧化产生不利健康影响的过程，二者保持平衡，维持正常生命活动。抗氧化需要的外源性抗氧化物质主要来源于食物。有科学研究提示，补充适宜的抗氧化物质，可以帮助机体维持氧化与抗氧化过程的平衡。

3. 辅助改善记忆

非病理性记忆减退是健康状态下，大脑对过往经验和事物的识记、保持和再现能力变弱的感觉。人的记忆主要决定于先天禀赋和后天教育，补充记忆有关的营养物质，不能使人"过目不忘"，也不能阻止老年人的记忆减退。有科学研究提示，补充适宜的物质可以帮助维持正常记忆功能。

4. 缓解视觉疲劳

视觉疲劳是长时间眼睛调节屈光产生的眼部不适感。视觉疲劳与用眼距离、时间、照明、眼镜、户外活动等因素有关。有科学研究提示，补充适宜的物质可以帮助缓解视觉疲劳。

5. 清咽润喉

饮水不足、言语过多、刺激性食物等因素可以引起咽喉部不清爽的感觉。有科学研究提示，补充适宜的物质可以帮助产生咽喉清爽的感觉。

6. 有助于改善睡眠

时差、倒班、睡眠不规律、精神压力、劳累、用脑过度、情绪变化等原因可以引起睡眠状况不佳。有科学研究提示，补充适宜的物质可以帮助改善睡眠。

7. 缓解体力疲劳

体力疲劳是体力劳动、运动引起体力下降的感觉，不同于疾病、脑力劳动和心理压力伴随的"体力疲劳"感。"体力疲劳"与身体承受的体力负荷大小直接相关。有科学研究提示，补充适宜的物质可以帮助缓解体力疲劳感。

8. 耐缺氧

缺氧指氧气含量和大气压力较低的环境，与疾病引起的体内缺氧不同。改善机体对缺氧环境的适应和耐受能力，应注意调整饮食、运动和其他生活方式等因素。有科学研究提示，补充适宜的物质可以帮助机体耐受和适应低氧环境。

9. 有助于控制体内脂肪

体内过量脂肪蓄积不利于健康。控制饮食和增加运动是调节身体脂肪必不可少的措施。控制饮食以调节身体脂肪期间，适量补充蛋白质、维生素和矿物质等必需营养素，可以改善营养供给。有科学研究提示，补充适宜物质可以帮助调节身体脂肪。

10. 有助于改善骨密度

骨密度是反映骨健康的常用指标之一，内分泌、年龄、运动、饮食、体重等是影响该指标的重要因素。中年以后，随着年龄增长，骨密度逐渐降低。有科学研究提示，补充适宜的物质有助于减缓骨密度的降低速度。

11. 改善缺铁性贫血

缺铁性贫血是人体对铁元素的需求与供给失衡的一种表现，膳食摄入的铁不足是发生缺铁性贫血的风险因素之一。改善缺铁性贫血需注意保持均衡合理的饮食。有科学研究提示，补充适宜的物质有助于改善缺铁性贫血。

12. 有助于改善痤疮

痤疮是一种毛囊皮脂腺异常的表现，多见于青年人面部，俗称"青春痘"。遗传、皮肤油脂多、毛囊角质化、细菌繁殖、精神压力、免疫、刺激性食物等因素都影响痤疮的发生发展。有科学研究提示，补充适宜的物质有助于改善痤疮状况。

13. 有助于改善黄褐斑

黄褐斑为面部的黄褐色色素沉着，其发生和发展与妊娠、口服避孕药、月经紊乱等因素有关。改善黄褐斑，应注意紫外线照射、内分泌、饮食等因素。有科学研究提示，补充一些适宜的物质可以帮助改善黄褐斑。

14. 有助于改善皮肤水分状况

皮肤水分受多种因素影响。有科学研究提示，补充适宜的物质可以帮助改善皮肤的含水量。

15. 有助于调节肠道菌群

肠道菌群是肠道内生存的各种细菌群落，与肠道健康有关。肠道菌群受饮食、卫生习惯、成长环境等多种因素影响。有科学研究提示，补充适宜的物质可以帮助调节肠道菌群的平衡和有益菌群的生长。

16. 有助于消化

消化功能受饮食和生活方式等多种因素影响。有科学研究提示，补充适宜的物质可以帮助改善消化功能。

17. 有助于润肠通便

排便功能受饮食、运动和饮水等多种因素影响。有科学研究提示，补充适宜的物质可以帮助改善肠道的排便功能。

18. 辅助保护胃黏膜

胃黏膜与胃正常功能相关。胃黏膜健康受饮食（进食量、饮酒、刺激性食物）和生活方式（胃部受凉、气候、心理压力）等多种因素影响。有科学研究提示，补充适宜的物质可以帮助保护胃黏膜。

19. 有助于维持血脂健康水平（胆固醇/甘油三酯）

①有助于维持血脂健康水平，血胆固醇的合适水平为小于 5.2mmol/L，血甘油三酯的合适水平为小于 1.7mmol/L。血胆固醇为 5.2~6.2mmol/L 或血甘油三酯为 1.7~2.3mmol/L 为边缘升高，是心血管等疾病的风险因素。血胆固醇和血甘油三酯受多种因素影响。有科学研究显示，在健康饮食基础上，补充适宜的物质可以帮助血脂趋于健康水平。②有助于维持血胆固醇健康水平，血胆固醇的合适水平为小于 5.2mmol/L。血胆固醇为 5.2~6.2mmol/L 为边缘升高，是心血管疾病的风险因素。血胆固醇受体重等多种因素影响。有科学研究提示，在健康饮食基础上，补充适宜的物质可以帮助血胆固醇趋于健康水平。③有助于维持血甘油三酯健康水平，血甘油三酯的合适水平为小于 1.7mmol/L。血甘油三酯为 1.7~2.3mmol/L 为边缘升高，是一些疾病的风险因素。血甘油三酯受体重、饮食、运动等多种因素影响。有科学研究提示，在健康饮食基础上，补充适宜的物质可以帮助血甘油三酯趋于健康水平。

20. 有助于维持血糖健康水平

空腹血糖的健康水平不宜高于 6.1mmol/L，餐后血糖的健康水平不宜高于 7.8mmol/L。空腹血糖为 6.1~7.0mmol/L 或餐后血糖为 7.8~11.1mmol/L 表明血糖代谢存在异常，是 2 型糖尿病的风险因素。血糖代谢受体重、饮食、运动等多种因素影响。有科学研究提示，在健康饮食基础上，补充适宜的物质可以帮助血糖趋于健康水平。

21. 有助于维持血压健康水平

成人的收缩压健康水平不宜高于 120mmHg、舒张压健康水平不宜高于 80mmHg。收缩压为 120~139mmHg、舒张压为 80~89mmHg 为血压正常高值，是一些疾病的风险因素。血压受体重、饮食、运动、压力、年龄等多种因素影响。有科学研究提示，在健康饮食基础上，补充适宜的物质可以帮助血压趋于健康水平。

22. 对化学性肝损伤有辅助保护功能

内源性和外源性化学物质可以引起肝功能一过性异常。保护肝脏应避免劳累和运动过度，减少接触化学物质。有科学研究提示，补充适宜的物质可以帮助保护肝脏处理化学物质的能力，不能增加机体对酒精的耐受能力。

23. 对电离辐射危害有辅助保护功能

"电离辐射"指可以使物质发生电离现象的辐射，如 X 射线；不包括紫外线、微波等非电离辐射。防护电离辐射危害，应采取有效的物理防护措施，减少和避免不必要的电离辐射暴露。有科学研究提示，补充适宜物质可以帮助降低电离辐射危害健康的风险。

24. 有助于排铅

铅是一种没有生理功能且对健康有严重危害的重金属元素。铅普遍存在于日常环境中，一些特殊职业和地区人群可以接触到过量的铅。有科学研究提示，补充适宜物质可以帮助机体排出随食物饮水摄入的铅。

业内专家表示，近几年在实际申请过程中，有助于增强免疫力这一项是容易被通过，其他项几乎不再过批，所以近几年申请这项功能的保健食品比较多。但这也带来另外一个问题：保健食品质量有保证，小蓝帽标志是消费者在做购买决策时候的加分项。然而也正因获批为某特定功能的保健食品，使得产品即使在其他方面有非常不错的效果，也不能被拿来作为卖点宣传，意味着潜在消费者群体受限，产品潜力无法被完全挖掘。

这些不想在推广中受限的厂家通常选择了另一个分类即普通食品，实际推广中常称自己的产品为"功能性食品"，然而目前国内并没有专门的功能性食品的批准文号，许多所谓的"功能性食品"其实按分类来讲是普通食品。由于目前市面上提升免疫力的各类相关产品过多，因此许多厂商选择避开在有助于免疫力这个领域。遵守《食品安全法》等相关法规中对产品宣传或推广中的规定，根据自己产品的特性选择其他潜力市场或能产生更好的销售表现。

功能性食品必须符合下面 4 个要求：①无毒、无害，符合应有的营养要求；②其功能必须是明确的、具体的，而且经过科学验证是肯定的。同时，其功能不能取代人体正常的膳食摄入和对各类必需营养素的需要；③功能性食品通常是针对需要调整某方面机体功能的特定人群而研制生产的；④其不以治疗为目的，不能取代药物对病人的治疗作用。表 1-1 列举了普通食品、保健食品、特殊医学用途食品和药品的主要特征和区别。

表 1-1　　　　普通食品、保健食品、特殊医学用途食品和药品的主要特征对照表

类别	概念	主要用途	标签管理	管理方式	类型代表
普通食品	各种供人食用或者饮用的成品和原料。普通食品为一般人所食用，人体从中摄取各类营养素，并满足色、香、味、形等感官需求	为人体提供能量和营养成分，维持人体正常新陈代谢	Ⅰ. 当产品中某些营养成分的含量水平达到 GB 28050—2011《食品安全国家标准　预包装食品营养标签通则》要求时，允许对该营养成分进行含量声称或功能声称，声称用语需符合标准要求；Ⅱ. 不得宣称保健功能或对疾病的预防和治疗功能	无产品注册或备案要求	符合各种普通食品应有的形态，例如糖果、巧克力、饮料、糕点等
保健食品	声称具有特定保健功能的食品，但不以治疗疾病为目的，并且对人体不产生任何急性、亚急性或者慢性危害。中国保健食品行业一般将其分为两类：①营养素补充剂；②功能性保健食品	以调节人体机能为目的，强调产品具有保健功能，如有助于维持血糖健康水平，补充维生素矿物质等	Ⅰ. 标识获批准的特定保健功能，如辅助降血糖，补充维生素C等；Ⅱ. 不得声称对疾病的预防和治疗功能	注册或备案	常见剂型包括片剂、胶囊、口服液、颗粒剂等，也包括部分普通食品形态，如饮料、糕点、糖果等

续表

类别	概念	主要用途	标签管理	管理方式	类型代表
特殊医学用途配方食品	①满足进食受限；②消化吸收障碍；③代谢紊乱；④特定疾病状态人群，对营养素或者膳食的特殊需要，专门加工配制而成的配方食品。该类产品必须在医生或临床营养师指导下食用	作为一种营养补充途径，为患者的疾病治疗、康复及机体功能维持起营养支持作用。该类产品强调提供营养支持，而非保健功能	Ⅰ.阐明产品配方特点/营养学特征，根据产品类别注明适宜人群或使用的特殊医学状况；Ⅱ.不得宣称保健功能，或对疾病的预防和治疗功能	注册	与普通食品相似，目前常见的形态几乎均为粉态、液态
药品	用于预防、治疗、诊断人的疾病，有目的地调节人的生理机能并规定有适应证或者功能主治、用法和用量的物质	主要用于预防、诊断及治疗疾病	需标注该药品的适应证或者功能主治	注册	片剂、胶囊、注射剂、丸剂、外用涂剂、外用膏剂等

功能性食品经历了三代的发展：第一代功能性食品是根据基料的成分推断产品的功能，没有经过验证，缺乏功能性评价和科学性；第二代功能性食品是指经过动物和人体实验，证实其确实具有生理调节功能；第三代功能性食品是在第二代功能性食品的基础上，进一步研究其功能因子结构、含量和作用机理，保持生理活性成分在食品以稳定形态存在。

第二节　功能性食品的理论基础

食品是人类赖以生存繁衍、维持健康的基本条件之一。现代研究认为，食品具有营养功能，感官功能和生理调节功能。从人类的发展史看，食品的发展经历了温饱型、功能型和机能型食品3代。随着食品工业的迅速发展和人们消费水平的提高，食品消费观念在不断发生变化。人们越来越注意到饮食对自身健康水平的影响，消费趋势从色、香、味、形俱佳的食品转向具有合理营养和保健功能的功能性食品。

功能食品的理论基础主要为以下3个方面：

①现代营养学——营养素的种类、功能、需要量、平衡膳食的构成；

②生物化学——生物体组成、组成成分的功能；

③中医饮食营养学——人的整体观念、阴阳平衡、顾护脾胃、食药同源。

一、功能性食品中的功效成分

功能性食品中真正起生理调节作用的成分称为生理活性物质或功效成分，又称功能因子、活性成分，是指能够通过激活酶的活性或其他途径调节人体机能的物质。显然这些成分是功能性食品的基料，是生产功能性食品的关键。功效成分主要分为8大类型：①功能性多糖类；②氨基酸、肽与蛋白质；③功能性脂类；④功能性矿物质及微量元素类；⑤功能性维生素和维生素类似物类；⑥自由基清除剂类；⑦功能性甜味剂类；⑧微生态调节剂类。

1. 功能性多糖类

多糖是指由 10 个以上单糖聚合形成的一类高分子物质，属于碳水化合物。功能性多糖则是具有调节人体生理功能的非淀粉多糖，又称活性多糖。通常又可分为纯多糖和杂多糖，纯多糖一般由 10 个以上单糖通过糖苷键链接起来的纯多糖链。杂多糖又称复合多糖，除多糖链外往往还含有肽链、脂类等成分。活性多糖还有改善糖代谢、调节血脂水平、抗肿瘤、抗突变、抗菌抗病毒等作用。

2. 氨基酸、肽和蛋白质类

氨基酸是人体生长发育和维持正常代谢不可缺少的，且必须从饮食中摄取。功能性氨基酸主要是必需氨基酸和条件必需氨基酸，如牛磺酸、γ-氨基丁酸等。牛磺酸对婴儿的生长和智力发育特别重要，能够改善机体功能（如视觉）、提高免疫力；γ-氨基丁酸有抗焦虑、降血压、促进肝脑机能等功效。

生物活性肽有降血压肽、抗菌肽等，具有多种人体生理调节功能，如有助于增强免疫力、激素调节、抗菌抗病毒、降血压血脂等。

活性蛋白质有免疫球蛋白、乳铁蛋白、溶菌酶、过氧化物酶等，具有某些特殊的生理功能，如免疫球蛋白可增强机体的防御能力，乳铁蛋白具有结合并转运铁的能力。

3. 功能性脂类

功能性脂类是一类具有特殊生理功能的油脂，包括多不饱和脂肪酸（polyunsaturated fatty acid，PUFA）、磷脂、固醇等。PUFA 主要有：亚油酸、γ-亚麻酸、二十碳五烯酸（eicosapentaenoic acid，EPA）和二十二碳六烯酸（docosahexaenoic acid，DHA）；磷脂有卵磷脂、脑磷脂、肌醇磷脂、丝氨酸磷脂等。

必需脂肪酸是磷脂的重要组成部分，对脑发育至关重要，有助于降低胆固醇水平、预防动脉硬化、抑制动脉血栓的形成、减少急性心肌梗死、预防高血压等。花生四烯酸是前列腺素（prostaglandin，PG）的前体，具有生理调节功能。

4. 矿物质和微量元素

矿物质主要指人体所需的常量元素（钙、磷、镁、钾、钠、氯、硫等）和微量元素（主要指必需微量元素，包括锌、铁、铜、锰、铬、镍、钴、钼、钒、碘、硅、硒、氟、锶、锡等）。

矿物质是构成人体组织（如骨骼、牙齿等）的重要成分，参与物质代谢、调节机体功能。微量元素也参与物质代谢、调节机体功能。

5. 维生素及其类似物

维生素包括脂溶性维生素（维生素 A、维生素 D、维生素 E 和维生素 K）、水溶性维生素（B 族维生素和维生素 C）。维生素类似物是指具有维生素的某些特性，但不具备必需性，包括肌醇、L-肉碱、潘氨酸、生物类黄酮等。

各类维生素生理功能并不完全相同，总体来说，具有维持身体各种正常功能、促进身体发育、增强免疫力的作用。

6. 自由基清除剂

在正常情况下，人体内的自由基处于不断产生和清除的动态平衡中。自由基清除剂能清除机体代谢过程中产生的过多自由基，是一种增进人体健康的重要活性物质。自由基清除剂包括抗氧化剂（维生素 E、维生素 C、β-胡萝卜素、还原型谷胱甘肽等）和抗氧化酶（超氧化物歧化酶 SOD、过氧化氢酶 CAT、谷胱甘肽过氧化物酶 GSH-Px 等）。

自由基清除剂可减少自由基对生命大分子和组织细胞的损伤，具有防御疾病、延缓衰老的作用。

7. 功能性甜味剂

功能性单糖主要是果糖和 L-单糖功能性低聚糖主要有水苏糖、棉子糖、乳酮糖、低聚果糖、低聚木糖、低聚半乳糖、低聚异麦芽糖等；功能性糖醇主要有山梨糖醇/甘露醇、麦芽糖醇、木糖醇等。强力甜味剂也属于功能性甜味剂，其甜度通常是蔗糖的几十到上万倍。常见的有甜味素、甜叶菊糖苷、甜蜜素、安赛蜜、糖精钠和阿力甜等。

果糖的代谢不受体内胰岛素控制，可供糖尿病人食用，且不易致龋齿。功能性低聚糖不能被人消化吸收，且热量低，属水溶性膳食纤维，可被肠道中的益生菌利用，预防便秘。此外，功能性低聚糖还具有防龋齿、促矿物质吸收等功效。功能性糖醇在人体内代谢与胰岛素无关，也不会致龋齿，有类似膳食纤维的作用。

8. 微生态调节剂

微生态调节剂是指可调整人体微生态平衡、改善宿主健康状态的益生菌及促进益生菌生长的物质，包括益生菌、益生元和合生元三个部分。益生菌是指通过定殖在人体内，改变宿主某一部位菌群组成的、对宿主有益的活性微生物。益生元是指能改善和促进人体内益生菌生长的物质。益生菌与益生元合并使用的制剂被称为合生元。

益生菌具有促进营养物质的消化吸收、调整肠道功能、提高机体免疫力、降血压、降胆固醇、缓解过敏、抑制肿瘤等作用。

二、功能性食品调节人体生理节律的作用

功能性食品除了具有普通食品的营养和感官享受两大功能外，还具有调节生理节律的第三大功能，即体现在其具有促进身体健康、改善亚健康、预防疾病等方面的重要作用。2023年，在《允许保健食品声称的保健功能目录　非营养素补充剂（2023 年版）》中将原来的27 种保健功能调整为 24 种，删除了"改善生长发育""促进泌乳""改善皮肤油分"3 种共识程度不高、健康需求不明确的保健功能，将功能评价方法由强制方法调整为推荐方法，落实企业研发评价主体责任，充分发挥社会资源科研优势（表1-2）。另外还包括了补钙、镁、钾、铁、锌、硒、维生素（维生素 A、维生素 B_1、维生素 B_2、维生素 C、维生素 D、维生素E 等）、微量元素、矿物质、β-胡萝卜素、膳食纤维等二十多种营养素功能。24 种保健功能加上补充营养素功能共 25 种功能是保健食品开发主要申报的功能范围，也是保健食品在申报审批、市场流通和经营管理方面的分类管理。

表1-2　　　　　　　　新旧保健功能声称对应关系和功能评价衔接要求

序号	现保健功能声称	原保健功能声称	原功能学试验评价依据为原卫生部发布《保健食品功能学评价程序和检验方法（1996 年版）》的，需重新开展的功能学试验项目
1	有助于增强免疫力	免疫调节、增强免疫力	重做动物功能试验
2	有助于抗氧化	延缓衰老、抗氧化	补做人体试食试验

续表

序号	现保健功能声称	原保健功能声称	原功能学试验评价依据为原卫生部发布《保健食品功能学评价程序和检验方法（1996年版）》的，需重新开展的功能学试验项目
3	辅助改善记忆	改善记忆、辅助改善记忆	人体试食试验使用韦氏记忆量表的，重做人体试食试验
4	缓解视觉疲劳	改善视力、缓解视觉疲劳	—
5	清咽润喉	清咽润喉、清咽	—
6	有助于改善睡眠	改善睡眠	—
7	缓解体力疲劳	抗疲劳、缓解体力疲劳	运动试验仅为爬杆试验的，重做动物功能试验
8	耐缺氧	耐缺氧、提高缺氧耐受力	重做动物功能试验
9	有助于控制体内脂肪	减肥	重做动物功能试验
10	有助于改善骨密度	改善骨质疏松、增加骨密度	—
11	改善缺铁性贫血	改善营养性贫血、改善缺铁性贫血	—
12	有助于改善痤疮	美容（祛痤疮）、祛痤疮	—
13	有助于改善黄褐斑	美容（祛黄褐斑）、祛黄褐斑	—
14	有助于改善皮肤水分状况	美容（改善皮肤水分/油分）、改善皮肤水分	—
15	有助于调节肠道菌群	改善胃肠功能（调节肠道菌群）、调节肠道菌群	—
16	有助于消化	改善胃肠功能（促进消化）、促进消化	—
17	有助于润肠通便	改善胃肠功能（润肠通便）、通便	—
18	辅助保护胃黏膜	改善胃肠功能（对胃黏膜损伤有辅助保护作用）、对胃黏膜损伤有辅助保护功能	—
19	有助于维持血脂（胆固醇/甘油三酯）健康水平	调节血脂（降低总胆固醇、降低甘油三酯）、辅助降血脂	重做人体试食试验
20	有助于维持血糖健康水平	调节血糖、辅助降血糖	—
21	有助于维持血压健康水平	调节血压、辅助降血压	—

续表

序号	现保健功能声称	原保健功能声称	原功能学试验评价依据为原卫生部发布《保健食品功能学评价程序和检验方法（1996 年版）》的，需重新开展的功能学试验项目
22	对化学性肝损伤有辅助保护作用	对化学性肝损伤有保护作用、对化学性肝损伤有辅助保护功能	—
23	对电离辐射危害有辅助保护作用	抗辐射、对辐射危害有辅助保护作用	重做动物功能试验
24	有助于排铅	促进排铅	—

第三节　功能性食品的分类和管理

功能性食品的发展已有一定的历史，尤其是在我国源远流长的养生文化下，功能性食品的研究已经延续上千年。在其他国家和地区，功能性食品也有各自的发展特色，但名称有所不同，定义基本类似。如美国的功能性食品以膳食补充剂为主，加拿大称为天然健康产品，欧盟称为食品补充剂，韩国称为健康功能食品，日本归类于特殊保健用途食品。根据不同的分类原则如原料和功能因子的多样性，功能性食品又分为不同的种类。涉及功能性食品的原料，各国都出台了相应的政策法规进行管理。

一、功能性食品的分类

1. 按消费对象分类

按照消费对象的不同，功能性食品可以分为日常功能性食品和特种功能性食品。

（1）日常功能性食品　日常功能性食品是根据各种不同的健康消费群体（如婴儿、学生和老年人等）的生理特点和营养需求而设计的，其目的在于促进生长发育、维持活力和精力、提高身体防御能力和调节生理节律。其主要分为婴儿日常功能性食品、学生日常功能性食品和老年人日常功能性食品等。

婴儿日常功能性食品应该完美地符合婴儿迅速生长对各种营养素和微量活性物质的要求，促进婴儿健康生长。学生日常功能性食品应该能够促进学生的智力发育，促进大脑以旺盛的精力应付紧张的学习和生活。老年人日常功能性食品应含有足够的蛋白质、膳食纤维、维生素和矿物元素，低糖、低脂肪、低胆固醇和低钠。

（2）特种功能性食品　特种功能性食品着眼于某些特殊消费人群的身体状况，强调功能性食品在预防疾病和促进康复方面的调节功能，如有助于控制体内脂肪功能性食品、有助于增强免疫力的功能性食品和改善缺铁性贫血功能性食品等。

2. 按科技含量分类

按照科技含量的不同，功能性食品可以分为第一代产品（强化食品）、第二代产品（初级产品）、第三代产品（高级产品）。

（1）第一代产品（强化食品）　第一代产品主要是强化食品。它是根据各类人群的营养需要，有针对性地将营养素添加到食品中去，使营养作用得到增强的食品。这类食品是根据食品的各类营养素成分或者强化的营养素来推知该食品的功能，而这些功能并没有经过任何试验予以证实。

（2）第二代产品（初级产品）　第二代产品具有某种生理调节功能，强调科学性与真实性，要求经过动物及人体试验，证实该产品具有某种生理调节功能。

（3）第三代产品（高级产品）　第三代产品具有明确的功能因子（或功效成分）。不仅需要经过人体及动物试验证明该产品具有某种生理功能，而且需要确知该功能有效成分的化学结构和含量，它具有的功效成分应明确、含量可以测定、作用机理清楚、研究资料充实、效果确切等。

第二代和第三代功能性食品又称保健食品。

3. 按调节功能分类

按照调节功能的不同，功能性食品可以分为有助于增强免疫力功能性食品、辅助改善记忆功能性食品、缓解视觉疲劳功能性食品、清咽润喉功能性食品、有助于改善睡眠功能性食品、缓解体力疲劳功能性食品、有助于控制体内脂肪功能性食品、改善缺铁性贫血功能性食品、有助于调节肠道菌群功能性食品、有助于维持血脂（胆固醇/甘油三酯）健康水平功能性食品、有助于维持血糖健康水平功能性食品、有助于维持血压健康水平功能性食品等。

4. 按原料分类

按原料的不同，功能性食品可以分为动物类功能性食品、植物类功能性食品、微生物（益生菌）类功能性食品。

5. 按产品形态分类（保健食品生产许可分类）

按照产品形态的不同，功能性食品可以分为片剂类功能性食品、粉剂类功能性食品、颗粒剂类功能性食品、茶剂类功能性食品、胶囊剂类功能性食品、口服液类功能性食品、丸剂类功能性食品、膏剂类功能性食品、饮料类功能性食品、酒类功能性食品、饼干类功能性食品、糖果类功能性食品、糕点类功能性食品、液体乳类功能性食品、原料提取物类功能性食品、复配营养素类功能性食品等。

6. 按功能因子分类

按照功能因子的不同，功能性食品可以分为功能性碳水化合物、肽与蛋白质类功能性食品、功能性脂类、功能性氨基酸类、自由基清除剂类功能性食品、矿物质及微量元素类功能性食品、维生素类功能性食品、益生菌类功能性食品等。

二、功能性食品的常用原料

1. 食药两用的动植物品种

我国食药同源物质有数千年的应用历史，长期以来民间有很多药材被当作食药同源物质进行流通和零售。为了引导和规范食药同源行业发展，促进人民群众健康，自1987年起，国家卫生健康部门已陆续更新了多版食药同源目录。截至2023年12月，共有102种物品列入食药同源物质名单（表1-3）。

表1-3   食药同源物质名单

序号	名称		公告号
1	党参	党参	国家卫健委 2023 年第 9 号
		素花党参	
		川党参	
2	肉苁蓉（荒漠）		国家卫健委 2023 年第 9 号
3	铁皮石斛		国家卫健委 2023 年第 9 号
4	西洋参		国家卫健委 2023 年第 9 号
5	黄芪	蒙古黄芪	国家卫健委 2023 年第 9 号
		膜荚黄芪	
6	灵芝	赤芝	国家卫健委 2023 年第 9 号
		紫芝	
7	山茱萸		国家卫健委 2023 年第 9 号
8	天麻		国家卫健委 2023 年第 9 号
9	杜仲叶		国家卫健委 2023 年第 9 号
10	荜茇		国家卫健委 2019 年第 8 号
11	姜黄		国家卫健委 2019 年第 8 号
12	草果		国家卫健委 2019 年第 8 号
13	西红花		国家卫健委 2019 年第 8 号
14	山奈		国家卫健委 2019 年第 8 号
15	当归		国家卫健委 2019 年第 8 号
16	丁香		卫法监发[2002]51 号
17	八角茴香		卫法监发[2002]51 号
18	刀豆		卫法监发[2002]51 号
19	小茴香		卫法监发[2002]51 号
20	小蓟		卫法监发[2002]51 号
21	山药		卫法监发[2002]51 号
22	山楂		卫法监发[2002]51 号
23	马齿苋		卫法监发[2002]51 号
24	乌梢蛇		卫法监发[2002]51 号
25	乌梅		卫法监发[2002]51 号
26	木瓜		卫法监发[2002]51 号
27	火麻仁		卫法监发[2002]51 号
28	代代花		卫法监发[2002]51 号

续表

序号	名称	公告号
29	玉竹	卫法监发[2002]51 号
30	甘草	卫法监发[2002]51 号
31	白芷	卫法监发[2002]51 号
32	白果	卫法监发[2002]51 号
33	白扁豆	卫法监发[2002]51 号
34	白扁豆花	卫法监发[2002]51 号
35	龙眼肉|桂圆	卫法监发[2002]51 号
36	决明子	卫法监发[2002]51 号
37	百合	卫法监发[2002]51 号
38	肉豆蔻	卫法监发[2002]51 号
39	肉桂	卫法监发[2002]51 号
40	余甘子	卫法监发[2002]51 号
41	佛手	卫法监发[2002]51 号
42	杏仁（甜、苦）	卫法监发[2002]51 号
43	沙棘	卫法监发[2002]51 号
44	牡蛎	卫法监发[2002]51 号
45	芡实	卫法监发[2002]51 号
46	花椒	卫法监发[2002]51 号
47	赤小豆	卫法监发[2002]51 号
48	阿胶	卫法监发[2002]51 号
49	鸡内金	卫法监发[2002]51 号
50	麦芽	卫法监发[2002]51 号
51	昆布	卫法监发[2002]51 号
52	枣|大枣|酸枣|黑枣	卫法监发[2002]51 号
53	罗汉果	卫法监发[2002]51 号
54	郁李仁	卫法监发[2002]51 号
55	金银花	卫法监发[2002]51 号
56	青果	卫法监发[2002]51 号
57	鱼腥草	卫法监发[2002]51 号
58	姜|生姜|干姜|	卫法监发[2002]51 号
59	枳椇子	卫法监发[2002]51 号
60	枸杞子	卫法监发[2002]51 号

续表

序号	名称	公告号
61	栀子	卫法监发[2002]51 号
62	砂仁	卫法监发[2002]51 号
63	胖大海	卫法监发[2002]51 号
64	茯苓	卫法监发[2002]51 号
65	香橼	卫法监发[2002]51 号
66	香薷	卫法监发[2002]51 号
67	桃仁	卫法监发[2002]51 号
68	桑叶	卫法监发[2002]51 号
69	桑椹	卫法监发[2002]51 号
70	桔红	卫法监发[2002]51 号
71	桔梗	卫法监发[2002]51 号
72	益智仁	卫法监发[2002]51 号
73	荷叶	卫法监发[2002]51 号
74	莱菔子	卫法监发[2002]51 号
75	莲子	卫法监发[2002]51 号
76	高良姜	卫法监发[2002]51 号
77	淡竹叶	卫法监发[2002]51 号
78	淡豆豉	卫法监发[2002]51 号
79	菊花	卫法监发[2002]51 号
80	菊苣	卫法监发[2002]51 号
81	黄芥子	卫法监发[2002]51 号
82	黄精	卫法监发[2002]51 号
83	紫苏	卫法监发[2002]51 号
84	紫苏籽	卫法监发[2002]51 号
85	葛根	卫法监发[2002]51 号
86	黑芝麻	卫法监发[2002]51 号
87	黑胡椒	卫法监发[2002]51 号
88	槐米	卫法监发[2002]51 号
89	槐花	卫法监发[2002]51 号
90	蒲公英	卫法监发[2002]51 号
91	蜂蜜	卫法监发[2002]51 号
92	榧子	卫法监发[2002]51 号

续表

序号	名称	公告号
93	酸枣仁	卫法监发[2002]51 号
94	鲜白茅根	卫法监发[2002]51 号
95	鲜芦根	卫法监发[2002]51 号
96	蝮蛇	卫法监发[2002]51 号
97	橘皮|陈皮	卫法监发[2002]51 号
98	薄荷	卫法监发[2002]51 号
99	薏苡仁	卫法监发[2002]51 号
100	薤白	卫法监发[2002]51 号
101	覆盆子	卫法监发[2002]51 号
102	藿香	卫法监发[2002]51 号

2. 可用于保健食品的部分中草药

目前，国家卫健委允许使用部分中草药来开发现阶段的保健食品，名单如下：

人参、人参叶、人参果、三七、土茯苓、大蓟、女贞子、山茱萸、川牛膝、川贝母、川芎、马鹿胎、马鹿茸、马鹿骨、丹参、五加皮、五味子、升麻、天门冬、天麻、太子参、巴戟天、木香、木贼、牛蒡子、牛蒡根、车前子、车前草、北沙参、平贝母、玄参、生地黄、生何首乌、白及、白术、白芍、白豆蔻、石决明、石斛、地骨皮、当归、竹菇、红花、红景天、西洋参、吴茱萸、怀牛膝、杜仲、杜仲叶、沙苑子、牡丹皮、芦荟、苍术、补骨脂、诃子、赤芍、远志、麦门冬、龟甲、佩兰、侧柏叶、制大黄、制何首乌、刺五加、刺玫果、泽兰、泽泻、玫瑰花、玫瑰茄、知母、罗布麻、苦丁茶、金荞麦、金樱子、青皮、厚朴、厚朴花、姜黄、枳壳、枳实、柏子仁、珍珠、绞股蓝、胡芦巴、茜草、荜茇、韭菜子、首乌藤、香附、骨碎补、党参、桑白皮、桑枝、浙贝母益母草、积雪草、淫羊藿、菟丝子、野菊花、银杏叶、黄芪、湖北贝母、番泻叶、蛤蚧、越橘、槐实、蒲黄、蒺藜、蜂胶、酸角、墨旱莲、熟大黄、熟地黄、鳖甲。

3. 新食品原料品种

新食品原料，原称为新资源食品，涉及的物品（或原料）是我国新研制、新发现、新引进的无食用习惯或仅在个别地区有食用习惯的，按照《新资源食品卫生管理办法》的有关规定执行。国家卫健委公布新食品原料（新资源食品）名单；使用的物品（或原料）涉及真菌、益生菌等的，按照国家卫健委公布可用于食品的菌种名单、可用于婴幼儿食品的菌种名单。

2022 年国家卫健委先后受理了 22 种原料作为新食品原料的申请，发布了 5 种新食品原料的批准公告，给出了 4 种审批原料的终止审查意见，并正式发布了《可用于食品的菌种名单》（38 种）、《可用于婴幼儿食品的菌种名单》（13 种）。同时国家食品安全风险评估中心对 3 种原料发布了新食品原料征求意见。截至 2023 年 3 月，新食品原料主要批准的品项见表 1-4。

表 1-4   新食品原料名单

序号	中文名称	公告号
1	假肠膜明串珠菌	国家卫健委 2023 年第 1 号
2	甘蔗多酚	国家卫健委 2022 年第 2 号
3	长双歧杆菌长亚种 BB536	国家卫健委 2022 年第 2 号
4	莱茵衣藻	国家卫健委 2022 年第 2 号
5	吡咯并喹啉醌二钠盐	国家卫健委 2022 年第 1 号
6	关山樱花	国家卫健委 2022 年第 1 号
7	食叶草	国家卫健委 2021 年第 9 号
8	N-乙酰神经氨酸	国家卫健委 2021 年第 7 号
9	拟微球藻	国家卫健委 2021 年第 5 号
10	鼠李糖乳杆菌 MP108	国家卫健委 2021 年第 5 号
11	二氢槲皮素	国家卫健委 2021 年第 5 号
12	β-1,3/α-1,3-葡聚糖	国家卫健委 2021 年第 5 号
13	马乳酒样乳杆菌马乳酒样亚种	国家卫健委 2020 年第 9 号
14	透明质酸钠	国家卫健委 2020 年第 9 号
15	蝉花子实体（人工培植）	国家卫健委 2020 年第 9 号
16	赶黄草	国家卫健委 2020 年第 4 号
17	两歧双歧杆菌 R0071	国家卫健委 2020 年第 4 号
18	婴儿双歧杆菌 R0033	国家卫健委 2020 年第 4 号
19	瑞士乳杆菌 R0052	国家卫健委 2020 年第 4 号
20	枇杷花	国家卫健委 2019 年第 2 号
21	明日叶汁粉	国家卫健委 2019 年第 2 号
22	明日叶	国家卫健委 2019 年第 2 号
23	弯曲乳杆菌	国家卫健委 2019 年第 2 号
24	球状念珠藻（葛仙米）	国家卫健委 2018 年第 10 号
25	黑果腺肋花楸果	国家卫健委 2018 年第 10 号
26	人参不定根	卫生计生委 2017 年第 7 号
27	木姜叶柯	卫生计生委 2017 年第 7 号
28	β-羟基-β-甲基丁酸钙	卫生计生委 2017 年第 7 号
29	γ-亚麻酸油脂（来源于刺孢小克银汉霉）	卫生计生委 2017 年第 7 号
30	米糠脂肪烷醇	卫生计生委 2017 年第 7 号

续表

序号	中文名称	公告号
31	西蓝花种子水提物	卫生计生委 2017 年第 7 号
32	顺-15-二十四碳烯酸	卫生计生委 2017 年第 7 号
33	宝乐果粉	卫生计生委 2017 年第 7 号
34	(3R,3′R)-二羟基-β-胡萝卜素	卫生计生委 2017 年第 7 号
35	乳木果油	卫生计生委 2017 年第 7 号
36	裂壶藻来源的 DHA 藻油	卫生计生委 2016 年第 7 号
37	人参组培不定根	卫生计生委 2015 年第 10 号
38	鱼油	卫生计生委 2015 年第 8 号
39	山参组培不定根	卫生计生委 2015 年第 1 号
40	竹叶黄酮	卫生计生委 2014 年第 20 号
41	番茄籽油	卫生计生委 2014 年第 20 号
42	枇杷叶	卫生计生委 2014 年第 20 号
43	清酒乳杆菌	卫生计生委 2014 年第 20 号
44	阿拉伯半乳聚糖	卫生计生委 2014 年第 20 号
45	低聚木糖	卫生计生委 2014 年第 20 号
46	湖北海棠叶|茶海棠叶	卫生计生委 2014 年第 20 号
47	产酸丙酸杆菌	卫生计生委 2014 年第 20 号
48	茶叶茶氨酸	2014 年第 15 号
49	线叶金雀花	卫生计生委 2014 年第 12 号
50	塔格糖	卫生计生委 2014 年第 10 号
51	奇亚籽	卫生计生委 2014 年第 10 号
52	圆苞车前子壳	卫生计生委 2014 年第 10 号
53	罗伊氏乳杆菌	卫生计生委 2014 年第 10 号
54	蛹虫草	卫生计生委 2014 年第 10 号
55	植物甾烷醇酯	卫生计生委 2014 年第 10 号
56	壳寡糖	卫生计生委 2014 年第 6 号
57	水飞蓟籽油	卫生计生委 2014 年第 6 号
58	柳叶蜡梅	卫生计生委 2014 年第 6 号
59	杜仲雄花	卫生计生委 2014 年第 6 号
60	乳酸片球菌	卫生计生委 2014 年第 6 号

续表

序号	中文名称	公告号
61	戊糖片球菌	卫生计生委 2014 年第 6 号
62	磷虾油	卫生计生委 2013 年第 16 号
63	马克斯克鲁维酵母	卫生计生委 2013 年第 16 号
64	显齿蛇葡萄叶	卫生计生委 2013 年第 16 号
65	裸藻	卫生计生委 2013 年第 10 号
66	1,6-二磷酸果糖三钠盐	卫生计生委 2013 年第 10 号
67	丹凤牡丹花	卫生计生委 2013 年第 10 号
68	狭基线纹香茶菜	卫生计生委 2013 年第 10 号
69	长柄扁桃油	卫生计生委 2013 年第 10 号
70	光皮梾木果油	卫生计生委 2013 年第 10 号
71	青钱柳叶	卫生计生委 2013 年第 10 号
72	低聚甘露糖	卫生计生委 2013 年第 10 号
73	中长链脂肪酸结构油|中长链脂肪酸食用油	卫生计生委 2013 年第 4 号
74	茶树花	卫生部 2013 年第 1 号
75	盐地碱蓬籽油	卫生部 2013 年第 1 号
76	美藤果油	卫生部 2013 年第 1 号
77	盐肤木果油	卫生部 2013 年第 1 号
78	广东虫草子实体	卫生部 2013 年第 1 号
79	阿萨伊果	卫生部 2013 年第 1 号
80	茶藨子叶状层菌发酵菌丝体	卫生部 2013 年第 1 号
81	蛋白核小球藻	卫生部 2012 年第 19 号
82	乌药叶	卫生部 2012 年第 19 号
83	辣木叶	卫生部 2012 年第 19 号
84	蔗糖聚酯	卫生部 2012 年第 19 号
85	人参（人工种植）	卫生部 2012 年第 17 号
86	中长碳链甘油三酯	卫生部 2012 年第 16 号
87	中长链脂肪酸食用油	卫生部 2012 年第 16 号
88	小麦低聚肽	卫生部 2012 年第 16 号
89	蚌肉多糖	卫生部 2012 年第 2 号
90	玛咖粉	卫生部 2011 年第 13 号

续表

序号	中文名称	公告号
91	元宝枫籽油	卫生部 2011 年第 9 号
92	牡丹籽油	卫生部 2011 年第 9 号
93	翅果油	卫生部 2011 年第 1 号
94	β-羟基-β-甲基丁酸钙	卫生部 2011 年第 1 号
95	雨生红球藻	卫生部 2010 年第 17 号
96	雨生红球藻油（虾青素油）	卫生部 2010 年第 17 号
97	表没食子儿茶素没食子酸酯	卫生部 2010 年第 17 号
98	玉米低聚肽粉	卫生部 2010 年第 15 号
99	磷脂酰丝氨酸	卫生部 2010 年第 15 号
100	金花茶	卫生部 2010 年第 9 号
101	显脉旋覆花|小黑药	卫生部 2010 年第 9 号
102	诺丽果浆	卫生部 2010 年第 9 号
103	酵母 β-葡聚糖	卫生部 2010 年第 9 号
104	雪莲培养物	卫生部 2010 年第 9 号
105	DHA 藻油	卫生部 2010 年第 3 号
106	棉籽低聚糖|棉籽低聚糖	卫生部 2010 年第 3 号
107	植物甾醇酯	卫生部 2010 年第 3 号
108	植物甾醇	卫生部 2010 年第 3 号
109	花生四烯酸油脂	卫生部 2010 年第 3 号
110	白子菜	卫生部 2010 年第 3 号
111	御米油	卫生部 2010 年第 3 号
112	茶叶籽油	卫生部 2009 第 18 号
113	盐藻及提取物|盐藻|盐藻提取物	卫生部 2009 第 18 号
114	鱼油及提取物|鱼油|鱼油提取物	卫生部 2009 第 18 号
115	甘油二酯油	卫生部 2009 第 18 号
116	地龙蛋白	卫生部 2009 第 18 号
117	乳矿物盐	卫生部 2009 第 18 号
118	牛奶碱性蛋白	卫生部 2009 第 18 号
119	γ-氨基丁酸	卫生部 2009 年第 12 号
120	初乳碱性蛋白	卫生部 2009 年第 12 号

续表

序号	中文名称	公告号
121	共轭亚油酸	卫生部 2009 年第 12 号
122	共轭亚油酸甘油酯	卫生部 2009 年第 12 号
123	植物乳杆菌 ST-Ⅲ	卫生部 2009 年第 12 号
124	杜仲籽油	卫生部 2009 年第 12 号
125	菊粉	卫生部 2009 年第 5 号
126	多聚果糖	卫生部 2009 年第 5 号
127	低聚半乳糖	卫生部 2008 年第 20 号
128	副干酪乳杆菌	卫生部 2008 年第 20 号
129	水解蛋黄粉	卫生部 2008 年第 20 号
130	异麦芽酮糖醇	卫生部 2008 年第 20 号
131	植物乳杆菌 CGMCC NO.1258	卫生部 2008 年第 20 号
132	植物乳杆菌 299v	卫生部 2008 年第 20 号
133	叶黄素酯	卫生部 2008 年第 12 号
134	L-阿拉伯糖	卫生部 2008 年第 12 号
135	短梗五加	卫生部 2008 年第 12 号
136	库拉索芦荟凝胶	卫生部 2008 年第 12 号
137	嗜酸乳杆菌	卫生部 2008 年第 12 号
138	罂粟籽油脂	卫监督发[2005]349 号

4. 营养素补充剂

2023 年国家市场监督管理总局会同国家卫生健康委员会、国家中医药管理局发布《保健食品原料目录营养素补充剂（2023 年版）》《允许保健食品声称的保健功能目录营养素补充剂（2023 年版）》。保健食品备案的原料目录，营养素补充剂共 82 种。保健功能为补充维生素、矿物质，包括补充钙、镁、钾、锰、铁、锌、硒、铜、维生素 A、维生素 D、维生素 B_1、维生素 B_2、维生素 B_6、维生素 B_{12}、烟酸（尼克酸）、叶酸、生物素、胆碱、维生素 C、维生素 K、泛酸、维生素 E、β-胡萝卜素、嗜酸乳杆菌、低聚木糖、透明质酸钠、叶黄素酯、L-阿拉伯糖、短梗五加、库拉索芦荟凝胶。

三、功能性食品原料的管理

我国功能性食品原料包括食药同源原料，新食品原料及其他功能性食品原料目录里包含的原料。同时，也明确了禁止添加到功能性食品的若干原料。2009 年 6 月颁布的《食品安全法》中，明确提出功能性食品/保健食品应当建立包含原料名称、用量及其对应的功效的功能性食品原料目录，且原料目录的制订工作由国务院市场监督管理部门会同国务院卫生行政部门、国家中医药管理部门共同完成。同时，随着全球健康食品产业的发展，各个国家和地区都在不断完善此类食品的原料管理法规制度。

1. 我国的原料管理制度

我国在功能性食品原料的采购、运输、验收、仓储等环节都有相应的规范与建议。

（1）采购环节　采购物料必须按照有关规定索取保存有效的供货商资质（包括营业执照、生产许可证等）、供货商检验报告单、保存质量管理部门出具的物料质检报告、购货发票原件、购销合同，具有整体性和连续性的物料出入库记录台账等。

（2）运输环节　物料的运输工具等应符合卫生要求。应根据物料特点，配备相应的保温、冷藏、保鲜、防雨防尘等设施，以保证质量和卫生需要。运输过程中不得与有毒有害物品同车或同一容器混装。

（3）验收环节　物料购进后，对来源、规格、包装情况进行初步检查，按照验收制度的规定填写入库账、卡，入库后应向质检部门申请取样检验。检查工作应涉及运输工具、整体卫生状况、易沉积灰尘和物料、害虫的死角、粪便和气味、羽毛和兽毛等各方位。

经过初检接收物料进厂，仓库应按照批号分批收料，进行专一编号，并做好详细的收料记录。品管部门在仓库完成收料后，应派取样员在仓库取样室完成抽样，取样后重新封好包装，填写取样记录。并将三分样品交化验室，完成留样、感官和化学分析、微生物检验。检验完毕，若结果符合要求，向仓库送交检验报告单，按货物件数发放合格证。

（4）仓储环节　原料库和包装材料库应分隔设置。同一库内各种原料应按待检、合格、不合格分区设置货架或垫仓板离地、离墙≥10cm、离顶≥50cm码放，并有明显标志；同一库内原料按不同批次、不同品种分离存放，同一库内不得储存相互影响风味的原料。

对于有温度、湿度及特殊要求的物料的仓储应按规定条件储存。以菌类经人工发酵制得的菌丝体或以微生态类为原料的应严格控制菌株保存条件，菌种应定期筛选、纯化，必要时进行鉴定，防止杂菌污染、菌种退化和变异产毒。

2. 其他国家和地区的原料管理制度

（1）美国膳食补充剂的原料管理　美国对膳食补充剂的定义是一种经口食用的、旨在补充膳食的产品，其包括维生素、矿物质、草本或其他植物、氨基酸，以及人们用来增加总膳食摄入量的膳食物质，或是以上成分的浓缩品、代谢物、提取物或组合产品等。美国对其采取膳食补充剂原料备案管理制度，膳食补充剂的原料企业应当在其产品上市前至少75d内向美国食品药品管理局（FDA）备案，FDA会对其原料的安全性信息进行审核。

（2）欧盟食品补充剂的原料管理　欧盟与我国的功能性食品类别相似的产品大多数属于食品补充剂，还包括部分带健康声称的普通食品。其作用是通过对浓缩形式的营养素或具有营养或生理功效的其他物质进行加工或复配来补充日常膳食的不足。欧盟采用食品补充剂的原料目录制度。

（3）日本保健机能食品的原料管理　日本的机能食品包括特定保健用食品、营养机能食品、机能标示食品3个类别。目前日本的特定保健用食品尚未建立明确的原料目录。营养机能食品的原料目录包括5种矿物质和12种维生素，且各种成分的营养成分功能声称、每日摄入剂量范围、注意事项标示等信息均有明确的规定。机能标示食品的原料管理由企业自主负责，企业根据科学依据，对产品的机能性作出标注，无需得到政府部门批准。

第四节　功能性食品的发展现状及展望

功能性食品的研究历史由来已久，几千年前我国的医药文献中就记载了食药同源、食疗和食补的概念。如《素问》中记载道"枣为脾之果，脾病宜食之"，古人认为大枣能够滋养血脉、强脾健胃、调和百药，其观点与现代研究发现的大枣中含有多种维生素，提高人体免疫力的作用十分相符。又如《黄帝内经》脏气法时论篇中提到"肝气青，宜食粳米；心色赤，宜食小豆；肺色白，宜食麦；脾色黄，宜食大豆；肾色黑，宜食黄黍"展示出古人利用常见的食物作为食疗保健的养生智慧。但古人的功能性食品研究侧重于基于实践的经验之谈，缺乏深层次作用机理的研究。我国现代功能性食品的研究开始于 20 世纪 80 年代初期，大致经历了几个不同的时期，尤其是近些年来，随着科学技术的发展及人们生活水平的提高，功能性食品的开发与研究越来越规范，发展十分迅速。

国外最早开始研究的功能性食品是强化食品，1910—1929 年，芬克提出了人体必需的"生物胺"（vitamine）的概念，随后被命名为"维生素"。对于维生素生理功能的研究，以及与之相关的缺乏症研究，使人类进一步认识到维生素对于人体生理机能的重要性，并通过补充维生素而很快使维生素缺乏引起的疾病得到缓解甚至治愈。因此，不同国家对于功能性食品的研发也依据各国人群特点有不同的侧重。

近年来，随着国民自身健康关注度的不断提升，年轻消费者常态养生、潮流养生理念的普及以及多项利好政策的出台，国内功能性食品将迎来前所未有的发展机遇，市场规模有望持续提升。但同时，消费者营养健康知识的不断提升，加之行业监管力度加大，重营销轻产品的策略已然不合时宜，未来功能性食品竞争的核心将是科技含量的竞争，以往的功能性食品行业也将由"营销上半场"进入"研发下半场"，分离纯化精制技术、口服液成型技术、新型干燥技术、微胶囊包装技术等高新技术将会逐渐被功能食品企业运用到生产之中，开发高科技含量及功能效果的产品将成为功能性食品的发展主流。

一、功能性食品的发展历史及阶段

1. 我国功能性食品的发展

我国功能性食品行业的经过了一系列由缓慢到高速，由经验到规范的发展过程，主要经历了以下几阶段。

（1）1980—1994 年　自 1984 年中国保健品协会成立后，功能性食品研发步入较快速发展阶段。从 20 世纪 80 年代初的不足 100 家保健品厂，快速增长到 1994 年的 3000 余家，产品种类超过 3000 种，年产值达到 300 亿元人民币，占到了当时食品生产总值的 10% 左右。这一阶段的产品多为第一代产品，主要是根据原材料的功能来推断产品功能，高利润使得功能性食品行业取得了突破性进展。

（2）1995—2002 年　1995 年 10 月公布的《中华人民共和国食品卫生法》首次确立了功能食品的法律地位。自 1996 年起，又接连发布了《保健食品管理办法》《保健食品评审技术规程》和《保健食品功能学评价程序和方法》。这些法律法规规范了该行业的市场，淘汰了不符合要求的生产厂家，促进了行业更加快速健康的发展。由于部分企业离开市场，产值发生了一定程度的降低，但已经初步形成了功能性食品的完整产业链。到 2002 年年底，功能性食品总销售收入达 193 亿元人民币。

（3）2003—2008 年 2003 年由于非典型性肺炎的发生和流行，很多消费者重新重视起功能性食品的作用，当年的销售额一度达到了 300 亿元人民币。2003 年 6 月，卫生部停止受理功能性食品审批，10 月起由国家食品药品监督管理总局正式受理。2005 年 4 月 30 日，国家食品药品监督管理总局公布新的《保健食品注册管理办法（试行）》，并于 7 月 1 日开始施行。自此，功能性食品产业发展进入新的时期。

（4）2009—2015 年 新医改方案把预防和控制疾病放在了首位，政府对卫生保健加大公共财政和人力资源的投入。截至 2015 年年底，中国批准（蓝帽子）15373 个功能性食品，包括中国产 14711 个、进口 662 个；我国功能性食品行业年产值规模已经达到 3000 亿元人民币，企业 3000 余家，从事人员超 600 万。

（5）2015 年至今 功能性食品进入良好发展期。《健康中国"2030"规划纲要》《国民营养计划（2017—2030）》推出，以及《保健食品功能检验与评价方法（2023 年版）》《允许保健食品声称的保健功能目录 非营养素补充剂（2023 年版）》《食品安全法》实施和《保健食品注册与备案管理办法》等新的保健食品管理条例相继出台，保健食品管理和命名进一步规范。功能性食品产业开始整合，品牌化趋势明显；消费者更加理性，对健康、质量和安全性的要求更高。自 2020 年以来，人们更加重视提高自身免疫力，通过各种手段，守护自己和家人的健康。人们在身体保健方面投入越来越多，功能性食品获得了前所未有的关注，极大地推进了功能性食品产业的发展。我国功能性食品行业年产值规模超过 5000 亿元人民币。

2. 其他国家功能性食品的发展

（1）美国 1935 年美国提出了强化食品，随后强化食品得到迅速发展。1938 年，路斯提出了必需氨基酸的概念，他指出 20 种氨基酸中有 8 种人体必须通过食物补充。1942 年其公布了强化食品法规，对强化食品的定义、范围和强化标准都做了明确规定。FDA 还曾规定了一些必须强化的食品，包括面粉、面包、通心粉、玉米粉、面条和大米等。另外，营养专家对微量元素的深入研究，不断拓宽了强化剂的范围，使得人类对食品强化的作用和意义有了更深刻的认识。至今，通过在牛奶、奶油中强化维生素 A 和维生素 D，防止了婴幼儿因维生素 D 缺乏而引起的佝偻病；以食用强化的碘盐来消除地方性缺碘引起的甲状腺肿；强化硒盐防止克山病的流行；在米面中强化维生素 B_1，防止因缺乏维生素 B_1 引起的脚气病的发生；通过必需氨基酸的强化，提高蛋白质的营养价值，并可节约大量蛋白质。

（2）日本 1962 年日本率先提出了功能性食品，并围绕着调节功能做文章。随着衰老机制、肿瘤成因、营养过剩疾病、免疫学机理等基础理论研究的进展，功能性食品研究开发的重点逐渐转移到这些热点上来。

从日本功能性食品的发展历程可以看出，它的出现标志着在国民温饱问题解决后，人们对食品功能化的一种新需求，它的出现是历史的必然；功能性食品的需求量随着国民经济的发展而发展，随着人民生活水平的提高而不断增长。

二、功能性食品迅速发展的原因

功能性食品能够在世界范围迅速发展，与世界经济和环境的变化密切相关。

1. 人口老龄化促进了功能性食品的发展

世界人口正在向老龄化发展，据统计，已有 55 个国家和地区进入老年型社会。目前，全世界老年人口达到 5.8 亿，占总人口的 6%。在美国，65 岁以上的老年人已超过 3200 万，占总人口的 13.3%。而我国 60 岁及以上的老年人口约 2.5 亿，医疗费用成为社会及个人庞大的开支和沉重的负担，使人们认识到从饮食上保持健康、预防疾病更为合算、安全，因此，功能性食品得到迅速发展。

2. 疾病谱和死因谱的改变刺激了功能性食品的消费

随着科学和公共卫生事业的发展，各种传染病得到了有效的控制，但是，各种慢性疾病如心脑血管疾病、恶性肿瘤、糖尿病已占据疾病谱和死因谱的主要地位。慢性病与多种因素有关，常涉及躯体的多个器官和系统，生活习惯、行为方式（吸烟、酗酒、不良的饮食习惯、营养失调、紧张的行为方式和个性）、心理、社会因素等在患病过程中起重要作用。疾病模式的变化促使人们重新认识饮食与现代疾病的关系，寻找饮食习惯的弊病，从而引发了饮食革命，刺激了功能性食品的消费，促进了功能性食品的发展。

3. 科学的进步推动了功能性食品的发展

近半个世纪以来，生命科学取得了极其迅速的发展，特别是生物化学、分子生物学、人体生理学、遗传学及相关分支学科的发展，使人们进一步认识到饮食营养与躯体健康的关系，认识到如何通过营养素的补充及科学饮食去调节机体功能，从而预防疾病。科学的发展使人们懂得了如何利用功效成分去研制开发功能性食品，使人们对功能性食品的认识从感性阶段上升到理性阶段，从而推动了功能性食品的发展。

4. 回归大自然加速了功能性食品的发展

由于回归大自然的热潮兴起，富含膳食纤维、低脂肪、低胆固醇、低糖、低热量的食品越来越受到人们的欢迎，从而也推动了功能性食品的发展。

三、我国功能性食品的展望

目前，美国重点发展婴幼儿食品、老年食品和传统食品。日本重点发展降血压、改善动脉硬化、降低胆固醇等与调节循环系统有关的食品，降低血糖和预防糖尿病等调节血糖的食品及抗衰老食品，整肠、减肥的低热食品。我国功能性食品将是人类的未来食品，其发展趋势有以下几个方面：

1. 加强第三代功能性食品开发

我国早期的功能性食品大多是建立在食疗基础上，一般采用多种既是药品又是食品的中药配制产品，这是我国功能性食品的特点。它的好处是经过了前人的大量实践，证实是有效的。如果进一步在现代功能性食品的应用基础研究的基础上，开发出具有明确量效和构效关系的第三代功能性食品，就能与国际接轨，参与国际竞争。随着大众消费观念的升级，食品的营养和保健功能越来越受到人们的重视，具有明确功能因子的第三代功能性食品的需求量必然增加，因此，发展第三代功能性食品，推动功能性食品的升级换代前景广阔。饮食方式如"生酮饮食""古式饮食"或低碳水化合物饮食近年来激增，刺激了产品创新，并引发了一波新产品的开发热潮。健康与营养调查显示，虽然只有 9% 的全球消费者表示他们在近一年遵循严格的低碳水化合物饮食或无碳水化合物饮食，但 38% 的人表示他们为了减肥而少吃碳水化合物，这无疑也为第三代功能性食品的开发热点提供了参考。

2. 加强高新技术在功能性食品生产中的应用

采用现代高新技术，如纳米技术、膜分离技术、微胶囊技术、超临界流体萃取技术、生物技术、超微粉碎技术、分子蒸馏技术、无菌包装技术、现代分析检测技术、干燥技术（冷冻干燥、喷雾干燥和升华干燥）等，实现从原料中提取有效成分，剔除有害成分的加工过程。再以各种有效成分为原料，根据不同的科学配方和产品要求，确定合理的加工工艺，进行科学配制、重组、调味等加工处理，生产出一系列名副其实的具有科学、营养、健康、方便的功能性食品。另外，先进的传感技术与人工智能相结合创建复杂的生产监控系统，也能为提高功能食品生产效率、保证功能效果和安全提供支撑。

3. 开展多学科的基础研究与创新性产品的开发

功能性食品的功能在于本身的活性成分对人体生理节律的调节，因此，功能性食品的研究与生理学、生物化学、营养学及中医药等多种学科的基本理论相关。功能性食品的应用基础研究是多学科的交叉。应用多学科的知识、采用现代科学仪器和实验手段，从分子、细胞、器官等分子生物学水平上研究功能性食品的功效及功能因子的稳定性，开发出具有知识产权的功能性食品。

4. 产品向多元化方向发展

随着生命科学和食品加工技术的进步，未来功能性食品的加工更精细、配方更科学、功能更明确、效果更显著、食用更方便。产品形式除以往较多的口服液、胶囊、饮料、冲剂、粉剂外，一些新形式的食品，如烘焙、膨化、挤压类等食品也将不断增加市场份额，功能性食品将向多元化的方向发展。在老龄化社会背景下，适用于老年人的功能性食品逐渐增多；在慢性病高发、生活方式病发生率不断上升的时代，有助于预防多种疾病的功能性食品成为发展主流。

（1）传统饮食与功能性食品　随着人们健康消费意识的升级，我国消费者越来越重视个人健康，当消费者不再满足于传统的食品时，功能性影响消费者选择食品的优先级开始不断提升，与此同时，人口老龄化日益严重，使得功能性食品大受关注，在消费升级的大背景下，消费者开始选择有益于自身的功能性食品，尤其是在免疫支持、肠道健康和情绪管理等领域。

（2）食品免疫力和肠道健康　消费者对增强免疫力的食品和饮料的强烈渴望激发了产品创新。各年龄段人群对于提高免疫力的功能性饮品需求都在不断提高。研究数据显示，91%消费者表示在后疫情时代会更加关注增强免疫力；2020 年 Innova 消费者市场洞察调研表明，全球六成的消费者正更加积极地寻找支持其免疫健康的食品饮料产品。目前，我国市场针对提升免疫力需求的大健康饮料主要涉及食药同源原料、添加益生元、补充维生素等方向。

富含维生素的饮料中添加有助于强化免疫力的矿物质、植物成分和中草药成分等，能够使提升免疫力的功效更可信。此外，食药同源原料如三七、黄精、桂圆等，蛋白类原料如乳清蛋白、大豆肽、牡蛎肽、海参肽等同样具有提高免疫力的功效。

《国人肠道健康白皮书》给出的维护肠道健康的生活方式主要包括均衡膳食，多食用富含膳食纤维、益生元（如低聚果糖、低聚木糖、抗性糊精、菊粉等）、益生菌（如双歧杆菌、嗜酸乳杆菌等）的食物等，旨在促进人体营养物质的消化吸收、提高机体免疫力、维持肠道菌群结构平衡等。

（3）提高睡眠质量，缓解焦虑　随着生活节奏和生活压力增大，30% 左右的 20～30 岁青年人入睡时间在晚上 12 点之后；超 20% 的 30～40 岁中年人睡眠时间少于 6h。失眠熬夜是困扰绝大多数年轻人的问题，而老年人由于身体机能的衰退，提高睡眠质量也同样重要。有调查数据表明，有 75% 以上的消费者会感到焦虑，来自工作、家庭责任、金钱、经济形势和家人健康的压力成为焦虑的主要来源。

针对这类产品常用的功效成分包括褪黑素（在中国可作为保健食品原料使用）、γ-氨基丁酸（γ-aminobutyric acid，GABA）、L-茶氨酸、氨基酸成分（如甘氨酸、丝氨酸、L-色氨酸、精氨酸、鸟氨酸等）、维生素类（如 B 族维生素、维生素 A、维生素 C）、缬草、百合、酸枣仁等。

（4）减肥、控制体重　近年来，我国肥胖现象爆发式增长，根据新国际医学杂志《柳叶刀》发布的数据，中国有 9000 万肥胖人群，其中 1200 万为重度肥胖。肥胖可导致一系列并发症或相关疾病的发生，如糖尿病、痛风、脂肪肝、胃食管反流、哮喘、睡眠呼吸暂停等，进而影响寿命并导致生活质量下降。随着生活水平的提高，国民自我保护意识逐渐增强，安全、健康、科学的减肥和控制体重的方法越来越受到人们的青睐。

针对这类产品常用的原料包括荷叶、山楂、绿茶、L-阿拉伯糖、白芸豆提取物、左旋肉碱等。

（5）缓解视疲劳功能　互联网的发展以及电子产品在人们生活中的渗透率逐渐上升，对眼睛的伤害也不断加深。世卫组织研究报告显示，中国小学生近视比例高达 40% 以上，大学生近视比例达 80% 以上；成年人也被视力亚健康问题所困扰，眼疲劳、眼涩、眼干、胀痛等眼部问题已成常态；老年人群体中，年龄相关性黄斑变性是全球 50 岁以上成年人首要致盲疾病之一，这类疾病在我国患病人数超 3000 万，并且每年以 30 万人次的速度增加，可以说全年龄段都存在着非常严重的眼部健康问题，因此市场空间巨大。

针对这类产品常用原料包括维生素类（维生素 A、维生素 B_9、维生素 B_2、维生素 E 等）、矿物质类（硒、钙、锌等）、类胡萝卜素（叶黄素、玉米黄质等）、多酚类化合物（来源主要为越橘、黑加仑、黑枸杞、蓝莓、葡萄籽等）、食药同源原料（决明子、杭菊花等）等。

（6）解酒护肝　随着现代生活和工作节奏的不断加快，人们迫于压力和社交所需，很多场合都需要饮酒，根据 2023 年中国疾病预防控制中心的报告，我国成年人的饮酒率为 30.5%，其中男性为 53.8%，女性为 12.2%，目前中国酒民已超 4 亿，人均饮酒 2.7 两，中国酒水市场消费额达 10000 亿。然而，长期过度饮酒不仅对身体的多个器官如大脑、肝脏、心脏等有一定的损害，还会阻碍营养物质的吸收，从而严重影响身体健康。因此，解酒护肝原料及相关产品已然成为人们关注的热点。

针对这类产品常用原料包括食药同源原料（葛根、铁皮石斛、赶黄草、姜黄、枳椇子等）、玉米低聚肽等。

（7）降血脂　血脂是血液中所含脂类的总称，主要包括胆固醇、甘油三酯、低密度脂蛋白、高密度脂蛋白、磷脂、糖脂、类固醇和游离脂肪酸等；总胆固醇又分为高密度脂蛋白胆固醇和低密度脂蛋白胆固醇等。高血脂，在现代医学中称为血脂异常，通常指血清中总胆固醇、甘油三酯和低密度脂蛋白胆固醇水平升高，以及高密度脂蛋白胆固醇水平降低。高血脂被称为"百病之源"，是导致心血管疾病、冠心病、心肌梗死、糖尿病、脂肪肝、肥胖等疾病的重要因素之一。根据《中国血脂管理指南（2023 年）》显示，我国血脂异常人群达 1.6 亿，并且随着国民生活质量不断提高以及饮食更加精细化，高血脂的患病人群逐渐年轻化。

在国家卫健委公布的既是食品又是药品的中药名单中，杜仲叶、葛根、荷叶、桑椹、山楂、山药、枸杞子、决明子、紫苏、桑叶等都具有降血脂的作用。

（8）骨骼健康　骨健康指的是整个骨骼系统的健康，包括骨、软骨、关节、肌腱、韧带等。根据中国骨质疏松症流行病学调查结果，我国 50 岁以上人群骨质疏松症患病率为19.2%；65 岁以上人群达到 32.0%，其中男性为 10.7%，女性高达 51.6%，影响日常生活和工作。随着社会人口老龄化态势持续、国民健康意识不断完善，以及运动健身人群逐渐扩大，人们对于骨骼健康的关注度也越来越高。

针对这类产品常用原料包括胶原蛋白、透明质酸钠、姜黄、维生素类（维生素 D、维生素 K_2 等）、矿物质（钙、镁等）等。

（9）身心食品　通过特殊的饮食来调节情绪、缓解压力和助眠以解决情绪和心理健康问题已成为食品和营养领域的又一趋势。有公司已经开始了该类型产品的探索和开发。例如，注入大麻二酚（cannabidiol，CBD）的食品和饮料、南非醉茄等适应原和 L-茶氨酸等益智药的使用正因其减轻压力和提升情绪的特性而获得动力。

（10）针对美容及其他方面的功能性食品　胶原蛋白是近年来广受欢迎的功能性成分之一，主要来其与头发、皮肤、指甲和关节的益处。相关数据表明，全球 40% 以上的消费者对自己的皮肤健康有中度或极度关注，约 50% 的消费者对关节和肌肉疼痛感到担忧。考虑到这一点，部分企业已开始在这一领域进行投资。

5. 加强对功能性食品原料研究和应用

要进一步研究开发新的功能性食品原料，特别是一些具有中国特色的基础原料，对功能性食品原料进行全面的基础和应用研究，不仅要研究其中的功能因子，还应研究分离保留其活性和稳定性的工艺技术，包括如何去除这些原料中有毒物质。更多新资源食品的开发和应用，更多的药用植物（果蔬）的植物化学素认识和应用，每一个新食品原料许可都能够带动后续产业的升级，如 2021 年年初国家卫健委发文批准透明质酸可作为新食品原料应用于普通食品，之后很短时间内，市场上大量出现含透明质酸的食品。

6. 以科学基础研究支撑产业发展，实行高质量发展

对于一个产业的发展，科学基础支撑是核心。首先要有科学基础研究的支撑，然后将科学基础转换成技术支撑，再通过技术支撑产品，从而满足消费者的需求。品牌产品和明星企业对于一个产业的推动作用十分重要。在未来几年内，行业整合加速，推动行业优胜劣汰，着手扶持和组建一些功能性食品企业，使之成为该行业的龙头企业，以带动整个功能性食品行业健康发展。

创新技术使消费者能够控制自己的健康目标。各种应用程序和在线服务正在帮助消费者管理他们的体重、食物不耐受和偏好（更多以植物为基础、更少加工等）。对微生物组和DNA 测试的需求也在增长，为个性化营养的发展创造了更多机会。

7. 不断完善食药同源名单

从社会公众健康食用的角度考虑，有必要对食药同源名单的具体内容进行补充或修订，制定相关标准，以确保其来源准确、食用恰当、加工规范。随着人们生活水平的提高，健康管理意识的增强，越来越多的人希望通过食药同源的饮食方式调养身体，延年益寿。

8. 更加完善的市场监管体系

随着原有《保健食品检验与评价技术规范（2003 年版）》废止后，保健食品的管理动态成为国内外各生产企业、研发单位、检测机构等相关单位极为关注的问题。国家成立特殊食

品安全监督管理司，保健食品行业步入注册制与备案制双轨并行时代，市场监管总局先后出台了多个标准及征求意见：《保健食品标志规范标注指南》（2023 年第 53 号）、《保健食品原料目录　营养素补充剂（2023 年版）》《食品经营许可和备案管理办法（国家食品药品监督管理总局令 2023 年第 21 号）》《保健食品标注警示用语指南》《保健食品理化及卫生指标检验与评价技术指导原则》《保健食品原料用菌种安全性检验与评价技术指导原则》《保健食品原料目录与保健功能目录管理办法》《保健食品及原料安全性毒理学检验与评价技术指导原则》，及《益生菌类保健食品申报与审评规定》《允许保健食品声称的保健功能目录　营养素补充剂（2023 年版）》《允许保健食品声称的保健功能目录　非营养素补充剂（2023 年版）》及《保健食品功能检验与评价技术指导原则（2023 年版）》《保健食品功能检验与评价方法（2023 年版）》《保健食品人群试食试验伦理审查工作指导原则（2023 年版）》等相关法规标准。

总之，食品科技工作者应加强基础研究，同时产业化经营者应加快产品开发应用，规范法规，规范管理，提高产品的技术含量，增强产品的生产效率，使我国功能性食品的发展走上一条具有中国特色的健康发展道路，为功能性食品的研究与开发应用做出应有的贡献。

思考题

1. 简述功能性食品的概念及特征。
2. 功能性食品如何分类？功能性食品研发有哪些基本要求？
3. 功能性食品在调节人体机能时主要有哪些作用？
4. 功能性食品检测的基本内容是什么？
5. 简述我国功能性食品产业现状、存在问题和发展趋势。

02

第二章

功能性糖类

学习目标

　　理解糖类的概念、来源、种类；掌握功能性低聚糖、活性多糖和膳食纤维的生理功能、种类和应用，掌握膳食纤维的生理功能；掌握功能性甜味剂的种类和功能；了解功能性糖类制备方法及应用。

名词及概念

　　单糖、寡糖、多糖、功能性低聚糖、功能性多糖、膳食纤维和功能性甜味剂等。

第一节　概述

　　最初，糖类化合物用 $C_n(H_2O)_m$ 表示，统称"碳水化合物"。但是现在发现糖类中的氢原子和氧原子个数比并不都是 2：1，也并不以水分子的形式存在，如鼠李糖及岩藻糖（$C_6H_{12}O_5$）、脱氧核糖（$C_5H_{10}O_4$）。糖类是多羟基的醛或多羟基酮及其缩聚物和某些衍生物的总称。糖类具有很多生物学意义：①是一切生物体维持生命活动所需能量的主要来源；②是生物体合成其他化合物的基本原料；③充当结构性物质；④糖链是高密度的信息载体，是参与神经活动的基本物质；⑤是细胞膜上受体分子的重要组成成分，是细胞识别和信息传递等功能的参与者。

　　糖类化合物分为单糖、寡糖和多糖，单糖是指不能水解的最简单糖类，是多羟基的醛或酮的衍生物（醛糖或酮糖）；寡糖由 2~10 个分子单糖缩合而成，水解后产生单糖；多糖由多分子单糖或其衍生物组成，水解后产生原来的单糖或其衍生物，多糖又分为同多糖、杂多糖和糖缀合物。自然界存在许多重要单糖及其衍生物，比如糖醇是醛基或酮基被氢还原产生，较稳定，有甜味，如甘露醇、山梨醇；糖醛酸由单糖的醛基或酮基氧化而得，如葡萄糖醛酸、半乳糖醛酸；糠醛是单糖与 12% 盐酸作用脱水得到；氨基糖是糖中的羟基被氨基取代而产生，如 D-氨基葡萄糖；糖脎是糖与苯肼在成脎作用下产生的化合物，用以鉴定单糖；糖酯是单糖的羟基与脂肪酸反应而成的酯类；脱氧糖是单糖的某个羟基或羟甲基失去氧而产生的化合物，如脱氧核糖、L-岩藻糖（藻类糖蛋白的成分）和 L-鼠李糖（植物细胞壁成分）；糖苷是单糖的半缩醛上羟基与非糖物质（醇、酚等）的羟基形成的缩醛，如洋地黄苷、皂角苷。

随着近年来全球社会经济的快速发展，人们健康意识逐渐增强。大家对糖类化合物有了新的需求，具备各种功能的功能性糖类成为人们研究的热点。功能性低聚糖、活性多糖、膳食纤维以及糖醇、强力甜味剂等功能性糖类引起了广泛的关注，它们在调节肠道菌群、整肠作用、改善血糖和脂质代谢、免疫调节、抗菌、抗氧化、抗癌和抗肿瘤、促进矿物质吸收等方面的功效不断被报道。

第二节　功能性低聚糖

功能性低聚糖是一类能够调节人体机能的、具有特殊生理功效的碳水化合物，大多数是由 10 个以内单糖通过由 α-(1,6) 糖苷键、α-(1,3) 糖苷键和 α-(1,2) 糖苷键相连形成直链或支链的低分子聚合物，由于胃肠道内只能产生水解 α-(1,4) 糖苷键的酶，没有水解功能性糖类的酶系统，因此功能性低聚糖不被胃肠道消化吸收而直接进入大肠内，被双歧杆菌等益生菌分解利用，有利于肠道益生菌群的生长繁殖，维持肠道微生态环境平衡。功能性低聚糖主要包括水苏糖、棉子糖、异麦芽酮糖、乳酮糖、低聚果糖、低聚木糖、低聚半乳糖、低聚异麦芽糖、低聚异麦芽酮糖、低聚龙胆糖、大豆低聚糖、低聚壳聚糖、海藻糖等。

功能性低聚糖具有口感好、黏度高、吸湿性强、稳定性好、安全无毒等特点。其甜度与热量较低，是蔗糖甜度的 30%～60%，并且几乎不被人体吸收代谢，食用后不会使血糖、血脂增加，常用作食品甜味剂，适合高血糖和高血脂人群的饮食需求。

一、功能性低聚糖的生理功能

1. 维持肠道菌群平衡

肠道菌群能够有效促进宿主肠道屏障功能建立，人体免疫系统的发育和营养代谢形成，从而形成相互依存、和谐共生的整体。摄入功能性低聚糖可以为肠道内双歧杆菌、乳酸菌等益生菌提供生长所需物质，选择性促进有益菌群增殖，从而通过竞争抑制有害菌的生长繁殖。不同功能性低聚糖被肠道菌群利用的程度不同，表现在有益菌的增殖程度、有害菌的受抑制程度、产酸量和产气量等方面，因而摄入量也不同。

肠道菌群会随着宿主的年龄、饮食习惯、健康状态的变化而变化，因此作为肠道菌群中主要的益生菌，双歧杆菌的数量可以反映出宿主的身体素质水平，其数量较多时，说明宿主处于健康状态，反之，则处于亚健康状态。

2. 减少有毒发酵产物及有害细菌酶产生

双歧杆菌是肠道菌群中重要的益生菌之一，其可以生成与肠黏膜上皮细胞外的糖蛋白结合的凝集素，从而黏附在肠黏膜上，形成致密的菌膜，同时双歧杆菌还可以产生分解肠黏膜上病原菌受体的胞外糖苷酶，拮抗病原菌的黏附、定殖。双歧杆菌代谢产生乳酸、醋酸、丙酸、丁酸等有机酸，能够降低肠道环境 pH，抑制有害菌的生长繁殖。双歧杆菌除了自身有抗菌效果，还可以使结合型胆汁酸转变成游离态，以及产生抗菌素，这些代谢产物均可抑制病原菌生长，维护肠道健康。一些致病菌可生成有毒的代谢产物，双歧杆菌不仅可以抑制这些代谢产物的产生，还可以降解肠道中的有毒物质。

另一方面饲料中残留的霉菌毒素热稳定性好，很难被去除，会引起慢性中毒、急性中毒、致癌，损伤机体的组织和器官。功能性低聚糖对霉菌毒素有很强的吸附力，可以形成多糖-毒素复合物，有效阻止动物肠道吸收毒素，从而排出体外，同时不影响饲料的其他营养成分。有研究表明，加入甘露寡糖确实可以在一定程度上缓解霉菌毒素的肝毒性。

3. 增强免疫力，抗肿瘤

功能性低聚糖不仅与肠道黏膜结合，还会促进双歧杆菌等益生菌的增殖，最大程度上竞争性抑制病原菌的增殖，在肠道黏膜形成生物屏障，保护机体健康。此外，功能性低聚糖还可以与抗原结合，如毒素、病原体、有害细菌等，通过双歧杆菌刺激肠黏膜，诱导免疫细胞和肠黏膜免疫系统反应，促进免疫球蛋白（IgA）的分泌与细胞因子和抗体的产生，提高 B 淋巴细胞介导的体液免疫和 T 淋巴细胞介导的细胞免疫功能，进而提高了肠道黏膜的免疫力，抵御病原菌入侵。双歧杆菌可以刺激 B 淋巴细胞分化增殖，使细胞数量增多，促进免疫球蛋白（IgA）的分泌；其细胞壁含有大量的肽聚糖和磷壁酸，具有很强的生物活性，能刺激腹腔巨噬细胞、NK 细胞和淋巴细胞因子杀伤细胞的活性。基于双歧杆菌对免疫系统的调节能力，使它一定程度上抑制肿瘤细胞增殖，诱导肿瘤细胞凋亡。

4. 调节血脂，保护肝功能

功能性低聚糖热量低、甜度低，不被人体吸收利用，脂肪转化率低，同时可以促进胰岛素分泌，提高组织器官对糖类的利用率，抑制糖异生，并且被双歧杆菌分解产生的乙酸盐会抑制肝脏中糖类转化为脂肪，因此功能性低聚糖可以通过多个途径降低血糖，防止各种急性并发症的发生，维持糖尿病人的血糖平衡。在降血脂和降胆固醇方面，功能性低聚糖能使血清中的低密度脂蛋白含量降低，促进脂类代谢；抑制胆固醇合成酶系统的活性，被双歧杆菌分解生成的丙酸会抑制胆固醇生成，从而降低血清中甘油三酯和胆固醇的含量。

5. 合成维生素

功能性低聚糖与矿物质元素分子间形成氢键或盐键构成较稳定的空间结构，增加食品中金属元素的含量。同时，功能性低聚糖可以利用携带的正电荷与细胞膜相连，诱导跨膜通道的结合蛋白结构发生变化，提高肠道黏膜通透性，便于钙、铁、锌、镁等矿物质元素的运输。双歧杆菌分解代谢功能性低聚糖产生的有机酸可以增加矿物质元素的溶解度，提高人体对金属元素的吸收率。益生菌吸收利用功能性低聚糖会生成一些氨基酸、B 族维生素等人体必需物质，因此功能性低聚糖不仅可以通过益生菌给机体提供所需营养物质，还可以促进营养物质吸收。

6. 防止便秘

益生菌代谢可以产生丙酸，是黏膜代谢的主要能源物质，具有促进细胞增殖的作用；其还会产生大量醋酸和乳酸等短链脂肪酸，能刺激肠道蠕动，增加粪便的湿润度并保持一定的渗透压，从而改善肠道内环境，防止便秘的发生。

7. 预防龋齿

龋齿是一种常见的细菌性疾病，主要是由突变链球菌感染引起，而功能性低聚糖不被病原菌分解利用，不会形成不溶性葡聚糖堆积而成的齿垢。在食品中同时添加蔗糖和功能性低聚糖可以抑制突变链霉菌将蔗糖变为不溶性葡聚糖，降低葡萄糖在牙齿上的黏附性，起到保护牙齿的作用。

二、常见的功能性低聚糖

1. 低聚果糖

低聚果糖是由蔗糖分子和 1~3 个果糖分子通过 β-(2,1) 糖苷键连接而成的直链杂低聚糖，合成低聚果糖的天然食品种类丰富，但含量不多，包括香蕉、洋葱、菊芋、蜂蜜、麦类等。低聚果糖外观为无色粉末，溶解性好，水溶液无色透明；与蔗糖相比，其口感清爽、无后味，甜度为蔗糖的 30%~60%，随纯度的增加而下降；黏度较蔗糖略高，随温度上升而下降；pH 5~7 时耐热性良好，当 pH<4 时热稳定性大幅度降低。低聚果糖推荐摄入量为 3.0~15.0g/d，最多不超过 30g/d。

低聚果糖因其良好的口感和营养价值广泛应用于乳制品、饮料、甜点、化妆品、饲料等领域。在乳制品行业中，酸奶和奶粉生产中应用低聚果糖居多，其不仅可以促进肠道内双歧杆菌、乳酸菌的生长，还能为食品中益生菌提供营养物质，提高细菌活力，延长食品有效期。国标 GB/T 23528—2021《低聚糖质量要求　第 2 部分：低聚果糖》指出，低聚果糖可作为食品或食品原料使用。在饮料制品行业中，长期饮用碳酸饮料会引起牙齿疾病，过量摄入普通甜味剂会影响肠道菌群，增加心血管疾病、肥胖症的发病率，而使用低聚果糖代替普通甜味剂不仅甜度、口感方面相差无几，还能保证热量低，营养价值高。在甜点加工过程中，添加低聚果糖可以改善产品外观、口感，增加保湿性，延长保质期。在化妆品行业中，低聚果糖除了具有保湿效果外，还能有效抑制有害菌生长，达到祛痘的功效，并增强抗感染能力，维护肌肤屏障。在饲料生产中添加低聚果糖，可以通过调节动物肠道菌群，提高益生菌数量并抑制病原菌增殖、促进动物体重增加、提高免疫力，还可以减少抗生素用量，其属于绿色环保添加剂。生产低聚果糖的主要厂家集中在亚洲、欧洲。而日本近年来对其研究开发十分活跃，我国从 2002 年开始生产低聚果糖，现年产能力已达 12 万 t。目前，国际市场对低聚果糖的需求量极大。

2. 低聚半乳糖

低聚半乳糖是一种具有天然属性的功能性低聚糖，由半乳糖或葡萄糖分子通过连接 1~7 个半乳糖基构成，乳糖之间大多数以 β-(1,4) 糖苷键连接，也存在 β-(1,3) 糖苷键，半乳糖与葡萄糖之间以 β-(1,4) 糖苷键连接。低聚半乳糖主要存在于乳汁中，动物的乳汁中含量较少，人类的乳汁中含量稍多，研究表明，母乳喂养的婴儿肠道中双歧杆菌的数量显著提升。低聚半乳糖外观为白色粉末，易溶于水，保湿性好，黏度低，对酸和热稳定，其甜度为蔗糖的 20%~40%。低聚半乳糖推荐摄入量为 2.5~15.0g/d。低聚半乳糖广泛应用于烘焙食品、乳制品、饮料等食品行业，可以解决部分人群乳糖不耐受现象，并促进婴幼儿肠道健康。

早在 2008 年，我国卫生部就已将低聚半乳糖批准为新资源食品，可用于婴幼儿食品、饮料、乳制品等行业，总添加量不超过 64.5g/kg。美国法规将低聚半乳糖作为 FDA 评价食品添加剂安全性指标（GRAS）物质，用于乳制品、功能性食品及食品配料。欧盟法规认可低聚半乳糖可与低聚果糖混合，添加于婴儿配方奶粉和较大婴儿配方奶粉中，最大添加量为8.0g/L。澳/新法规许可低聚半乳糖添加在婴幼儿配方奶粉中，最大添加量为 290.0mg/100kJ。

3. 低聚乳果糖

低聚乳果糖是通过节杆菌的 β-呋喃果糖苷酶催化将蔗糖中的果糖转移至乳糖分子上，形成半乳糖基蔗糖。低聚乳果糖的口感与蔗糖相似，甜度是蔗糖的 70%，对酸和热都有较高的稳定性，保湿性好，在功能性低聚糖里，其理化性质与蔗糖相似度较高。低聚半乳糖推荐摄入量为 $3.0\sim6.0g/d$。

4. 低聚木糖

低聚木糖，又称木寡糖，由 $2\sim8$ 个木糖通过 β-(1,4) 糖苷键连接而成的功能性低聚糖，主要存在于玉米芯、蔗渣、棉籽壳、麸皮中。低聚木糖的外观是淡黄色粉末，口感清爽，甜度为蔗糖的 50%，与其他功能性低聚糖类相比略带特殊气味，黏度相对较低，并随温度的升高迅速下降，耐酸耐热性相对较好。与其他功能性低聚糖不同之处在于低聚木糖可以选择性促进双歧杆菌增殖，效果是其他糖类的十几倍。由于低聚木糖的耐酸性，使其可以在酸性饮料中使用，延长保质期；其具有高效的调节肠道菌群的能力，使得在达到同样效果时，用量更少。低聚木糖是仅次于低聚异麦芽糖的第二号国际畅销低聚糖类原料产品。日本三得利株式会社是全球最大的低聚木糖生产商，其年产量高达 6 万 t。我国从 2000 年开始试产木糖和低聚木糖，国内木糖和低聚木糖的年产能力已超过 1 万 t。

5. 低聚异麦芽糖

低聚异麦芽糖是由 $2\sim5$ 个单糖通过 α-(1,6) 糖苷键连接而成的功能性低聚糖，其分子结构中也存在分枝状的 α-(1,4) 糖苷键及 α-(1,3) 糖苷键，游离状态的低聚异麦芽糖很少存在，大多数分布在支链淀粉、右旋糖等较复杂的多糖结构中。低聚异麦芽糖是白色粉末，口感绵软，甜度随着聚合度增加而降低，甚至消失。其黏度较高，耐热耐酸性好，保湿性好，可以锁住水分、防止结晶。低聚异麦芽糖推荐摄入量为 $15.0\sim20.0g/d$。在众多功能性低聚糖产品中，低聚异麦芽糖是产量最大、市场销售最好的一类。据估计，目前我国低聚异麦芽糖全国总产能已达 5 万 t，而低聚异麦芽糖的世界总产量已超过 15 万 t。

6. 大豆低聚糖

大豆低聚糖是大豆中功能性低聚糖的总称，约占大豆总重量的 10%，主要由蔗糖、棉子糖、水苏糖组成。大豆在成熟期时，大豆低聚糖的含量最高，发芽后会逐渐减少。除大豆外，扁豆、豌豆、蚕豆、豇豆、绿豆及花生等作物均有存在。大豆低聚糖外观为白色或淡黄色粉末，易溶于水，液体呈无色透明。其甜度为蔗糖的 70%，黏度比蔗糖高，热稳定性较较好（酸性条件下，也比蔗糖稳定）。大豆低聚糖的推荐摄入量为 $3.0\sim10.0g/d$。大豆低聚糖还具有抑制淀粉老化的作用，且抑制效果随着添加量的增加而加强。因此，在面包等淀粉类食品中添加大豆低聚糖，能延缓淀粉老化，防止结晶析出，保持松软度，延长产品有效期。大豆低聚糖良好的耐酸耐热性，适于添加到软饮料、乳酸菌饮料和酸性饮料生产中，制成营养型、保健型、美容型等各种饮品。目前，我国大豆低聚糖产量在世界上仅次于美国居第二，年产量接近 1 万 t。我国大豆低聚糖主要出口日本、美国和欧洲，由于价格关系，国内大豆低聚糖的内销量较少，产品大多供出口。

7. 低聚壳聚糖

低聚壳聚糖是由壳聚果糖降解而来的低分子寡糖。壳聚糖（又称甲壳胺、脱乙酰甲壳素），是通过甲壳素一定程度的脱乙酰而获得的。甲壳素原料丰富，大量存在于海洋节肢动物，如虾、蟹的甲壳之中，也存在于菌类、昆虫类、藻类细胞和高等植物的细胞中，分布极其广泛。它是仅次于纤维素的第二大可再生资源。由甲壳素制得的低聚壳果糖具有清爽的甜味，有一定的吸湿性，水溶性比一般的单糖小，故有助于调整食物的水分活度，增进保水性。含有低聚壳聚糖的食物也易于消化，能促进肠内有益菌的生长。

低聚壳聚糖由于其独特的性能而广泛地应用于许多领域。在商品工业中，它被认证为膳食纤维，对于人体有降低胆固醇、提高机体免疫力、抑制胃酸分泌和调节人体微量元素水平的功能，因可以防治肥胖病、冠心病和各种胃肠病而被优先选为功能性添加剂；在农业方面，可以防止植物病害，促进植物生长，成为植物的保护剂；在医学上，由于低聚壳聚糖具有抗细菌感染和抗肿瘤效果，而制成很好的医疗保健品等。

8. 低聚龙胆糖

低聚龙胆糖是龙胆二糖、三糖、四糖的混合物。龙胆二糖是葡萄糖受酸和热发生复合反应的生成物，当经过 α-(1,6) 糖苷键时，生成异麦芽糖；当经过 β-(1,6) 糖苷键时生成龙胆二糖。低聚龙胆二糖在自然界蜂蜜中有少量存在，具有柔和的提神苦味。它的苦味非常微妙，不会停滞在舌头上。龙胆低聚糖和麦芽糖浆相比有较高的吸水性，可用于防止淀粉食品的老化和保持食品的水分。龙胆低聚糖难于被人体消化酶分解，所以是低热量的产品，特别是它具有比其他低聚糖更好的促进人体小肠中双歧菌和乳酸菌的繁殖功能。

三、功能性低聚糖的应用

在食品饮料方面，功能性低聚糖对肠道、血糖调节及免疫增强作用，对开发功能食品与饮料具有较好的支撑作用。功能性低聚糖除作为双歧因子存在外，还能作为食品添加剂加到食品中改善食品的质构、热量和风味。此外，因功能性低聚糖具有抗菌性和抗氧化活性的作用，还可制成可食性涂膜应用于水果的贮藏保鲜。在乳制品中添加功能性低聚糖可有效地调节生物体肠道菌群的结构及比例平衡，促进肠道优势菌群的生长增殖，缓解生物体产生的乳糖不耐受情况，有效预防出现的便秘与腹泻症状，进而提升机体的免疫能力。据已发表研究数据及文献报道，2009 年至今，全球乳品市场的年需求量在以年均 3% 的增量实现正增长。在饲料方面，随着对绿色养殖的倡导及推广，以及对抗生素等药物的限制使用要求及规定，低聚糖会越来越广泛的被应用到动物保健品和饲料工业中。功能性低聚糖作为部分抗生素替代品，被加入鱼类、仔猪、肉鸡等动物日粮中，具有调节肠道细菌平衡，预防细菌病毒疾病发生，促进营养转换等功效。在农药方面，通过功能性低聚糖完成对调控作物的生长发育具有较显著的促进作用；添加功能性低聚糖的农业调节剂及生物农药成为新型的植物激素及植物抗性激活因子，在农业应用上的植保作用明显。

第三节　活性多糖

多糖是一类由醛糖和酮糖通过糖苷键连接而成天然大分子物质，是聚合度大于 10 的极性复杂大分子，相对分子质量一般为数万甚至数百万。多糖是构成生命体的四大基本物质之一，不仅为生物提供骨架结构和能量来源，还广泛参与细胞各种生理过程的调节。其中，具有某种特殊生理活性的多糖化合物即活性多糖，其特点是毒性小、安全性高、无残留、无抗药性。

一、活性多糖的生理功能

1. 提高免疫力

免疫系统由免疫器官、免疫组织、免疫细胞和免疫活性物质组成，是机体执行免疫应答和免疫功能的重要系统、活性多糖能够提高动物免疫器官的重量、增强免疫细胞的增殖能力、改善免疫活性物质的活性，其特殊结构有利于机体的免疫系统的识别，尤其是特异性免疫。多糖发挥免疫作用的途径有：提高巨噬细胞的吞噬能力，诱导白细胞介素 1（interleukin-1，IL-1）和肿瘤坏死因子（tumor necrosis factor，TNF）的生成；促进 T 淋巴细胞增殖，诱导其分泌白细胞介素 2（interleukin-2，IL-2）；提高淋巴因子激活的杀伤细胞（lymphokine-activatedkiller cells，LAK）活性；提高 B 淋巴细胞活性，增加多种抗体的分泌，加强机体的体液免疫功能；通过不同途径激活补体系统，有些多糖是通过替代通路激活补体的，有些则是通过经典途径。

2. 抗肿瘤

肿瘤是由机体内的致癌因子引起细胞调控失常，导致肿瘤细胞恶性增殖的新生物。经过长期研究，多数食物都具有一定抗肿瘤效果，如豆类、十字花科蔬菜、胡萝卜、大蒜等。多糖的抗肿瘤功能根据作用途径大致可分为两类：一类是具有细胞毒性的多糖能直接杀死肿瘤细胞；另一类是作为生物免疫反应调节剂，通过增强机体的免疫功能而间接抑制或杀死肿瘤细胞。

3. 抗病原体

多糖能够不同程度地抑制病毒的致细胞病变作用，包括艾滋病毒 HIV、单纯疱疹病毒、巨细胞病毒、流感病毒、囊状胃炎病毒、劳斯肉瘤病毒和鸟肉瘤病毒等；可以较好地阻断和抑制病毒对细胞的作用，降低病毒引起的细胞凋亡，并抑制病毒的繁殖；阻滞病毒吸附，抑制感染细胞内病毒的复制。将多糖作为佐剂联合用药可以防止或推迟耐药株的出现，提高药物的抗病毒活性，减少用药量。

4. 降血脂、血糖

活性多糖能够通过影响机体的糖代谢，降低肝糖原、增强外周组织器官对糖的利用和代谢，促进降糖激素和抑制升糖激素作用，保护胰岛细胞，调节糖代谢酶活。活性多糖还能够促进机体脂代谢，降低血脂含量。黄芪多糖具有明显的降脂抗氧化作用，能减少脂质过氧化产物，一定程度上保护肾脏；海带多糖能明显抑制高血脂鸡的血清总胆固醇、甘油三酯的上升，并能减少鸡主动脉粥样斑块的形成及发展；茶叶多糖能增强卵磷脂胆固醇酰基转移酶活性，有利于胆固醇的清除；果胶也可使血胆固醇降低；波叶大黄多糖可抑制胰脂肪酶活性，从而降低脂类物质的消化吸收。

5. 抗氧化

多数活性多糖具有清除自由基、提高抗氧化酶活性和抑制脂质过氧化等活性，起到保护生物膜和延缓衰老的作用。海带多糖能够清除自由基羟基自由基和超氧阴离子自由基活性，清除能力因分子质量和化学组成不同而不同；灵芝多糖具有抗氧化和清除自由基的功能，并且其清除能力与多糖的浓度存在一定的正相关量效关系。此外，多糖对物理的、化学的及生物来源的多种活性氧具有清除作用，能减少脂质过氧化产物丙二醛（malondialdehyde，MDA）的生成量，增加超氧化物歧化酶（superoxide dismutase，SOD）、谷胱甘肽过氧化物酶（glutathione peroxidase，GSH-Px）的活性。

二、常见的活性多糖

1. 真菌多糖

多糖根据单糖的组成可以分为两大类：同多糖和杂多糖。其中杂多糖除了具有不同类型的单糖单元外，还具有不同的糖苷键，导致了其结构的多样性。真菌多糖是从真菌子实体、菌丝体及发酵液中分离得到的一类活性物质，其大多数为杂多糖，由两个或多个不同单糖以不同的组合组成主链，在单糖组成、分子质量以及糖苷键的连接方式等方面都表现出多样性。单糖的连接顺序、摩尔比、分子质量都对多糖的化学特性和生物活性有着非常重要的影响。常见的真菌多糖有香菇多糖、金针菇多糖、姬松茸多糖、银耳多糖、木耳多糖、灵芝多糖、云芝多糖、虫草多糖、茯苓多糖和灰树花多糖等。真菌多糖普遍具有生物反应调节物的特征，可作为天然的免疫增强剂和免疫激活剂应用于医药和保健食品领域。

在人工栽培技术出现之前，各种食用菌可以从野外采集，但是由于气候因素影响较大，导致价格昂贵，而且产量有限。随着人工栽培和发酵技术的快速发展，许多此类自然资源已被工业扩展和利用，从而成为食品、医药和化妆品的重要来源。然而，目前报道的食用真菌多糖的发酵研究大多局限于少量的摇瓶及小型发酵罐的生产和提取，而大规模的发酵和分离研究较少，一方面是因为食用真菌的生长时间久，工厂发酵周期过长；另一方面是因为食用真菌发酵温度大多在 25~28℃，生长条件较苛刻。已经有许多研究人员在发酵培养条件下得到了食用真菌多糖，并通过改变培养条件（培养基组成、pH、添加剂、激素、含氧量、搅拌、光照等）来提高产率。发酵法制备多糖更方便，更快捷，在未来的医药和食品工业中具有非常好的应用前景。

真菌多糖的提取方法包括热水提取法、酸碱提取法、酶提取法、微波辅助提取法、超声辅助提取法、亚临界水萃取法。经初步提取得到真菌粗多糖，想要得到均一多糖，需要进一步的分离纯化。真菌粗多糖中一般含有蛋白质、色素、无机盐等杂质，需经过脱除蛋白质和去除色素处理。脱除蛋白质的方法包括 Sevag 法、三氯乙酸法、酶解法等，其中 Sevag 法应用最为广泛。而后采用柱层析法（包括离子交换柱层析和凝胶柱层析）将除杂后的多糖进一步分离成均一多糖。

灵芝多糖主要成分是胞外多糖和胞内多糖。在胞外发酵液中主要含胞外多糖，而在灵芝孢子、子实体和菌丝体中主要包含胞内多糖。灵芝多糖是灵芝发挥滋补强壮、扶正固本功效的有效成分，具有抗氧化、免疫调节、消炎、抑制肿瘤细胞活性和调节肠道菌群等活性。且从不同种类灵芝的不同部位中提取、分离的灵芝多糖具有不同的化学结构和生物活性，且毒副作用较小。以超声波破壁、微波破壁等方法从香菇的不同部位（子实体、香菇柄）中抽提出来的香菇多糖被证实有免疫调节、抗肿瘤、抗感染等临床效果。香菇多糖主要的提取方法是热水浸提法，该方法工艺过程简单、方便和提取率较高；现有的香菇多糖的分离纯化方法适合于实验室和小规模生产使用，而无法满足规模化生产，香菇粗多糖的纯化技术仍待突破。

2. 植物多糖

植物多糖是广泛存在于植物根、茎、叶中的一种生物大分子，其是由多个单糖分子通过糖苷键聚合、脱水形成的含酮基或醛基的多羟基聚合物。植物多糖的来源主要包括膳食纤维、淀粉、果胶质、树胶、果聚糖等，其广泛存在于植物的根、茎、叶、皮、花果、种子等不同部位。植物多糖作为植物体内极其重要的营养物质，发挥着不可替代的作用，而且参与细胞识别、物质运输、机体免疫调节等生命活动。研究表明，植物多糖具有免疫调节、抗病毒、抗肿瘤、降血糖、降血脂、抗氧化、抗辐射等作用。

植物多糖的提取方法包括热水浸提法、水提醇沉法、稀酸稀碱提取法、酶法提取、微波提取法。由于植物多糖含有蛋白质和色素，目前植物多糖初级纯化主要是除去蛋白质和色素。

脱蛋白的方法主要有物理法、化学法和生物法，其中物理法主要包括大孔吸附树脂法和等电点沉淀法，而化学法包括 Sevage 法、TCA 法、盐酸法等，生物法则是利用酶能水解蛋白质而达到脱蛋白的目的。经过初级纯化得到的多糖大多为混合多糖，目前把混合多糖分离纯化为单一组分的方法主要有离子交换柱层析法和凝胶柱层析法。

普通的植物多糖虽然具有活性功能，但是活性功能较弱，采取有效方法对多糖进行改性可以增强其生物活性和促进生物活性呈现。多糖的化学修饰可以提高其内在的生物活性，有时还可以产生新的功能性质，目前研究较多的多糖改性方法主要为硫酸酯化、磷酸化、乙酰基化和羧甲基化。

茶叶多糖的单糖组成以半乳糖、葡萄糖和阿拉伯糖为主，此外还有木糖和甘露糖等，是一类与蛋白质结合在一起的酸性多糖或酸性糖蛋白。茶叶多糖的含量因茶树品种、采摘季节、原料新鲜程度及提取和纯化方法的不同而有差异，一般茶叶原料越粗老，多糖含量越高。茶叶多糖具有降血糖、降血脂、防辐射、抗凝血、抗血栓、抗氧化、增强机体免疫功能、抗动脉粥样硬化以及茶叶多糖修饰后的药理作用等保健作用。枸杞多糖是枸杞子的主要提取物，主要成分有鼠李糖、甘露糖、葡萄糖及半乳糖等多种糖类，是一种糖-蛋白聚合物。枸杞多糖具有抗氧化、抗病毒、调节免疫功力等多种生物活性，与其结构、构象等密切相关。枸杞多糖的特殊生理活性使其在未来将有可能成为替代抗生素的一种新型中药提取物，有利于新型兽药的研发其还可以缓解并彻底摆脱畜牧业抗生素过量使用造成的病毒抗药性、环境污染以及食品安全日益严峻等问题，将成为解决畜牧业生产中抗生素过量使用的有效途径。

3. 动物多糖

在自然界中，动物多糖分布极为广泛，几乎存在于所有动物组织器官中。机体内的动物多糖主要存在于细胞间质中，但其分布不是均一的，而是随组织类型而定；如硫酸软骨素和硫酸角质素主要存在于软骨和骨架组织中；肝素主要分布在肝脏、肺、肠、皮等肥大细胞中；而透明质酸在关节液、玻璃体、脐带中含量较高。随着动物类药材研究的日益繁荣，在动物机体内的一些内源性多糖被证明具有多种生物活性。肝素以其抗凝血、改善微循环的作用，已应用于缓解各种心脑血管疾病，如心绞痛、高血压、动脉硬化、急性脑梗死等。透明质酸和壳多糖也有抗肿瘤及降血压、血糖和血脂等作用，同时由于它们良好的生物相容性和几乎无毒副反应，已被广泛地应用在药物辅料方面，如赋型剂、包衣材料、化妆品基质、包埋剂和药物传递系统的载体，临床上还用于防止手术后粘连和创口愈合。鲨鱼软骨素除具有抗肿瘤活性外，还用于防治骨硬化症。动物多糖包括糖原、甲壳素、肝素、硫酸软骨素、透明质酸、硫酸角质素、酸性黏多糖或糖胺聚糖。肝素、硫酸软骨素、透明质酸、硫酸角质素都属糖胺聚糖，由于在体内常以蛋白质结合状态存在，故统称为蛋白聚糖。

由于几乎所有动物多糖都与蛋白质相连，因此动物多糖的提取分离首要问题是在多糖不被显著降解的条件下去除结合的蛋白质。现今动物多糖的提取方法通常采用碱提取法或蛋白酶水解法。经碱提取及蛋白酶水解的组织消化液是组分及性质相近的多糖混合物，可以利用各种多糖的溶解度不同、电荷密度的差异、各种多糖结构和活性的不均一性和分子质量的高分散性进行分离。

糖原是动物体内贮存的一种多糖，又称动物淀粉，主要存在于肝脏和肌肉中，因此有肝糖原和肌糖原之分。正常情况下，肝脏中糖原的含量达 10%~20%，肌肉中的含量达 4%。糖原在体内的贮存有重要意义，它是机体活动所需能量的重要来源。肝素是一种比较简单的黏多糖，相对分子质量为 3000~35000。肝素存在于动物的肝、肺、血管壁、肌肉和肠黏膜等部位，因最初在肝中发现，所以称为肝素。肝素是凝血酶的对抗物质，能使凝血酶失去作用，因而血液在体内不会凝固。

4. 海洋生物多糖

海洋药物来自海洋中的药用生物，海洋中存在着大量具有各种独特性质的生理活性的天然产物，其特异的化学结构是陆生天然活性物质无法比拟的，许多新化学结构是陆生生物所没有的，具有显著的药理作用。多糖是其中一大类海洋生物活性物质，由各种海洋生物中分离而来，根据来源不同可分为海洋动物多糖、海洋植物多糖、海洋微生物多糖，已证明都具有各种各样的生物活性，具有药用功能。海藻多糖是重要的多糖类物质，种类多、来源丰富，它不仅能提高机体免疫功能，而且还具有抗肿瘤、抗病毒、抗辐射、降血脂及抗凝血等多种生物活性。随着多糖的进一步开发和对海洋药物的日益重视，对海洋生物多糖的研究也日益增多。目前研究较多的海洋生物多糖主要是海藻多糖和海洋动物多糖，主要有琼胶、卡拉胶、褐藻胶、褐藻琼胶、螺旋藻多糖和甲壳素，这些多糖是由多个相同的或不同的单糖通过糖苷键形成的高分子碳水化合物，它们与植物多糖、动物多糖、微生物多糖一样也具有多种生理活性。

螺旋藻多糖是从钝顶螺旋藻中提取的具有多种生物活性的天然糖蛋白类物质，与其他多糖一样具有抗癌、抗辐射和提高机体免疫功能等作用，因而得到广泛的应用。甲壳素，即几丁质、甲壳质，是来源于海洋无脊椎动物、真菌、昆虫的一类天然高分子聚合物，属于氨基多糖，壳聚糖是甲壳素脱乙酰的产物。甲壳素具有辅助免疫、抑制肿瘤生长等作用，不仅可用于防癌、提高免疫力，还可以用于临床早期癌症，并对中晚期癌症病人的放化疗起到保护作用，从而提高疗效、减少痛苦，延长病人的生命。

三、活性多糖的应用

在食品方面，多糖能够赋予食品独特的风味还能改善食品的质地，可作为营养强化剂或者品质改良剂等加入食品中。将多糖加入肉制品中，可增强肉的持水性，改变肉制品弹性和切片性能，改善其感官性能。将多糖加入茶、咖啡等饮料中或者冰淇淋、果冻、糕点等食品中，能增强食品的稳定性和保形性，改善口感，生产出能满足人们喜好的风味独特的功能性食品。在饲料方面，多糖具有免疫调节、降血脂和降血糖等生物学功能，可促进动物生长、保证动物机体稳定。植物多糖更是一种良好的绿色添加剂，应用于动物生产养殖中具有重要意义。在医学方面，多糖及其衍生物在医学应用方面除了具有良好的抗肿瘤活性以外，其抗凝血、抗氧化、抗病毒、抗疲劳、抗辐射以及修复损伤的组织细胞等作用都在医学领域逐步被证实。利用多糖水凝胶制作多糖微球、结合蛋白药物、蛋白给药中的多糖基质，将多糖水凝胶作为蛋白质药物控释制剂等的开发应用表明，多糖及其衍生物在医学领域的作用十分重要，且应用越来越广泛。在保健品方面，植物多糖是天然的高分子化合物，小剂量活性多糖可防病健身，是增强免疫力、延缓衰老的佳品，所以可将植物多糖添加到食品中，可开发多种功能性食品。近年来，已有南瓜多糖、山药多糖、茶叶多糖、枸杞多糖等被用于保健品的开发，并取得了较好的效果。在食品的工业化生产中，可直接制成高浓度的多糖粗提液，进一步加工制成饮料、口服液，或作为营养强化剂直接加入食品中，作为特殊人群的保健食品。将猴头菇多糖与其他食品原辅料结合成的猴头菇胃肠保健口服液，具有益气养胃、增食欲、促睡眠、祛疲劳等多项保健功效。以人参多糖为主要原料，添加蜂蜜、白砂糖、柠檬酸等物质制成的人参多糖饮料，酸甜可口、滋味柔和，并具有防辐射的功效。将黄果槲寄生果实多糖进行加工，添加到以陇南黄樱桃鲜果为原料研制的低糖复合果酱中，具有保肝、延缓疲劳、提高免疫力等功效。此外，多糖还大量应用于工业废水污染、组织工程等领域，还可用来制作纳米复合材料，作为抗生素替代品以及在软骨组织工程等方面都有诸多应用。

第四节　膳食纤维

膳食纤维是不能被人体消化的多糖类物质和木质素的总称，被称为第七营养素，根据其溶解性不同可分为水溶性膳食纤维和水不溶性膳食纤维两大类。水溶性膳食纤维分为果胶、β-葡聚糖、半乳甘露糖胶、菊糖和大量不易消化的低聚糖类，主要来源于果胶、海藻、魔芋等；水不溶性膳食纤维分为木质素、纤维素和半纤维素三类，主要来源于全谷物粮食类，包括麦类、米类及豆类等谷物，以及蔬菜和水果等果蔬类。水溶性膳食纤维和水不溶性膳食纤维的生理功效不同，水溶性膳食纤维与血液中胆固醇有关，水不溶性膳食纤维与水吸收和肠道调节有关。膳食纤维不能被小肠消化吸收，但可以存大肠内通过部分或全部发酵，产生降血糖、降胆固醇、促进排便、预防肥胖及消除人体内有害物质等生理功能。我国将膳食纤维规定为不能被人体小肠消化吸收但具有健康意义的、植物中天然存在的，通过提取、合成等手段，获得聚合度 DP≥3 的碳水化合物聚合物，包括纤维素、半纤维素、果胶及其他单体成分等。因为单糖组成、异构体、键合类型、线性链长和支链组成的不同，膳食纤维具有不同的结构特征。

膳食纤维的化学结构中含有很多亲水基因，因此有持水性，可溶性膳食纤维果胶、树胶比不溶性纤维素有更大的持水能力。可溶性纤维果胶等由于分子的形状、大小、空间结构不同均可在消化道形成很黏的液体。黏液在胃中延迟了胃的排空，有助于产生饱腹感；在小肠，黏液阻碍了消化酶与内容物的混合，减慢了消化吸收过程。食物纤维在大肠中可被微生物群发酵，发酵产生的一些短链脂肪酸被结肠细胞利用产生能量。膳食纤维的化学结构中包含一些羧基和羧基类侧链基团，呈现弱酸性阳离子交换树脂的作用。膳食纤维表面还带有很多活性基团，可以螯合胆固醇、胆汁酸及某些毒物，使它们排出体外。

美国国立研究所推荐的膳食纤维摄入量为 20~30g/d；英国国家顾问委员会建议的总膳食纤维摄入量为 25~30g/d；国际生命科学研究小组建议的适宜量为 20g/d；联合国粮食及农业组织（FAO）要求的最低警戒线为 27g/d；亚洲营养工作者提出的总膳食纤维摄入量为 24g/d；《中国居民膳食营养素参考摄入量（2023 版）》中建议我国成年人膳食纤维的适宜摄入量为 20~35g/d。

一、膳食纤维的生理功能

1. 防止便秘

水溶性膳食纤维因含其有很多亲水性的因子，能够蓄存一定量的水分子，具较好的持水能力，进而增大肠道内食物的体积和润滑度，促进肠道生物学蠕动，便于排泄。对于便秘者而言，可以通过增加可溶性膳食纤维的摄入量达到预防便秘的功效。

2. 降血压

由于淀粉、蛋白质和脂肪等快速分解成小分子物质进入血液，导致人体血压升高，而膳食纤维从胃部继续向下蠕动至肠道时，膳食纤维通过水合作用，与这些小分子物质进行结合达到一定的化合作用，从而延缓血压快速增加；同时膳食纤维还可以阻碍无机盐的吸收，对于高血压人群具有较好的缓解血压快速升高的作用。

3. 降胆固醇

胆固醇是冠心病、中风、心脑血管等疾病的直接诱因，膳食纤维可通过螯合吸附胆固醇和胆汁酸等有机分子，从而抑制和减缓人体对胆固醇的吸收，起到降低人体摄入胆固醇及潜在的心脑血管疾病的发生概率。

4. 降血糖

膳食纤维具有良好的水溶性和脂溶性特征，能够与肠道内的糖类物质结合，也可改善调节体内生物菌群，减缓淀粉酶解的速度，达到降低血糖的效果；膳食纤维能够改善胰岛素的生物活性，增强其敏感性，从而降低了人体对胰腺分泌胰岛素的需求，达到一定的降糖功能。

5. 抗癌

动物病理学和生物学研究表明，高膳食纤维的饮食习惯能够有效的降低乳腺癌和结肠癌的发病率，不同来源的纤维素对于预防结肠癌均有不同程度的功效。长期便秘或高脂膳食情况下，在人体的大肠中会形成一些致癌物质或促进剂如亚硝胺、苯酚、吲哚类、次级胆汁酸、雌性激素等。其中胆汁酸作为结肠癌的促进剂，乳腺癌的发病率也与此有关，某些肠道微生物将高脂膳食利用后大量分泌的胆汁酸转变成过量的雌激素，这是一个潜在的对乳腺癌起作用的显著因素，食物纤维可与胆汁酸结合，降低其吸收，且使大肠有害因素难以与肠上皮接触；另外食物纤维的持水特性使粪便软化，这也降低了其后送过程中与肠壁的摩擦损伤，减少了癌变的机会；此外，可发酵纤维在结肠细菌作用下产酸，目前认为丁酸可能有潜在预防结肠癌的作用，结肠细胞对丁酸吸收快且存在特异性，丁酸作为结肠细胞代谢的能量，促进了正常细胞的增生。丁酸还可以抑制肿瘤细胞的生长增殖，并控制致癌基因的表达。

6. 调节肠道菌群

膳食纤维是大肠细菌代谢的主要碳源，其在结肠腔内可被厌氧菌酵解生成短链脂肪酸，为肠上皮细胞提供能量，促进肠黏膜的生长。高浓度膳食纤维能够显著降低肠杆菌、产气荚膜梭菌等致病菌的数量，降低肠腔 pH，从而调节肠道蠕动，改善胃肠功能，调控肠道微生物环境稳态。

7. 控制体重

由于膳食纤维的亲水基团较多，遇水会膨胀，填满胃部，从而增加饱腹感。另一方面膳食纤维不能被人体吸收，不会提供能量，因此在人体消耗能量时，会分解多余的脂肪，达到减少体重的效果。研究表明，当给予30%膳食纤维时，大鼠减肥效果最好，提示摄入膳食纤维需达到一定剂量才会有显著的降脂减肥效果。

8. 清除有害物质

膳食纤维侧链结构中含有很多羟基、羧基、氨基及酚羟基等具有较强阳离子交换能力的基团，可与铅、汞、砷等重金属离子进行可逆交换，从而减少重金属等有害物质的吸收，防止其对人体的损伤和毒害作用。

9. 保护口腔功能

摄入富含膳食纤维的食物，可以增强口腔肌肉运动能力，使牙齿咀嚼受力机会增加，锻炼牙床。同时，膳食纤维在牙齿表明的机械性摩擦，可以清洁牙齿表面，达到改善口腔卫生的效果。

二、常见的膳食纤维

1. 果胶

果胶是一种结构复杂的杂多糖，由一系列连接的聚合物组成，如阿拉伯聚糖、果胶半乳聚糖、阿拉伯半乳聚糖、高半乳糖醛酸聚糖和 RGs（RG Ⅰ 型和 RG Ⅱ 型），也被称为果胶物质。在双子叶植物的初级细胞壁和中层薄片中，发现了大量果胶，在果皮中它们可能与其他细胞壁成分（包括纤维素、半纤维素和木质素）交织在一起。

果胶具有优良的胶凝性和乳化性，自 20 世纪 40 年代以来便得到广泛研究与应用。商品果胶最早在食品工业中用作增稠剂、胶凝剂、乳化剂、稳定剂；近年来医药、化妆品、纺织、印染、冶金、烟草等行业中都有广泛的应用，尤其在医药领域的应用日益广泛，美国药典已收载了药用果胶的质量标准。

目前商品果胶的原料主要是柑橘皮（含果胶 30%）、柠檬皮（含果胶 25%）及苹果皮（含果胶 15%）。此外，甜菜废粕、向日葵盘、芒果渣、洋葱中也含有较丰富的果胶，可作为果胶生产原料。不同来源的果胶，由于相对分子质量、甲酯化程度、带有其他基团的多少等均有区别，导致其理化、功能性质也不尽相同。

2. 纤维素

纤维素是由 D-吡喃型葡萄糖基彼此以 β-$(1,4)$ 糖苷键连接而成的一种均一的高分子，在结晶区内相邻的葡萄糖环相互倒置，糖环中的氢原子和羟基分布在糖环平面的两侧。纤维素来源于植物细胞壁，粗粮、麸子、蔬菜、豆类等食物含有大量的纤维素，是人类每日摄入膳食纤维的主要途径。即使所有个体的肠道菌群中都存在降解纤维素的微生物，但降解纤维素的菌群结构与机体的甲烷状态以及纤维素的结构有较大关系。

3. 半纤维素

半纤维素是由两种以上单糖以多种连接方式构成带支链的杂多糖，其含量和结构在不同植物，甚至同一植物不同生长期都有所不同。半纤维素与纤维素类似，存在于高等植物的细胞壁中，在细胞壁上与纤维素和木质素相互作用，从而增强了细胞壁的强度。半纤维素具有亲水性能，这将造成细胞壁的润胀，可赋予纤维弹性。

三、膳食纤维的应用

膳食纤维在食品中的添加，有助于提高食物和水的结合能力，提高食品凝胶性、抗粘连性和抗凝结性，增加了食物的适口性和感官喜好性。利用膳食纤维的持水功能，可以有效地延长焙烤食品的新鲜度，改善面包的比容体积、黏弹性、柔软度和硬度。膳食纤维能够提高肉制品的烹饪质量，增强脂肪持水性，改善质地。膳食纤维还可增加饮料的感官黏度和稳定性。将膳食纤维添加到烘焙食品中，可以延缓产品热量损失，增强食品抗氧化能力、发酵能力和保水性能力。在乳制品中使用膳食纤维也很普遍，如将菊粉添加到冰淇淋和奶酪等乳制品中，可以促进奶酪类和冰淇淋的口感的增加。在果酱的加工过程中，利用果胶的酯化功能提高了果酱的产品的稳定性。此外，菊粉类的膳食纤维，如低聚果糖等还被用作糖的替代品。

第五节　功能性甜味剂

为了应对日常生活中由于摄入高糖分而带来的健康挑战，全球范围内已经启动了减糖行动，包括通过征收糖税、加强法律法规和政策的制定来限制和引导生产企业和消费者，以减少糖的摄入。同时，食品生产企业也在不断进行产品升级和创新，推出了一系列无糖或低糖食品和饮料，以适应市场需求。随着消费者购买力的提高和健康意识的增强，健康和功能性成分的食品将更受欢迎。

功能性甜味剂在食品中被广泛应用，可独立使用或与其他甜味剂组合，替代传统的蔗糖或果葡糖浆。除了提供可调控的甜味度外，功能性甜味剂还具备特殊的生理功能。根据其甜度特性，这些甜味剂主要分为两类：功能性高倍甜味剂和功能性填充型甜味剂。根据功能性高倍甜味剂分子结构的不同，可以分为功能性单糖、功能性低聚糖和功能性糖醇这三大类。这样的多样性和灵活性使得食品制造商能够满足不同口味的需求，同时降低糖分摄入，符合现代健康饮食趋势。

功能性高倍甜味剂在甜度上远超于蔗糖，通常是蔗糖的几百倍到几千倍。尽管使用量很少，但它们在实际生产中扮演着关键角色。甜菊糖苷和罗汉果甜苷是近年来备受欢迎的天然高倍甜味剂。除了作为代糖的替代品外，它们还具备一定的健康益处。研究表明，甜菊糖苷有助于预防动脉粥样硬化、高血糖、肥胖和具有抗炎作用，而罗汉果甜苷则与降血压、控制血糖和喉咙润滑等多个功能相关。填充型甜味剂的甜度是蔗糖的 0.2~2 倍，它们可以为食品提供一定的结构和体积。填充型甜味剂在食品工业中的应用不仅能调节食品的口感，还能满足消费者对低糖或无糖产品的需求。

本章节将根据分类介绍各种功能性甜味剂的性质、功能及其应用。

一、天然高倍甜味剂

目前天然高倍甜味剂主要包括甜菊糖苷、罗汉果甜苷以及索马甜等。

1. 甜菊糖苷

随着深入的研究，绿色健康以甜菊糖苷为代表的天然甜味剂家族逐渐吸引了广泛的关注。甜菊糖苷的热量仅为蔗糖的 1/3，但其甜度却高达蔗糖的数百倍，因此成为许多糖尿病和高血压患者的首选。目前，甜菊糖苷已广泛应用于烘焙、乳制品、饮料等各类产品的制造中。在 2019 年，全球新推出的饮料产品中，甜菊糖苷的使用量高居全球第三位，仅次于三氯蔗糖和安赛蜜，显示出其具有极大的市场潜力和发展前景。

甜菊糖苷是一种自然存在于甜叶菊植物中的甜味物质，又称为甜菊糖。其历史起源可追溯到南美洲巴拉圭原住民，而在 20 世纪 30 年代，两位法国化学家第一次从植物中提取出甜菊糖苷。后来，日本于 20 世纪 70 年代引进了南美洲的甜叶菊植物，并种植成功。不久之后，甜菊糖苷在日本食品工业中开始作为一种甜味剂而应用。中国也在随后引进了甜叶菊植物并成功试种。

甜叶菊中的甜味成分主要是甜菊糖苷，包括莱鲍迪苷 A、莱鲍迪苷 C、莱鲍迪苷 F 族，以及一些类似杜香苷 A 的化合物等。目前已鉴定出 30 多种甜菊糖苷类化合物，其中常见的有甜菊苷、莱鲍迪苷 A 以及逐渐受欢迎的莱鲍迪苷 M 和莱鲍迪苷 D 族，还有含量较低的莱鲍迪苷 R 和莱鲍迪苷 S 族等。这些甜菊糖苷拥有相似的基本骨架，它们的区别在于取代基的化学结构不同。此外，甜菊糖苷的衍生物，如甜菊醇和异甜菊醇，也受到持续的研究。甜菊糖苷及其衍生物不仅在食品工业中具备卓越的性质，还展现出特殊的生理功能。

目前，提取甜菊糖苷的方法包括热水提取法、超声辅助提取法、酶法，以及大孔树脂吸附法等多种技术。其中，大孔树脂吸附法是最广泛应用的方法。随着技术的不断进步，一些新的提取方法出现，包括快速固液动态萃取法、双水相体系提取法和超临界萃取法等。这些创新的方法为更高效地提取甜菊糖苷提供了有益的途径。

2. 罗汉果甜苷

罗汉果甜苷，又称为罗汉果皂苷，是一种独特的化合物。1996 年，中国批准将罗汉果甜苷作为食品添加剂，可用于替代蔗糖在各类食品中，尤其适用于肥胖和糖尿病患者作为代用糖的选择。对罗汉果甜苷的首次发现可追溯到 1975 年，罗汉果甜苷是一种三萜烯葡萄糖苷，其苷元是三萜烯醇，这也是它的最大特点。它还含有由 4 个及以下葡萄糖单位组成的葡萄糖苷侧链，这些侧链通过 β-糖苷键与苷元相连。侧链葡萄糖之间的连接主要包括 β-(1,6) 糖苷键和 β-(1,2) 糖苷键。

罗汉果甜苷，作为罗汉果的主要活性成分之一，在罗汉果的干果中的总含量为 3.775%~3.858%。其形态为淡黄色粉末状，易溶于水和稀乙醇。在 100℃ 的中性水溶液中表现出良好的稳定性，即便长时间暴露于 120℃ 的空气中，仍能保持完整。此外，它属于非发酵性物质，不易受到发霉和变质的影响，并且在使用时不受 pH 的制约，适用范围 pH 为 2~10。

罗汉果被广泛认为具有明显的镇咳和祛痰活性，其主要活性成分是甜苷 V。然而，目前关于罗汉果甜苷在祛痰和镇咳方面的具体作用机理尚未完全研究清楚，需要进行更深入的探索和研究以揭示其详细机制。此外，还有研究报道罗汉果甜苷具有较强的抗炎、抗氧化、降血糖、降血脂等功能。

在食品工业中，罗汉果甜苷得到了广泛应用。1995 年，美国 FDA 批准了将罗汉果甜苷作为食品添加剂使用，中国在 1996 年 7 月的全国食品添加剂标准化技术委员会第十七次会议上通过了相应的使用标准。此外，日本、韩国、泰国、新加坡、英国等，也允许罗汉果甜苷用作食品添加剂。在日本，从 20 世纪 90 年代开始，大量进口罗汉果用于食品制造。除了作为一种天然甜味剂外，日本制造商还应用罗汉果甜苷研发了各种保健食品，如抗过敏颗粒剂、减肥食品、降糖食品等。此外，罗汉果甜苷还广泛用于食品加工中，作为甜味剂，替代传统的阿斯巴甜、糖精钠等甜味剂，用于生产糖浆、冲剂、咀嚼片、泡腾片等各类食品。

3. 索马甜

索马甜（thaumatin）是呈白色至奶油色的无定形粉末，没有明显气味，分子质量约为 22ku。它的等电点为 pH 11.5~12.5，最大吸收峰位于 280nm 处。索马甜非常容易溶于水，但在有机溶剂中不溶，特别是不溶于丙酮。它的稳定性受到 pH、温度以及溶液中的氧和离子等因素的影响。索马甜的甜味极为强烈，是蔗糖甜度的 1600 倍左右，其甜味阈值极低，浓度稀释至 10^{-8} mol/L 仍然能够感知其甜味。它的甜味呈现出清新口感，没有异味，持续时间较长。索马甜在 pH 1.8~10 保持稳定，但由于其为蛋白质，高温会导致变性而失去甜味。与丹宁结合后，索马甜会失去甜味，在高浓度的食盐溶液中，其甜度会减弱。当与其他糖类甜味剂一同使用时，索马甜具有协同效应，有助于改善食物的口味。

索马甜的提取工艺即从采集到的竹芋果实中提取甜味蛋白的步骤如下。首先，新鲜的竹芋果实保存在-20℃温度下，切开果实，去除种子，保留果肉和假种皮的混合物。然后，将混合物浸泡在蒸馏水中，浸泡时间为30min。之后，对浸泡后的混合物进行打浆，以获得均匀的浆状物。将浆状物冷却至4℃，然后进行1h的搅拌提取。过滤提取液，去除残渣。这个步骤需要重复两次以确保充分提取。接下来，通过超滤、浓缩和纯化过程处理提取液，以获得索马甜的粗提取物。如果需要更高纯度的索马甜，可以继续进行纯化步骤，可以采用离子交换色谱、吸附树脂、排阻色谱等方法。以上步骤可以用来提取索马甜，根据需要可以选择适当的纯化方法以获得所需的纯度级别。

索马甜是一种低能量的天然甜味蛋白，其热量约为17.57kJ/g，它在食品工业中具有多种用途：索马甜可以改善和增强食品的风味，尤其是可以遮盖苦味和涩感。它还能够减轻许多芳香物质的感觉阈值，例如薄荷醇、咖啡、姜、巧克力、草莓、苹果、柠檬、橘子等。在食品工业中，索马甜作为甜味剂使用，即使低浓度添加，也能显著增强食品的甜味。这种性质使其适用于饮料、牛奶制品、果酱、果胶、糖果、冰淇淋、调味品以及各种食品增补剂。向低脂乳制品中添加索马甜，添加量为2mg/kg便可赋予产品浓郁的奶油风味，弥补脱脂过程中失去的风味。与其他甜味剂等量混合使用时，索马甜能够产生协同效果，提高高倍甜味剂的甜感，同时掩盖金属味和其他甜味剂可能带来的苦味。这使得食品更接近蔗糖的口感，增强甜味并延长甜味感。总的来说，索马甜是一种天然的风味改善和增强剂，可以在食品中使用，用量较小，并且在人体内几乎不会提供额外的能量。

索马甜可用于制药业，添加在药品中，如抗生素、止痛药、止咳糖浆、感冒药和药物胶囊中。它可以改善药品的口感，使其更容易被接受，同时掩盖药物的苦味，提供更愉悦的服用体验。在美妆领域，索马甜可用于牙膏和漱口水。它有助于提升这些产品的口感和清凉感，为口腔护理产品增添额外吸引力。此外，它还可应用于口香糖中，增强口味，延长甜味，并在无糖口香糖中作为替代糖的选择。在烟草业中，索马甜可以加入烟草滤嘴中。它有助于使烟味更加平和和淳厚，改善烟草产品的口感，这已在日本的烟草产品中得到验证。

总之，索马甜的广泛应用领域包括食品、制药、化妆品和烟草等，它在这些领域中具有改善口感、提供甜味和增强风味的重要作用。索马甜具有广泛的应用前景，而高纯度的索马甜（纯度>98%）在国际市场上的平均交易价格为4000欧元/kg。然而，目前生产面临的主要挑战包括种植面积受限、产量不高，以及非洲西部地区原料供应的不稳定性。此外，基因工程生产方面目前还处于研究阶段。

二、人工合成高倍甜味剂

目前人工合成高倍甜味剂主要包括阿斯巴甜、三氯蔗糖、安赛蜜等。

1. 阿斯巴甜

阿斯巴甜（aspartame）的化学名称是 $N-\alpha-L-$天冬氨酰-L-苯丙氨酸甲酯，是一种人工合成的高倍甜味剂。阿斯巴甜最初是在1965年由美国 G. D. Searle 公司的化学家发现的。他们偶然发现了这种化合物的甜味特性，使阿斯巴甜成为第一个被发现有甜味的二肽类物质。阿斯巴甜在水中有一定的溶解度，但不溶于乙醇。它在常温和弱酸性条件下非常稳定，但在长时间高温和强碱性条件下会分解为无毒的天冬氨酸、苯丙氨酸和甲酯。阿斯巴甜在体内经过快速的代谢和消化，最终分解为L-天冬氨酸、L-苯丙氨酸和甲酯。这些成分能被吸收，不会在体内积聚。阿斯巴甜于 1981 年获得 FDA 的批准，1986 年获得中国的批准，允许其在食品中使用。目前已获得全球多个国家和地区的批准，被广泛用于食品和饮料制造。阿斯巴甜的甜度约为蔗糖的 200 倍，因此只需要很少的量就能达到相同的甜味效果。阿斯巴甜是一种常见的高倍甜味剂，广泛应用于各种食品和饮料，为那些希望减少糖分摄入的人提供了一种甜味的替代选择。它已成为国际市场上的主要强力甜味剂之一。

根据 FAO 的评估，成年人每天按照 40mg/kg 体重的摄入量是安全的，这一用量明显高于正常糖的摄入量。长期食用阿斯巴甜不会导致牙齿蛀坏，对血糖水平没有影响，同时也不会引发肥胖、高血压或冠心病等健康问题。阿斯巴甜的热量极低，是蔗糖的一小部分，使其成为糖尿病、肥胖病、高血压和心血管疾病患者的理想选择。联合国食品添加剂联席委员会（JECFA）明确将阿斯巴甜列为最高级别的甜味剂。阿斯巴甜的甜味清新怡人，不带苦涩、甘草或金属味，有助于增强饮料的水果风味。

目前，阿斯巴甜的制备方法主要分为两大类：化学合成法和生物合成法。在化学合成法中，包括酸酐法和内酯法，但这些方法存在着生产步骤较多、产率较低、反应选择性差等问题。生物合成法可分为酶法合成和基因工程法合成，具备多个优势。首先，在酶催化下合成肽键时，转化率较高；其次，在生物催化合成肽键时，只生成所需的 α-型产物；此外，在生物合成过程中，可以使用不带保护基的 L-天冬氨酸作为底物。生物合成法在具有这些优势的同时，也是有一些缺点的，如底物和产物浓度较低、生产过程强度大、能耗高、产量不足。因此，为了更进一步优化阿斯巴甜的生产工艺，需要积极探索和开发新的生物合成方法。

阿斯巴甜作为一种强力甜味剂和风味增效剂，在食品、饮料和医药领域有广泛的应用。根据不同的应用领域和食品工业的需求，阿斯巴甜的应用可以主要分为以下几个方面。首先，在饮料工业，它用于制作各类饮料，为其提供甜味；其次，在冰淇淋和冰冻甜点的制造中，用以增加甜味和改善口感；此外，在婴幼儿食品、奶粉和豆奶粉等领域也有应用，用以确保产品的风味和口感符合需求；另外，阿斯巴甜还用于糖果和药制剂的生产，用以满足甜味和口感方面的要求。这些应用领域充分发挥了阿斯巴甜在食品工业中的独特作用。

随着社会的发展和人们生活水平的提高，疾病如糖尿病、肥胖症和心血管疾病的患者数量逐年增加，而且老龄化现象日益突出。因此，对甜味剂的品质和安全性要求变得更加严格。阿斯巴甜作为一种低热量、高甜度、安全可靠、经济实惠的新型甜味剂，随着生产工艺和方法的不断改进，将在 21 世纪成为主导甜味剂。阿斯巴甜的广泛应用将为食品工业带来新的发展机遇，为人们提供更多的食品选择，从而促进食品工业的健康发展。

2. 三氯蔗糖

三氯蔗糖是一种强力甜味剂，由英国公司于 1988 年推出。它的甜度是蔗糖的数倍，具有稳定性高、无异味的特点。三氯蔗糖是目前最接近蔗糖甜味的强力甜味剂之一，已于 1998 年 3 月 21 日被批准用于食品制造。这种非营养合成甜味剂味道浓郁，化学稳定性好，无毒无副作用，几乎不被人体吸收，热量值为零。因此，它成为糖尿病和肥胖病患者理想的甜味替代品，广泛应用于饮料、食品、医药等领域。

三氯蔗糖是一种非营养型强力甜味剂，其特点在于不被人体代谢吸收，因此适用于肥胖、心血管病和糖尿病患者。此外，三氯蔗糖不会导致龋齿，因而符合对健康要求较高的消费者的需求。

合成三氯蔗糖的方法包括化学合成法、化学-酶合成法、单酯法和棉子糖水解法。其中，化学合成法和化学-酶合成法的工艺较为烦琐，包含多个步骤，其中发酵步骤成本较高，中间产物难以纯化。单酯法则是一种效率高、成本低的合成方法，只需三个步骤，投资较小，产率较高，中间产物易于提纯，采用了萃取和结晶的工艺，因此是目前工业生产三氯蔗糖最理想的方法。

随着国家可持续发展战略的提出以及健康饮食文化的推动，研发高甜度的甜味剂以替代蔗糖具备了重要的社会和经济价值。当前，我国蔗糖供应充足，价格持续下降。鉴于这一情况，将蔗糖生产升级为高科技含量、高附加值的三氯蔗糖产品具有重要的社会和经济意义，有望满足人民群众对生活和健康的需求。专家们预测，作为一种非营养型甜味剂，三氯蔗糖将在食品工业中占据主导地位，迎来广泛的发展和应用，其发展前景极为广阔。

3. 安赛蜜

安赛蜜，又称钾糖苷酮，化学式为 $C_4H_4KNO_4S$。这是一种类似于糖精的食品添加剂，能迅速溶于水，提供强烈的甜味，但却没有任何营养成分，也不含热量。安赛蜜在人体内不经代谢或吸收，因此被认为是中老年人、肥胖病患者和糖尿病患者理想的甜味剂。它对热和酸具有良好的稳定性，因此在各种条件下都适用。

安赛蜜是当前世界上的第四代合成甜味剂。此外，安赛蜜的甜味特性与糖精相似，但在高浓度下可能带有苦味。当与其他甜味剂混合使用时，能产生协同效应，通常在低浓度下能增加食物的甜度 30%~50%。安赛蜜是在 1967 年首次被德国赫斯特公司发现的，直到 1983 年才首次在英国得到批准。它的甜度是蔗糖的 200~250 倍。

安赛蜜具有出色的稳定性，能够耐受高温（高达 225℃），在不同 pH 范围内（pH 3~7）都稳定，是稳定的甜味剂之一。它不会受潮，能够在空气中保持稳定，并且在使用过程中不与其他食品成分或添加剂发生反应。因此，安赛蜜适用于各种焙烤食品和酸性饮料。此外，安赛蜜被认为是一种非常安全的食品添加剂。与阿斯巴甜混合使用时，能够显著提高甜味，通常以 1:1 的比例混合使用。

安赛蜜的制造过程简便，成本低廉，性能方面胜过阿斯巴甜，因而被认为是最具潜力的甜味剂之一。联合国世界卫生组织（WHO）、FDA、欧洲共同体等权威机构一致认为安赛蜜对人体和动物安全、无害。

目前，全球已有近百个国家正式批准在食品、饮料、口腔卫生/化妆品以及药剂等领域应用安赛蜜。中国卫生部于 1992 年 5 月正式批准安赛蜜在食品和饮料领域中的使用，但必须遵守国家标准 GB 2760—2024《食品安全国家标准　食品添加剂使用标准》中规定的使用限量，不得超过规定的最高使用限量。

安赛蜜主要由异氰酸氟磺酰或异氰酸氯磺酰与各种活性亚甲基化合物（包括 α-未取代酮、β-二酮、β-酮酸和 β-酮酯等）加工而成。

安赛蜜主要应用领域主要有以下方面：作为非热量型甜味剂，安赛蜜在通常的 pH 范围内使用时，其浓度基本上不会发生变化；它可以与其他甜味剂混合使用，尤其是与阿斯巴甜和环己基氨基磺酸盐混合使用时效果更佳；安赛蜜在固体饮料、果脯、凝胶糖果以及各种餐桌用甜味料等食品中得到广泛应用；作为非营养型甜味剂，安赛蜜在固体饮料的制造中有着广泛的用途；安赛蜜也可应用于酱菜类产品，为其增加甜味；在蜜饯制作中，安赛蜜可以作为一种甜味剂；安赛蜜可以用于制造胶姆糖，增加其甜味。

三、功能性单糖

目前功能性单糖主要包括结晶果糖、阿洛酮糖等。

1. 结晶果糖

结晶果糖被视为一种新兴的甜味剂，它源自水果中丰富存在的自然糖类，如苹果、香蕉、草莓、梨、芒果以及蜂蜜。

生产结晶果糖是通过将淀粉经过酶法转化而得，其化学结构与葡萄糖相似。这种甜味剂呈现为无色晶体，其熔点在 103~105℃，具有较高的水溶性，其甜度相当于蔗糖的 1.3~1.8 倍。在食品加工中，结晶果糖可用于替代蔗糖，以减少食品产品的糖含量。此外，它可以单独使用或与其他甜味剂混合，以达到协同增强甜味的效果。

果糖是一种高甜度、低升糖指数（GI）的食品成分，具备健康、营养和功能性优势，因此在世界各国得到广泛应用。1983 年，FDA 将结晶果糖和果葡糖浆划定为安全可靠的食品成分。1996 年，FDA 再次确认了这一项安全性划分。此外，WHO 和 FAO 的咨询机构也对果糖的安全性进行了验证和认可。

结晶果糖能够抑制龋齿的形成。口腔环境中的湿度、温度和充满营养物质的条件为引发龋齿的细菌提供了生存的土壤。这些微生物通常会利用口腔中残留的蔗糖、淀粉等多糖类食物进行发酵和分解，释放出对牙齿有腐蚀作用的酸性物质。这个过程逐渐破坏牙釉质，导致蛀牙的发生。研究表明，结晶果糖难以被口腔内的链球菌转化为腐蚀性酸，从而抑制了该菌生成葡聚糖，因而有效降低了蛀牙的风险。

结晶果糖具有增强风味的特性。结晶果糖在味蕾的感知过程有很快的反应速度以及较短的感应持续时间。此外，它的风味释放峰出现在葡萄糖和蔗糖之前，因此，在饮料中加入结晶果糖后，它并不会掩盖葡萄糖和蔗糖的香气释放，相反，它有助于更好地凸显饮料本身的风味。

结晶果糖具有冷甜的特性，这是其显著的特点之一。果糖本身的甜度相对较高，是蔗糖的 1.3~1.8 倍，且其甜度会随着温度的升高或降低而改变，在较低温度下可能表现出更高的甜度。在饮料制备过程中，可以用较少的结晶果糖来达到相同的甜度，相比之下，用蔗糖需要更多的添加量。

结晶果糖因其高甜度、低热值、低血糖指数以及不致龋齿等独特的特性，在食品加工行业中有广泛的应用。其高甜度和出色的口感特点使其成为蔗糖的理想替代品，广泛应用于家庭烹饪、饮料、乳制品、糖果和保健品等领域。在乳制品中，除了作为甜味剂外，还用作褐色糖源，用于开发褐色酸奶、褐色乳酸菌饮料等产品。由于其能够快速代谢，提供迅速的能量。结晶果糖在运动饮料等运动类食品中得到广泛应用，由于其小分子质量和高渗透压，结晶果糖在果脯、蜜饯、果酱和水果罐头等糖渍食品中可以更快地实现腌渍效果，提高了产品的加工稳定性。此外，结晶果糖还在焙烤食品中发挥作用，通过美拉德反应赋予产品吸引人的色泽，同时其吸湿性有助于延缓产品失水速率，有助于维持产品的质感和货架期稳定性。在中国、欧美国家和日本，结晶果糖已被列入药典，可用于制备口服或注射用的营养剂，特别适用于糖尿病患者。

2. 阿洛酮糖

阿洛酮糖是一种稀有糖，其甜度相当于蔗糖的 70%，可与食物中的氨基酸或蛋白质发生美拉德反应，改善食物的色泽。与此同时，阿洛酮糖的热量含量极低，仅相当于同等质量的蔗糖的 0.3%，不会增加人体的额外消化负担，对人体健康无害。

阿洛酮糖是一种属于己糖和酮糖的化合物，为 D-果糖在三号位碳的差向异构体，其 IUPAC 命名为（3R，4R，5R）-1,3，4，5，6-五羟基己烷-2-酮。这种糖类具有特殊的健康功能，包括调节血糖等，因此被美国食品导航网评价为最具潜力的蔗糖替代品。

阿洛酮糖的制备主要采用酶固定转化法，包括酶的克隆表达、分离精制，然后通过适当的载体固定进行转化。在成年人血糖值较高的疾病管理中，阿洛酮糖发挥着重要作用，可用于预防成年病并维持适当的血糖水平。目前，D-阿洛酮糖已在日本、韩国、美国和澳大利亚等国家获得批准上市，市场规模不断扩大。我国和欧盟正在受理 D-阿洛酮糖作为新食品原料的申请。随着获批国家的增多，D-阿洛酮糖的市场规模将继续快速增长，有望取代传统糖分在食品工业中的广泛应用，对提高人们的营养健康水平产生积极影响。

D-阿洛酮糖是一种白色粉末状晶体，易溶于水，也可以在一定程度上溶于甲醇和乙醇，但不溶于丙酮。在自然界中，D-阿洛酮糖的分布非常有限，存在于一些植物和极少数细菌中。此外，D-阿洛酮糖还被广泛用于各种人工制作的食品中，如果干、果酱和糖果等。这些食品通常具有高糖含量，而 D-阿洛酮糖在这些食品中的含量与生产过程中的温度和加热时间密切相关。

肥胖与高热量和高糖分食物的摄入密切相关。D-阿洛酮糖甜味剂在这方面发挥了积极作用，因为它几乎不提供任何热量，并且可以降低小肠对蔗糖、麦芽糖等糖类的吸收速率，同时抑制生物体内脂肪合成酶的活性，提高脂肪氧化酶的表达水平。这些作用共同导致了脂肪合成速率的降低和脂肪分解速率的增加，从而有助于有效控制体重，对于改善肥胖具有潜在的益处。

在医药健康领域，D-阿洛酮糖展现了许多优势。首先，它通过抑制脂肪肝酶和肠道 α-糖苷酶的活性，在减少体内脂肪堆积的同时还可以抑制血糖浓度的升高。此外，与其他稀有糖相比，D-阿洛酮糖更有效地清除活性氧自由基，并对 6-羟基多巴胺诱导的细胞凋亡表现出神经保护作用。此外，它还能够抑制高浓度葡萄糖诱导下的单核细胞趋化蛋白 MCP-1 的表达。这些特性提示 D-阿洛酮糖可能具有改善神经组织退化和动脉粥样硬化等相关疾病的潜在功能。

在食品领域，D-阿洛酮糖被广泛认为是一种理想的蔗糖替代品，具有高甜度、良好的溶解性、低热量和低血糖反应等多项优点。其添加到食品中不仅提高了胶凝性，还与食品蛋白质发生美拉德反应，改善了风味。阿洛酮糖可以比果糖和葡萄糖生成更多的抗氧化美拉德反应产物，有效延长了食品的抗氧化保鲜期。FDA 于 2011 年认证 D-阿洛酮糖为安全，可在食品和膳食领域作为添加剂使用。

阿洛酮糖是一种零脂肪糖，它可以减缓饮食后血糖的上升，并且具有与砂糖相近的甜度，同时也非常易溶解。这些特性使得它成为食品加工的理想选择。阿洛酮糖拥有多种有益特性和功效，因此越来越受到人们的欢迎，被期望用于制造高效的预防成人疾病的高品质食品。

四、功能性低聚糖

功能性低聚糖由 2~10 个单糖分子组成，聚合度相对较低，因而无法在人体内被消化吸收。然而，在大肠中，这些低聚糖容易被有益菌群所利用，促进双歧杆菌和乳酸杆菌等有益菌的生长，产生短链脂肪酸和气体等代谢产物。功能性低聚糖带来多种益处，包括改善肠道微生态平衡、缓解便秘和腹泻、预防糖尿病和肥胖症、促进营养吸收，以及预防某些疾病等。目前，常见的功能性低聚糖有低聚果糖和低聚异麦芽糖等。

1. 低聚果糖

低聚果糖是一种重要的食品成分，具有多种用途和健康益处。低聚果糖是一种寡糖，通常存在于多种水果、蔬菜和其他食材中。低聚果糖是通过酶法工艺从蔗糖或菊苣等原料制得的一种混合物，其主要成分包括蔗果三糖、蔗果四糖、蔗果五糖、蔗果六糖等。低聚果糖的甜度只有蔗糖的 1/3~1/2，但是它的甜味很清爽。此外，低聚果糖表现出良好的稳定性，能够在一定温度和 pH 条件下保持稳定。低聚果糖被认为是一种益生元，有助于促进有益菌群的生长，如双歧杆菌和乳酸杆菌。这有助于改善肠道健康和免疫系统功能。低聚果糖在全球范围内被 200 多个国家和地区政府认可，并广泛应用于食品、保健品、酒类、化妆品和饮料等领域。它可以用于奶粉、酸奶、焙烤食品等产品中，以提供甜味和健康益处。在中国，低聚果糖已被政府批准用作保健食品、食品配料和营养强化剂，在功能性产品市场中发展迅猛。总的来说，低聚果糖是一种天然的食品成分，除了提供一定的甜味外，还具有多种健康益处，特别是对肠道健康和免疫系统有积极作用。它在食品工业中有广泛的应用前景。

低聚果糖是被广泛认可的益生元物质，具有多重健康益处。低聚果糖被视为双歧因子，有助于有益的肠道菌群的增殖，如双歧杆菌和乳酸杆菌。低聚果糖的代谢导致短链脂肪酸的产生，其中包括乙酸、丙酸和丁酸等。这些短链脂肪酸对肠道和整体健康都具有积极影响。低聚果糖有助于降低肠道的 pH，有利于矿物质等营养物质更好地溶解和吸收。因此，它对提高营养吸收效率有正面影响。低聚果糖的存在可以减少有害细菌在肠道内的生长和繁殖，从而有助于减少毒素的积累和有害物质的产生。通过促进有益菌的增殖和增加菌群代谢产物，低聚果糖可以提高免疫细胞的活性，如巨噬细胞和 NK 细胞，可以增强机体免疫系统的功能，有助于抵抗外部病原菌的侵入。低聚果糖在促进肠道健康、提高营养吸收、抵抗有害细菌、增强免疫系统等方面具有多方面的益处，被认为是一种对整体健康非常有益的成分。

低聚果糖还具有以下有益特性。低聚果糖在降低胆固醇和改善脂质代谢方面发挥积极作用，有助于预防高血压和高血脂等心血管疾病。低聚果糖是一种功能性低聚糖，不被人体的消化系统吸收，不会迅速分解成小分子的葡萄糖等单糖，所以不会引起快速的血糖波动，对于维持血糖水平的稳定性非常有帮助，能够在糖尿病管理中发挥积极作用，帮助维持稳定的血糖水平。这使得它成为一种对于健康和特殊健康需求的人们都有益的营养成分。

低聚果糖作为一种功能性低聚糖和甜味剂，适合添加于各种食品中来提高营养成分与风味，其中在乳制品、饮料、焙烤等领域均有广泛的应用。

在乳制品领域，低聚果糖的应用非常常见，主要体现在以下方面：①低聚果糖通常被添加到婴儿奶粉中。它可以促进肠道内益生菌的生长，维持肠道健康，提高婴儿对营养物质的吸收能力。②低聚果糖还有助于延长奶粉的保质期。③许多品牌的酸奶产品也含有低聚果糖。低聚果糖可以为酸奶中的活性益生菌提供能量和营养，增强其功能。这有助于维持酸奶的质量和口感，并延长其保质期。

在当今社会，人们对饮料的需求不断增加，同时也更加注重健康生活方式。在这个背景下，饮料市场经历了重大变革，而低聚果糖成为备受欢迎的甜味剂。

低聚果糖是一种纯天然的成分，来源于自然界中广泛存在的水果和蔬菜。这使得它成为饮料中的理想选择，符合消费者对自然和健康的追求。低聚果糖在口感上表现出色，赋予饮料愉悦的口感，不仅提供一定的甜度，还带来了清爽的口味。低聚果糖在口感上表现出色，赋予饮料愉悦的口感，不仅提供一定的甜度，还带来了清爽的口味。添加低聚果糖的饮品不会导致血糖上升，因此适合糖尿病患者和那些希望维持血糖稳定的人。低聚果糖对牙齿有益，不会引发龋齿问题，对口腔健康有益。

将低聚果糖用于焙烤食品制作具有多重好处。首先，它能够提升食品的色泽，改善脆性，以及促进膨化效果。相对于传统的白砂糖，使用低聚果糖可以降低由于操作失误而导致的食品口感不佳等问题。此外，将适量的低聚果糖添加到面包等制品中，还能够产生保湿效应，延缓淀粉的老化过程，有效防止食品变硬，确保口感柔软可口，同时延长产品的货架寿命。这使得低聚果糖成为焙烤食品生产中的一项极具实际意义的添加剂，为食品制造商提供了更好的控制和改进产品的机会。

低聚果糖作为一种功能性低聚糖，在多个方面对人体健康产生积极影响，因此在食品、保健品、化妆品、饲料等领域得到广泛应用，具有巨大的潜力和重要性。它可以增强免疫系统的功能、促进矿物质吸收、改善脂质代谢以及有助于降低血糖水平。这些益处使得低聚果糖成为一种极具前景的糖源，在各种健康相关产品中广泛应用。

2. 低聚异麦芽糖

低聚异麦芽糖是由淀粉酶解转化而来，主要成分是以 $\alpha-(1,6)$ 糖苷键结合的异麦芽糖、潘糖、异麦芽三糖及异麦芽四糖以上的低聚糖，是我国研究最早、使用最早且价格相对低廉的一种功能性低聚糖。低聚异麦芽糖甜度为蔗糖的 $40\% \sim 50\%$，甜度较低，甜味纯正，具有非常好的耐高温、耐酸性，水溶性好，粉状产品极易吸湿，黏度略高于同浓度蔗糖溶液，具有一定的还原性。低聚异麦芽糖也是非消化性糖，不易被消化道酶降解，而是作为大肠微生物的底物，促进有益菌的增殖，抑制有害菌生长，调节肠道内环境，在润肠通便、促进营养吸收和预防疾病发生方面具有明显功效。低聚异麦芽糖糖浆为无色或浅黄色，透明黏稠液体，甜味柔和，无异味，无正常视力可见杂质。糖粉为无定型粉末，甜味柔和，无异味，无正常视力可见杂质。一般成品异麦芽低聚糖呈现为白色粉末状，带有淡淡的甜味，口感绵软似白糖。可用温开水冲饮，也可加到牛奶、咖啡等饮料中配合饮用。

众所周知，麦芽糖是两个葡萄糖分子以 $\alpha-(1,4)$ 糖苷键连接起来的双糖，异麦芽糖（isomaltose）则是两个葡萄糖分子以 $\alpha-(1,6)$ 糖苷键连接起来的双糖。由于分子构象不同，为了区别于麦芽糖而称为异麦芽糖。通常，麦芽糖容易被酵母所发酵，异麦芽糖不被酵母所发酵，异麦芽糖系非发酵性低聚糖。低聚异麦芽糖能有效的促进人体内有益细菌–双歧杆菌的生长繁殖，故又称双歧杆菌生长促进因子，简称双歧因子。研究表明，双歧杆菌有许多保健功能，而作为双歧杆菌促进因子的低聚异麦芽糖自然就受到了人们的关注。

低聚异麦芽糖难以被胃内消化酶消化，甜度低、热量低，基本上不增加血糖血脂。低聚异麦芽糖产品不含单糖或单糖含量很低，其热能仅为蔗糖的 1/6。低聚异麦芽糖很难通过消化酶分解吸收，经与单独口服葡萄糖人群对照实验后证明，空腹口服低聚异麦芽糖人群，血糖与胰岛素均未上升，这说明低聚异麦芽糖在胃中不被吸收、利用，全部进入肠道。因此，若长期食用，既不会增加血糖，也不改变血中胰岛素水平，糖尿病患者可放心食用。

低聚异麦芽糖能促进肠道内双歧杆菌增殖，抑制肠道有害菌及腐败物质形成，增加维生素含量，提高机体免疫力。

低聚异麦芽糖不被龋齿链球菌利用，不被口腔酶液分解，因而能防止龋齿。具有异麦芽糖残基低聚异麦芽糖与蔗糖结合使用时会强烈抑制不溶性葡聚糖合成，从而阻止齿垢形成，使蛀牙菌不能在牙齿上附着生长繁殖。因此，低聚异麦芽糖在以蔗糖为原料食品中，具有防龋齿作用。

低聚异麦芽糖属于非消化低聚糖类，具有水溶性膳食纤维功能。由于低聚糖不被人体消化液消化，故又称为低分子质量、非黏性、水溶性膳食纤维。但功能性低聚糖不具有膳食纤维增稠、水和、饱腹作用，其保健作用源于其特有发酵特点，其是双歧杆菌增殖因子。低聚异麦芽糖比膳食纤维优越一点是其摄入量较低，在推荐剂量内不会引起腹泻，有一定甜味，完全水溶性，不破坏食品质地和风味，不增加黏度，不影响对矿物质和维生素吸收，对矿物质和维生素无包埋作用，易添加于加工食品和饮料中。

低聚异麦芽糖常用作保湿因子应用于面包和蛋糕中，可以延缓淀粉老化的发生，从而使产品质地更加柔软、口感更加细腻，还可以通过美拉德反应产生诱人色泽。其应用于糖果生产中可以替代麦芽糖浆、葡萄糖浆、蔗糖等，降低糖果热量、抑制蔗糖结晶、延缓糖果水分散失，提高软糖弹性，同时低聚异麦芽糖不致龋齿，是一款适合儿童糖果的优质原料。低聚异麦芽糖在动物饲料领域已开始被推广与应用，可作为新型绿色饲料添加剂，用于生猪、家禽、水产养殖中，改善动物肠道菌群结构，提高动物生长性能，替代抗生素的使用，解决抗生素滥用及残留问题。

五、功能性糖醇

功能性糖醇是一类多元醇，包括赤藓糖醇、木糖醇、麦芽糖醇和山梨醇等。这些功能性糖醇具有出色的生理功能，其摄入不会引起血糖与胰岛素水平大幅波动，而且它们低热量，不会导致龋齿，同时还具有抗氧化性。因此，在无糖食品的开发中，功能性糖醇得到了广泛应用。

1. 赤藓糖醇

赤藓糖醇是一种备受欢迎的填充型甜味剂，尤其随着一些苏打气泡水的流行使它成为了大众关注的焦点。它是一种四碳糖醇，分子式为 $C_4H_{10}O_4$。赤藓糖醇在自然界中广泛分布，可以在真菌如蘑菇和地衣，瓜果如甜瓜、葡萄、梨，以及动物的眼球晶体、血浆、胎液、精液和尿液中找到微量存在。此外，在一些发酵食品如葡萄酒、啤酒、酱油以及日本清酒中也可以检测到少量赤藓糖醇。赤藓糖醇可以通过葡萄糖的发酵制备而成，呈白色结晶粉末状。它具有清新宜人的甜味，不容易被人体吸收，表现出较高的热稳定性，在广泛的 pH 范围内也能保持稳定。在口感方面，赤藓糖醇的甜度相当于蔗糖的 70%，并且具有明显的清凉感，为多种食品提供了一种温和的凉爽感觉。通常，它会与其他高倍甜味剂如甜菊糖苷、罗汉果苷和三氯蔗糖等一起使用，以协同提升口感。

赤藓糖醇在酸性和高温条件下展现出卓越的稳定性，不具备还原性。此外，它具有低吸湿性和不致龋齿的特性，因而在食品、医药和化工等多个领域得到广泛应用。同时，赤藓糖醇有独特的代谢途径。人体吸收的赤藓糖醇中有90%通过尿液排出体外，仅有10%进入大肠，被肠道微生物利用，其热量值为0kJ/g。由于不引起血糖波动，赤藓糖醇被视为糖尿病患者的理想选择。此外，与其他糖醇相比，赤藓糖醇具有较高的人体耐受量，女性为0.8g/kg，男性为0.66g/kg，几乎没有引起腹胀和腹泻等副作用的情况。

赤藓糖醇在食品和饮料工业中具有广泛的应用。赤藓糖醇广泛应用于无糖食品的配料，包括代糖、饮料、酸奶、冰淇淋、糖果和饼干等产品的研发。目前，赤藓糖醇的90%主要用于饮料制造，如碳酸饮料、茶饮料和能量饮料等。它通常与其他高倍甜味剂混合使用，以替代蔗糖，满足了消费者对无糖产品的需求。在糖果制造中，赤藓糖醇被广泛应用于无糖或低糖糖果的开发，这些糖果低热量且不会导致龋齿。此外，赤藓糖醇还在代餐食品领域得到了广泛应用，如代餐饼干、代餐面包和代餐棒等，因其受欢迎而备受推崇。除了食品领域，赤藓糖醇还在其他行业发挥作用。在药品制造中，它被用作矫味剂和赋形剂。在化妆品中，赤藓糖醇通常作为保湿剂，并提高产品的抗氧化性。在化工领域，它可作为有机合成的中间体，具有广泛的用途。

2. 其他糖醇

除赤藓糖醇外，麦芽糖醇、山梨醇、木糖醇等在食品工业中也有广泛应用。它们都是在单糖、双糖基础上通过催化加氢工艺而来，属于化学合成过程。化学性质稳定，不发生美拉德反应，同时产品代谢过程产生的热量低，均为41.8kJ/g，可用于无糖和低热量食品开发。

随着健康意识和生活水平的提高，消费者对功能性原料的关注不断增加，无糖和低糖食品的需求也随之上升，从传统的糖到功能糖的发展是当今趋势。功能性糖已经成功应用于食品领域，未来我们期望看到更多食品品类加入这一潮流，实现大众食品的功能化。在面对不断变化的市场时，我们应该顺应消费者的需求，加快甜味剂的研发进程，不断优化产品的生产工艺，提高产品的品质，以使甜味剂更适合用于不同类型的食品开发。此外，通过复合不同功能性甜味剂，可以针对乳制品、饮料、烘焙食品、糖果、餐桌调味品等不同领域开发专用代糖甜味剂，这将是食品行业发展的重要趋势。这样的专用代糖甜味剂可以满足各种不同食品的特定需求，提供更多健康、低糖或无糖的食品选择，满足了多样化的消费者口味。

第六节　功能性糖类的制备方法及应用

功能性糖类广泛应用于食品工业的功能性糖类，是富含独特效益的碳水化合物，可替代传统糖类。它主要涵盖了功能性低聚糖、功能性糖醇，以及功能性膳食纤维等多个种类，下面介绍各类功能性糖类制备方法。

一、功能性糖类制备方法

（一）功能性低聚糖

功能性低聚糖的品种繁多，包括水苏糖、低聚果糖、棉子糖、异麦芽酮糖、乳酮糖、低聚木糖、低聚半乳糖、低聚异麦芽糖、低聚异麦芽酮糖、低聚龙胆糖、大豆低聚糖、低聚壳聚糖等。

1. 水苏糖

水苏糖是一种功能性低聚糖，由一个 α-葡萄糖、一个 β-果糖和两个 α-半乳糖基组成。其分子式为 $C_{24}H_{42}O_{21}$，可溶于水，但不溶于乙醚、乙醇等有机溶剂。水苏糖广泛存在于豆科和唇齿科植物中，具有良好的稳定性。研究表明，水苏糖有助于增强人体对钙和镁的吸收，同时促进有益菌的繁殖。

新鲜地黄具有滋阴补肾、养血补血、凉血功效，其性质凉爽，味道兼具甘甜与微苦。其主要糖类成分包括水苏糖、葡萄糖、果糖、蔗糖以及 D-甘露醇糖，其中水苏糖含量最为丰富，占总糖的 64.9%。

制备水苏糖的关键步骤包括提取和纯化。提取水苏糖的方法包括水提法、有机试剂浸提法、微波辅助提取法、超声辅助提取法、微生物发酵以及酶解等。在工业生产中，常使用水提法进行提取，因为它具有对产品无污染、工艺简单等优势。提取过程包括取鲜地黄、洗净、切片，然后使用煎煮提取，提取时间为 1h，料液比为 1∶10，重复提取 3 次。常见的水苏糖纯化方法包括大孔树脂吸附法、凝胶色谱法、结晶法、膜分离法及水提法等（图 2-1）。其中，大孔树脂吸附法常被用作水苏糖的工业纯化方法，因其具有吸附速度快、可再生、使用寿命长、成本低、纯化效果好等优点。

图 2-1　水提法提取水苏糖简易流程

2. 低聚果糖

低聚果糖（fructooligo-saccharides）又称寡果糖，分子式为 G-F-Fn，是一类糖分子，包含葡萄糖和果糖基团。它主要以蔗糖上的果糖残基与 1~3 个果糖基通过 β-(1,2) 糖苷键结合而成，形成混合物，包括蔗果三糖、蔗果四糖和蔗果五糖。

低聚果糖的制备方法分为两类主要工艺。第一种工艺通过微生物发酵，利用菌种如黑曲霉、镰刀霉和日本曲霉分泌的 β-呋喃果糖苷酶和卢-果糖基转移酶进行酶反应制得，以蔗糖为原料。经过过滤、纯化、精制以及浓缩等一系列步骤，最终获得成品（图 2-2）。另一种工艺则采用菊芋为原料，通过酶水解法，首先以热水提取菊芋获得提取液，然后进行酶法处理（图 2-3）。

图 2-2　发酵法制备低聚果糖简易流程

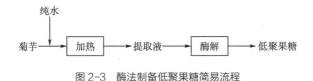

图 2-3　酶法制备低聚果糖简易流程

低聚果糖的制备工艺已经经历了两次演化，首次问世的液态发酵技术，其次演化为第二代的固定化细胞催化技术，如今已进展至第三代的固定化酶催化生产技术。

黑曲霉发酵高浓度蔗糖法，通常应用在工业生产中，其中果糖转移酶是黑曲霉等微生物的产物，其作用是在高浓度（50%~60%）蔗糖溶液中，通过一系列酶转移反应，制得低聚果糖产品。当使用蔗糖为原料进行发酵生产时，蔗糖浓度一旦达到50%，将只发生酶转移反应而不发生水解反应，因此低聚果糖产量可超过60%。首先，要培养和筛选高酶活的黑曲霉菌株，然后将其接种到蔗糖液培养基中，浓度为5%~10%。这些培养基需要在28~30℃下振摇培养2~4d，以获得具有高果糖转移酶活性的黑曲霉菌体。为提高酶活性，可以适度添加氮源物质 [例如蛋白胨和硝酸铵（NH_4NO_3），占0.5%~0.75%] 和无机盐 [如硫酸镁（$MgSO_4$）和磷酸氢二钾（KH_2PO_4），占0.1%~0.15%]。接下来，将这些菌体引导至50%~60%蔗糖溶液中，在特定温度和pH条件下催化生成低聚果糖。经过反应的发酵液的组成如下：葡萄糖、蔗糖、果寡三糖、果寡四糖、果寡五糖，低聚果糖55%~60%。这种方法显著提升了果寡糖产量，且工艺设备简化，但酶不能重复利用，且自动化程度较低，因此导致生产成本较高。

另一种方法是采用固定化酶法，过程如下。首先，通过黑曲霉发酵制备β-果糖转移酶或β-呋喃果糖苷酶，随后对菌体细胞进行破碎和纯化分离，接下来进行固定化处理。与固定化菌体相似，通常使用海藻酸钠包埋法。将50%~60%浓度的蔗糖糖浆以一定速度通过固定化酶柱或床式固定化生物反应器，在50~60℃条件下进行催化蔗糖转移反应，反应时间控制在24h，然后执行一系列脱色、脱盐、浓缩等分离和提纯步骤，最终获得占总产物60%左右的低聚果糖产品。固定化酶表现出出色的操作稳定性，可反复利用，利用率高，能够实现生产工艺的连续化和自动化，从而有效降低生产成本。因此，在国际上，这是研究较为广泛的方法之一。

3. 棉子糖

棉子糖，又称蜜三糖或蜜里三糖，其分子式为$C_{18}H_{32}O_{16}$，包含右旋半乳糖、右旋葡萄糖和左旋果糖。它可经过胃和肠道而无需被吸收，充当肠道内有益菌的营养源，如双歧杆菌和嗜酸乳酸杆菌，有助于它们生长并生成乙酸、乳酸和抗菌物质，从而抑制腐败菌的繁殖。在棉子糖发酵过程中，双歧杆菌产生丰富的短链脂肪酸，刺激肠道蠕动，提高粪便湿度，维持渗透压，有助于预防便秘问题。此外，棉子糖还可作为食品添加剂使用，改善加工性能，防止褐变，提升品质，延长保质期。由于其卓越性质和生理作用，已广泛应用于食品、医药和化妆品等领域。

棉仁中富含蛋白质和油脂，是天然的植物食用油和重要的植物蛋白资源。棉仁榨油后产生大量棉籽饼粕，其可作为高质量的植物蛋白资源。但要注意，棉籽饼粕含有有毒的棉酚，必须在生产前进行去毒处理。

乙醇提取法的过程如下。首先，将无腺体棉仁脱脂粕置于乙醇中浸泡，接着蒸馏并浓缩提取液，随后添加结晶促进剂以催化结晶反应。随后，采用乙醇溶液多次进行重新结晶，最终获得高度纯净的棉子糖（图2-4）。然而，由于多次重新结晶会导致大量棉子糖的损失，即使不需要脱色处理，从无腺体脱脂棉中提取棉子糖的产率也不超过60%。这一生产工艺存在严重的资源浪费问题，不适用于大规模工业生产。制备高纯度棉子糖的工艺，包含四个步骤：提取、脱色、吸附分离和结晶。从脱脂棉籽粕中提取高纯度的棉子糖工艺，其总收率应当超过60%。

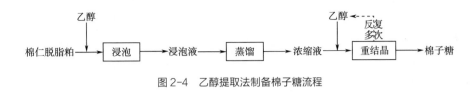

图 2-4 乙醇提取法制备棉子糖流程

4. 异麦芽酮糖

异麦芽酮糖分子式为 $C_{12}H_{22}O_{11} \cdot H_2O$，是由葡萄糖和果糖通过 α-(1,6) 糖苷键结合形成的，呈白色结晶，无臭。它不会在唾液、胃酸和胰液中被消化酶分解，只有在小肠中才会被酶分解成葡萄糖和果糖被吸收。与蔗糖相比，异麦芽酮糖的分解吸收速度较慢，有助于维持稳定的血糖水平，不会引发急剧的血糖和胰岛素上升，因此适合糖尿病患者食用。

此外，异麦芽酮糖不会引起蛀牙或牙周病问题。原因在于它的分子结构中，葡萄糖和果糖之间的 α-(1,2) 糖苷键已经变为更稳定的 α-(1,6) 糖苷键，不容易被口腔微生物发酵利用，因此不会形成不溶性聚葡萄糖，从而预防蛀牙。

异麦芽酮糖的制备方法包括微生物转化法、酶法、化学合成法以及植物基因改造法。目前，化学合成法和植物基因改造法尚未完善，因此主要依赖微生物转化法和酶法进行异麦芽酮糖的生产与加工。

微生物转化法包括游离细胞转化法和固定化细胞转化法。细胞内的蔗糖异构酶作为媒介，将蔗糖转变为异麦芽酮糖。微生物如沙雷氏杆菌、欧文氏杆菌、肠系膜明串珠菌、克莱伯氏杆菌、大肠杆菌等，具备这种能力。沙雷氏杆菌和大肠杆菌在工业生产中得到广泛应用。采用固定化细胞的方法可以促进细胞的多次使用，增强它们的机械强度，提高蔗糖的转化率，同时降低下游产物的分离成本。一些常见的固定化载体包括海藻酸钠、壳聚糖以及聚乙烯醇等材料。使用海藻酸钠作为封装剂，结合氯化钙作为交联剂，不仅可以增加固定化细胞的稳定性，还提高了可操作性，并且降低了成本。

另一种方法是酶法，通过游离酶或固定化酶来转化蔗糖以制备异麦芽酮糖。从微生物中分离出的蔗糖异构酶活性较低，稳定性较差，不能满足工业生产的需求。相比之下，固定化酶具有较高的机械强度和稳定性，可重复使用，提高了酶的利用效率，并降低了成本。使用壳聚糖微球作为载体，戊二醛作为交联剂，可以获得较高的产物得率，并且连续多次转化时产物得率也不会明显降低。

（二）功能性糖醇

各种功能性糖醇类型繁多，包括木糖醇、赤藓糖醇、乳糖醇、山梨醇、甘露醇、麦芽糖醇、氢化淀粉水解物、异麦芽糖醇以及低聚异麦芽糖醇等。

1. 木糖醇

木糖醇是一种从白桦树、橡树、玉米芯、甘蔗渣等多种植物材料提取得到的木糖醇，是一种源自自然的甜味剂，其分子式为 $C_5H_{12}O_5$，相对分子质量为 152.146。木糖醇在轻化工及其他多个工业领域中扮演重要的原料角色，可用于制造饮料、糖果、果酱等食品。其不能被口腔中的细菌所发酵，从而抑制了链球菌的增长，减少了酸的生成，具有良好的抗龋齿功能。另外，嚼木糖醇还能够刺激唾液分泌，洗净口腔内的细菌，从而有助于减缓口腔 pH 的降低。

在工业生产中，木糖醇的主要制备方法包括中和脱酸工艺（图 2-5）和离子交换脱酸工艺（图 2-6）。其中，中和脱酸工艺存在设备损伤问题，导致设备寿命缩短。离子交换脱酸工艺的流程包括原料水解、去色、第一次离子交换、浓缩、第二次离子交换、催化加氢、第三次离子交换，最后经过一系列浓缩、结晶和分离步骤获得成品木糖醇。离子交换脱酸工艺增加了酸碱消耗和成本。在中和脱酸工艺中，设备结垢问题得以解决，设备的使用寿命和利用率得到显著提升。同时，中和脱酸工艺降低了水解液中的灰分和酸含量，改善了水解液质量，从而提高了产品品质。

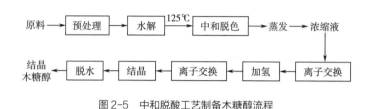

图 2-5 中和脱酸工艺制备木糖醇流程

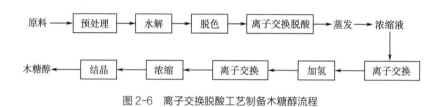

图 2-6 离子交换脱酸工艺制备木糖醇流程

2. 赤藓糖醇

赤藓糖醇，又称 1,2,3,4-丁四醇，属于四碳糖醇，其分子式为 $C_4H_{10}O_4$，相对分子质量为 122.12。是一种广泛存在于自然界的天然甜味剂，存在于葡萄酒、啤酒、酱油、蘑菇、地衣、甜瓜、葡萄和梨中。

制备赤藓糖醇的方法包括微生物发酵法和化学合成法。化学合成法包括丁烯二醇与过氧化氢的反应，然后将其与活性镍催化剂、阻化剂氨水混合进行氢化反应，其生产效率不高，工业化规模生产赤藓糖醇产品尚面临困难。

赤藓糖醇的制备过程包括以下步骤。首先，从小麦或玉米等淀粉丰富的原料中通过酶降解获得葡萄糖。接着，利用高渗透酵母或其他微生物菌株进行发酵。随后，经过一系列的过滤、分层、净化、浓缩、结晶、分离和干燥工艺，最终得到赤藓糖醇成品。赤藓糖醇的碳源可以是多种原料，包括烷烃、单糖和双糖，但由于成本因素，通常选择使用淀粉丰富的小麦或玉米。

3. 乳糖醇

乳糖醇，又称乳梨醇，其化学名为 4-O-β-D-吡喃半乳糖-D-葡萄糖醇，是新型双糖醇之一，其分子式为 $C_{12}H_{24}O_{11}$，相对分子质量 344.32。它在体内极少被吸收，而是在肠道内经结肠微生物代谢而成 D-半乳糖和 D-山梨醇，并发酵生成多种有机酸，包括乳酸、甲酸、丙酸、丁酸和乙酸。它能够通过渗透作用增加额外的液体进入结肠，从而促进肠道蠕动，起到通便的作用。乳糖醇可作为蔗糖的替代品，其甜度为蔗糖的 30%~40%，热量则为蔗糖的 1/2，口感清爽而且顺滑。

乳糖醇的制备经历多个步骤，包括乳糖催化加压、加氢后的过滤，接着进行离子交换、脱色、浓缩，最后进行结晶等工序。根据反应条件的不同，可以在水溶液中制得无水乳糖醇、单晶水乳糖醇以及双晶水乳糖醇。

4. 山梨醇

山梨醇，属于 D-葡萄糖醇，其分子式为 $C_6H_{14}O_6$，相对分子质量约为 182.17。葡萄糖醇在食品、日化、医药等多个领域广泛应用，可作为甜味剂、保湿剂、赋形剂、防腐剂等多功能化工原料。此外，它还具有多元醇的营养优势，包括低热值、低糖分和预防蛀牙等特点。

在工业生产领域，山梨醇的制备主要采用三种规模化方法：氢化法、电化学法以及生物发酵法。目前，氢化法是最广泛采用的生产方式，通过催化氢化处理葡萄糖、蔗糖或纤维素等原材料，将其转化为山梨醇（图 2-7）。无论是采用电化学法还是生物发酵法，都以葡萄糖和果糖为起始物质。电化学法通过电解还原这些起始物质以制备山梨醇，其原料转化率不及氢化法高，还可能会生成甘露醇副产物。而生物发酵法则依赖微生物酶的作用，将葡萄糖、果糖或乳糖转化成山梨醇，由于所选菌种和发酵工艺的差异，残留葡萄糖的量也有所不同。纯化山梨醇的工艺正在不断完善，以降低还原糖含量，获得高品质山梨醇。

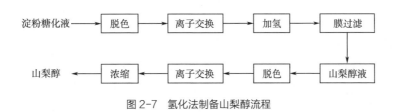

图 2-7 氢化法制备山梨醇流程

（三）功能性膳食纤维

功能性膳食纤维包括大豆膳食纤维、菊粉、葡聚糖、果胶、壳聚糖等。多糖类的膳食纤维无法在胃肠道内被消化吸收，也不产生能量，曾被认为毫无营养。

随着对营养学和相关科学的深入研究，渐渐揭示出膳食纤维在生理上扮演着重要的角色，现已被营养学界确定为第七大关键营养素，与传统的六大营养素——蛋白质、脂肪、碳水化合物、维生素、矿物质和水齐名。

1. 大豆膳食纤维

中国拥有丰富的大豆资源，是全球主要的豆制品生产与消费国家之一。在豆制品加工的过程中，豆渣作为副产品，占据全豆质量的 16%~25%。这些豆渣中含有大约 50% 的膳食纤维成分，且大豆膳食纤维对人体有着重要的生理功能。它有助于降低体内胆固醇含量，从而有助于预防动脉硬化和冠心病。此外，它还能够调节血糖水平，并改善肠道功能，促进正常胃肠蠕动，从而预防便秘和结肠癌。

提取大豆膳食纤维的方法很多，包括化学法、酶解法、微生物发酵法、微波辅助提取法以及多种方法的组合。

在化学法中，提取大豆膳食纤维通常是酸解法和碱解法的相互协作。由于不同的原料需要不同浓度和处理时间的酸碱水解，其大豆膳食纤维的产量也不同，因此需要使用正交试验法来确定最佳的提取工艺。处理豆渣原料时，通常需要使用酸性或碱性溶液进行提取，然后使用乙醇进行沉淀或进行微晶化处理等操作。

　　酶解法中，最关键的三个要素是提取温度、固液比和提取时间。相对于化学法，酶解法提取大豆膳食纤维的产量更高。酶具有高催化效率和特异性，因此在生产中能够获得更高的产量和更好的质量，并且有助于产品的纯化和工艺简化。酶的温和作用条件通常不需要高温高压，因此设备要求较低，有助于节约能源，适用于工业生产。但是，这种工艺生产的膳食纤维具有腥味浓重、色泽深的缺点，因此需要对豆渣进行预处理。

2. 菊粉

　　菊粉是植物中储备性多糖，主要来源于植物，分子式为 $C_{17}H_{11}N_5$，相对分子质量为285.303。在菊芋、菊苣的块茎、天竺牡丹的块根、蓟的根中都含有丰富的菊粉，其中菊芋的菊粉含量最高。菊粉是一类天然果糖聚合物，属于非消化性碳水化合物，是优质的天然水溶性膳食纤维和益生元，具有一定的甜度，热量低，与水结合易形成凝胶；同时具有降低血糖、控制血脂、调节肠道菌群、增强胃肠功能及促进维生素及微量元素吸收等多种生理功能。在食品工业中，菊粉成功应用在乳制品、面包、糖果、饮料和调味料等领域，例如菊粉吸湿性强，在食品加工中利用这一点延缓水分蒸发，防止产品变味、延长食品货架期和保质期。

　　菊粉的制备工艺如图2-8所示。首先对原料菊芋进行清洗、粉碎，将捣碎后的菊芋放置在搅拌机内部混水快速搅拌匀浆，然后进行超声波处理，得到菊芋浆。接着对菊芋浆进行加热加压、沉淀，减压浓缩上述步骤中的粗提取液，得到浓缩的菊粉粗提取液。通过滤膜对粗提取液中的蛋白质和纤维素进行过滤，用活性炭除去菊粉溶液中的色素，分别使用阴离子交换树脂和阳离子交换树脂除去菊粉溶液中的离子，得到脱离子的菊粉溶液，再通过滤膜进行二次过滤得到精细菊粉溶液，最后进行菊粉溶液的醇降解，收集得到不同聚合度范围的菊粉沉淀，将醇降解后的菊粉溶液，分别导入不同的烘干设备内部，对精细菊粉溶液进行干燥处理，打包成品。

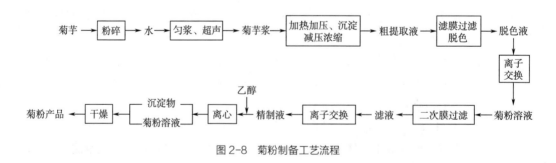

图2-8　菊粉制备工艺流程

3. 葡聚糖

　　葡聚糖，又称葡萄糖构成的同类多糖，其分子由葡萄糖单元以糖苷键相连而成，化学式为 $[C_6H_{10}O_5]_n$。其中，广泛研究和应用的是右旋糖酐（dextran）。β-葡聚糖具有多种功能，包括提升机体对病毒和细菌感染的免疫力、有助于调整消化道微生态、促进有益菌生长和有害物质排除、降低胆固醇和 LDL 胆固醇、提高 HDL 胆固醇、改善末梢组织对胰岛素的敏感性、减少糖尿病风险、激发皮肤免疫保护机制、修复皮肤、减少皱纹、延缓皮肤老化。

　　酵母细胞壁占据细胞干重的 15%~25%，由 90% 多糖构成，其中酵母 β-葡聚糖是功能性多糖之一，是细胞壁的主要组分之一。为获取 β-葡聚糖，需去除细胞壁中的蛋白质、脂质等成分，可采用研磨、高压均质、物理、化学、酶法和电法等破壁方法。

自溶法是指将酵母悬浮液加热搅拌，加入氯化钠和乙酸乙酯，触发自溶反应，然后进行压微射流、复合酶解、干燥等步骤。这个方法温和、环保，避免使用对环境有害的强酸、强碱试剂，且适用于工业化规模生产。超声法先破坏细胞壁，然后破坏细胞膜以提取多糖。与自溶法相比，超声法的多糖含量较高，但会产生噪声污染。

4. 果胶

果胶，是一种酸性多糖，其构成主要是通过 α-(1,4) 糖苷键连接的 D-半乳糖醛酸，同时还富含中性糖如 L-鼠李糖、D-半乳糖以及 D-阿拉伯糖。在食品工业领域，果胶具有多种作用，如充当胶凝、稳定、组织调整、乳化和增稠。它是自然的植物胶体。同时，作为水溶性膳食纤维，果胶增强胃肠蠕动、促进营养吸收，对腹泻、肠癌、糖尿病和肥胖等疾病有疗效，可用于药物制剂。此外，果胶还可用作优秀的重金属吸附剂，因其分子链形成网状结构，有效吸附重金属。

柑橘果皮富含果胶，可用作提取原料，具有商业价值。提取方法包括酸水解、超声波提取、微波提取、亚临界水萃取和酶提取。酸水解法是指将果胶水解为游离态果胶，然后用醇溶液析出，简单高效，需要注意酸性和提取温度。超声波提取法通过超声波破裂细胞壁，加速果胶溶出，操作简便，条件温和，提取率高，可实现选择性萃取，是绿色提取技术。微波提取法以高频微波使细胞破裂、溶剂氢键断裂，耗时短，提取率高。亚临界水萃取法使用亚临界水隔绝氧气、低压条件下与物料发生分子扩散，操作简单，残留量低，萃取时间短。酶提取法利用酶降解果胶中大分子物质和不溶性果胶，具特异性、高提取率、温和反应条件，适合热敏性成分提取，提高效率。

二、功能性糖类应用

（一）功能性低聚糖的应用

1. 水苏糖

（1）饮料中的应用　水苏糖，因其益生元活性，广泛用于增进肠道健康的功能性食品。将 0.3%~0.5% 水苏糖加入牛奶，长期饮用有助于增加肠道中有益双歧杆菌等微生物的数量，平衡肠道菌群，提高钙吸收。在酸奶中引入水苏糖可以增强乳酸菌的存活率，刺激乳酸菌和双歧杆菌的增长。现有采用"水苏糖+益生菌"作为主要功能成分，共同开发调节肠道健康的产品，显著改善肠道健康。水苏糖中的 α-糖苷键结构参与分子层面的免疫反应等过程，具备防御病原体和调控免疫系统的特性。含水苏糖的功能性益生菌饮料可提升免疫力和肠道健康。

（2）食品工业中的应用　水苏糖水溶性良好，热量微低，甜度适中，特别适合儿童，可添加到钙片和婴幼儿米粉。成年人食用时，不易与其他成分发生化学反应，可用于固体和液体饮品，以及钙片制品。将 3%~5% 的水苏糖添加到馒头和面包中，可以有效延缓淀粉的老化，因此可用于研发水苏糖馒头和面包。另外，水苏糖还具有一定的着色性质，在高温下会发生美拉德反应，产生引人入胜的焦糖色，不仅色泽鲜明，而且味道出众，特别适合喜欢吃甜面包的消费者。

（3）水苏糖在保健品中的应用　当前，消费者越来越倾向于选择低糖、无糖食品以及功能性食品。水苏糖因其明显的低甜度特点和独特优势，在保健品领域广泛应用。拥有良好的益生特性的水苏糖，成为理想的功能性食品添加剂，因此国内市场上涌现了许多以水苏糖为主要或辅助成分的保健品产品。

2. 低聚果糖

（1）饲料中的应用　在20世纪80年代中后期，日本率先研发了低聚果糖，并将其用于饲料工业。我国的动物营养学界在20世纪90年代后期开始研究这种添加剂。低聚果糖的主要作用是刺激动物体内的双歧杆菌生长，提高其繁殖速度，从而抑制了肠道内有害菌的生长。2000年2月初，对一只名叫"莉莉"的大熊猫进行了为期20天的低聚果糖投喂试验，结果显示，这只病弱的大熊猫的排黏、腹泻、厌食和稀便等症状得到了有效的缓解，体力和精神状态都明显好转，食欲和体重也有显著增加。

（2）饮料和乳制品中的应用　在众多国家，包括欧美和日本，低聚果糖已广泛应用于各种食品中，涵盖了乳酸菌饮料、固体饮料、糖果、糕点、面包、果冻、冷饮、汤料以及谷物等多个领域。这种食品添加剂不仅提升了食品的营养价值和保健功效，还有效延长了冰淇淋、酸奶、果酱等多种产品的保质期。

在乳制品领域，低聚果糖常见的应用方式是将低聚果糖混入奶粉或酸奶中，它能够刺激双歧杆菌的生长，从而增加了发酵乳制品和奶粉中益生菌的数量，对肠道健康带来了益处。同时，它为发酵酸奶中的活菌提供了营养支持，增强了其活性，延长了产品的保质期。

低聚果糖是一种天然而口感出色的天然甜味剂。55型低聚果糖的甜度相当于蔗糖的60%，而95型低聚果糖的甜度相当于蔗糖的30%。将低聚果糖添加到饮料中不仅能够保持一定的甜味和高膳食纤维含量，还有助于减少热量摄入，饮用后不引发血糖上升，有助于预防龋齿，同时，还能改善产品的口感，使其更加温和和清新。

（3）烘焙食品中的应用　通过将低聚果糖加入烘焙食品，不仅可以提升产品的色泽和口感，还有助于改进脆度和膨化效果。相对于传统的使用白砂糖的制作方法，这种添加低聚果糖的方式更加简单，操作更易掌握，能显著改善产品的感官品质，避免了因操作失误而导致的不佳现象。此外，在面包制作中适量添加低聚果糖还能实现保湿效果，延缓淀粉老化，防止食品变硬，使口感更加松软可口，同时延长了产品的保质期。

（4）拓展领域的应用　低聚果糖在各领域应用广泛，如化妆品、保健品、酒类和饲料。因其短分子链和低聚合度，它表现出较强的吸湿性和水溶性。向化妆品中引入低聚果糖可刺激"益生菌"在皮肤上的生长，同时抑制有害菌的繁殖，有助于维护皮肤屏障、平衡皮肤微生物群落、提高皮肤的免疫力。

在保健品领域，低聚果糖可预防痤疮、黑斑、雀斑和老年斑的形成，令皮肤保持光彩照人，改善口臭等问题。国内已经推出了多款以低聚果糖为主要成分的保健品，包括降脂减肥口含片和祛斑美容软胶囊等系列新型产品。

将低聚果糖添加到酒类产品中，有助于防止沉淀物的生成，提高酒的澄清度，增强酒的风味，使口感更加醇厚、清爽。

在饮料中添加低聚果糖，可提升动物的肠道微生态，促进矿物质吸收，增强家畜和禽类的免疫力等多重功能。低聚果糖作为高效的绿色饲料补充剂，还能有效降低饲料中抗生素的需求。

3. 棉子糖

（1）食品中的应用 在食品领域，棉子糖拥有多种用途。它可充当功能性添加剂，应用于牛奶、酸奶等乳制品，以增进肠道健康、提高消化吸收率和增强免疫力。同时，因其抗酸和耐热特性，可被用于增强酸性饮料和烘焙食品（如面包）的甜味。除此之外，棉子糖具有良好的流动性和抗湿性，可与其他粉状物质混合，制成粉末状、颗粒状、片状或胶囊状的功能性食品。此外，它还可作为理想的添加剂，用于口香糖、脆饼干、糖果等产品，同时在高温下溶解性强，可用于防止蔗糖结晶析出，成为各种中西式糕点和巧克力等产品的理想甜味剂。同时，经过衍生制造的棉子糖多酯还能用作低热量脂肪替代品，有助于减少肥胖的风险。

（2）饲料行业的应用 棉子糖良好的生理功效同样适用于饲料和养殖业。国内外已广泛采用含棉子糖的功能性低聚糖作为饲料添加剂，这些添加剂可增加动物的采食量，促进幼仔期动物的生长，改善动物的肠道微生态，促进有益菌如双歧杆菌的生长，同时抑制有害菌的增殖。此外，它还在改善饲料质量方面发挥作用，可提高饲料的利用效率，增加磷、钙、镁、铁等元素的代谢率，促进维生素等营养物质的合成，增强动物的免疫功能，从而降低疾病发生率，减少抗生素的使用。由于其不吸湿，具有出色的流动性，容易与饲料混合，因此在宠物食品、毛皮动物饲料和养殖业中有广泛的应用前景。

（3）医药方面的应用 在医药领域，棉子糖展现出了重要的应用价值。它可以充当器官保存剂，有效地预防细胞肿胀，有助于恢复缺血后器官的功能，延长生物材料的保存时间，如器官、组织和细胞。因此，在器官移植工程中，它已被广泛应用，成为国际上最成功的多器官保存液 UW 液的重要组成部分。

4. 异麦芽酮糖

（1）乳制品中的应用 异麦芽酮糖在国内外已广泛应用于乳制品中，异麦芽酮糖应用在乳制品中可以遮蔽异味，同时赋予乳制品一定的健康功效，这为儿童和中老年乳制品食品开发提供了帮助。活性酸奶中使用了甜味剂异麦芽酮糖和三氯蔗糖。功能性黑芝麻豆奶添加异麦芽酮糖，主要作用是掩盖豆浆的不良风味，增强脑力。

（2）食品中的应用 在食品中，异麦芽酮糖的应用受到国内外的广泛青睐。与蔗糖相比，异麦芽酮糖在能量方面具有相似之处，但它只在小肠中被缓慢分解吸收，其吸收速度仅为蔗糖的1/5。因此，它能够提供持续而均衡的能量，有助于增强持久性运动和抗疲劳能力。

在国际市场上，异麦芽酮糖在运动食品领域得到广泛应用。例如，能量补充羊羹中含有帕拉金糖 TM（即异麦芽酮糖）和麦芽糊精，可提供持续的能量供给。

此外，异麦芽酮糖还能够改善大脑功能，增强专注力。当与一些营养品结合使用时，它可以用于开发适合中小学生的食品，有助于提高他们的学习效果。对于需要长时间集中注意力的白领人士，这类功能性食品也非常有益。

异麦芽酮糖还能抑制其他双糖对血糖波动的影响，减缓血糖上升速度。与其他调节血糖和胆固醇的食品原料搭配，例如与谷物产品结合，能进一步增强其功能。谷物通常富含维生素、矿物质和膳食纤维，对调节血糖和胆固醇有益，与异麦芽酮糖搭配使用，功能更为强大。

（二）功能性糖醇的应用

1. 木糖醇

（1）食品中的应用 在制造糖尿病患者适用的食品时，木糖醇成为一种重要选择，因为它在体内的代谢与胰岛素无关。此外，它具有口感清凉的特点，并不会在口腔中被细菌发酵产生乳酸，因此对微生物来说不是有利的生长基质，有助于防止蛀牙，因此可用于口香糖的制作。当与其他甜味剂如麦芽糖醇、砂糖和果糖等混合制成维生素饮料时，木糖醇主要起到提升饮料的甜度并赋予其清凉感的作用，而麦芽糖醇则增加饮料的质感。此外，在饮料制造过程中，木糖醇的使用可以控制热量，并稳定维生素的功效。

（2）医药领域的应用　木糖醇具有良好的药用价值，可用于缓解糖尿病和保护肝脏功能。木糖醇不仅提供能量，也可改善糖代谢，没有增加糖负荷或诱发酮血症之忧。木糖醇在人体代谢中不需要胰岛素参与，反而促进胰岛素分泌，故对糖尿病患者而言，是良好的营养补充与辅助疗法。此外，木糖醇还能增加糖尿病患者体力、减轻饥饿感、多饮多食多尿等症状，减少对胰岛素及其他降糖药物的依赖。同时，抑制口腔细菌生长，有助于牙齿健康，因此在医药制造广泛应用。

此外，木糖醇还具备改善肝功能的作用，可增加肝糖原的存储并降低转氨酶水平，对肝脏具有护肝作用。它还表现出良好的抗酮体特性，静脉注射木糖醇对于处理酮体病患者具有显著的疗效，也可作为这些患者的热量来源。

（3）化学工业中的应用　木糖醇在化工领域也有广泛应用。在制造表面活性剂时，它表现出抗菌性。树脂工业则采用木糖醇合成多种醇酸树脂。在皮革处理中，木糖醇与苯酚、甲醛以及磷酸反应可生成无色皮革鞣剂，具有良好的水溶性和鞣制效果，而且稳定不被氧化变色，特别适合白色皮革。

此外，木糖醇还可替代甘油，广泛用于造纸、日用化工和国防工业中制造硝化爆炸物。与合成脂肪酸反应可制得不挥发的增塑剂。另外，木糖醇本身还具备乳化、分散和消泡等多重特性。相较于六元醇，其耐热性和抗腐蚀性更佳，因此是潜力巨大的乳化剂。随着其在工业应用不断扩展和生产进一步发展，木糖醇的需求量将大幅度增加。

2. 赤藓糖醇

赤藓糖醇以其出色的防龋齿、抗氧化、保湿和不可燃特性，广泛应用于医药和日化领域。在医药领域，它可以用作药物包衣和片剂辅料；在化工领域，它可以充当蓄热材料和高分子材料。这种新型甜味剂也在食品工业中得到广泛应用。

赤藓糖醇以其低热量、高甜度著称，其甜度相当于蔗糖的70%。从甜味和热量的角度看，它具有卓越的性价比。此外，它容易耐受，不太可能引发肠胃不适，因此适合糖尿病患者。它还对口腔健康有益，特别适合于儿童。赤藓糖醇还表现出出色的耐热和耐酸性，可防止在糖果制作过程中出现褐化和分解现象。

赤藓糖醇的低吸湿性使其能够防止潮气侵入，延长食品的保质期和货架期。在烘焙中使用它能降低热量，改善口感。此外，它还有助于改善某些蛋白质的功能特性，确保烘焙食品保持多孔性和柔软性。将赤藓糖醇加入饼干产品中，不仅能减少热量，还赋予了清新的口感。

3. 乳糖醇

（1）糖果中的应用　乳糖醇在糖果中的广泛应用是因为其高玻璃化转变温度。它可以完全代替蔗糖，制作出口感极佳的低糖硬质糖果。与此同时，乳糖醇的低吸湿性使得它能够单独使用制作硬糖，而不会导致糖果的不良品质，如反砂或烊化。此外，无需采用昂贵的防潮包装，一般包装即可满足要求。乳糖醇，作为一种抗结晶剂，可与其他糖醇混合用于制备硬糖。在软糖制作中，它能够完全代替蔗糖，而无需改变生产流程。如果需要增加甜度，可适度添加高倍甜味剂。

乳糖醇的溶解过程产生吸热效应，在食用时带来清凉口感，因此极适用于口香糖的制作。通常情况下，乳糖醇被优先选择，以取代山梨醇作为体积填充剂。它的优势在于低吸湿性，无需额外投资昂贵的空调设备。使用乳糖醇还能够改善口感，与甘露醇相比，乳糖醇的溶解性更为出色，有效避免了口香糖在长时间存储中可能出现的沙硬口感问题。

（2）焙烤食品中的应用　在烘焙食品中，含有乳糖醇的产品在质地、体积以及货架寿命等方面能与使用蔗糖的产品媲美。以饼干为例，其关键特点之一是酥脆的口感，而乳糖醇的低吸湿性使其成为取代蔗糖的理想选择，能够保持产品的酥脆口感，满足产品的要求。与其他糖醇（如山梨醇和木糖醇等）不同，采用乳糖醇代替蔗糖制成的饼干可以在几小时后依然保持脆口性。对于某些烘焙食品，例如蛋糕和面包，保持柔软口感则是关键特征之一，而乳糖醇的保湿性较好，采用它来代替蔗糖可以维持食品中的水分，使其保持柔软、美味的口感。

（3）低糖饮料中的应用　在低糖饮料的制作方面，传统饮料通常使用蔗糖作为甜味剂，属于高热量食品，不适合糖尿病患者和肥胖者等特殊人群食用。而乳糖醇具有出色的稳定性，可以保持饮料的色、香、味。将乳糖醇作为甜味剂制作的饮料改善了其甜味，赋予了清凉而美味的口感。乳糖醇属于低热量甜味剂，制得的饮料成为低糖饮料，满足了特殊人群的需求。

4. 山梨醇

（1）糖果中的应用　山梨醇是一种甜味清凉的物质，具备预防蛀牙的特性，被广泛运用于制作低糖糖果。将山梨醇与其他保健成分混合使用，可以创造出新型口香糖，不仅美味，还具备保健效果。目前，已研发出多款不同风味和功效的产品。保健型薄荷糖含片制作过程如下，通过将固态山梨醇制成颗粒，经过干燥和研磨制成粉末，在粉末中分散薄荷脑和冰片等成分，然后在60℃下熟化10~20min。接着，添加适量的硬脂酸镁作为润滑剂，最后进行压制，制成保健型薄荷糖含片。该产品必须进行密封包装。

（2）面制品中的应用　因多羟基结构山梨醇具备出色的水合能力，它常被用于保鲜生鲜面制品和烘焙食品。将2%的山梨醇加入生鲜拉面中，可作为水分保持剂，有助于提高体系中的结合水含量，减少自由水含量。这使得面条在25℃下的储存期内水分状态更加稳定，从而实现更佳的保鲜效果。

（3）肉制品中的应用　山梨醇不仅能增强肉制品的持水性和改善产品的质地和口感，还能降低水分活性，延长肉制品的保质期。在发酵香肠制备过程中，添加山梨醇可降低结合水的含量，显著提高产品的产量，有效缩短生产周期，同时降低发酵香肠的硬度和咀嚼感。添加4%的山梨醇不仅能显著降低猪肉脯的剪切力，还具有一定的抗氧化作用，并轻微抑制细菌的生长。

（4）饮料中的应用　山梨醇口感清爽，不会对人体的血糖和胰岛素水平产生不利影响。因此，以山梨醇为甜味剂的饮料适合供应给糖尿病患者等特殊人群。此外，山梨醇还可螯合金属离子，减少因金属离子引起的浑浊，同时有效抑制淀粉老化，有助于维持饮料的色、香、味。

（三）功能性膳食纤维的应用

1. 大豆膳食纤维

（1）肉制品的应用　大豆膳食纤维中含有18%~25%蛋白质。经过特殊工艺加工后，它不仅具备一定的凝胶特性和优异的油水保持能力，还能够在罐头制品生产中彰显其独特魅力。通过应用大豆膳食纤维，不仅可以改善肉制品的加工特性，还能提升其蛋白质含量，增强纤维的保健功效。肉制品应用领域主要包括火腿肠、午餐肉、三明治、肉松等。

（2）面制品的应用　经过加工，大豆膳食纤维可被巧妙地融入面团，赋予面团良好的结构特性，成为烘焙高级面包的有效成分。在面包制作中引入这一成分，不仅可显著提升面包的绵软纹理和口感，也能增添面包的色泽与滋味。而在制作糕点时，由于水分含量较高，往往导致烘焙过程中产生松软问题，对产品品质产生负面影响。然而，通过添加富含膳食纤维的成分，由于其出色的吸水性能，可吸附大量水分，协助产品的稳固与保鲜，同时有效节约制作成本。因此，大豆膳食纤维已广泛运用于各类面食制品，如饼干、方便食品、馒头和米粉等。

（3）饮料中的应用　大豆膳食纤维经乳酸杆菌发酵，可制成乳清料，或掺入软凝乳、干酪和牛奶甜点中，也可广泛应用于多款碳酸饮料及高纤维豆乳等，为饮料行业带来了新的发展可能性。

2. 菊粉

（1）乳制品中的应用　菊粉在各种乳制品中得到广泛应用，它可以增加乳制品中的膳食纤维和益生元成分。一旦与水混合，菊粉就会形成奶油状的结构，这不仅让产品变得细腻顺滑，还可以部分替代脂肪，降低脂肪含量，同时提升乳制品的质地和口味。此外，菊粉还有助于增强人体对乳制品中的钙的吸收。在制作发酵乳或酸奶时添加菊粉可以起到保护益生菌（如嗜热链球菌、乳杆菌或双歧杆菌）的作用，促进它们的生长和发酵，延长益生菌的保持活性时间。同时，它还可以降低乳清析出率，增加黏度和水分保持能力，从而提高产品质量。菊粉还可用于制备多种功能性乳制品，具备低脂、低糖、高膳食纤维等特性，可改善肠道功能，降低血糖和血脂，以满足不同人群的饮食需求。

（2）面制品中的应用　菊粉在面制品中有广泛的应用。它与面粉具有相似的粉体特性，具备出色的水溶性、成胶性和热稳定性，适合用于各种面制品的制作，以提升产品性能和品质。引入菊粉于面包制作，具有多重益处：延长面团形成时间、提高稳定性、促进发酵过程、减轻冷冻对面团的不利影响。此外，菊粉还能快速生成面包的外观颜色和风味物质，缩短烘烤时间，增加面包体积，提升品质。适量添加菊粉还可以改善馒头的口感和外观。即使将中筋面粉与菊粉混合用于面条制作，其吸水率、弹性和嚼劲几乎不受影响，可以制作出富含膳食纤维的高质量面条食品。

（3）饮料中的应用　菊粉易溶于水，因此可添加到各种饮料中，以改善口感、风味和质地，并赋予饮料多种有益功能。将菊粉加入植物蛋白饮料中，能增加饮料的浓稠度，掩盖苦涩和其他不良味道，提高柔和度，增强风味，同时赋予其膳食纤维和益生元的功效。菊粉还可用作替代甜味剂，添加到果汁饮料中，增强果浆与水的混合能力，提升风味，同时增加多种保健功能。

3. 葡聚糖

（1）化妆品中的应用　在化妆品领域，β-葡聚糖有广泛应用。因其含有丰富的亲水基团，能够极大增强亲水性，从而有效提高皮脂膜的功能，使皮肤保持长时间的湿润状态。此外，β-葡聚糖还可促进受损皮肤细胞的再生，有助于伤口愈合。在临床研究中，β-葡聚糖还显示出良好的抗炎和抗过敏作用，可协助皮肤对抗各种外部机械和化学刺激。同时，它还能显著减轻因果酸等刺激性成分引发的皮肤过敏炎症。在抗衰老领域，β-葡聚糖发挥着多重功能，它不仅能刺激成纤维细胞增殖和胶原蛋白的生成，还能消除自由基、对抗紫外线伤害，增强免疫防御等。

（2）食品中的应用 在食品领域，燕麦β-葡聚糖也有广泛应用。它可以增加肠道内乳酸菌的数量，调整肠道菌群，被用作益生元，同时提高饱腹感，因此有助于减肥。这些特性使其成为添加到谷物棒、奶昔等代餐食品中的理想选择。此外，燕麦β-葡聚糖还可作为免疫调节剂，与人体免疫系统内的巨噬细胞结合，增强它们的活性和吞噬功能。

4. 果胶

（1）食品中的应用 不同类型的果胶在酸奶生产过程中拥有各自独特的功能。举例来说，高甲氧基果胶有助于维持酸奶的结构稳定，而低甲氧基果胶则可预防乳清分离。若果酱原料中果胶含量不足，可通过添加0.2%的果胶来实现增稠效果。在低糖果酱制备中，果胶的使用量约为0.6%。

高甲氧基果胶极具吸水性，通过添加果胶，不仅可以提高面团的新鲜度、稳定性和柔软性，还能够增加其体积。具体说来，在制作面包时，若保持面包的体积不变，添加果胶后，同等大小的面包所需的面粉量可减少30%。因果胶的延展性，使得面包在烘焙时也会呈现更大的体积，从而提升了烘焙效果。此外，采用果胶制作的面包还能延长保鲜时间。

（2）饮料中的应用

一般来说，纯果汁饮料容易出现分层现象。为了解决这个问题，可以适量添加果胶到饮料中，延长果肉的悬浮时间，保持饮料的良好外观。同时，果胶还可以充当增稠剂和稳定剂，增强饮料的浓稠度、口感和风味，提升饮品的品质感，使其更加顺滑。

第七节 功能性糖类产品展望

为了对抗肥胖及随之而来的各种健康威胁，目前，包括美国、法国、加拿大、英国、南非、爱尔兰、墨西哥在内的很多国家，已经实施了糖税政策，目的在于从供应端控糖，降低国民摄糖过量。面对全球性的减糖风潮，不少企业选择用甜味剂替代糖——这也是食品制造商减糖的主要策略。高倍甜味剂看起来确实是一个好的选择，在降低产品含糖量的同时，可以较好地实现食物的甜度不降低。但是，糖对于食品来说，不仅是赋予甜味那么简单。在食品的生产和流通过程中，糖发挥的作用是多方面的。因此理想的食糖替代品应该是功能性糖。近年来，功能性食品发展迅猛，在食物减糖过程中，功能性低聚糖、功能性糖醇、功能性膳食纤维、功能性单糖等功能性糖类成为食品市场的理想选择。天然高倍非营养型甜味剂结合风味修饰、质构修饰技术，是未来食品工艺的重要发展趋势之一。

思考题

1. 什么是功能性低聚糖？
2. 低聚糖理化特性和生理功能是什么？
3. 功能性低聚糖在食品中有哪些应用？
4. 什么是活性多糖？活性多糖有哪几种？

5. 活性多糖生理功能如何？

6. 什么是膳食纤维？其理化特性和生理功能是什么？

7. 简述膳食纤维在食品中的应用。

8. 分别列出三种以上天然和合成功能性甜味剂，其生理功能是什么？

活性肽和活性蛋白

学习目标

了解和掌握活性肽和活性蛋白的概念、主要类别、特性、功效等内容，为后期开发相应的功能性食品打好基础。

名词及概念

活性肽、活性蛋白、酪蛋白磷酸肽、谷胱甘肽、大豆肽、高 F 值寡肽、乳铁蛋白、大豆蛋白、金属硫蛋白、免疫球蛋白。

第一节 概述

活性多肽与活性蛋白质是指具有清除自由基、提高机体免疫能力、延缓衰老、降低血压等特殊功能的活性肽与蛋白质，如谷胱甘肽、降血压肽、免疫球蛋白等。

肽的吸收与生理作用已有了较深入的研究。由于动物体内存在大量的蛋白酶和肽酶，人们长期以来一直认为蛋白质降解成寡肽后，只有再降解为游离氨基酸才能被动物吸收利用。直到 20 世纪 60 年代，有人提出了令人信服的证据证明寡肽可以被完整吸收，人们才逐步接受了肽可以被动物直接吸收利用的观点。此后人们对寡肽在动物体内的转运机制进行了大量的研究，表明动物体内可能存在多种寡肽的准允体系。目前的研究认为，二肽、三肽能被完整吸收，大于三肽的寡肽能否被完整吸收还不确定。但也有研究发现四肽、五肽甚至六肽都能被动物直接吸收。

近年来，对蛋白质在消化过程中生成的肽的作用进行了大量的研究，表明这些肽除了能够为动物提供氨基酸外，还具有很多不同的生理活性。研究证实，肽能促进金属离子的吸收，酪蛋白水解物中，有些含有可与二价钙离子、二价铁离子结合的磷酸化丝氨酸残基，能够提高它们的溶解性而促进吸收。铁能够以小钛铁的形式到达特定的靶组织，其转运途径不同于经运铁蛋白结合的铁，能自由地通过成熟的胎盘，因而生物学效价较高。

蛋白质在消化道中水解产生的某些肽类具有生理调节作用，它们的生理作用是直接作为神经递质或间接刺激肠道受体激素或酶的分泌而发挥的。如 β-酪蛋白水解生成的酪啡肽在体内外均具有阿片肽的活性。不仅酪蛋白，小麦谷蛋白的胃蛋白酶水解产物中也存在有阿片肽活性作用的肽，这种生物活性肽可在肠道被完整吸收，然后进入血液循环，作为神经递质而发挥生理活性作用。

蛋白质降解产生的某些肽具有免疫活性作用，它们可在机体的免疫调节中发挥重要作用。研究证实，一些蛋白质水解产生的肽对动物的体液免疫和细胞免疫产生影响，如 β-酪蛋白水解产生的一些三肽和六肽可以促进巨噬细胞的吞噬作用；由乳铁蛋白和大豆蛋白酶解产生的肽也同样具有免疫活性作用。

第二节　活性肽

生物活性肽（简称活性肽）是蛋白质氨基酸以不同组成和排列方式构成的从二肽到复杂的线性、环形结构的不同肽类的总称，是源于蛋白质的多功能化合物，通常相对分子质量小于6000，具有多种生物学功能，易消化吸收，食品安全性高，是当前功能食品界最热门的研究课题。

活性肽的生理功能如下。

①调节体内的水分、电解质平衡；

②为免疫系统制造对抗细菌和感染的抗体，提高免疫功能；

③促进伤口愈合；

④在体内制造酶素，有助于将食物转化为能量；

⑤修复细胞，改善细胞代谢，防止细胞变性，起到防癌的作用；

⑥促进蛋白质、酶、酵素的合成与调控；

⑦沟通细胞间、器官间信息的重要化学信使；

⑧预防心脑血管疾病；

⑨调节内分泌与神经系统；

⑩改善消化系统、缓解慢性胃肠道疾病；

⑪改善糖尿病、风湿、类风湿等疾病；

⑫抗病毒感染、抗衰老、消除体内多余的自由基；

⑬促进造血功能，缓解贫血，防止血小板聚集，能提高血红蛋血红细胞的载氧能力。下面介绍一些活性肽。

一、酪蛋白磷酸肽

多种矿物元素结合肽中心位置含有磷酸化的丝氨酸基团和谷氨酰残基，与矿物元素结合的位点存在于这些氨基酸带负电荷的侧链一侧，其最明显的特征是含有磷酸基团。与钙结合需要含丝氨酸的磷酸基团以及谷氨酸的自由羧基基团，这种结合可增强矿物质-肽复合物的可溶性。酪蛋白磷酸肽（casein phosphopeptide，CPP）是目前研究最多的矿物元素结合肽，它能与多种矿物元素结合，形成可溶性的有机磷酸盐，充当许多矿物元素如铁、锰、铜、硒，特别是钙在体内运输的载体，能够促进小肠对钙和其他矿物元素的吸收。

酪蛋白磷酸肽的生理功能主要有以下几个方面。

(1) 促进钙的吸收 CPP 由于对二价金属的亲和性，能与钙在小肠的弱碱性环境形成可溶性络合物，有效防止磷酸钙沉淀的形成，以增加可溶性钙的浓度，从而促进肠内钙的吸收。同时，由于 CPP 分子含带有高浓度的电荷，使其能够抵抗肠内消化酶的进一步水解，这个特性也是其在肠道发挥作用的前提保证。

(2) 促进铁、锌的吸收 CPP 通过增加无机铁元素在肠道的溶解性而促进铁的吸收，同时，CPP 能增加锌的溶解性。动物实验表明，在含有肌醇六磷酸的饲粮中添加 CPP，可提高锌 10%~50% 的吸收利用率。

(3) 抗龋齿功能 研究发现，CPP 中的部分肽段具有抗龋齿功能，可能是 CPP 能将食物中的钙离子结合在龋齿处，减轻釉质的去矿物化，从而达到抗龋齿目的。

二、谷胱甘肽

谷胱甘肽是一种具有重要生理功能的天然活性肽，是由谷氨酸、半胱氨酸及甘氨酸通过肽键缩合而成的三肽化合物。广泛存在于动物肝脏、血液、酵母和小麦胚芽中，各种蔬菜等植物组织中也有少量分布。谷胱甘肽具有独特的生理功能，被称作长寿因子和抗衰老因子。谷胱甘肽在体内以两种形态存在，即还原型谷胱甘肽（glutathione，GSH）和氧化型谷胱甘肽（glutathiol，GSSG），在机体中大量存在并起主要作用的是 GSH。通常人们所指的谷胱甘肽也是 GSH。

谷胱甘肽的生理功能主要有以下几个方面。

(1) 能够有效消除自由基，防止自由基对机体的侵害 作为自由基清除剂，对由机体代谢产生的过多自由基损伤生物膜、侵袭生命大分子，促进机体衰老、诱发肿瘤或动脉硬化的产生，起到很强的抑制作用；清除脂质过氧化物，延缓衰老；防止红细胞溶血及促进高铁血红蛋白的还原等作用。

(2) 对放射线、放射性药物或抗肿瘤药物引起的白细胞减少症，能起到保护作用；能与进入机体的有毒化合物、重金属离子或致癌物等相结合，促进其排出体外，起中和解毒作用；临床上用来解除氧化物、一氧化碳、重金属或有机溶剂的中毒现象；可抑制饮酒过度产生的酒精性脂肪肝的产生。

(3) 可以防止皮肤老化及色素沉淀，减少黑色素的形成，改善皮肤抗氧化能力。

(4) 能调节乙酰胆碱、胆碱酯酶的不平衡，起到抗过敏的作用，对缺氧血症、恶心及肝脏疾病所引起的不适症状有所缓解，还有改善和缓解眼角膜病的作用。

三、大豆肽

大豆低聚肽是以分离大豆蛋白为原料，经蛋白质酶水解并精制后得到的蛋白质水解产物。它有许多种小肽分子组成，并含有少量游离氨基酸、碳水化合物、无机盐等成分。大豆低聚肽一般有 3~6 个氨基酸组成，相对分子质量低于 1000。大豆低聚肽易消化吸收，同时，低聚肽的低抗原性使得进食后不会引起过敏反应，安全性高。

大豆肽的生物学功能主要有以下几个方面。

(1) 增强肌肉运动力 大豆肽易于吸收，能迅速利用，因此抑制或缩短了体内的"负氮平衡"过程，尤其在运动前和运动中，通过补充大豆肽，还可以减慢肌蛋白的降解，维持体内正常蛋白质的合成，减轻或延缓由运动引发的其他生理功能的改变，达到缓解疲劳的效果。

（2）促进脂肪代谢　摄食蛋白质比摄食脂肪、糖类更容易促进能量代谢，而大豆肽促进能量代谢的效果超过蛋白质。

（3）降低血清胆固醇　大豆肽降低血清胆固醇的作用表现在升高高密度脂蛋白胆固醇含量，降低低密度脂蛋白胆固醇水平。大豆肽可有效减少胆固醇的消化吸收，促使其排出体外，还能刺激甲状腺激素分泌，促使胆固醇代谢产生的胆汁酸排出体外，起到降低血胆固醇的作用。大豆肽对正常人的胆固醇含量不会起降低作用，但可以防止食用高胆固醇食物后血清胆固醇的升高。

此外，大豆肽还有辅助降血压以及与铁、锌、硒等多种微量元素结合，促进其吸收的作用。

四、抗菌肽

抗菌肽通常与抗生素肽和抗病毒肽联系在一起，包括环形肽、糖肽和脂肽，如短杆菌肽、杆菌肽、多黏菌素、乳酸杀菌素、枯草菌素和乳酸链球菌肽等。抗菌肽热稳定性较好，具有很强的抑菌效果。

除微生物、动植物可产生内源抗菌肽外，食物蛋白经酶解也可得到有效的抗菌肽，如从乳铁蛋白中获得的抗菌肽。乳铁蛋白是一种结合铁的糖蛋白，作为一种原型蛋白，被认为是宿主抗细菌感染的一种很重要的防卫体质。研究人员利用胃蛋白酶分裂乳铁蛋白，提纯出了三种抗菌肽，可作用于大肠杆菌。这些生物活性肽接触病原菌后 30min 见效，是良好的抗生素替代品。

五、神经活性肽

多种食物蛋白经过酶解后会产生神经活性肽，如来源于小麦谷蛋白的类鸦片活性肽，它是体外胃蛋白酶及嗜热菌蛋白酶解产物。

神经活性肽包括类鸦片活性肽、内啡肽、脑啡肽和其他调控肽。神经活性肽对人具有重要作用，能调节人体情绪、呼吸、脉搏、体温等，与普通镇痛剂不同的是，它无任何副作用。

六、免疫活性肽

免疫活性肽能刺激巨噬细胞的吞噬能力，抑制肿瘤细胞的生长，我们将这种肽称为免疫活性肽，它分为内源和外源免疫活性肽两种。内源免疫活性肽包括干扰素、白细胞介素和 $\beta-$内啡肽，它们是激活和调节机体免疫应答的中心。外源免疫活性肽主要来自人乳和牛乳中的酪蛋白。

免疫活性肽具有多方面的生理功能，它不仅能增加机体的免疫能力，在动物体内起重要的免疫调节作用，而且还能刺激机体淋巴细胞的增殖和增强巨噬细胞的吞噬能力，提高机体对外界病原物质的抵抗能力。

七、高 F 值寡肽

在蛋白质研究中，将氨基酸混合物中支链氨基酸与芳香族氨基酸的摩尔比简称为 F 值。F 值寡肽是由动物或植物蛋白酶解制得的由高支链、低芳香族氨基酸组成的寡肽，以低苯丙氨酸寡肽为代表，具有独特的生理功能，可以消除或减轻肝性脑病症状、改善肝功能和多种病人蛋白质营养失常状态及缓解疲劳等。除了可以作为预防肝病药物外，还可以广泛用于保肝护肝的功能性食品，以及高强度人群和运动员食品的营养强化剂等。

八、降血压肽

降血压肽又称血管紧张素转移酶抑制肽，通过抑制血管紧张素转移酶的活性来实现其降压功能。目前已从鱼类蛋白、胶原蛋白、大豆蛋白、牛奶蛋白等食物中分离出具有血管紧张素转移酶抑制活性的多肽。这些肽类食用安全性很高，它们对血压正常的人群无降压作用，易消化吸收，具有促进细胞增殖、提高毛细管通透性等作用，可用作降压功能性食品基料，具有良好的应用前景。

第三节 活性蛋白

一、乳铁蛋白

乳铁蛋白又称为乳铁传递蛋白或红蛋白，是一种天然蛋白质降解产生的铁结合性糖蛋白，存在于牛乳和母乳中，在乳铁蛋白分子中，含两个铁离子结合部位。其分子由单一肽键构成，谷氨酸、天冬氨酸、亮氨酸和丙氨酸含量较高。除含少量半胱氨酸外，几乎不含其他含硫氨基酸，终端含有一个丙氨酸基团。乳铁蛋白有多种生理功效，如下。

（1）广谱抗菌作用 乳铁蛋白可以抑制多种细菌、真菌、寄生虫和病毒的生长繁殖。其作用机理可能是乳铁蛋白具有结合铁离子的能力，而铁离子是许多微生物生长所必需。乳铁蛋白可以通过结合铁离子，使其周围的铁离子浓度大大降低，从而抑制微生物的生长。此外，由于乳铁蛋白可以与菌体表面结合，从而阻止外界营养物质进入菌体，导致菌体死亡。

（2）调节机体免疫功能 嗜中性粒细胞、巨噬细胞和淋巴细胞表面都有乳铁蛋白受体。血清中的乳铁蛋白主要由嗜中性粒细胞释放出来，嗜中性粒细胞是含乳铁蛋白最多的细胞，在机体受感染时可以将乳铁蛋白释放出来，夺取致病菌中的铁离子，使致病菌死亡。

（3）调节铁离子的吸收 乳铁蛋白作为铁强化剂，其吸收效果优于 $FeSO_4$ 或 $Fe_2(SO_4)_3$。因为乳铁蛋白通过它的氨基和羧基末端两个铁离子结合区域与铁离子结合，并维持铁离子在较大的 pH 范围内完成铁离子在小肠细胞的吸收和利用。在补充铁剂时，如果能同时补充乳铁蛋白，还可以明显降低乳腺蛋白对肠道的刺激作用，保护肠道。

（4）抗氧化作用 乳铁蛋白能通过结合铁离子，从而阻断铁离子引起的氧自由基生成和脂质过氧化的发生。

此外，乳铁蛋白能和多种抗生素和抗病毒药物产生协同作用，减少药物用量，降低药物对人体肝、肾功能的损害；还可以促进肠道双歧杆菌、乳酸杆菌等益生菌的生长。乳铁蛋白对消化道肿瘤如结肠癌、胃癌、肝癌、胰腺癌等具有预防作用，并可抑制由此引发的肿瘤转移。

乳铁蛋白的生物活性受多种因素的制约，铁含量、盐类、pH、抗体或其他免疫物质、介质等均有影响，它的铁含量对其抑菌效果有决定性作用。

①铁饱和程度的影响 乳铁蛋白的铁含量对抑菌效果有决定性作用，如从乳房炎中分离

的大肠杆菌、葡萄球菌和链球菌类在一定的合成介质中均被缺铁乳铁蛋白抑制，这种抑制作用因加入三价铁离子使其饱和而消失，说明了乳铁蛋白抑菌作用的铁依赖性，它的抗脂氧化也有类似效果。

②盐类作用　在上述实验中，碳酸盐的存在可明显增强乳铁蛋白的抑菌能力，柠檬酸盐的增加明显减弱了缺铁乳铁蛋白对三种菌的抑制。乳汁的实际抑菌作用和其分泌的乳铁蛋白与柠檬酸盐的比例有关，其实质仍是二者竞争的 Fe^{3+} 使微生物可对铁利用，因而减弱了抑制能力。

③pH 的影响　乳铁蛋白的抑菌效果和 pH 密切相关，在 pH 7.4 时效果明显高于 pH 6.8 时，pH<6 基本无抑菌作用。

④抗体或其他免疫物质间的协同作用。研究表明，乳铁蛋白和 IgA 抑菌有协同作用。

⑤介质的作用　金黄色葡萄球菌用 [125]I 示踪蛋白实验表明，85% 能和乳铁蛋白稳定结合，其他部分很少或不能结合，其介质以血液、脒-琼脂较好，盐汁或富盐脱脂乳较差，最适 pH 为 4.0~7.0。

⑥形态　乳铁蛋白的生物活性和其形态有关，如 10% 水解的乳铁蛋白有最好的抑菌效果。

⑦动物的种类　乳铁蛋白的活性和动物种类相关，人、牛、羊等乳汁中乳铁蛋白的含量和结构稍有不同，在许多体液、组织液均有乳铁蛋白存在，它们在这部分参与生物调节作用。

二、大豆蛋白

大豆蛋白是存在于大豆种子中的各种蛋白质的总称，基本上属于结合蛋白，以球蛋白为主。大豆蛋白由 18 种氨基酸构成，含人体必需的 9 种氨基酸，是一种营养价值较高的植物蛋白。大豆蛋白质的分子结构非常复杂，80% 的蛋白质的相对分子质量在 10 万以上，多数分子的内部呈反行 β-螺旋非常有序结构，并且分子高度压缩、折叠。大豆蛋白在中性至弱碱性的范围内呈现良好的溶解性，在酸性条件下溶解性降低，在 pH 4.5 附近最低。大豆蛋白质具有乳化性、吸油性、保水性、胶凝性、起泡性、黏结性、成膜性等特性，这些特性随环境中离子强度、pH 等变化而变化。大豆蛋白的生理功能如下。

（1）营养价值高　大豆蛋白质所含氨基酸比值与人体需求较为接近，虽然略低于鸡蛋、牛奶、牛肉，但是是植物食品中最优质的蛋白质。大豆蛋白所含的必需氨基酸可满足 2 岁以上人体对各种必需氨基酸的要求。

（2）调节血脂、降低血清胆固醇　大多蛋白对血清胆固醇的影响体现在以下几个方面：对胆固醇值正常的人群，没有降低胆固醇的作用；对于胆固醇高的人，具有降低总胆固醇的功效；对胆固醇正常的人，在食用高胆固醇含量的蛋、肉、动物内脏等食品时，也有防止血清胆固醇值升高的作用；能降低总胆固醇中的低密度脂蛋白（low-density lipoprotein，LDL）、极低密度脂蛋白（very low-density lipoprotein，VLDL）值，但不降低有益的高密度脂蛋白（high-density lipoprotein，HDL）。

（3）抑制高血压　血管紧张素转换酶对稳定血液循环和血压起着重要作用。在大多蛋白质中的 11S 球蛋白和 7S 球蛋白中含有 3 个可抑制血管紧张素转换酶活性的短肽片段，因此大豆蛋白具有一定的抗高血压功能。

（4）改善骨质疏松　与优质动物蛋白相比，大豆蛋白造成的尿钙损失较少，当膳食中的蛋白质为动物蛋白时，每天的尿钙损失达 150mg。而当膳食中的蛋白质为大豆蛋白时，每天的尿钙损失为 103mg 左右。大豆蛋白中同时存在的大豆异黄酮，可抑制骨骼再吸收，促进骨骼健康。

三、金属硫蛋白

金属硫蛋白是一种含有大量铬和锌、富含半胱氨酸的低分子质量蛋白质，广泛存在于生物体内，主要用于肝脏合成。相对分子质量为 6000~10000。每摩尔金属硫蛋白含有 60~61 个氨基酸，其中含—SH 的氨基酸有 18 个，占总数的 30%。每 3 个—SH 键可结合 1 个二价金属离子。用重金属喂养动物时，可在肝脏内诱导生成恶性肿瘤（malignant tumor，MT），后者螯合金属使其失去毒性。金属硫蛋白生理功效主要体现在以下几个方面。

（1）清除自由基，防止机体衰老　金属硫蛋白是体内清除自由基最强的蛋白质，清除羟自由基、氧自由基能力远高于超氧化物歧化酶（superoxide dismutase，SOD）和 GSH。

（2）对重金属的解毒作用　金属硫蛋白是目前临床上理想的生物解毒剂，其巯基可以螯合重金属汞、铅等，使之排出体外，同时不影响其他微量元素的吸收。

（3）参与体内微量元素代谢　在体内可根据微量元素的需求情况对锌、铁、硒、碘及铜等的吸收、转运、贮存和释放等进行调节，使之达到机体最佳生理状态。

（4）增强机体对应激状态的适应能力　当机体处于应激状态时，如炎症、烧伤、寒冷、饥饿、疲劳时，体内金属硫蛋白含量增加，从而提高锌、铁、硒、碘、锰等微量元素的浓度，以激活体内各种应激酶的活性，提高机体适应力。

（5）锌元素的贮存库　通常每 100mg 锌-金属硫蛋白含 6.9mg 锌。肝、肾中的锌主要以金属硫蛋白的形式贮存，并根据机体需要迅速释放出锌，以满足机体 200 多种酶对锌的需要。

此外，金属硫蛋白还广泛用于抗电离辐射、紫外线照射，缓解消化道溃疡、心肌梗死及美容护肤等方面。

四、免疫球蛋白

免疫球蛋白是一类具有抗体活性，能与相应抗原发生特异性结合的球蛋白；由 B 淋巴细胞合成，分泌入体液执行体液免疫；呈"Y"字形结构，由 2 条重链和 1 条轻链构成，单体相对分子质量为 15000~17000。免疫球蛋白共有 5 种，即免疫球蛋白 G（immunoglobulin G，IgG）、免疫球蛋白 A（immunoglobulin A，IgA）、免疫球蛋白 D（immunoglobulin D，IgD）、免疫球蛋白 E（immunoglobulin E，IgE）和免疫球蛋白 M（immunoglobulin M，IgM）。其中在体内起主要作用的是 IgG，而在局部免疫中起主要作用的是 IgA。

免疫球蛋白不仅存在于血液中，还存在于体液、黏膜分泌液及 B 淋巴细胞膜中，它是构成体液免疫作用的主要物质，与抗原结合导致某些排出毒性或中和毒性等变化或过程的发生，与补体结合后可杀死细菌和病毒，因此可以增强机体的防御能力。

免疫球蛋白具有蛋白质的通性，凡能使蛋白质凝固或变性的因素，如强酸、强碱、高温和中性盐等均能破坏其活性，也能被多种蛋白酶水解破坏。蛋黄、牛初乳中免疫球蛋白含量较多。近年来，作为一种抗体活性的免疫球蛋白已引起广泛的研究。如对蛋鸡进行抗原免疫，免疫母鸡所产蛋中可获得较高效价的特异性免疫蛋黄抗体，将它们添加到婴儿食品中，对轮状病毒、大肠杆菌等引起的腹泻有良好的改善作用。

五、超氧化物歧化酶

SOD 是生物体内防御氧化损伤的一种重要的酶，能催化底物超氧自由基发生歧化反应，维持细胞内超氧自由基处于无害的低水平状态。

SOD 是金属酶，根据其金属辅基成分的不同可分为三类：铜锌－SOD、锰－SOD 和铁–SOD。

SOD 都属于酸性蛋白，结构和功能比较稳定，能耐受各种物理或化学因素的作用，对热、pH 和蛋白水解酶的稳定性比较高，通常在 pH 5.3~9.5 范围内，SOD 催化反应速度不受影响。

作为一种功效成分，SOD 的生理功效可概括为以下几个方面。

（1）清除机体代谢过程中产生过量的超氧阴离子自由基，延缓由于自由基侵害而出现的衰老现象，如延缓皮肤衰老和脂褐素沉淀的出现。

（2）提高人体对由于自由基侵害而诱发疾病的抵抗力，包括肿瘤、炎症、肺气肿、白内障和自身免疫疾病等。

（3）提高人体对自由基外界诱发因子的抵抗力，如烟雾、辐射、有毒化学品和有毒医药品等，增加机体对外界环境的适应力。

（4）减轻肿瘤患者在进行化疗、放疗时的疼痛及严重的副作用，如骨髓损伤或白细胞减少等。

（5）消除机体疲劳，增强对超负荷大运动量的适应力。

六、溶菌酶

溶菌酶又称胞壁质酶或 N-乙酰胞壁质聚糖水解酶，广泛存在于鸟类和家禽的蛋清以及哺乳动物的乳汁、唾液、眼泪、血浆、淋巴液、精液、肠道、肺脏、肝脏、脾脏、肾脏等中，卷心菜、萝卜、无花果、木瓜和大麦中也含有溶菌酶。

1. 溶菌酶化学组成与性质

溶菌酶是一种碱性球蛋白，分子中碱性氨基酸，酰胺残基及芳香族氨基酸的比例很高，能水解黏多糖或甲壳素中的 N-乙酰胞壁酸，N-乙酰氨基葡萄糖间的 β-（1,4）糖苷键，也起转葡萄糖基酶的作用。

2. 生物学功能

（1）促进婴幼儿肠道双歧杆菌增殖　溶菌酶进入消化道后仍能保持其活性状态，可减少婴儿肠道中大肠杆菌，增加双歧杆菌，使人工喂养的婴儿肠道菌群正常化。

（2）杀菌作用　溶菌酶是母乳中能保护婴儿免遭病毒感染的一种蛋白质，很多病原菌的细胞壁中含有几丁质，溶菌酶可降解细菌细胞壁的不溶性黏多糖和不可溶性黏肽，抵抗几丁质覆盖的抗原，从而杀灭大部分有害菌。溶菌酶对黄色八叠球菌、巨大芽孢杆菌、沙门氏菌等革兰氏阳性菌具有杀灭作用。溶菌酶还能分解突变链球菌，具有防龋齿作用。

（3）增强免疫功能　很多禽鸟的蛋清中含有高浓度溶菌酶，在胚胎期对机体起着重要的保卫作用。溶菌酶在体内对肽聚糖进行消化，降解产生的产物能够刺激多种抗原的抗体生成，诱导对相同或不同抗原的延迟性过敏反应，增强机体抗细菌或病毒感染的能力及促进有丝分裂能力等。

（4）其他作用　溶菌酶能使胃肠内乳酪蛋白形成微凝乳，提高婴儿消化吸收能力；增强机体的防御功能，提高机体的抗感染能力；预防早产婴儿体重的减轻和消化器官的疾病。

第四节　活性肽和活性蛋白的制备方法及应用

一些活性肽和活性蛋白质具有重要的生理功能，如免疫调节、抗氧化、促进铁的吸收、降低胆固醇等。关于活性肽和蛋白质的制备方法及其应用研究是目前的热点。

一、活性肽和活性蛋白的制备方法

（一）酪蛋白磷酸肽

制备 CPPS 的方法通常有离子交换法、钙-乙醇沉淀法、膜分离法。

1. 离子交换法

用离子交换法制备 CPPS 的工艺流程，如图 3-1 所示。

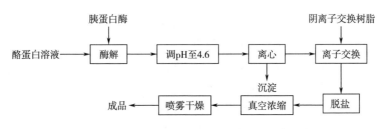

图 3-1　离子交换法制备酪蛋白磷酸肽的工艺流程

2. 钙-乙醇沉淀法

可以利用胰蛋白酶在 50℃水解酪蛋白 2h，分别在 pH 4.6 和 pH 8.0 用钙-乙醇一步选择性沉淀分离 CPPS，最后用反向高效液相色谱进一步纯化，最终的产品得率为 13.85%，比 pH 4.6 的得率 11.04% 稍高。用该方法生产可以控制条件，使某些肽经脱酰胺基作用、蛋氨酸氧化或肽键打开等引起的改性较小。也利用碱性蛋白酶水解酪蛋白，该酶是从枯草芽孢杆菌筛选得到的枯草杆菌蛋白酶，价格上比胰蛋白酶更低。生产过程为将酪蛋白溶解于去离子水中，用 5mol/L 的氢氧化钠溶液调节 pH 至 8.0，加入 2% 碱性蛋白酶，50℃水解 2h，期间用 1mol/L 氢氧化钠溶液调节 pH 维持在 8.0，最后用 1mol/L 盐酸调节 pH 至 4.6 终止反应，离心去除不溶物，然后加氯化钙和乙醇沉淀，得到 CPPS。

3. 膜分离法

将脱脂乳 30℃离心 1h 得到酪蛋白颗粒，用均质机将微粒分散到超滤溶液中，加入胰蛋白酶，25℃水解 40min，蛋白质和酶比例为 300∶1，最后加入酶抑制剂终止反应。在水解产物中，CPPS 通常是与磷酸钙（calcium phosphate tribasic，CP）基团结合在一起，通过 CP-桥与酪蛋白形成结合酪蛋白，这种 CPPS-CP 结合物的相对分子质量约为 170000，因此可以利用分子大小与其他肽类分离。水解液经过 AHP-0013 超滤膜，在截流物中加入含 4mol/L 尿素的牛乳超滤液溶解肽类，反复多次过膜，直到完全将一些肽分离。此时得到的是 CPPS-CP 和肽类聚合物的混合物，加入钙离子螯合剂，CPPS 便游离出来，再加入乙二胺四乙酸钠，溶液通过膜，截留液中便含有 CPPS，最后将溶液在去离子水中透析得到产品，CPPS 回收率约为 70%。

传统的生产方法为在蛋白酶水解之后，利用钡离子或钙离子沉淀，然后用活性炭除去苦味肽。膜分离法不仅可以省去这些步骤，而且可以增强 CPPS 的持钙能力，且可以一次处理大量产品。其缺点是用尿素处理 CPPS-CP 后，必须将其去除。

20 世纪 50 年代，国外就开始了对 CPPS 的研究，我国在这方面的研究起步较晚。工业生产 CPPS 以酪蛋白或牛乳为原料，采用的蛋白酶通常是胰蛋白酶。胰蛋白酶具有较强的专一性，水解使 CPPS 游离，之后在水解液上清液中加入钙离子等金属离子和乙醇，将 CPPS 沉淀下来，最后可通过离子交换、凝胶色谱或膜分离等方法加以精制。其中由于酪蛋白水解后呈现强烈的苦味，故需铜分离和分解苦味等方法除去苦味成分。

（二）高 F 值低聚肽

由动物或植物蛋白质原料制取高 F 值低聚肽混合物的一般工艺流程为：

蛋白质的预处理→蛋白酶水解→去除芳香族氨基酸→浓缩纯化→产品

1. 蛋白质的预处理

根据原料蛋白的物化性质进行适当的预处理，能提高水解度及可溶性肽的产率。国外学者利用乳清蛋白生产低苯丙氨酸低聚肽，先将乳清蛋白分散在水中，然后升温至 90℃ 维持 10min，经酶处理后，可大大增加其水解度。后续的一些研究也表明，加热对提高肽的产量有一定效果。有研究者以玉米醇溶蛋白为原料生产高 F 值低聚肽，先将玉米蛋白悬浮在乙醇与 0.1mol/L 氢氧化钾溶液中以使蛋白质充分分散，蛋白质分子结构变得更加松散，这样有利于酶的作用，可以提高可溶性肽的转化率。还有研究者发现，在碱处理的同时提高温度可能具有更好的效果。

醇溶性蛋白的结构紧密、疏水性强，且包裹在一层含二硫键丰富的蛋白质介质中，如果使用还原剂还原二硫键就可能打开这种结构，促进蛋白酶的水解。国外学者利用半胱氨酸与亚硫酸钠进行预处理，可显著提高蛋白质的水解度和产量。我国研究人员对比了玉米醇溶蛋白经不同方法处理后其可溶性肽产量的变化，表明效果由大到小的依次为：0.5% 的亚硫酸钠 > 1.5mg/mL 半胱氨酸 > 90℃ 水浴 1h 的 0.5% 半胱氨酸。

2. 蛋白酶水解

表 3-1 是可用来生产高 F 值低聚肽的部分蛋白酶，酶解过程一般分两步进行：

（1）使用一种蛋白酶水解蛋白质生成可溶性肽，要求水解发生在特定的位置，使得切下肽段的 N-末端或 C-末端为芳香组氨基酸。

（2）应用另一种蛋白酶切断芳香族及基团旁的肽键，并将其从肽链中释放出来。

水解蛋白酶的选择随蛋白质原料与水解方法的不同而异。例如，水解玉米醇溶蛋白以碱性蛋白酶较好，水解葵花蛋白以中性蛋白酶较好，水解鱼蛋白、大豆蛋白、乳清蛋白和酪蛋白等以胃蛋白酶处理较好，释放芳香族氨基酸（aromatic amino acid，AAA）的蛋白酶首选肌动蛋白酶，其次是木瓜蛋白酶、链霉蛋白酶。肌动蛋白酶同时具有氨肽酶和羧肽酶活性，特别适合于第二步骤的水解。

表 3-1 可用来生产高 F 值低聚肽的部分蛋白酶

蛋白酶	作用底物	水解条件	专一性
嗜碱蛋白酶	玉米醇溶蛋白	1%，0.2%，37℃，4h，pH 11	水解由 AAA 氨基所形成的肽键
肌动蛋白酶	玉米醇溶蛋白	1%，1%，37℃，6h，pH 6.5	释放 AAA
肌动蛋白酶	葵花蛋白	2%，0.5%，37℃，36h，pH 6.5	释放 AAA
Kerase 中性蛋白酶	葵花蛋白	10%，2%，55℃，5h，pH 8.0	水解由疏水性大分子氨基酸的羧基形成的肽键
胰凝乳蛋白酶	玉米醇溶蛋白	3%，2%，37℃，5h，pH 8.0	水解由 AAA 或带有较大非极性侧链氨基酸的羧基形成的肽键
胃蛋白酶	乳清蛋白	3%，2%，37℃，5h，pH 2.0	水解 AAA 或其他疏水氨基酸的羧基或氨基形成的肽键
链霉蛋白酶	乳清蛋白	3%，1%，45℃，7h，pH 9.0	水解植物蛋白并释放 AAA
碱性蛋白酶	玉米醇溶蛋白	3%，2%，45℃，5h，pH 10.0	水解由 AAA 氨基形成的肽键
木瓜蛋白酶	乳清蛋白	3%，1%，37℃，2h，pH 6.5	释放 AAA

3. 去除芳香族氨基酸

为提高 F 值，提纯产品，必须从酶水解所得的低聚肽混合物中去除 AAA。可使用的方法包括离子交换法、膜分离法、凝胶过滤法、高效液相色谱法、电泳技术和吸附色谱法等。其中文献报道使用较多的是凝胶过滤法和吸附色谱法两种。

凝胶过滤法是先将一定量的低聚肽混合物溶于 10%～20% 乙醇溶液中。注入 Sephadex G-15 层析柱，室温下用同样浓度的乙醇进行洗脱，分级分离。高质量氨基酸低聚肽在 220nm 处有最大吸收峰，芳香族氨基酸在 280nm 或 260nm 有特征性最大吸收，而其他氨基酸在此波长无紫外吸收。

Sephadex G-15 凝胶色谱可将低聚肽混合物分为几个部分，但往往难以使支链氨基酸含量较丰富组分的氨基酸组成达到高 F 值的要求。这是因为低聚肽的分子质量和 AAA 的分子质量相差太小，凝胶难以分开；样品中 AAA 没有完全从肽链上游离出来，使得低聚肽上仍有一定量的 AAA，因此我国有人使用活性炭色谱法来精制分离。对于水解玉米低聚肽混合物的分离条件为：炭液比为 1∶10，温度 40℃，pH 2.5 或 2.8，采用 1mol/L 氨水与无水乙醇混合液（混合比为 1∶1）进行洗脱。

4. 浓缩纯化

浓缩纯化可使用超滤法、反渗透法、冷冻法和蒸发浓缩法。浓缩后的高 F 值低聚肽混合物可制成口服液、胶囊或片剂，也可以添加到食品或饮料中，开发成各种形式的功能性食品。

（三）大豆肽

目前较为经典的生产大豆肽的方法，是采用低变性脱脂大豆粕作为生产原料，其生产工艺流程如图 3-2 所示。豆粕首先要经弱碱浸泡、磨浆分离、酸沉、中和调浆等一系列工序，得到浓度约 10% 的分离大豆蛋白溶液；接着在 pH 8.0、温度 70℃ 条件下加热 10min，主要目的是提高酶解速率；然后在温度45℃、酶用量为底物的2%、pH 8.0条件下水解4h，加酸调pH至4.3，使未水解的大豆蛋白酸沉而除去，并加热升温至70℃，维持15min钝化蛋白酶，因此得到水解率为70%的大豆蛋白水解液溶液；随后用固液比为1∶10的活性炭粉在50℃下搅拌30min，冷却过滤，使脱色、脱苦后的大豆肽溶液缓缓流经阴阳离子交换树脂除去酸沉、中和调浆及水解过程中所加入的酸碱生成的盐；最后在89.3 kPa的真空下浓缩30min，即得到成品大豆肽浓缩液其状态为澄清的浅黄色溶液，无豆腥味或其他异味，可直接作为流食食用，也可与果汁、糖、酸按一定比例制成酸甜适口的蛋白类饮料。

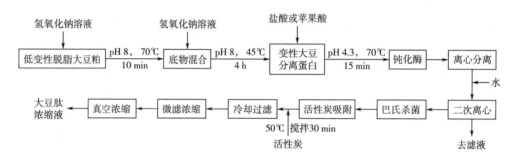

图3-2   大豆肽浓缩液的生产工艺流程

大豆肽生产过程中，由于多种因素使得水解液的风味欠佳。如大豆中的脂肪氧化酶催化氧化大豆不饱和脂肪酸后，可生成多种低分子醇、醛等挥发性成分，从而产生令人难以接受的豆腥味。另外，当大豆蛋白质被酶解成肽后，往往产生不同程度的苦涩味，这些苦味的成分主要是亮氨酸、蛋氨酸等疏水性氨基酸及其衍生物和低分子苦味肽。这些疏水性氨基酸常常隐藏在天然蛋白质中，不易与味蕾接触，而在水解过程中，由于蛋白质被水解成较小分子的肽类或游离氨基酸，使疏水性氨基酸暴露出来，产生苦味，并随水解程度的加深而不断加重，对产品产生很大的影响。

大豆肽风味优化的重点是解决苦味问题。影响大豆肽苦味程度的因素包括以下几个方面：

①大豆原料的来源及预处理，主要影响除苦味以外的其他异味的强弱水平；

②所用的酶以及酶水解条件，主要是水解度和pH；

③分离步骤、等电点沉淀，主要可以去除疏水性的苦味肽；

④后处理方法，例如用活性炭吸附可以除去部分苦味。

蛋白水解液的精制过程中，脱苦是影响产品最终质量的关键一环。对于这些苦味肽的脱除，可采用的方法包括蛋白酶的筛选、水解程度的控制、苦味肽的选择性分离、覆盖以及外切蛋白酶的应用等。

（四）谷胱甘肽

谷胱甘肽的生产方法主要有溶剂萃取法、发酵法、酶法和化学合成法等，目前主要以酵母发酵法制取。

1. 溶剂萃取法

溶剂萃取法以富含谷胱甘肽的动植物组织为原料，通过添加适当的溶剂或结合淀粉酶、蛋白酶等处理，再分离精制而成。以小麦胚芽为例，从中提取谷胱甘肽的工艺流程，如图3-3所示。

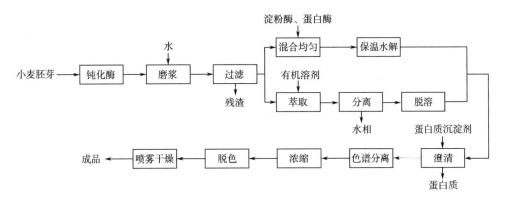

图 3-3　从小麦胚芽中提取谷胱甘肽的工艺流程

对谷胱甘肽的干燥方法研究发现，以冷冻干燥法的效果最好，但因产品的水分含量较高而不易保存；若以喷雾干燥，因受短时高温，谷胱甘肽的得率较冷冻干燥的少，产品的水分含量较低而易于保存；而以电热真空干燥法处理，产品的色泽和谷胱甘肽含量都不理想。因此，以喷雾干燥处理谷胱甘肽提取液较为实用。

2. 发酵法

自 1938 年发表了由酵母制备谷胱甘肽的最早专利以来，发酵法生产谷胱甘肽的工艺及方法得到不断的改进，已成为目前生产谷胱甘肽最普遍的方法。发酵法生产谷胱甘肽包括酵母菌诱变处理法、绿藻培养提取法及固定化啤酒酵母连续生产法等，其中以诱变处理获得高谷胱甘肽含量的酵母变异菌株来生产谷胱甘肽最为常见，常用的酵母品种有 *Saccharmyces cystinorolens* KNC-1、*Candida petrophilum* AIO-2、产朊假丝酵母 ER388 和产朊假丝酵母 74-8 等，诱变方法有药剂（如亚硝酸胍等）处理法、X 射线、紫外线、γ 射线或 Co 照射等方法，其中药剂处理较容易掌握，投资也较小。图 3-4 为高产酵母细胞种提取谷胱甘肽的工艺流程。

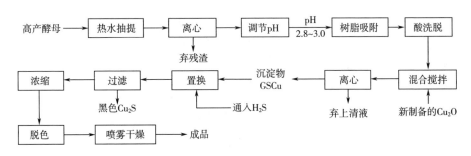

图 3-4　从酵母细胞中提取谷胱甘肽的工艺流程

3. 酶法

酶法利用生物体内的天然谷胱甘肽合成酶，以 L-谷氨酸、L-半胱氨酸及甘氨酸为底物，并添加少量三磷酸腺苷，即可合成谷胱甘肽。谷胱甘肽合成酶大多取自酵母菌和大肠杆菌等，包括谷胱甘肽合成酶Ⅱ和谷胱甘肽合成酶Ⅱ两种。图 3-5 为酶法生产谷胱甘肽的工艺流程。

4. 化学合成法

化学合成法始于 20 世纪 70 年代，其所用的基本原料是谷氨酸、半胱氨酸和甘氨酸。细

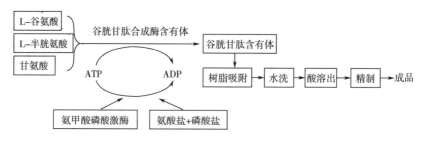

图3-5　酶法生产谷胱甘肽的工艺流程

胞内的谷胱甘肽是由 γ-谷氨酰半胱氨酸合成酶与谷胱甘肽合成酶在 ATP 存在下，催化 L-谷氨酸、L-半胱氨酸和甘氨酸的连续反应而得的。每合成 1mol 的 GSH 要消耗 2 mol ATP，如图 3-6 所示。

步骤1　$L-Glu+L-Cys+ATP \xrightarrow{GSH\ I} \gamma-Glu-L-Cys+ADP+Pi$

步骤2　$\gamma-Glu-L-Cys+L-Gly+ATP \xrightarrow{GSH\ II} GSH+ADP+Pi$

图3-6　化学合成法生产谷胱甘肽的工艺流程

（五）大豆球蛋白

大豆球蛋白的提取过程比较复杂，图 3-7 为其工艺流程及条件。将原料大豆脱脂后，利用大豆蛋白的溶解特性，以弱碱溶液浸泡，使可溶性蛋白质、碳水化合物等溶解后，离心分离除去不溶性纤维及其他残渣物，获得豆乳大豆球蛋白的等电点在 pH 4.5 附近，利用该 pH 调节豆乳的等电点，使之有选择的沉淀。大部分蛋白质都沉淀析出，只有极少部分蛋白质溶

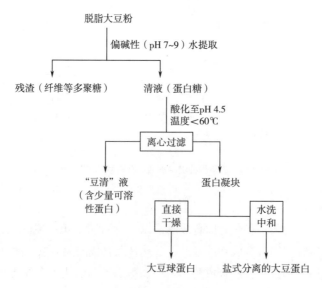

图3-7　大豆球蛋白的生产工艺流程

解，即为乳清。将乳清离心分离出去，得到蛋白凝胶。乳清中的固形物也可用超速离心机分离出来加以利用，最后往蛋白凝胶中加水使之悬浮分散，经中和、加热、杀菌、均质等处理后，送入喷雾干燥机中干燥，得到含90%以上蛋白质的产品。这种高质量的大豆球蛋白制品，通常称为大豆分离蛋白。大豆蛋白在加工成型时，外形有粉末状、粒状、纤维状、片状和块状等。

（六）丝胶蛋白

蚕丝主要是由丝素和丝胶这两种性质不同的蛋白质组成。丝胶是一种天然高分子蛋白质，占丝蛋白总量的20%～30%，附于丝素外侧，对丝素起保护和胶黏作用。丝胶除含少量蜡质、碳水化合物和无机成分外，主要成分为蛋白质，因此通常将丝胶蛋白质称为丝胶。丝胶由18种氨基酸组成，其中含有羟基、羧基、氨基等具有较强极性侧基的氨基酸约占总量的70%，因此，丝胶是一种水溶性球状蛋白。丝胶氨基酸组成中丝氨酸、天冬氨酸和甘氨酸含量较高，这些氨基酸对人体具有特殊的生理功能作用，也影响了丝胶及其水解物所具有的生物活性功能。丝胶蛋白具有抗衰老，促进脑神经发育的功能，最近又发现丝胶及其水解物对大肠癌有明显的抑制作用。

丝胶的提取方法是开发利用丝胶的关键技术之一，目前丝胶提取通常采用化学法和物理法。化学法主要有酸析法、化学混凝法、有机溶剂沉淀法等。物理法主要有离心分离法、超滤浓缩法等。根据丝胶具体的应用范围及生产成本，可通过比较各种方法的优缺点，选择合适的方法。

1. 化学法

（1）酸析法　丝胶蛋白质具有两性性质，在 pH 较小的溶液里，丝胶蛋白质以正离子形式存在，在 pH 较大的溶液里，丝胶蛋白质以负离子形式存在，在水溶液中以负离子形式存在。如果把溶液的 pH 调节到丝胶蛋白质的等电点（pH 3.8～4.5），使蛋白质正负离子所带的电荷数相等，此时丝胶蛋白质溶解度降至最低，丝胶就会从溶液中析出，一般称这种方法为酸析法。酸析法是工业中提取蛋白质最常用的方法，一般采用加盐酸或稀硫酸来调节 pH。酸析法的优点是工艺流程比较简单，提取的丝胶蛋白相对比较纯净，提取成本低；缺点是提取率不高，为35%～40%，丝胶中含有 HCl 或 NaCl，用于医药受限，需要进一步精制。

（2）化学混凝法　在丝胶蛋白质水溶液中加入絮凝剂，破坏蛋白质胶体溶液的稳定，从而使蛋白凝聚产生沉淀而得以分离。通常使用絮凝剂为高浓度盐溶液或饱和盐溶液，如铝盐和钡盐等。这种提取方法的优点是沉淀所需时间少，工艺方法简单，设备投资少且回收成本低；但缺点是回收纯度低，并且回收所得丝胶中有金属离子存在，金属离子对丝胶的性质有很大的不良影响，这样就降低了丝胶的使用价值，限制了它的应用范围。

（3）有机溶剂沉淀法　有机溶剂沉淀法是利用乙醇或丙酮等有机溶剂来破坏蛋白质胶粒的水化层，从而使丝胶蛋白质从溶液中沉淀出来。经这种方法提取的丝胶蛋白质纯度较高，无化学物质残留，可使其应用范围扩大，尤其是可应用于食品。缺点是此法只适用于对浓缩后的丝胶溶液的进一步提取、提纯。目前，这种提取方法的应用还未见文献报道。

2. 物理法

（1）离心分离法　由于丝胶蛋白质颗粒和水的质量不同，受到的离心力大小也就不同，质量大的被甩到外围，质量小的则留在内围，通过不同的出口分别引导出来，从而可分离出丝胶。因此，在进行离心分离之前，应首先使丝胶颗粒从溶液中沉淀出来。这种方法适合于已沉淀下来的丝胶蛋白质与水的分离。此法回收费用不高，但回收丝胶的纯度和回收率都很低，因此限制了其在工业化生产中的可应用性。

（2）超滤浓缩法　超滤浓缩机理主要是膜表面孔径筛分机理，即高分子物质、胶体、蛋白质和微粒等被半透膜所截留，而溶剂和小分子物质则能穿过半透膜，因此可以用这一特性来提取丝胶蛋白质。衡量超滤效果的一个重要指标是超滤速率（水通量）。在纯水和大分子稀溶液中，膜透过量（水通量）与压差成正比，而在大分子体系中，由于大分子的低扩散和水的高渗透性，溶质会在膜表面积聚，并形成从膜面到主体溶液之间的浓度梯度，产生浓差极化现象，使溶液的透过量与压力之间不再是正比关系，并且随着膜表面浓度提高而水通量显著下降。因此，虽然采用超滤法提取丝胶蛋白质可对其进行选择性过滤提取，且丝胶的纯度和回收率都较高，但是由于浓差极化现象的产生，使超滤法在提取高分子的丝胶时易产生膜污染，要定期进行清洗和更换超滤膜，设备成本高。

（七）免疫球蛋白

免疫球蛋白的原料来源通常是动物血液和初乳，其相对分子质量范围在数十万左右，活性易受到温度和 pH 的影响。当温度在 60℃ 以上，pH<4 时，活性损失较大。在分离提取时应避免这些因素对 Ig 活性的破坏。

目前主要是对牛初乳中的免疫球蛋白进行利用，牛初乳中的 Ig 含量为 30～50mg/mL。我国牛初乳资源丰富，是一个巨大的资源宝库，免疫球蛋白的提取与纯化技术也相对比较成熟。

1. 水溶性组分（water-soluble fraction，WSF）的分离

牛初乳中含有一定的脂类，多以脂蛋白的形式存在，而 Ig 为水溶性蛋白。Ig 的分离首先是去脂获得 WSF。目前去脂的方法包括乳脂分离机分离法、水稀释法、聚乙二醇（polyethylene glycol，PEG）沉淀法，硫酸葡聚糖（dextran sulfate sodium salt，DSS）沉淀法，天然树胶沉淀法，氯仿、苯酚、辛酸等有机溶剂抽提沉淀法，超滤、超临界萃取法与冻融等物理化学方法。相比而言，用乳脂分离机去脂不添加化学试剂，不损坏 Ig 活性，安全性好，不影响脂类的进一步利用，是目前去脂研究中的最佳方法。

2. 免疫球蛋白的分离提取

将 WSF 中 Ig 分离，即可得到 Ig 粗品，常用的方法为无机物沉淀法，即盐析法。此外，还可采用有机物沉淀法、有机溶剂沉淀法、超滤法或将这几种方法联合使用。

（1）无机物沉淀法　盐析法是利用不同的蛋白对盐浓度敏感程度的差异性进行的。该法是蛋白质提取的经典方法，最常用的是硫酸铵或硫酸钠沉淀法，在高盐环境中 Ig 能被沉淀下来。

（2）有机物沉淀法　常用 PEG 沉淀。PEG 是非离子型水溶性聚合物，高浓度也不会引起蛋白质变性，且沉淀时间比硫酸铵和乙醇都短，不影响离心处理。

（3）有机溶剂沉淀法　由冰乙醇分级沉淀。由于乙醇可以食用，因此该法比较安全，但是能耗较高，成本大。水稀释后向 WSF 中加入预冷冰乙醇至终质量分数为 60%，4℃ 静置，沉淀离心，用 30mmol/L 的氯化钠溶解沉淀，过滤除脂蛋白，然后再用终质量分数分别为30% 和 25% 的冷乙醇离心沉淀，得到纯度达 99% 以上的 Ig。

（4）超滤法　超滤法易于工业化，因此，不少学者寻求使用超滤进行 Ig 的分离。超滤多

使用多孔纤维超滤膜进行，也可在多次沉淀或亲和层析后使用，以进一步纯化 Ig。

3. 免疫球蛋白的纯化精制

经提取得到的 Ig 粗品无法达到注射或免疫检测的要求，必须进一步纯化。蛋白质提纯多采用色谱技术，Ig 的提纯也基于这一方法并加以改进。

（1）离子交换色谱法　离子交换法是根据分子电荷密度来分离纯化免疫球蛋白的。例如，利用 DEAE 葡聚糖凝胶 A-50 离子交换色谱纯化 Ig，Tris-HCl 缓冲液洗脱，再经 Sephadex G200 凝胶过滤，得到的 Ig 纯度达 99%。离子交换层析是一种成熟的技术，重现性好，简单易行，具有分辨率高、容量大、收获率高等优点，而且具有浓缩效应，通常作为多步层析中的第一步。不同的抗体具有不同的等电点，即使是同一亚类的免疫球蛋白也会有相当大的差异，因此并没有一个通用的方案进行离子交换层析。

（2）凝胶过滤法　凝胶过滤法是基于免疫球蛋白相对分子质量大于其他蛋白质来分离的。对 Ig 类的抗体来说，凝胶过滤常用来去除电荷性与单克隆抗体相同的杂质，如转铁蛋白等。不同凝胶介质的分离范围是不同的，应选择分离抗体分子大小范围内的相应凝胶介质。另外，粗颗粒的凝胶介质速度快，细颗粒的凝胶介质分辨率高，当用同样直径的层析柱分离两种以上的物质时，长度越长的层析柱分辨率越高；当用同样长度的层析柱分离两种以上的物质时，直径越大的层析柱分辨率越高。

（3）嗜硫色谱法　嗜硫色谱又称亲硫色谱法，其交换介质是琼脂糖在二乙烯砜和 20 巯基乙醇或 3-巯基丙二醇作用下，形成活化的砜-硫醚基团。此基团能在硫酸盐和磷酸盐存在下吸附免疫球蛋白表面的适当位点，对不同的亚类没有选择性。

（4）亲和色谱法　亲和色谱法是目前纯化抗体蛋白质最为有效的方法，可分为特异性 Ig 的纯化和非特异性 Ig 的纯化。利用抗原和抗体反应进行的亲和色谱具有抗原特异性，目前已用于多种 Ig 的纯化。

（5）疏水作用色谱法　将疏水的羟基连接到亲水多孔的凝胶上，在高盐浓度下，蛋白质分子中暴露的疏水基团和凝胶上的羟基相互作用吸附在柱上，这种方法非常适合于盐析后的卵黄抗体的进一步分离纯化，免除了脱盐过程。该法得到的 Ig 无抗体片段，不聚集，不损坏抗体完整性，但由于 Ig 各亚群的疏水性不同，因此得率较低。

比较以上提取纯化方法可知，超滤法虽然所得纯度不高，但操作简单，与水稀释法连用可不加任何化学试剂而用于食品级 Ig 的分离；色谱的纯化效率虽高，但抗体损失较大，多种色谱联合使用可以达到较高程度，但往往得率低、操作费时；嗜硫色谱在 Ig 的纯化中显示出选择性强、活性回收率高、易于工业化放大的优点，已成功用于重组单链抗体片段与 Fab 段的分离；生物工程构建配体 TG19318 亲和色谱的应用简化了免疫球蛋白的分离，但其制备和使用成本相对较高，对 Ig 的非特异性一步色谱纯化可用嗜硫色谱法；应用于免疫检测的抗体，宜用抗原偶联的色谱柱纯化，获得特异性 Ig；金属离子色谱法可用于 Ig 亚群的分析分离研究。依据不同的用途选择抗体的提取纯化方法，并将不同方法进行组合使用，可以收到良好的效果。

（八）乳铁蛋白

人乳中的乳铁蛋白（human lactoferrin，HLF）和牛乳中的乳铁蛋白（bovince lactoferrin，BLF）是目前研究最多的，其全部氨基酸序列已清楚。乳铁蛋白的分离，主要有色谱分离法和超滤分离法两种方法。

1. 色谱分离法

（1）吸附色谱法　利用固定基质与吸附物质间物理或化学吸附强度的不同来分离，其中疏水性相互作用色谱在乳铁蛋白的分离上有重要应用，以 Toyopearl 为基质，在硫酸铵溶液中达到吸附平衡后装柱，用去离子水、0.25mol/L 乙酸和 0.2mol/L 氢氧化钠溶液洗脱，最后得到纯度为 80% 的乳铁蛋白。该法的主要缺点是吸附容量小，分离效率低。

（2）离子交换色谱法　最早是利用 DEAE 纤维素阴离子交换树脂分离出较纯的乳铁蛋白，之后又开发出磷酸纤维素交换色谱法。后做出改进，得到乳铁蛋白的纯度 81% 左右。

（3）亲和色谱法　首先用丁二醇二环氧甘油醚活化交联，再加入亚氨乙二酸使其与活化琼脂糖结合，此树脂用铜离子交换后呈蓝色，装柱时上面 1/2 或 2/3 为载铜树脂，下半部分直接为交换铜离子树脂，洗脱液为 pH 2.8 ~ 8.0 的 0.05mol/L Tris-乙酸、0.5mol/L 氯化钠溶液，25mL 树脂可以吸附 1 L 干酪乳清的乳铁蛋白，产品纯度极高。

由于亲和色谱法操作简单，分离效果好，纯度高，且没有生物活性损失，是生产高纯度乳铁蛋白的最有效方法之一。

（4）固定化单系抗体法　载有单系抗体的免疫色谱也是一种亲和力色谱，它较成功地实现了乳铁蛋白的一步分离。在 6 ~ 8 周的鼠腹腔中注入 HLF 或 BLF，经一系列复杂操作分离出它的抗体，用抗体和异丙醇活化的亲和凝胶混合制得免疫亲和色谱，洗脱液为 pH 2.7 的 0.2mol/L 乙酸和 0.15mol/L 氯化钠溶液，洗脱后立即调至 pH 7，透析冻干。该方法的优点是分离效果好、纯度高、抗体被固定、可重复利用；缺点是柱的制备工艺复杂、抗体成本昂贵、难以工业化生产。

2. 超滤分离法

超滤分离法是一种分离乳铁蛋白的新方法，选用 7 种 PS 膜，其截留分子质量分别为 10^4ku、3×10^4ku、5×10^4ku、10^5ku、3×10^5ku、10^6ku 和 3×10^6ku。如图 3-8 所示，先用 300PS 膜处理，当透过液达 0.5L 时，在浓缩液中加入同容量生理食盐水反复操作 4 次得到 2.5L P1 过滤液。其分子质量大于 5×10^4ku，以及 0.5L 浓缩液 P2；浓缩液再用 1000PS 膜浓缩得到 0.25L 滤液 P4，分子质量小于 10^5ku。此法乳铁蛋白的回收率为 69%，浓缩 2.7 倍，产品蛋白质分子质量在 5×10^4 ~ 10^5ku。此法是生产食品用乳铁蛋白最可能实现工业化的方法之一。

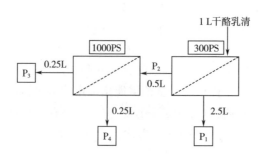

图 3-8　超滤分离法制备乳铁蛋白工艺流程

（九）金属硫蛋白

为获取较高浓度的金属硫蛋白（metallothionein, MT），在分离纯化前通常要进行 MT 的诱导。目前已发展出多种诱导合成的方法，其中应用最广泛的是金属诱导，例如铜、银、镉、金、汞、锌、镍、铝、钴等，但诱导能力的强弱有所不同。镉、汞的诱导能力强，而锌的诱导能力稍弱，这是金属对巯基的亲和力不同所致，其结合强度为汞>银>镉>锌。不同类别的生物对金属诱导的反应也有差异，对动物镉和锌的应用最为广泛，也较为敏感；藻类 MT-Like 的诱导以锌为好；而真菌对镉反应不明显，铜诱导较锌效果好。

通常，在自然情况下，海洋无脊椎动物 MT 的含量都很低，大多数的基准水平其湿重不超过 $50\mu g/g$，在诱导下每克 MT 的合成水平也只有几百微克。因此，在通常情况下都需要将其分离后，经多步纯化才能进行检测或用于其他结构或生理分析。目前最为常用的分离纯化方法是凝胶过滤和离子交换技术相结合的色谱法。微量分离也可采用高效液相色谱法。在近期的大多数研究中，离子交换 HPLC 和快速蛋白液相色谱也已在海洋无脊椎动物 MT 的分离纯化中得到应用。

二、活性肽和活性蛋白的应用

（一）在增强免疫功能食品中的应用

1. 酪蛋白磷酸肽（casein phospho peptides，CPPS）在增强免疫功能食品中的应用

提高机体免疫力，增强机体免疫功能是预防各种疾病发生以及患者康复的关键所在。因此，寻求科学合理的措施以增强机体免疫功能具有紧迫性和必要性。现代营养学研究发现，人类摄取蛋白质经消化道的酶解后，大多是以小肽的形式消化吸收，以游离氨基酸形式吸收的比例很少。因为小肽与游离氨基酸相比，更便于通过肠壁转运，肽比游离氨基酸消化更快、吸收更多。

酪蛋白磷酸肽疗调节动物的免疫功能是最近才被人们所关注的。研究表明，CPPS-I能增强仔猪黏膜 IgA 的反应水平。研究表明，可以通过给怀孕母猪饲喂 CPPS-I进而通过母源抗体的方式提高仔猪的免疫功能。大量的研究证实，CPPS 通过以下几种机制，调节动物的免疫功能：

（1）钙离子是触发淋巴细胞增殖反应的第一信号，钙离子载体 A23187 对淋巴细胞增殖反应具有丝裂原作用，因为它能促进钙离子的吸收。而 Serp-X-Serp 结构中 Serp 能和钙离子形成复合物，从而促进钙离子的吸收，这是 CPPS 调节动物免疫功能的主要原因。

（2）CPPS 还通过调节淋巴细胞因子的水平来调节动物免疫功能。大量研究表明，CPPS 能通过 IL-5 和 IL-6 的分泌，进而刺激 B 淋巴细胞增殖，并分化成 IgA 生成细胞。

2. 乳铁蛋白在增强免疫功能食品中的应用

乳铁蛋白（lactoferrin，LF）具有调节巨噬细胞活性和刺激淋巴细胞合成的能力，而嗜中性粒细胞是含 LF 最多的细胞。当机体受感染时就可将 LF 释放出来，夺取致命菌的铁离子致其死亡。另外，研究显示，LF 对抗体生成、T 淋巴细胞成熟、淋巴细胞中自然杀伤细胞比例都具有调节作用。由脂多糖组成的微生物细胞膜结合在 LF 上，因此 LF 可以防止细胞膜免疫失控的发生。

在许多国家，乳铁蛋白早已引起众多专家的关注，而且美国食品药品管理局允许乳铁蛋白作为食品添加剂用于运动食品、功能性食品，在日本、韩国也允许乳铁蛋白作为食品添加剂用于食品。目前这种营养物质在国外已广泛应用于乳制品中，如酸乳、婴儿配方乳粉，尤其婴配粉中的使用较多。在我国，卫生部在国家标准 GB 14880—2012《食品安全国家标准

食品添加剂使用卫生标准》中，批准允许在婴配粉中添加乳铁蛋白，添加量不得超过1.0g/kg（以粉状产品计）。

3. 免疫球蛋白在增强免疫功能食品中的应用

给哺乳动物选择性的接种一些能够对人或动物产生疾病的细菌、病毒，或一些外来抗原刺激抗体产生免疫应答以分泌特异性的抗体或称为免疫球蛋白进入乳中，这种含有特异性抗体的乳即为免疫乳，这一过程称为高度免疫。

母亲所分泌的乳汁不仅为其幼儿提供了生存必需的各种营养物质，而且更重要的是把免疫保护物质提供给了幼儿，使其在出生后的一段时间内免受环境中各种病原微生物的感染。许多证据表明，一种动物的乳汁不仅可为其幼儿提供免疫保护，而且还可用于为其他不同种的动物提供免疫保护作用。这种不同动物间的免疫协调跨越式的免疫牛乳是人和其他动物所利用的基础。

当饮用免疫乳后，其中的抗体及其他免疫物质就可提供被动免疫保护。利用不同的抗原或抗原组合来免疫哺乳动物，可产生许多不同的免疫乳。例如，给牛接种不同种类的细菌或病毒抗原，可得到不同的免疫牛乳。乳中的抗体取决于抗原，也就是说，每一种抗原都可以刺激机体产生其相应的特异性抗体。

由抗原刺激机体发生免疫应答所产生的抗体，可与抗原发生特异性的相互作用而将其中和。因此可以利用能够引起人类疾病的特定微生物抗原来给牛接种使其发生免疫应答，然后将牛乳收集加工，保留乳中抗体的免疫活性，将这种免疫乳制品或由此制备的乳抗体浓缩物给人食用，可以预防一些疾病的发生。按照这一方法以及抗体与抗原间的特异性反应，每一种疾病可以具有一种或多种免疫乳抗体。此外，免疫系统可以同时对许多不同类型的抗原发生应答，因而可给动物同时接种许多不同的抗原，即多价接种，在乳中可同时获得许多不同的抗体，这样可以用来预防或治疗许多不同病原微生物引起的疾病。

利用广谱多价疫苗给泌乳动物接种，可模拟动物在环境中所发生的自然免疫。所用的抗原数目越多，乳牛分泌的免疫乳所具有的保护人体抵抗一系列疾病的可能性越大。

免疫乳是一种天然、健康、安全、具有一定医疗作用的新型功能性食品，将其用于人体的保健以及一些疾病的预防具有许多优点。免疫乳是一种天然食物，对人体安全无害，不像抗生素那样会产生许多副作用；免疫乳中的抗体具有特异性，因而它对肠道中的有益微生物不会产生影响。而大多数抗生素具有广谱杀菌作用，除对致病菌产生作用外，也会对有益微生物产生影响；抗生素的使用往往会导致毒性更大的耐药性菌株的出现，这是抗生素的一个巨大的危害，而免疫乳中的天然抗体则不会出现这些问题。

免疫乳对疾病的首要作用是预防，可以通过强化机体对一些病原微生物的抵抗来预防疾病的发生。

（二）在延缓衰老功能食品中的应用

1. 金属硫蛋白在延缓衰老功能食品中的应用

金属硫蛋白（MT）中富含半胱氨酸的巯基，具有极强的清除自由基能力。而自由基是严重影响细胞正常功能、引起细胞和机体衰老的原因。体内自由基的平衡是由一些抗氧化剂防御系统来完成，这些防御系统包括一些特异性的酶对自由基的清除作用，如超氧化物歧化酶（superoxide dismutase，SOD）对 O_2 的分解及谷胱甘肽过氧化物酶（glutathione peroxidase，

GSH-Px）对 H_2O_2 及脂类过氧化物的分解等，和一些非特异性的抗氧化剂，如还原型谷胱甘肽、维生素 E、维生素 C、转铁蛋白等，它们的协同作用，使体内过多的自由基转变为无害的 H_2O 分子，起到抗氧化作用。研究表明，MT 能显著提高 SOD、GSH-Px 的活性，而且 MT 的抗氧化作用还在于能直接有效地清除羟基自由基，而羟基自由基是体内危害性最大的一类自由基。MT 清除羟基自由基的能力是 GSH-Px 的 100 倍，为 SOD 的 1000 倍。此外，MT 非常容易被诱导，作用范围广泛，许多因素如高氧吸入、体温过高、离子辐射或接触某些化学物质，在导致自由基产生并引起过氧化的同时，也诱导机体 MT 合成的增加。因此，MT 可针对不同的氧化性应激因素发挥作用，具有广泛的保护意义。

我国是一个农业大国，优质家兔的饲养也很普遍，利用家兔的肝脏诱导技术生产天然 MT，已在国际上处于先进水平，MT 的生产量也非常高，这些为 MT 研究、开发和应用提供了坚实的物质基础。

天然 MT 的安全性高，不存在遗传问题。截至目前，还没有发现 1 例诱导兔肝所产生 MT 具有毒性作用的报道，由此可以表明 MT 是一种安全无毒副作用的生物制品。动物实验研究发现，MT 在大剂量情况下，没有出现任何毒副作用。研究还表明，MT 的功能比较强，作为食品添加剂使用时人体使用量相对少，一般建议剂量在毫克级。而且 MT 是一种内源性蛋白，在各种生物体中普遍存在着各种天然 MT，从微生物到人体，从血液到各种组织，包括心脏和脑部，均存在一定的天然 MT，因此可以从侧面证明 MT 不会出现任何的毒副作用。

2. 丝胶蛋白在延缓衰老功能食品中的应用

蚕丝食品源于日本，日本早在 1983 年就着手蚕丝食用化的研究，最早的产品为蚕丝果冻，但是这种冻胶的丝素分子还是由数千个氨基酸连接而成的较大分子质量的物质，不易被肠壁吸收，如果再进一步将他们分解为低聚肽和氨基酸，吸收率可大大提高。

日本对丝素的食品化已做了不少研究工作，研制了蚕丝系列食品。如 1996 年，日本某公司就已经开始生产丝素粉并向食品生产厂家销售。而一些含有经裂解的蚕丝粉末的食品，如丝素、蛋糕、饼干、面条、荞麦面、果冻胶、冰淇淋、糖果、稀饭、饮料、酱油以及含有丝素成分的香菇、茶叶、胶囊、片剂等已经有很多种类面世，并以其独特的品质而深受消费者青睐，成了日本新一代的保健食品和营养品。目前，我国对有关科研和生产机构开始生产丝精、速溶性丝胶，并正在积极研制蚕丝保健食品，将蚕丝食品开发为功能性食品投入市场。

（三）在抗疲劳功能食品中的应用

1. 高 F 值低聚肽

高 F 值寡肽系是由 3~7 个氨基酸残基组成的混合小肽体系。高 F 值寡肽是指氨基酸混合物中支链氨基酸与芳香组氨基酸比值远高于人体中这两类氨基酸比值模式的寡肽。它可以使长时间运动人员快速从血液中优先摄取支链氨基酸，减少芳香组氨基酸进入血液而引起脑中递质增多导致的中枢疲劳。据研究证实，高 F 值寡肽混合物显著延长大鼠负重游泳力竭时间，具有延缓疲劳的作用，且"玉米高 F 值"寡肽口服液，在高强度劳动者和运动员食品营养强活剂等方面具有很好的应用前景。

2. 谷胱甘肽

谷胱甘肽（glutathione，GSH）是由谷氨酸、半胱氨酸和甘氨酸组成的三肽。GSH 分子中含有一个活泼的巯基，易被氧化脱氢，在生物体中可以清除自由基，消除过氧化带来的伤害。GSH 的主要生理作用是保护细胞膜中含羟基的蛋白质和酶不被氧化；在体内主要参与三羧酸循环及糖代谢，使动物体获得高能量，并且还能激活各种酶，从而促进碳水化合物、脂肪和蛋白质代谢功能，迅速缓解运动性疲劳。在美国，含水解蛋白（肽）的产品已广泛应用于运动员的饮食中。欧美、日本等国家将谷胱甘肽作为生物活性强化剂，开发的 GSH 运动食品非常盛行。

3. 大豆多肽

大豆多肽通常由 3~6 个氨基酸组成，是一种平均肽链长 312~315 的寡肽，分子质量分布以低于 1000u 为主，主要出现在分子质量为 300~700u 范围内。这种小分子活性多肽具有吸收快速、低耗、不易饱和的特点，因而可以为某些特殊身体状况的人群，如竞技运动员、脑力劳动者、野外工作者快速补充营养，缓解疲劳。据报道，大豆多肽中具有清除自由基、抗氧化等活性成分，能抑制机体内因运动产生的自由基大量积累，减少人体红细胞氧化溶血程度以及抑制脂质体膜的破坏。大豆活性多肽对乳酸菌、双歧杆菌和酵母菌等多种微生物的生长有显著促进作用，因而可以改善内环境、内分泌，这对食物营养的吸收和抗疲劳具有重要的促进意义。大豆多肽固体饮料在美国、罗马尼亚对促进恢复运动员耐力方面具有广泛的应用。日本公司也开发了分子质量在 2400~5000u 的大豆肽制品，在功能性饮料、运动营养食品方面应用广泛。在我国，生物活性肽类功能性食品的研究与开发也在积极开展中，将有着广阔的市场前景。

（四）在辅助降血压功能食品中的应用

1. 酪蛋白糖巨肽在辅助降血压功能食品中的应用

在高血压人群中，有占 95% 以上的患者是原发性高血压，通过抑制血管紧张素转移酶（angiotensin coverting enzyme，ACE）酶活性，可有效降低原发性高血压。目前合成的 ACE 抑制剂虽能有效降低高血压，但有许多临床不良反应，如降压过度、泌尿系统发生病变、持续性咳嗽、味觉失真和血管神经性水肿等。随着我国经济的不断发展，人民生活水平不断提高，人们的自我保健意识和安全意识也在加强。如何通过非药物疗法达到治病防病的目的，已为越来越多的人所接受。我国自古就有"食药同源"的说法，通过改善饮食状况来预防疾病。源于食用蛋白质的降血压肽只对高血压患者起降压作用，对血压正常者无降压作用，这些肽是利用酶解技术，从蛋白质中提取得到的，安全性很高。将降压肽开发为保健食品，长期服用来预防、缓解高血压，将被人们接受。

用胃蛋白酶等水解酪蛋白，也可制备酪蛋白糖聚肽（casein glycomacropeptide，CGMP），但因其专一性较差，切割酪蛋白的位点较少，获得的 CGMP 片段较大；又因胃蛋白酶水解芳香组氨基酸，少量含苯环的氨基酸混入 CGMP 中，使产物复杂化，给分离带来困难。选择其他消化酶制备分离高纯度、高活性的 CGMP 有待进一步研究。

日本在活性肽方面的研究起步早，已有多种功能肽及肽类保健食品问世。他们研究的蛋白质原料包括：酪蛋白、植物蛋白、动物蛋白及一些副产物中蛋白质的深加工利用等。由胰蛋白酶水解牛乳酪蛋白得到的 12 肽 FFVAPFPEVFGK 和由沙丁鱼而带来的五肽 LKPNM 也作为降血压的保健品，得到了厚生省的批准上市销售，而且销售状况很好。

日本传统发酵饮料中富含具有 ACE 抑制活性的两种三肽，长期饮用含有这两种生理活性多肽的酸奶有防止高血压的效果。芬兰公司推出欧洲市场上第一个降血压的益生菌乳制品，采用特殊菌种——瑞士乳杆菌发酵的酸奶制品，经严格科学的工艺控制，得到高含量的降血压肽，经多次动物试验和临床研究证明，具有降血压的作用。

2. 大豆肽在辅助降血压功能食品中的应用

大豆肽能抑制 ACE 的活性。由于血管中 ACE 能使血管紧张素 X 转化为血管紧张素 Y，后者能使末梢血端血管收缩，血压升高。大豆蛋白提取的降血压肽对 ACE 具有抑制作用，使机体 ACE 生成减少，缓激肽活性增加，导致血管紧张素降低，因而起到降血压的作用，对原发性高血压患者具有显著疗效。大豆肽对正常人无降压作用，且无毒副作用，是降压首选的功能因子，因此其应用安全可靠。

大豆蛋白质酶解物含有较多的脯氨酸、疏水的氨基酸残基肽能抑制 ACE 的活性，因而可以防止血管末梢的收缩，从而起到降血压的作用。且它降压平稳，不会出现药物降压过程中可能出现的大的波动，尤其对原发性高血压患者具有显著疗效。

我国对降血压多肽的研究起步较晚，目前有大豆肽等产品上市，对乳源降血压肽产品的研究开发也有报道。来源于食用蛋白质的降血压多肽具有作用温和、安全性及多肽的生物功能多样性等特点，可以直接制得可食用的降血压多肽产品，也可将其制品作为功能因子，制成各类食品添加剂加到各类食品中，通过长期服用而达到预防、控制、缓解高血压的功能。通过现代食品工程高新技术和生物技术手段，生产具有降血压作用的功能性乳制品，具有十分广阔的发展前景。

（五）在降血脂和胆固醇功能食品中的应用

1. 大豆球蛋白在降低胆固醇功能食品中的应用

据报道，大豆蛋白具有降低血浆低密度脂蛋白及提高高密度脂蛋白的作用。在不同人群应用中也证实了大豆蛋白对高胆固醇血症、高脂蛋白血症等人群有降低血脂作用。

2. 大豆多肽在降低胆固醇功能食品中的应用

早在 20 世纪初，人们就观察到植物蛋白的水解产物蛋白肽有比植物蛋白本身更有效的降血脂、降胆固醇的作用。有研究分析，多肽能刺激甲状腺激素分泌增加，促进胆固醇的胆汁酸化，使粪便排泄胆固醇增加，从而起到降低血液胆固醇的作用。许多动物实验和临床试验表明：大豆多肽中相对分子质量大于 5000 的部分具有明显降低胆固醇的作用，且只对胆固醇值高的人有降低胆固醇的作用，对正常人没影响。

（六）在抑制骨质疏松症功能食品中的应用

CPPS 可以促进肠道对矿物元素的吸收。钙在肠道中必须以离子形式才能被吸收，在小肠前段维生素 D 作为钙吸收剂，加强钙在小肠前段的主动吸收，而在小肠后段钙的吸收形式是被动扩散。吸收效率取决于小肠内钙离子的游离浓度，但它在中性和弱碱性环境下易与酸根离子形成不溶性盐而流失。CPPS 带有高浓度的负电荷，既可以抵抗消化道中各种酶的水解，又可以与钙结合形成可溶物，从而有效防止钙在小肠中性或偏碱环境中形成磷酸钙沉淀，同时它可以有效的增加钙在体内的滞留时间，该结合物在被肠壁细胞吸收后才把钙释放出来。

有学者对 CPPS 抑制磷酸钙沉淀的机理作如下解释：磷酸钙在初始形成时是无定形的，之后逐渐变成晶体形式，CPPS 黏附在其表面，阻止晶体长大。大量的肠内溶解钙以很高的频率和 CPPS 不断接触，这些离子在不受磷酸根作用的状态下被带到肠黏膜，CPPS 起到调节晶体成长的作用。

CPPS 可作为营养强化剂添加到食品中制成壮骨剂或保健食品。CPPS 作为吸收促进剂，是用于开发制造钙、铁功能食品的关键性原料。缺钙是世界性的营养问题，如何提高钙的吸收利用率是目前需解决的主要问题之一。目前国内市场上有多种补钙剂，除着眼于增加钙的摄入量外，也对维生素 D 进行强化，目的是提高钙的吸收利用率，这是目前为止解决钙吸收利用率而采用的唯一方法，但维生素 D 的过量摄入会对人体的肾和骨造成一定的损害。在国外市场上已有含 CPPS 的适用于儿童、老人、孕妇等不同人群的各种保健食品，诸如糖果、饮料、饼干、乳酪制品、甜点、畜肉制品、各种乳制品等。CPPS 在日本、东南亚、欧洲、澳大利亚等地已广泛应用于钙强化乳制品、果汁饮料、蛋白饮料和速溶饮品、运动食品、糖果、营养素补充剂等。

CPPS 具有在很宽的 pH 范围内完全溶解的特性，可耐受高温处理，具有良好的稳定性，因此可添加于下列产品中：强化钙、铁、锌的营养保健品、乳类制品，如液态乳、乳饮料、婴幼儿乳粉、学生配方粉、高钙低脂乳等；儿童营养食品，如婴儿营养米粉、高钙饼干等；豆制品，如高钙豆乳粉，钙豆腐等；营养麦片、口香糖等；防龋固齿的牙膏、啤酒等含气饮料。在上述产品中应用时，CPPS 可起到使产品配方更完善合理，真正达到向人体补充这些矿物营养素的目的，同时还可实现原有产品的升级换代。此外，添加了 CPPS 的制品，其原有的风味和口感可保持不变。如对保健雪米饼的研制中加入了 CPPS，提高了钙的吸收利用率，使强化后的产品品质有了提高；在制备酸度乳饮料的工艺中也添加了 CPPS，使产品更富有营养保健价值，同时口感和风味更佳。

CPPS 有良好的加工稳定性。商品 CPPS 在 5℃和 25℃保存两年后，其防止钙沉淀能力的功能指标基本无变化。在酸化条件下，CPPS 溶解经受 120℃、15min 处理，功能指标仍达 95%以上，说明 CPPS 能完全适合严格的 UHT 加工要求，在酸性条件下更为稳定。在碱性条件下稳定性较差，随受热温度提高和受热时间延长，脱磷酸基反应会加剧，功能会受到影响。在一般使用条件下，CPPS 的结构和功能都是稳定的。

（七）在减肥功能食品中的应用

1. 大豆多肽在减肥功能食品中的应用

肥胖是由于过度摄入能量使机体生理机能改变，造成体内脂肪沉积量过多、体重增加而进一步引发一系列病理生理变化的病症。研究发现，摄食蛋白质比摄食脂肪和糖类更能促进能量代谢，因而在保证足够蛋白质摄入的基础上，将其余能量降至最低，可以在保证减肥者体质的前提下，达到科学减肥的目的。

大豆多肽能活化交感神经，引起发热脏器褐色脂肪功能的激活，阻止脂肪吸收和促进脂质代谢，使人体脂肪有效减少。研究表明，以大豆多肽做补充食品，比仅仅用低热量饮食时更能加速皮下脂肪的减少，加快因进食诱导产生的热量增加和加速基础代谢的上升。且随着大豆多肽摄入量的增大，皮下脂肪减少量也增大。因此，大豆多肽可以用于生产针对肥胖病患者的功能性保健食品。

有研究所开发出了多肽类减肥产品，其主要成分为大豆多肽、肉碱、丙酮酸钙和荷叶粉。大豆多肽有促进脂肪代谢和减肥效果；丙酮酸钙具有加速三羧酸循环，促进 ATP 合成，减少体内贮存脂肪的功能；左旋肉碱能转运活化脂肪酸进入线粒体，增强脂肪 β-氧化，促进脂肪代谢，产生减肥作用；荷叶粉具有减少脂肪吸收，润肠通便的作用。研究表明，大豆多肽具有控制大鼠体重、降低血脂，对脂质氧化导致的脂质体膜破坏具有抑制作用，充分证实了大豆多肽在减肥、补充营养及抗脂质过氧化并保持机体细胞活力的重要作用。

2. 大豆球蛋白在减肥功能食品中的应用

大豆球蛋白在肠道内与胆汁酸和胆固醇结合，抑制吸收，促进剩余胆固醇排泄到体外，有将血中胆固醇调节到正常范围的作用。以大豆球蛋白为原料可制得降低胆固醇的清凉饮料。大豆蛋白作为特别指定保健食品已商业化，推出两个产品"蛋白油豆腐"和"干炸大豆"，在产品中混合了以分离大豆蛋白为原料生产的大豆球蛋白。

第五节　活性肽和活性蛋白类产品展望

随着生命科学的发展与深入研究，人类健康与食品营养学息息相关的观念也逐渐深入人心，具有多种生物活性功能和营养特性的多肽类产品前景广阔。生物活性肽资源十分丰富，来源广泛，种类繁多，且生物功能各异且具有独特的营养作用、生理作用、增强风味和抗氧化作用。活性肽是极具潜力的一类功能性添加剂，它将为有效利用蛋白质和节约蛋白质资源开辟新的途径，也是食品医药行业的一种新原料、新材料，活性肽将以其独特的营养功能和生理特性成为 21 世纪的宠儿。由于对一些重大疾病防治产品的需求居高不下，加上肽的防治潜力被深度挖掘，这两个因素正在推动肽原料药市场的快速发展。随着释药系统的开发并不断取得进展，肽类产品的生产工艺也发生了变化。在产品原料药市场逐渐感受到了以前不曾有过的竞争气氛。

思考题

1. 简述活性肽和活性蛋白的概念及其主要生理功能。
2. 简述活性肽的主要类别及其生理功能。
3. 简述活性蛋白的主要类别及其生理功能。

04

第四章

功能性脂类

学习目标

掌握多不饱和脂肪酸、磷脂及脂肪替代物及结构脂质的定义、结构、种类及功效；理解脂类中伴随物的种类、功效；了解功能性脂类制备方法及应用。

名词及概念

多不饱和脂肪酸、磷脂、脂肪替代物、结构脂质、脂质伴随物、植物甾醇、维生素E、角鲨烯、植物多酚、谷维素、芝麻酚等。

第一节　概述

脂类（油脂）是脂肪和类脂的总称，按存在于食物中的含量主要分为甘油三酯和其他脂类（磷脂、固醇类等）。油脂具有共同的特点——脂溶性，既可溶于极性较低的有机溶剂，也可将其他脂溶性物质溶解其中。油脂与蛋白质、碳水化合物构成了人体的三大产能营养素，除此之外，它还具有以下生理功能。

①构成人体成分。人体中中性脂肪占体重的10%~20%，构成体脂肪组织，其含量可因体力活动和营养状况而变化，故被称为动脂；而类脂是构成细胞膜的基本成分，占总脂量的1%~5%，因其含量稳定，不受机体活动和营养状况的影响，故被称为定脂。

②维持体温正常。皮下脂肪组织可隔热保温。

③保护脏器作用。脂肪组织对脏器有支撑和衬垫作用，保护内部器官免受外力伤害。

④提供必需脂肪酸。必需脂肪酸亚油酸、α-亚麻酸必须靠膳食油脂提供。

⑤促进脂溶性维生素的吸收。脂类是脂溶性维生素的良好载体，食物中脂溶性维生素与油脂并存。

⑥胆固醇是体内许多重要活性物质的合成材料，如胆汁、性激素、肾上腺素、维生素D等。

⑦增加饱腹感。脂肪进入十二指肠时，可以刺激产生肠抑胃素，使胃肠蠕动受到抑制。

⑧改善食物感官性状。存在于食物中的油脂通过烹调，可以改变食物的色、香、味、形，

促进食欲。

油脂作为食物中的主要成分之一，对我们的饮食健康具有重要影响。大量研究表明，饱和脂肪酸摄入过多与肥胖症、高血压、动脉粥样硬化等的发生密切相关，而富含多不饱和脂肪酸的油脂则可降低这些疾病发生的风险。从饮食和健康的角度出发，将油脂分为普通油脂和功能性油脂两类。功能性油脂主要包括不饱和脂肪酸、磷脂和胆碱等，它们都具有重要的生理功能。

第二节　常见的功能性脂类

一、多不饱和脂肪酸

多不饱和脂肪酸（PUFA）是一种含多功能团的化合物，烃链的双键上会发生加成、氧化、还原、异构化、成环、聚合等反应。所含羧基也具有羧酸的一些通性（兼具羧基、羟基的性质），故其化学性质十分复杂。引起营养、医学等科学界注意的饮食 PUFA 发生的化学变化主要包括去饱和、碳链增长、酯化、氢化、氧化、聚合这些特定反应，它们与人类健康息息相关。此外，PUFA 之所以受到广泛关注，不仅仅因为 ω-6 系列的亚油酸和 ω-3 系列的 α-亚麻酸是人体不可缺少的必需脂肪酸，更重要的是因为由它们在体内代谢转化或从特定食物资源中获取的几种 PUFA，在人体生理中起着极为重要的作用，与人体心血管疾病的控制（比如能够显著影响脂蛋白代谢，从而改变心血管疾病的危害性，影响动脉血栓形成和血小板功能；影响动脉粥样硬化细胞免疫应答及炎症反应）、免疫调节、细胞生长及抗癌作用等息息相关。

（一）多不饱和脂肪酸的生理功能

人体内 ω-6 和 ω-3 系列 PUFA 根据需要各自进行相关代谢，但相互之间不发生转化，因此其在体内的作用不能相互替代。动物体内的 EPA 和 DHA 可由油酸、亚油酸或亚麻酸转化形成，但这一转化过程在人体内非常缓慢，而在一些海鱼和微生物中转化量较大。ω-3 和 ω-6 系列的短碳链脂肪酸都通过加长碳链和脱氢作用，生成同系列的更长、更不饱和的脂肪酸。亚油酸转化为 γ-亚麻酸需要去饱和酶，通常婴儿和老年人的去饱和能力不足。对成年人而言，如果饮酒过量、胰岛素分泌不足、高胆固醇、高血脂都会导致去饱和酶的活力不足，从而影响 PUFA 的合成。

1. 多不饱和脂肪酸与心血管系统疾病

饮食中的脂类能够显著影响脂蛋白代谢，从而改变心血管系统疾病的危险性。PUFA 可降低 LDL-胆固醇，所有脂肪酸均可升高 HDL-胆固醇浓度，但随着脂肪酸不饱和度的增加，这种作用逐渐减弱。研究表明，膳食中 PUFA 摄入量与心血管系统疾病发病率和死亡率呈负相关。在日常膳食中，增加鱼类摄入量或补充鱼油，并使其成为日常膳食的组成部分，对心血管系统疾病的防治可产生较明显的作用。但是对本身鱼类摄入量已经很高的人群再增加其摄入量似乎不会有额外的效果。鱼类食品和地中海式饮食对心血管系统的保护作用，除了与PUFA 有关，还与它们所含有的其他有效成分有很大的关联。

PUFA 对心血管系统疾病的防治作用主要通过以下几种途径实现。①抗血栓形成作用。鱼或鱼油中的 EPA 通过促进某些二十类烷酸的合成，降低血小板的凝聚和血液黏稠度，抑制血小板源性生长因子的合成，降低其 mRNA 的表达水平。研究表明，鱼油可防止血小板沉着于血管壁，阻断因脂质浸润所引起的内皮细胞损伤和管壁增厚等动脉粥样硬化的病理进程。②调节血脂。EPA/DHA 可显著降低空腹和餐后血清中甘油三酯和胆固醇的水平，同时还可增加 HDL-2 水平。每日摄入 2g 鱼油，可使普通人的极低密度脂蛋白（VLDL）降低 20%，使Ⅵ型和 V 型高脂蛋白血症者的 VLDL 降低 50%，混合型高脂蛋白血症者的 VLDL 降低 40%。③抗心律失常和心室纤颤。研究表明，心律失常的病人，每日食用 1 次以上的海鱼（相当于 EPA 和 DHA 摄入 5.5g/月），经数月后，红细胞膜中 EPA 和 DHA 含量增加，原发性心搏暂停和心律失常发病率降低 70%。试验组中鱼的摄入量在 96g/周即有较显著的效果，增加 PUFA 的摄入量控制效果没有更好。

此外，PUFA 还具有降血压的作用。研究表明，PUFA 可降低高血压患者的血压，并具有剂量依赖关系，但对健康志愿者几乎没有影响。目前仍不清楚其机制，据推测可能与其能够降低血管收缩素的生成有关。通常认为，亚油酸和 ω-3 长链 PUFA 能影响血压的原因在于这两种物质可改变细胞膜脂肪酸构成及膜流动性，进而影响离子通道活性和前列腺素的合成。

2. 多不饱和脂肪酸与生长发育

关于 ω-6 和 ω-3 长链 PUFA 如何影响特定组织生长的资料甚少。现有研究显示，PUFA 对脑、视网膜和神经组织发育有影响。DHA 和花生四烯酸是脑和视网膜中两种主要的 PUFA。虽然对于成年人而言，缺乏 PUFA 的病症极少见，但缺乏 PUFA 对胎儿和婴幼儿的影响显著。α-亚麻酸在体内代谢可以生成 DHA 和 EPA。在有关脑膜对 α-亚麻酸的最低需求量研究中，给鼠饲以 α-亚麻酸含量为 0~2mg/g 的饲料，DHA 的量呈线性增加，超量后则不再增加。试验发现，α-亚麻酸在体内转化成 DHA 的速度很低，但足以维持机体健康。对众多素食成年人观察，未出现 DHA 缺乏症状。研究者对一些素食母亲的孩子观察，也未发现有 DHA 缺乏症状。但一些动物试验表明，膳食中极度或长期缺乏 α-亚麻酸情况下，会出现相应缺乏症状，如大鼠杆状细胞外段盘破坏、光激发盘散射减弱及光线诱导的光感受器细胞死亡，从而出现视觉循环缺陷与障碍，猴子出现大脑皮层中 DHA 骤降，饮水行为/重复动作和全身活动增加。

此外，花生四烯酸和 DHA 摄入不足，可导致脑功能障碍。母亲（包括受孕前、怀孕期间和胎儿出生后）的膳食 PUFA 的摄入及乳汁中的 PUFA 组成不仅关系到孩子智力、视力等发育，而且也可能影响孩子在成年后对高血压、心脏病等疾病的易感性，这可以从一些研究结果中得到证实。很少有定量证据表明在胎儿期间，在体内 α-亚麻酸，亚油酸开始合成花生四烯酸、DHA、EPA，或者胎儿完全依靠胎盘合成和转化来获得长链 PUFA。而且已有研究指出，早产儿不能将 α-亚麻酸充分转化为 DHA。怀孕妇女血浆中的 PUFA 浓度比非受孕、非哺乳状态的妇女低，表明了胎儿对这些 PUFA 的较高需求。研究发现，新生儿亚油酸和 α-亚麻酸的含量不到母亲的一半，而花生四烯酸和 DHA 的含量则分别是母亲的 2.2 倍和 1.5 倍，总的长链 PUFA 的含量是母亲的近两倍。通过分析 DHA、EPA 对早产儿的视力影响可以发现，强化 0.1%DHA 和 0.03%EPA 的乳粉对早产儿的视力和识别能力有明显增加作用，但强化 0.1%DHA 和 0.15%EPA 的乳粉对早产儿的发育有抑制作用。前者的 DHA、EPA 来自金枪鱼和鲣鱼类，后者 DHA、EPA 来自沙丁鱼类。由此可断言，DHA、EPA 的来源不同和两者的比率不同，其生理功能有明显的差别。

3. 多不饱和脂肪酸的抗癌作用

大量实验表明，DHA 和 EPA 具有较好的抗癌作用，利用甲基亚硝酸胺化合物建立大鼠致癌模型，同时强制性地喂食自来水、亚油酸乙基脂、EPA 乙基脂和 DHA 乙基脂，26 周后进行大肠肿瘤发生率的测定实验，发现亚油酸、EPA、DHA 均有不同的抗癌作用，喂养这三种物质的鼠的癌症发病率明显降低，而对于具有耐药性的胃癌、膀胱癌、前列腺癌、卵巢癌等肿瘤，治疗过程中在药物中添加 DHA，可以使肿瘤对药的抗性降低 3 倍以上，故 DHA 对于抗癌药物有增效作用，DHA 可能成为抗癌药物中的一种必要成分。此外，体外试验表明，DHA 和 EPA 对人肺黏液性表皮癌变有一定的抑制作用。鉴于 DHA 对多种癌变的抑制作用和对抗癌药物的增效作用，DHA 和 EPA 是一种颇具应用前景的抗癌药物或辅助抗癌物质。

目前对 EPA 和 DHA 的抗癌机制的阐述主要有四个方面。①ω-3 PUFA 干扰 ω-6 PUFA 的形成，并降低花生四烯酸的浓度，降低促进前列腺素生成的白细胞介素的量，进而减少了对癌发生有促进作用的前列腺素的生成。②癌细胞的膜合成对胆固醇的需求量大，而 ω-3 PUFA 能降低胆固醇水平，从而能抑制癌细胞的生长。③在免疫细胞中的 DHA 和 EPA 产生了更多的有益生理效应的物质，参与了细胞基因表达调控，提高了机体免疫能力，减少了肿瘤坏死因子的表达。④EPA 和 DHA 大大增加了细胞膜的流动性，有利于细胞代谢和修复，如已证明 EPA 可促进人外周血液单核细胞的增殖，阻止肿瘤细胞的异常增生，从而抑制肿瘤的转移。

4. 多不饱和脂肪酸与免疫调节

研究表明，花生四烯酸、EPA 和 DHA 等 PUFA 能影响多种与炎症及免疫有关的细胞的功能，其中，ω-6 PUFA 在免疫同时具有抑制和刺激作用。亚油酸在体内能被代谢为花生四烯酸，可以进一步氧化为二十烷类如白三烯、血栓烷等，都是炎症的有效介质，对炎症及免疫调节有重要作用。ω-3 PUFA 对免疫反应有一定的抑制效果，富含 ω-3 PUFA 的饮食可以抑制细胞介导的免疫反应来发挥抗炎效果。鱼油富含 ω-3 PUFA，包括 EPA、DHA。研究显示，鱼油有较强的免疫调节作用，其效果取决于剂量、时间、疾病类型。鱼油能降低对内毒素及细胞因子的反应，提高移植物存活率，并对一些细胞及细菌疾病、慢性炎症、自身免疫疾病有效。健康人补充鱼油能降低单核细胞和中性粒细胞的化学趋向性，降低细胞因子的分泌。临床研究报道，补充鱼油对类风湿性关节炎、感染性肠炎及一些哮喘病有好的作用。不同 ω-3 PUFA 发挥不同的免疫调节作用，其中，EPA 比 DHA 的作用更广泛、更强，低水平的 EPA 就足以影响免疫调节作用，而鱼油的免疫调节作用主要归因于 EPA。

ω-3 PUFA 与 ω-6 PUFA 共同作用比单独作用更重要。动物试验表明，进食 ω-6 PUFA 与 ω-3 PUFA 的比例在 5∶1 时有正面效果。当 ω-6 PUFA 与 ω-3 PUFA 的比例降低时，能够使血浆胆固醇、三酰基甘油酯浓度下降，二者都能抑制细胞介导的自身免疫疾病，降低淋巴细胞增殖反应和 NK 细胞活性。但是，也有研究显示二者有相反的免疫调节作用，这些差异很可能来源于细胞类型的不同、使用的试验设计不同或评价标准的不同。

PUFA 通过以下机制调节免疫系统功能。①通过免疫系统的细胞调节类二十烷酸的生成，尤其是减少促炎因子和白三烯的生成。②调节膜流动性。③调节细胞信号传导途径，尤其是与脂类介质、蛋白激酶和钙离子动员有关的途径。④调节与细胞因子生成、过氧化体增殖、脂肪酸氧化和脂蛋白组装有关基因的表达。

5. 其他作用

由于 PUFA 具有一定的抗氧化作用，因此膳食适当补充 PUFA 还能防止皮肤老化，延缓衰老。也有研究表明，PUFA 能够预防阿尔兹海默病，同时，它对于防治糖尿病也有一定的效果。PUFA 还可以抵抗机体内过敏反应，对于促进毛发生长也有一定的作用。近年来，国内外针对 PUFA 对于器官的保护作用研究发现，摄入 PUFA，对于保障胃肠、肝脏及肾功能、延缓疾病发生具有良好的效果。

（二）多不饱和脂肪酸的来源

1. 多不饱和脂肪酸的动植物资源

（1）亚油酸 亚油酸是分布最广的一种 PUFA，在红花油、大豆、油菜籽油、花生油、芝麻油等食用油脂中含量丰富。亚油酸在体内可转化为 γ-亚麻酸、双同型 γ-亚麻酸和花生四烯酸，可作为能量物质食用或贮存。亚油酸及其衍生物对大脑和视网膜具有重要的生理功能，对维持机体细胞膜功能起重要作用。共轭亚油酸即共轭十八碳二烯酸，是一系列在碳 9、11 或 10、12 位具有双键的亚油酸的位置和几何异构体的总称。亚油酸主要存在于反刍动物如牛和羊等的肉和奶中，也少量存在于其他动物组织血液和体液中。共轭亚油酸的抗癌作用是其很重要的功能。动物实验发现，共轭亚油酸对几种癌细胞的化学诱导有抑制作用，能减少致癌物引发的皮肤癌、胃癌、乳腺癌、结肠癌等，且可抑制癌变发生后的发展。共轭亚油酸可通过抑制脂肪组织的合成和强化脂肪分解来抑制脂肪沉积，改善脂肪代谢，起到控制体重的作用。共轭亚油酸含有降低血液肝脏胆固醇、增加骨胶原中软骨细胞的合成以及增强免疫的作用。

（2）γ-亚麻酸 γ-亚麻酸为全顺-6,9,12-十八碳二烯酸，是 α-亚麻酸的同分异构体，可进一步转化为双同型-γ-亚麻酸，是前列腺素的前体物质，也是花生四烯酸来源。γ-亚麻酸主要存在于月见草油、玻璃苣油和黑醋栗油中。γ-亚麻酸具有抗心血管疾病、降血脂、辅助调节血糖及抗氧化等功能。

（3）花生四烯酸 花生四烯酸为 5,8,11,14-二十碳四烯酸。可由亚油酸代谢产生，是前列腺素的前体物。花生四烯酸主要存在于花生油中，并广泛分布于动物的中性脂肪中。花生四烯酸具有明显的降血脂、降血胆固醇和降血压作用。花生四烯酸对二氯化钡、乌头碱引起的心率不齐有不同程度的对抗作用，对艾氏腹水癌和淋巴肉瘤具有抑制作用。机体缺乏花生四烯酸时，会出现许多症状，尤其影响中枢神经系统、视网膜和血小板功能。

（4）EPA 和 DHA 陆地植物油中几乎不含 EPA 与 DHA，在一般陆地动物油中也检测不到。但高等动物的某些器官与组织如眼、脑、睾丸等中含有较多的 DHA。海藻类及海水鱼是 EPA 与 DHA 的重要来源。在海产鱼油中或多或少的含有 EPA、DHA 等脂肪酸。

2. 多不饱和脂肪酸的微生物资源

由于动物、植物资源的种种限制，人们已经将寻求 PUFA 的目光转向微生物资源。而微生物本身具有低成本、培养迅速、生长周期短、可以规模化生产等优点，因而有着非常广泛的应用前景。PUFA 广泛存在于微藻类、细菌、真菌的细胞中，但不同种类和不同菌株中 PUFA 的含量及组成各异。目前微藻类研究较多的是螺旋藻属，其中，钝顶螺旋藻和巨大螺旋藻中的 PUFA 含量最高，以 γ-亚麻酸最具特色。

（三）多不饱和脂肪酸的检测分析

脂肪酸的分析方法首选气相色谱法。为提高分离有效性，分析前通常需要对样品进行衍生化处理，将其转化成甲酯。脂肪酸甲酯的制备所采用的甲基转移技术有很多，通常在酸性催化剂存在的甲醇中进行酯化，且要保证甲酯化试剂绝对干燥。脂肪酸甲酯后，通过气相色谱柱，利用火焰离子化检测器进行检测。天然存在的甘油三酯经过薄层色谱分离后，可以不经衍生化，根据其碳数或相对分子质量通过 8~15m 长的装填甲基、二甲基或甲苯基硅酮树脂的毛细管柱进行分析。对于个体脂肪酸分子结构的确认还可以采用气相色谱-质谱联用仪进行测定。

其次，还可以采用银离子硅胶柱色谱、薄层色谱及高效液相色谱法分离分析脂肪酸，前者在很多场合还用于个体组分的进一步分析分离的前处理。使用高效液相色谱分析脂肪酸时，也需要提前进行衍生化处理以便分离和提高检测灵敏度。脂肪酸经 9-蒽基重氮甲烷（9-anthrydiazomethane，ADAM）衍生化处理后，在高效液相色谱装置中使用荧光检测器检测，ADAM 和羧基结合后增加了脂肪酸的疏水性，从而比未经衍生化的脂肪酸在反向柱上停留时间更长，最终获得良好的分离效果。荧光检测器在脂肪酸的荧光衍生物的检测和定量上有特效，其中荧光光散射检测器和火焰离子化检测器在高效液相色谱法分析脂肪酸时具有较宽的检测范围，故常被作为通用检测器。高效液相色谱也可和质谱结合，用于脂肪酸的定量分离与鉴定。

近年来，随着脂肪酸研究的深入，新的分析方法不断应用到脂肪酸的研究中。其中，近红外光谱技术由于具有方便、快速、高效、准确、无污染、低成本、不破坏样品、不消耗化学试剂和一次可测定多种样品等特点，在脂肪酸分析中得到广泛应用。此外，配备了火焰离子化检测器或者是紫外检测器的毛细管超临界流体色谱技术开始发展，该技术通常用来分析脂肪酸、甘油三酯及其衍生物。超临界流体色谱能按双键数、特定双键及链长来分离甘油三酯及其脂肪酸、气相色谱、高效液相色谱的一些材料及方法，如检测器、柱子、固定相等，也适合于超临界流体色谱。也有许多专业文献都提到了磷脂酶、胰脂酶对甘油三酯的立体专一分析，如磷脂酶 A2 用于定向水解 sn-2 位脂肪酸，因此酶技术开始逐渐用于脂肪酸的分析。在进行这类分析之前，脂肪酸必须加以充分皂化。随后，在碳碳双键之间带有顺式亚甲基的 PUFA（如亚油酸、亚麻酸、花生四烯酸等）经脂肪氧合酶催化氧化后，根据产生的共轭二烯氢过氧化物的紫外吸收值来进行定量测定。

（四）多不饱和脂肪酸的保护与安全性

由于 PUFA 具有活泼的性质，使其制品暴露在空气中很容易发生自动氧化变质，甚至产生有毒有害物质，导致其制品失去商业和营养价值。尽管还没有专门提出 ω-3 PUFA 的安全性的问题，已有一些关于摄入大剂量 ω-3 PUFA 导致啮齿类动物肝功能变化的报道。此外，目前还没有人类摄入大剂量 ω-3 PUFA 引起副作用的报道。然而，由于富含 ω-3 PUFA 的 LDL 在体外对氧化作用的敏感性升高，有人建议增加抗氧化剂（如维生素 E）的摄入作为保护措施。

维生素 E、维生素 C 及卵磷脂都是常用的抗氧化剂或抗氧化助剂，同时又是良好的生理活性物质，与 PUFA 具有协同功效。卵磷脂的乳化功能更是 PUFA 制品中常用的。另外，像茶多酚、黄酮类化合物也是有效的抗氧化物质，同时具有一定的保健功能。除使用抗氧化剂外、PUFA（如 EPA、DHA 等）常被制成胶囊形式，进一步降低光线、氧气等的影响，防止 PUFA 的快速氧化衰败、延长货架期。胶囊壁材的选择有蛋白质、碳水化合物等，与 PUFA 混合成乳状液喷雾干燥，并造粒或经冷冻干燥，制成的胶囊在抗氧化剂的保护下，货架寿命大大延长。

二、磷脂

（一）磷脂的种类

生物体内除脂肪外，还含有类脂成分，同样在细胞生命功能上起着重要作用，这类物质统称类脂类。脂中主要包括脂质、糖脂、固醇和蜡。其中，磷脂为含磷的单质衍生物，分为甘油醇磷脂及神经氨基醇磷脂两类，前者为甘油醇酯衍生物，后者为神经氨基醇酯的衍生物。

甘油醇磷脂是由甘油、脂肪酸、磷酸和其他基团（如胆碱、氨基乙醇、丝氨酸、脂性醛基、脂酰基或肌醇等的一种或两种）所组成，是磷脂酸的衍生物。甘油醇磷脂包括卵磷脂、脑磷脂（丝氨酸磷脂和氨基乙醇磷脂）、肌醇磷脂、缩醛磷脂和心肌磷脂。

神经氨基醇磷脂是神经氨基醇（简称神经醇）、脂酸、磷酸与胆碱组成的脂质，它同甘油醇磷脂的组分差异仅仅是醇，前者是甘油醇，而后者是神经醇，且脂酸和氨基相连。神经氨基醇磷脂也被称为非甘油醇磷脂。

1. 卵磷脂

卵磷脂分子含甘油、脂酸、磷酸、胆碱等基团。甘油三酯的脂酰基被磷酸胆碱基取代。自然界存在的卵磷脂为 L-α-卵磷脂。卵磷脂分子中的脂肪酸随不同磷脂而异。天然软磷脂常常是含有不同脂肪酸的几种卵磷脂的混合物。在卵磷脂分子的脂肪酸中，常见的有软脂酸、硬脂酸、油酸、亚油酸、亚麻酸和花生四烯酸等。纯净的软磷脂为白色蜡状固体，在低温下可以结晶，易吸水变成黑色胶状物。不溶于丙酮，但溶于乙醚、乙醇，在水中呈胶状液，经酸或碱水解可得脂肪酸、磷酸甘油和胆碱。磷酸甘油在体外很难水解，但在生物体内可经酶促水解生成磷酸和甘油。由于磷酸酰胆碱有极性，易与水相结合形成极性端，而脂肪酸碳氢链为疏水端，因此，卵磷脂等其他几种磷脂是很好的天然乳化剂，在食品中具有重要作用。

2. 脑磷脂

脑磷脂是脑组织和神经组织中提取的磷脂，心、肝及其他组织中也含有脑磷脂，常与卵磷脂共同存在于组织中。脑磷脂至少有两种，已知的有氨基乙醇磷脂和丝氨酸磷脂。两种脑磷脂的结构和卵磷脂的结构相似，只是分别以氨基乙醇或丝氨酸代替胆碱的位置，以其羟基与磷酸脱水结合。脑磷脂的脂肪酸通常有四种，即软脂酸、硬脂酸、油酸及少量二十碳四烯酸。性质与卵磷脂相似，不溶于丙酮、乙醇，溶于乙醚，因此可与软磷脂分开。

3. 肌醇磷脂

肌醇磷脂是一类由磷脂酸与肌醇结合的脂质，结构与卵磷脂、脑磷脂相似，是由肌醇代替胆碱位置构成。肌醇磷脂除一磷酸肌醇磷脂外，还发现有二磷酸肌醇磷脂、三磷酸肌醇磷脂。肌醇磷脂存在于多种动植物组织中，心肌及肝脏含一磷酸肌醇磷脂，脑组织中含三磷酸肌醇磷脂较多。

4. 缩醛磷脂

缩醛磷脂的特点是经酸处理后产生一个长链脂性醛，它代替了典型的磷脂结构中的一个脂酰基。缩醛磷脂可水解，随水解程度的不同而产生不同的产物。它溶于热乙醇、氢氧化钾溶液，不溶于水，微溶于丙酮或石油醚。存在于脑组织及动脉血管中，有保护血管的作用。

5. 心肌磷脂

心肌磷脂是由两分子磷脂酸与一分子甘油结合而成的磷脂，故又称为二磷脂酰甘油或多甘油磷脂。心肌磷脂大量存在于心肌中，也存在于许多动物组织中。研究表明，心肌磷脂可能有助于线粒体膜的结构和蛋白质与细胞色素 C 的连接，是脂质中唯一具有抗原性的物质。

6. 神经氨基醇磷脂

神经氨基醇磷脂是神经醇、脂酸、磷酸与胆碱组成的脂质。它同甘油醇磷脂的差异是醇，即一个是甘油醇，一个是神经醇，且脂肪酸是与氨基相连的。神经氨基醇磷脂的种类不如甘油醇磷脂那么多，除分布于细胞膜的神经鞘磷脂外，生物体中可能还存在其他神经醇磷脂。神经醇磷脂由神经醇、脂酸、磷酸及胆碱组成。在神经磷脂中发现过的脂肪酸有 C_{16} 酸、C_{18} 酸、C_{24} 酸及 C_{24} 烯酸，随不同神经磷脂而异。神经磷脂为白色晶体，对光及空气都稳定。不溶于丙酮、乙醚，溶于热乙醇，在水中呈乳状，也有两性电解性质。

（二）磷脂的生理功能

磷脂是构成人和许多动植物组织的重要成分，对维持生物膜的生理活性和机体的正常代谢起关键作用，具有调节血脂、预防和改善心血管疾病、促进神经传导、健脑益智、促进脂肪代谢、防止脂肪肝、使体内润滑的作用，还可以起到防止老化、美化肌肤的作用。近年来，随着生命科学研究的进一步发展，磷脂的功能作用得到进一步的阐明和应用。由于磷脂安全性高、乳化性和生理活性较好，在食品中广泛应用。磷脂主要应用于糖果和人造奶油生产、脂质体饮料配制、特殊脂质营养物质的制取。磷脂应用在婴儿食品方面，可以补充脑发育最旺盛时期的必需营养物质，对促进神经细胞生长有很好的作用。磷脂还可作为医药乳化剂，制备脂质体，用于保肝药物、健脑及健身药物，用于缓解动脉粥样硬化症、高血压、高胆固醇血症、肝功能障碍、肥胖症等症状。在一些国家，卵磷脂已经成为很普及的营养食品。磷脂的生理作用主要体现在以下几个方面。

1. 调整生物膜的形态和功能

磷脂在生物膜中以双分子层排列构成膜的基质。双分子层每一个磷脂分子都可以自由横向移动，使双分子层具有流动性、柔韧性、高电阻性及对高极性分析的不通透性。生物膜是细胞表面的屏障，也是细胞内外环境进行物质交换的通道。许多酶系统与膜相合，在膜上发生一系列生物化学反应，膜的完整性受到破坏时将出现细胞功能上的紊乱。当生物膜受到自由基的攻击而损伤时，磷脂可重新修复被损伤的生物膜。

2. 促进神经传导，提高大脑活力

大脑约有 200 亿个神经细胞，各种神经细胞之间依靠乙酰胆碱来传递信息。乙酰胆碱由胆碱和醋酸反应生成。食物中的磷脂被机体消化吸收后释放出胆碱，随血液循环系统送至大脑，与醋酸结合生成乙酰胆碱。在大脑中乙酰胆碱含量增加时，大脑神经细胞之间的信息传递速度加快，记忆力功能得以增强，大脑的活力也明显提高。因此，磷脂和胆碱可促进大脑组织和神经系统的健康完善、提高记忆力、增强智力。

3. 促进脂肪代谢，防止脂肪肝

磷脂中的胆碱对脂肪有亲和力，可促进脂肪以磷脂形式有肝脏通过血液输送出去，或改善脂肪酸本身在肝脏中的利用，并防止脂肪在肝脏里的异常积聚。如果没有胆碱，脂肪积聚在肝中，出现脂肪肝，阻碍肝功能的正常发挥，同时发生急性出血性肾炎，使整个机体处于病态。

4. 降低血清胆固醇，改善血液循环，预防心血管疾病

随着年龄的增大，胆固醇在血管内沉积，引起动脉硬化，最终诱发心血管疾病的出现。磷脂，特别是卵磷脂，具有良好的乳化特性，能阻止胆固醇在血管内壁的沉积并清除部分沉积物，同时改善脂肪的吸收与利用。因此，磷脂具有预防心血管疾病的作用。磷脂的乳化性，能降低血液黏度，促进血液循环，改善血液供氧循环，延长红细胞生存时间并增强造血功能。补充磷脂后，血色素含量增加，贫血症状有所减少。磷脂还具有其他一些功效，如作为胆碱供给源改善神经机能、促进脂肪及脂溶性维生素的吸收、作为花生四烯酸供给源等。

（三）磷脂的来源

磷脂存在于所有动植物的细胞内。在植物中主要存在于种子、坚果及谷类中，在人类和其他动物体内，磷脂主要存在于脑、肾及肝等器官内。其中主要利用的磷脂来源于鸡蛋黄、大豆等。蛋黄磷脂中的卵磷脂含量较高，构成脂肪酸中的必需脂肪酸亚油酸、亚麻酸的含量较低；相对而言，大豆卵磷脂特征为卵磷脂含量较低，而必需脂肪酸含量较高。含这类必需脂肪酸的磷脂质与其生理活性具有较大的关系。因此，长期以来大豆中磷脂一直作为医药品及功能性食品应用。其他植物如玉米、棉籽、菜籽、花生、葵花籽中含有一定量的磷脂，近来也有不少的研究报道，只是由于含量相对较低，且在油料加工中规模不及大豆，因此作为副产物利用生产的磷脂产品就比较少见。

（四）磷脂的检测分析

磷脂具有重要的结构特性和功能特性。对其进行高效分析，有助于深入理解特定的磷脂如何在正常生理或疾病状态发挥作用，更能为磷脂的生物学特性和营养特性的深入研究提供技术平台。为了更好地对磷脂进行分析，应提前对样本中的磷脂成分进行提取分离。目前，提取磷脂的方法主要有液-液萃取法和固相萃取法。液-液萃取法得到的脂质，除磷脂外还混有中性酯和游离脂肪酸等，要获得纯的磷脂，还需对磷脂进行纯化，与其他脂质分离开来。相对于液-液萃取法，固相萃取法能特异性地萃取磷脂，且溶剂消耗量小，无疑是磷脂富集的好方法，尤其适用于小样品量磷脂的提取。磷脂的分离方法主要有薄层色谱法、固相萃取法和高效液相色谱法。薄层色谱法是最早用于磷脂分析的方法，其具有操作简单、样品处理量大、对样品纯度要求低等优点，目前仍广泛应用于磷脂的分析。固相萃取法不仅能提取、富集磷脂，更能高通量分离各类磷脂分子。尽管薄层色谱法和固相萃取法具有操作简单、仪器设备便宜易得等优势，但这两种方法通常只能分离磷脂分子类别，而无法实现各类磷脂中分子种属的分离。而高效液相色谱法不仅能分离磷脂分子类别，还能实现每类磷脂中分子种属的分离，三种方法各有利弊。

由于磷脂本身种类繁多，且不同生物来源中各磷脂分子的不饱和酰基链长短和不饱和度不同，理论上有超过1000种可鉴定的磷脂分子，因此定性和定量分析复杂混合物中的各类磷

脂分子有一定技术难度。色谱技术凭借其高效、快速的优势已广泛应用于磷脂的分离和分析，但是这些方法通常耗时，且实验步骤繁杂，而质谱技术或色谱与质谱联用技术能克服这些问题。因此，质谱技术或色谱与质谱联用技术在磷脂分析中的应用日益广泛和深入。当前，软电离技术和质谱技术的发展为磷脂的高效剖析提供了强有力的技术支撑。最常用的两种磷脂鉴定方法是直接进样质谱法和高效液相质谱法。

软电离技术如快原子轰击（fast atom bombardment，FAB）、基质辅助激光解吸电离（matrix-assisted laser desorption ionization，MALDI）和电喷雾电离（electrospray ionization，ESI）等的发展使得直接进样质谱技术得以实现。用 FAB 进行离子化时，样品需溶解在非挥发性液态基质中，由于基质的离子化的产生，使得其分析灵敏度受到限制，且其产生的碎片依旧很多。MALDI 最大的优点为分析速度快，然后其在定量分析上仍存在局限性，且对于复杂样品需进行初步分离然后分析。相比于 FAB 和 MALDI，ESI 最大的优势在于其性噪比高，从而具有高更高的灵敏度。因此，ESI 是目前分析磷脂最为常用的电离源。此外，高效液相色谱与 ESI-MS 联用，可实现特定磷脂分子种属的在线分析，且使用液相色谱分析磷脂得到的信息的详细程度是仅用质谱无法达到的。对于复杂样品，基质干扰往往会影响测定结果，而通过高效液相色谱分离可降低基质干扰。此外，对不同磷脂种类中的分子种属进行鉴定时，应用正相色谱或亲水作用色谱先将磷脂按类分离，能避免不同磷脂种类间可能存在的质量数重叠干扰。

三、脂肪替代物

（一）脂肪替代物产生的背景

脂肪作为食品中主要成分之一，在提供能量的同时，还能给予食品许多特性。在食品质感方面，能为饼干和休闲食品带来松脆性和柔软性，使焙烤食品变得更加松软，为沙司、佐料和冰淇淋提供奶油口感和润滑性；为肉类产品带来柔嫩的口感。脂肪也能防止食品的水分蒸发和延缓老化过程，帮助维持理想的产品质感，比如延长面包的保质期。除此之外，脂肪对食品风味也起着重要作用，携带及保留食品中的脂溶性香味成分有助于保存食品的风味。研究表明，高脂膳食与肥胖症、高血脂、脂肪肝、高血压、脑血栓等疾病及某些癌症发病率上升有着密切的关系。因此在很长时间里，对于膳食中脂肪作用的研究主要集中在过度膳食引起的危害方面，早在几十年前，人们已察觉到高脂膳食的潜在危害。当时，世界各地有超过 20 个国家和健康机构联合制定协议，要求降低人体的总脂肪和饱和脂肪摄入量，提倡低脂膳食，以降低癌症、冠状动脉疾病、中风、高血压、肥胖症和糖尿病等的发病率。经过多年的努力与推广，虽然这些建议为大多数国家所接受，但是人们的脂肪摄入量仍未下降到理想的水平，其主要有两个方面：一方面，人们很难改变其饮食习惯；另一方面，则基于脂肪对食品的质感与味道的重要作用。

随着人们对油脂类营养性质的深入了解，人们开始意识到摄入特定的油脂具有积极的作用。因为这些油脂含有许多人体生长、发育、健康及疾病预防所必需的营养因子。通过某些方法改变脂肪特性，生产具有天然脂肪部分或全部性质，但在人体内消化、分解释放能量比一般油脂少，且含具有保健功能的物质成为油脂深加工领域研究的热点。脂肪替代物及结构脂质的开发为油脂深加工领域带来了解决的办法。它们一方面能发挥脂肪的特性，另一方面又不会产生过多热量，使消费者能以较健康的方法继续维持其现有的膳食模式，深受食品界专业人士及消费者的欢迎，形成一个极具发展潜力的市场。

（二）脂肪替代物的分类

目前而言，脂肪替代物尚未有明确完整的学术定义。原则上，凡能在食品的加工过程中部分或全部替代油脂的使用，而且不能或较少影响油脂对食品的特性，以降低人体摄入后代谢所产生的热量为目的的物质都可以称为脂肪替代物。就市场上的产品而言，脂肪替代物的种类可分为两大类。一类是以油脂为基础成分进行改性所得到的类油脂产品或完全经过化学合成的酯类物质，可用来模拟油脂性能。类油脂产品的消化特性有两种：一种是完全不能被人体消化吸收，直接排出体外，热量值几乎为零的脂肪替代物，即不吸收型类油脂；另一种是能部分或全部被人体消化吸收的，但热量值较低的脂肪替代物，即部分或全部吸收型类油脂。另一类是以碳水化合物或蛋白质为基础成分，原料经过物理法处理，能以水状液体系的物理特性模拟出脂肪润滑细腻的口感特性，故被称为模拟脂肪，但缺点是与真实脂肪相比不耐高温。以碳水化合物为基础成分的脂肪替代物可分为全消化、部分消化和不消化三种，但单位代谢热量都小于等量油脂的热量。

1. 以蛋白质为基础的脂肪替代物

以蛋白质为基础的脂肪替代物的共同特点是微粒化，要形成稳定的大分子胶体分散体系，蛋白质颗粒的直径不得大于 $10\mu m$，这样的分散体系其口感特性类似于水包油乳化体系的特性，并且能够产生类似于油脂的奶油状及润滑细腻的口感特征。蛋白质微粒来源为蛋清或奶蛋白，尤其是乳清浓缩蛋白。微粒蛋白是将蛋白微粒制成显微大小的粒子，粒子间可能互相卷曲或分散，给人更为明显的油脂感。蛋白质具有疏水性和亲水性，必须经过变性后，才能进行微粒化。通常蛋白质经过湿热处理后，再微粒化，产生大量均匀的小颗粒来模拟油脂的口感和质地。这类脂肪替代物的缺点是会掩盖食品的某些风味，不宜用于深度油炸食品。

2. 以碳水化合物为基础的脂肪替代物

（1）微晶纤维　纤维素颗粒本身呈纤维状，纤维长度越长口感越粗糙，与油脂特性相差甚远。当纤维变短趋向球形，口感特性向油脂靠近。微粒化的微晶纤维素分散于水中，因强吸水而形成微结晶网络，从而形成球珠状胶体溶液，一定量的这种溶液可以替代水包油溶液，产生类似油脂的流变特性和口感，改善微晶纤维素的粒度或用量，可得到不同品种和途径的脂肪替代物。

（2）淀粉微粒　研究表明，淀粉颗粒小于 $3\mu m$ 时就具有与油脂一样的口感，天然淀粉中一些品种如芋头淀粉、荞麦淀粉颗粒很小，经过适当处理后就可以用作脂肪替代物，但这些淀粉资源有限，生产成本高，一般的淀粉颗粒较大。根据报道，将淀粉改性（如酸解、交联等）来提高产品的抗热性和稳定性，再进行微粒化处理来替代油脂，淀粉微粒直径一般为 $0.1\sim4\mu m$。

3. 改性淀粉与亲水胶体脂肪替代物

淀粉等多糖经酸解、酶解、糊精化等化学方法处理后，在水中形成的亲水胶体具有一定的润滑性、持水性和油脂样口感，从而使模拟的油脂具有良好的口感。刺槐豆胶、瓜尔胶、黄原胶、果胶、卡拉胶、海藻酸钠及明胶等亲水胶体在食品工业中也是常用的脂肪替代物。用萃取工艺从菊苣根中提取的菊粉，由于不能被人体消化吸收，是一种可溶性纤膳食纤维，不但能减少热量的吸收，也能帮助消化，此外，菊粉也可作为脂肪替代物。目前，不少欧洲国家允许菊粉作为食品中的脂肪替代物使用。

四、结构脂质

1. 结构脂质的定义

结构脂质，又称改性脂肪或重构脂肪，是指根据脂质在体内消化和代谢过程中所设计的一种特殊的脂肪，通过改变天然油脂中脂肪酸的组成和各种脂肪酸在甘油三酯中的位置，并将具有特殊营养或生理功能的脂肪酸结合到特定位置，以最大限度发挥各种脂肪酸的物理和功能性质。从广义上讲，结构脂质是指所有经过重组的天然油脂，包括脂肪酸在甘油三酯中位置的改变和天然油脂中脂肪酸组成的变化。简单地讲，结构脂质就是天然油脂的改性产品，但它仍具有天然油脂的风味和物理性能。

2. 结构脂质的特性

结构脂质具有天然油脂的物理性能，并对人体具有特殊的生理功能和营养价值而越来越受到人们的关注。结构脂质主要是将中链脂肪酸或短链脂肪酸中的一种或两者，与长链脂肪酸一起与甘油结合所形成的新型脂质。但结构脂质不同于长链甘油三酯与中链甘油三酯的简单混合物，其是将各种脂肪酸平衡组合达到提供理想、方便合理的营养脂质目的，可将用于防治特殊疾病或具有特殊生理功能的脂肪酸结合到甘油三酯的合适位置。结构脂质与中链甘油三酯和长链甘油三酯的物理混合物相比，毒性较小，且引起酸液过多症的可能性更小。

开发结构脂质的目的是优化甘油三酯的脂肪酸组成和位置排布。结构脂质的脂肪酸组成、脂肪酸种类及其在甘油碳骨架上的位置与起始原料都不同，组成和结构上的变化使得结构脂质在物理性质、化学性质和生理作用上有显著变化。作为食品或食品的组成部分，其不仅能改善产品的性质，还具有营养保健作用；作为疗效食品，它具有潜在的防治特定疾病的作用。

（1）结构脂质更易消化吸收。在体内消化过程中，从结构脂质释放出来的中或短链脂肪酸，可迅速代谢，而长链脂肪酸则直接以单酰甘油酯的形式被吸收。因此，可充分利用 sn-2 位的碱基甘油酯来改善长链必需脂肪酸的吸收。结构脂质可被舌、胃和胰脂肪酶迅速水解成短链脂肪酸或 MCFA 和 sn-2 位的单酰甘油酯，然后被黏膜细胞迅速吸收。

（2）结构脂质能调节免疫功能、改善氧化还原平衡和降低血脂。对于胰脏功能不全的病人，结构脂质可作为营养物以提供长链脂肪酸和中链脂肪酸所具有的最合乎需求的特性。囊肿性纤维化患者在使用含长链脂肪酸和中链脂肪酸结构之后，可观察到亚油酸吸收得到明显增强。

（3）由短链脂肪酸和长链脂肪酸组成，且短链脂肪酸分布在 1，3 位的结构脂质具有低热量，可以为特定的人群提供选择性的营养素。短链脂肪酸易挥发、分子质量小、水中溶解度高、脂肪酸链短，在胃中吸收速度比中链脂肪酸快，人们常把短链脂肪酸作为小肠黏膜细胞的能源。

（4）由特殊脂肪酸组成的结构脂质具有抗癌性。研究表明，该结构脂质能明显抑制肿瘤生长，很好地维持消除体重和氮平衡。这可能是因为中链脂肪酸是非致癌脂肪酸，可以降低癌症发生的概率；且鱼油中的 PUFA 因其在结构上更利于吸收，在体内抑制了花生四烯酸对抗体和淋巴免疫功能的影响，从而抑制了肿瘤生长。此外，结构脂质的优良性能促进其研究工作的迅速发展，现在国外已经有不少商业化的结构脂质。

第三节　脂类中的伴随物

人们日常食用的菜籽油、大豆油、猪油等动植物油脂，以脂肪为主要成分，也含少量脂肪伴随物。所谓脂肪伴随物，是指在制油过程中伴随着脂肪一起从油料细胞中萃取出来的非三酰甘油成分，包括类脂类和非类脂类，主要是类脂类，占油脂的 2% ~ 5%。脂肪伴随物与人体健康的关系十分密切，不同品种油脂中脂肪伴随物的种类和含量差别可能很大，由此决定了各种油脂具有不同的营养价值和健康功能。脂肪伴随物通常包括植物甾醇、维生素 E、角鲨烯、多酚类化合物、谷维素等，大量研究表明，这些脂肪伴随物具有降血脂、降低胆固醇、抗氧化、抗炎、抗肿瘤等生理功效。

一、植物甾醇

植物甾醇是植物油中的一种重要的微量伴随物，它是一类以环戊烷多氢菲（又称甾核）为骨架的甾体化合物，在自然界中分布广泛，存在于植物的根、茎、叶、果实和种子中，在油菜籽、植物油和坚果中含量丰富。植物甾醇通常以游离态和酯结合形式存在于植物油脂中。其中含量最高的为 4-无甲基甾醇，包括菜籽甾醇、豆甾醇、菜油甾醇和 β-谷甾醇，这些甾醇组分通常占植物油甾醇含量的 50% ~ 97%。

1999 年，美国食品药品监督管理局批准植物甾醇及其酯使用，并声称"每天至少服用 1.3g 植物甾醇酯，配合低胆固醇和低饱和脂肪酸饮食的摄入，可能降低患心脏病的危险"。2010 年我国正式批准植物甾醇及其酯在食品中添加。植物甾醇是植物在生长过程中产生的一种次级代谢产物，生理功能和结构与胆固醇相似，具有减少胆固醇吸收、抗氧化、防癌抗癌、强皮肤渗透性、抗炎症、增强免疫力等作用，对心血管疾病、前列腺疾病、癌症等慢性疾病具有很好的防治效果，受到国内外学者的广泛关注。

1. 降胆固醇作用

植物甾醇因结构与胆固醇相似，微绒毛膜吸收胆固醇时与胆固醇存在竞争，因此能够减少胆固醇的吸收，具有抑制人体对胆固醇的吸收、促进胆固醇的降解代谢、抑制胆固醇的生化合成等作用，可作为调节高胆固醇症、减轻动脉粥样硬化及防治前列腺疾病的药物，还可作为胆结石形成的阻止剂。此外，游离态甾醇和结合态甾醇具有不同的活性。有研究证明，结合态甾醇更易与油脂相溶，从而表现出更好的降胆固醇效果。

植物甾醇的降胆固醇作用机理表现在三个方面：促进胆固醇的异化、抑制胆固醇在肝脏内的生物合成、抑制胆固醇在肠道内的吸收。有学者认为植物甾醇在肠道内阻止胆固醇的吸收是最主要的方式。其可能的原因如下：首先是结构相似导致二者在微绒毛膜吸收过程中有竞争性，以及植物甾醇在肠黏膜上与脂蛋白、糖蛋白结合有优先性；其次是阻碍小肠上皮细胞内胆固醇酯化，抑制对乳糜微粒的吸收，进而抑制向淋巴输出；最后是在小肠内腔阻碍胆固醇溶于胆汁酸微胶囊。

2. 抗氧化活性

植物甾醇具有抗氧化活性，其机理推测是在油脂表面被氧化的同时，植物甾醇分子提供氢原子以阻止氧化反应的链增长。

在生命科学领域和医学领域备受关注的脂质体研究中，都是采用胆固醇为基体，而近来用谷甾醇等植物甾醇代替胆固醇，不仅减小了胆固醇摄入对健康的不利风险，而且由于谷甾醇易于透过细胞膜，大大提高了其生物活性。

3. 防癌抗癌作用

植物甾醇具有阻断致癌物诱发癌细胞形成的功能，对防治溃疡、皮肤鳞癌、宫颈癌等有明显的效果。有研究表明，植物甾醇的摄入量与肺癌发生率之间呈负相关关系，植物甾醇对乳腺癌也有一定的抗性。

4. 强皮肤渗透性

植物甾醇对皮肤具有很高的渗透性，可以保持皮肤表面水分，促进皮肤新陈代谢，防止日晒红斑、皮肤老化，还有生发、养发的功效。此外，植物甾醇同时具有四环稠环骨架疏水区域和羟基极性区域，能够在油水界面聚集，表现出高度的表面活性。作为乳液的乳化剂应用于膏霜、洗发护发剂的生产，具有使用感好（铺展性好、滑爽不黏）、耐久性好、不易变质等特点。

5. 抗炎症作用

植物甾醇有类似于氢化可的松的消炎作用和阿司匹林的解热镇痛作用，可应用于消炎镇痛药。在生物体内，甾体激素起着保持机体内环境稳定、控制糖原和矿物质的代谢、调节应激反应等作用。

二、维生素 E（生育酚）

维生素 E 是各种生育酚的统称，包括生育酚和生育三烯酚。天然生育酚主要有 4 种异构体，即 α-生育酚、β-生育酚、γ-生育酚、δ-生育酚及相应的 4 种生育三烯酚。其中 α-生育酚是自然界分布最为广泛且生物活性最高的一类生育酚，β-生育酚、γ-生育酚和 δ-生育酚的活性依次减弱。

人体从外界摄入维生素 E 的主要来源之一是植物油，同时维生素 E 作为植物油的伴随物之一，其含量不仅体现了植物油的营养价值，而且对油的氧化稳定性存在一定的影响。小麦胚芽油、玉米胚芽油、棉籽油、花生油和芝麻油等植物油中的维生素 E 含量较高，是人体维生素 E 的重要食物来源。不同基因型或不同产地的油料作物中生育酚的组成和含量存在较大差异，因此生育酚的组成和含量通常也是衡量植物油品质的一个重要指标。

1. 抗氧化作用

生育酚是一类重要的天然抗氧化剂，对机体内各种生物膜具有强大的保护作用。维生素 E 是脂溶性维生素，主要分布于各生物膜脂质环境中，包括脾脏、骨髓、肝脏、心脏、肺等绝大多数细胞的细胞核、线粒体、微粒体、溶酶体等膜中，这些膜需要较多氧，产生活性氧概率也高。而 PUFA 正是这类生物膜的主要成分，并因由氧化作用而造成膜损伤。维生素 E 主要与生物膜中活性氧直接发生反应，以消除由活性氧所导致的脂质自由基（L·、LOO·、LO·等），并使连锁反应停止。

维生素 E 的抗氧化功能可对脂蛋白和血管起保护作用。低密度脂蛋白（LDL）含有大量亚油酸和花生四烯酸等不饱和脂肪酸，这些成分极易氧化变性成为过氧化物，氧化 LDL 不能再结合到 LDL 受体上，反而与巨噬细胞清除受体相结合，并形成泡沫细胞，这是导致动脉粥样硬化的主要原因，尤其当维生素 E 缺乏时，在动脉壁上就会蓄积过多过氧化脂质，而甘油三酯合成酶、胆固醇酯酶和脂酶等与脂质代谢有关的酶活性却显著低下。在这种条件下，随着胆固醇酯分解下降，过氧化脂质就会过多蓄积于血管内壁，刺激单核细胞分化成巨噬细胞，进而吞噬氧化 LDL（oxidized low-density lipoprotein，OXLDL）并分解吸收而形成膨大泡沫细胞，最终成为蜡样物质而沉积于血管内壁上，导致动脉粥样硬化。

当维生素 E 缺乏时，血小板凝集活性亢进，促进具有凝血功能的血栓素 A_2（thromboxane，TXA2）形成，同时血小板凝集抑制因子环前列腺素（prostag landin-i-z，PGI2）发生游离，抑制正常状态下凝集平衡。而若维生素 E 加入，可使 PGI2 增加，从而能保持正常血小板凝集活性和血管功能。

在食品加工中维生素 E 可用作油脂的抗氧化剂而有助于油脂的保存。

2. 预防心血管疾病作用

不同形式的维生素 E 具有不同的生物活性作用。α-生育酚通过参与功能信号转导、基因表达调控及抗低温胁迫等多种代谢途径，可提高动物和人体的免疫力、维持正常的生殖功能、清除自由基、抑制不饱和脂肪酸酸败及为植物叶绿体提供光合作用。γ-生育酚可缓解中度结肠炎，并抑制中度结肠炎诱发的结肠癌，但也有报道 γ-生育酚和 δ-生育酚的混合物对偶氮甲烷诱导的结肠癌的发生无明显影响，α-生育酚对结肠癌也无影响。γ-生育酚主要通过促进肿瘤细胞凋亡及抑制肿瘤细胞增殖等使其具有良好的抗肿瘤效果。生育三烯酚作为维生素 E 存在的另一类形式，具有抗炎、抗癌和神经保护等作用，具有抗不育、抑制胆固醇合成及肿瘤细胞生长，改善动脉粥样硬化及预防心血管疾病等生理功效。

3. 保持血红细胞的完整性

老化红细胞所含花生四烯比正常红细胞明显减少，SOD、CAT 和 GSH-Px 等活性低下，且由于老化损伤性氧化作用而在其细胞膜上产生氢过氧化物及降解产物丙二醛（malondialdehyde，MDA），这些表面氧化物经血浆免疫球蛋白 IgG 识别后，由巨噬细胞吞噬消化。维生素 E 一方面可阻断红细胞老化损伤性氧化作用，以保护红细胞表面不出现老化抗原；另一方面对已发生老化抗原，维生素 E 可提高 IgG 对变异红细胞识别能力和黏附作用，以促使巨噬细胞吞噬作用，从而保护红细胞的完整性，减低红细胞脆性，防止溶血。

4. 促进生育

生育酚又称产妊酚，有很强的生物活性，动物若缺乏其生育能力将严重下降。生育酚能促进性激素分泌，使男性精子活力和数量增加，提高女性雌性激素水平，预防流产。动物试验发现维生素 E 与性器官的成熟及胚胎的发育有关，临床上用以治疗习惯性流产和先兆流产。但食物中维生素 E 的来源比较充裕，人类尚未发现因维生素 E 缺乏而引起不育的。

5. 抑制癌变作用

由不饱和脂肪酸氧化而产生各种脂质过氧化物能致癌。维生素 E 对胃癌、子宫癌、乳腺癌、肺癌、咽喉癌均有积极防治效果，其机制可能是：①阻断亚硝胺形成；②保护 DNA 分子；③增强免疫功能；④对肿瘤细胞具有生长抑制和调节分化作用；⑤对肿瘤细胞具有调节与细胞周期相关基因表达能力，并有诱导细胞凋亡作用。

研究表明，维生素 E 可通过清除自由基来改善脑缺血，预防和延缓脑细胞衰老死亡；可用于改善血液循环，预防近视眼发生和发展，防治毛细血管出血和更年期综合征的作用；此外，还具有抗衰老、增加机体免疫力、缓解神经肌肉病症、预防冠心病、缓解炎症、解毒等生理功能。

三、角鲨烯

角鲨烯，又名鲨烯、鲨萜，化学名称为 2,6,10,15,19,23-六甲基-2,6,10,14,18,22-二十四碳六烯，是一种高度不饱和的直链三萜类化合物。最早被发现于深海鲨鱼肝油中，例如深海的小刺鼻鲨，它的肝油内含 49%～89% 的角鲨烯。铠鲨的肝油中含 40%～74% 的角鲨烯。随着研究的深入，发现角鲨烯也广泛分布于各类植物中，但含量较低。植物油中以橄榄油中的角鲨烯含量居高，一般为 0.1%～1.2%，花生油、山茶油中的角鲨烯含量可以达到 20～100mg/kg，芝麻油、亚麻籽油中的角鲨烯含量仅达 14～25mg/kg，其他油脂也含少量的角鲨烯。

1. 增强新陈代谢

角鲨烯属不饱和烃类，易结合氧原子，并随血液循环将氧气携带至各个组织、器官后释放，供组织、器官利用。角鲨烯的这一功能可提高机体的耐缺氧能力，并能改善全身血液循环，以供给机体富有新鲜氧气的血液，使氧气需求量最大的大脑、心脏发挥正常功能。角鲨烯还可以强化肝功能，促进胆汁分泌，起到增进食欲、加速消除因缺氧所致的各种疾病的作用。研究表明，角鲨烯是一种烷氧基甘油的前驱体，这种烷氧基甘油具有很强的"夺氧作用"，使血液内含有充足的氧气供生命活动所需。

2. 预防心血管疾病

角鲨烯在人体内参与胆固醇的生物合成等多种生化反应。同位素标记角鲨烯的动物试验证明，角鲨烯可在肠道内被迅速吸收，并沉积于肝脏和体脂中。角鲨烯能与载体蛋白和 7α-羟基-4-胆甾烯结合，显著增加 12α-羟化酶的活性，从而促进胆固醇的转化，并能提高血清铜蓝蛋白与转铁蛋白以及 SOD 与 LDH 的活性。

角鲨烯可降低血液中胆固醇和甘油三酯含量，强化某些降胆固醇药物的药效，此外还可抑制血清胆固醇浓度，降低脂蛋白浓度，加速胆固醇从粪便中排泄，延缓动脉粥样硬化的形成。角鲨烯还可以增加 HDL 和携氧细胞体的含量，促进血液循环，防治因血液循环不良而引起的心脏病、高血压、低血压及中风等疾病，对冠心病、心肌炎、心肌梗死等有显著缓解作用。

3. 抗感染作用

角鲨烯具有渗透、扩散等作用，对白癣菌、大肠杆菌、痢疾杆菌、绿脓杆菌、溶血性链球菌及念珠菌等有抑制和杀灭作用，可预防细菌引起的上呼吸道感染、皮肤病、耳鼻喉炎等，还可防治湿疹、烫伤、放射性皮肤溃疡及口疮等。

4. 提高机体免疫、防御及应激能力

角鲨烯是合成肾上腺皮质激素等类固醇类物质的原料，而类固醇类激素在体内具有调节免疫、防御及应激能力等功效。因此，服用深海鲨肝油不仅可以预防感冒、改善体质，还可以缓解因免疫调节功能失常所致的风湿性关节炎、慢性肾炎等症状。

5. 抗氧化作用

角鲨烯的化学结构与维生素 E 相似，含有多个双键，可以与自由基等过氧化类物质结合，中和这些物质的过氧化作用，可预防、改善机体因过氧化物质引起的动脉硬化、脏器及组织器官的老化、血行不畅、老年斑、皱纹、皮肤松弛等现象，从而起到保健功效。

角鲨烯的抗氧化作用还体现在含有较高角鲨烯含量的橄榄油和米糠油，拥有较好的贮存

稳定性，但角鲨烯被氧化后的产物却有促氧化作用。

6. 浸透作用

人的皮肤分泌物皮脂中因含固醇和角鲨烯而能够维持皮肤的柔软性、滑润性，每人每天分泌的角鲨烯为125~475mg，其中尤以头皮脂中含量最高。角鲨烯对皮下脂肪等脂类成分具有亲和性，可以浸透到皮肤的深层。利用角鲨烯的这一特性，外用药与角鲨烯并用可提高药物的浸透性，使得外用药能够被皮肤充分吸收，药效得以充分发挥。

护肤品中含有的角鲨烯可以吸收紫外光生成过氧化物，从而保护皮肤免受紫外光的伤害。以角鲨烯为原料配制而成的头发护理剂有去头屑、防脱发和促进头发生长的功效。在牙膏中加入少量的角鲨烯，减轻了牙膏中薄荷油等香料对口腔皮肤的伤害。

7. 抗肿瘤作用

角鲨烯可以抑制肿瘤细胞的生长，并增强机体的免疫力，增强对肿瘤的抵抗力；也能抑制致癌物亚硝胺的生成，从而起到抗肿瘤作用；还可以起到一定的解毒作用。有研究表明，角鲨烯对人体和动物体有解毒作用，可移除组织中的脂溶性毒素，如二噁英、多氯苯、二氯二苯三氯乙烷（dichlorodiphenyl trichloroethane，DDT）和杀虫剂等农药残留成分。

四、植物多酚

植物多酚是多羟基酚类化合物的总称，基本结构单体是酚环，至少含一个酚羟基。根据结构不同，将植物多酚分为两大类：一类是类黄酮，包括黄酮类、黄酮醇类、异黄酮类、查尔酮类等；另一类是非类黄酮，包括芪类、单宁、酚酸类等。目前已鉴定的多酚类物质多达8000多种，其多元酚类结构赋予了它独特的生物活性，包括抗氧化、抗炎、抑制癌细胞增殖、降血脂、调节肠道菌群、提高线粒体功能及预防代谢综合征等功能，被广泛应用于医药、食品、化妆品等各个领域。在植物油中，多酚类物质的存在不仅可以提高油脂的氧化稳定性，延长储藏期，还可以改善油脂的色泽、风味等感官特性。

表4-1是不同植物油中总酚的含量，其差异在一定程度上造成了植物油抗氧化能力的不同。酚类的含量和种类与油料的成熟程度、品种、贮存条件和运输环境有着密切关系。不同植物油中的特征酚类物质种类也不同。

表4-1　　　　　　　　　　　不同植物油中总酚的含量

植物油	总酚含量/（mg/kg）	植物油	总酚含量/（mg/kg）
花生油	23.08~79.49	火麻仁油	3432.28±2.21
大豆油	27.27~116.80	油茶籽油	10.01~69.55
亚麻籽油	13.22~106.35	橄榄油	59.06~337.31
葡萄籽油	23.15~418.56	核桃油	6.68~109.52

花生油特征酚类物质是白藜芦醇。近年来的研究表明，白藜芦醇具有抗肿瘤、抗氧化、抗自由基、保护肝脏、保护心血管系统、抑制某些癌细胞的生长和增殖等功能。此外，白藜芦醇具有免疫调节、抗病毒、抗细菌及真菌、抗变态反应、辐射防护等药用价值。研究发现，白藜芦醇对防治衰老相关的氧化胁迫具有很好的效果。除了上述生理功能外，白藜芦醇还具

有神经保护作用、抗炎、镇咳平喘、改善微循环和对休克的防治作用等。因此，研究和提取油料植物中的白藜芦醇具有十分重要的意义。

在大豆油中的特征酚类物质是大豆异黄酮，而其他食用植物油中不含大豆异黄酮或者不同时含有大豆异黄酮和大豆异黄酮类化合物。利用大豆异黄酮类化合物的组成及含量关系可以有效鉴别大豆油掺杂问题，将不同植物油区分开。大豆异黄酮因与雌激素具有类似的结构，因此被称为植物雌激素。现代药理研究表明，大豆异黄酮及其单体具有较强的抗氧化和抗真菌活性，具有预防心血管疾病、预防癌症、防治骨质疏松和缓解妇女更年期综合征、美容等多种功效。大豆异黄酮生物转化产物还能够对人体起到多种调节作用，使细胞免受氧化应激损伤。

此外，橄榄油中的特征酚类物质如酪醇、羟基酪醇和橄榄苦苷等，也被报道具有降低脂质过氧化损伤、抗辐射等作用。

五、谷维素

谷维素系阿魏酸与植物甾醇相结合的酯。它可以从米糠油、胚芽油等谷物油脂中提取，为白色至类白色结晶粉末，有特殊香味。在我国，谷维素一直被作为医药品使用。而在日本，人们将谷维素应用于食品，已有近30年的历史。谷维素主要存在于毛糠油及其油脚料中，米糠层中谷维素的含量为0.3%～0.5%。米糠在加温压榨时谷维素溶于油中，一般毛糠油中谷维素的含量为2%～3%，其含量随稻谷种植的气候条件、稻谷品种及米糠取油的工艺条件不同而不同，寒带稻谷的米糠含谷维素量高于热带稻谷；高温压榨和溶剂浸出取油，毛油中谷维素的含量比低温压榨高。在诸多植物油料中，如玉米胚芽油、小麦胚芽油、稞麦糠油、菜籽油等，以毛糠油谷维素含量最高，所以谷维素大都是从毛糠油中提取。

1. 辅助降血脂作用

谷维素的生物功效主要是辅助降血脂，体现在以下几个方面：①降低血清总胆固醇、甘油三酯含量；②降低肝脏脂质；③降低血清过氧化脂质；④阻碍胆固醇在动脉壁沉积；⑤抑制胆固醇在消化道内吸收。

2. 抗脂质氧化作用

大鼠经口摄取谷维素剂量分为0.1g/kg，其脂质过氧化值比对照组下降约20%，抗氧化作用明显。

3. 改善神经功能失调

谷维素可改善自主神经功能失调，改善内分泌平衡障碍及精神神经失调，因此对神经衰弱症患者具有一定的调节作用；同时能稳定情绪、减轻焦虑及紧张状态，并改善睡眠；此外，谷维素还常用于经前期综合征、更年期综合征的防治。

六、芝麻酚

我国自古就有食用芝麻和芝麻油的习惯，这不仅是因为其独特的芳香风味，更因其具有很强的保健功能，中药大辞典记载芝麻具有"补肝肾，润五脏；增气力、活力和筋力、消炎、止痛、生发"等效用。研究表明，芝麻之所以具有这些独特的生理功能，是因为其含有0.5%～1.0%的芝麻酚、芝麻素等化合物。

芝麻酚，学名为3,4-亚甲二氧基苯酚，是芝麻油中存在的一种天然酚类化合物。芝麻酚的来源有两种，一种是在芝麻种子萌发过程中逐渐积累的。另一种是通过芝麻林素转化而来。芝麻在用于加工芝麻油时要经过焙炒，随着焙炒时间和温度的增加，芝麻油中芝麻林素减少，芝麻酚含量逐渐增加。芝麻油在精炼过程中，碱炼、水洗和脱臭等工艺会降低芝麻酚的含量。

芝麻酚具有很强的抑菌和抗氧化活性，同时它还是重要的药物合成中间体，用于合成治疗高血压、肿瘤、冠心病、老年忧郁症等药物和除虫菊脂类农药增效剂。研究表明，芝麻酚的药理活性主要表现在细胞毒性和抗肿瘤、抗辐射、抗突变、抗炎、抑制黑色素、镇痛、益智、保护心血管等，其药理作用大多归因于芝麻酚的清除自由基、抗氧化活性。

1. 细胞毒性和抗肿瘤作用

合成芝麻酚对小白鼠的半数致死量（LD_{50}）远低于 2, 6-二叔丁基-4-甲基苯酚（BHT）和叔丁基-4-羟基茴香醚（BHA）。也有研究表明，芝麻酚的三聚体和四聚体对非增生性细胞如小鼠胸腺细胞和增殖性癌细胞如人红白血病 K562 细胞均表现出一定的毒性。

2. 抗氧化作用

芝麻酚具有清除羟自由基、超氧自由基、一氧化氮、ABTS·及 DPPH·自由基的能力。利用改良邻苯三酚自氧化法测定芝麻酚清除超氧阴离子自由基的能力，发现其清除效率高于二丁基羟基甲苯。也有研究表明，芝麻酚在茶油中的抗氧化性与二丁基羟基甲苯相当。研究结果显示，合成芝麻酚和天然芝麻酚的抗氧化能力相当。另外，芝麻酚能够明显抑制由甲基对硫磷引起的脂质过氧化。

3. 抗辐射作用

芝麻酚对由 γ-射线引起的 DNA 损伤具有保护的功能。实验表明，芝麻素酚能有效降低由于 γ-射线引起的小鼠淋巴细胞的尾 DNA、尾长、尾距的增大，对 γ-射线引起的损伤具有明显修复作用，并帮助小鼠保持体重及降低死亡率。此外，芝麻酚能够明显减少 γ-射线照射空肠时引起的死亡、炎症、有丝分裂及杯状细胞，同时能够增加隐窝细胞、保持绒毛高度以及预防黏膜糜烂。经芝麻酚处理后的小鼠，分泌薄壁细胞的细胞核增大程度降低，由于辐射诱导的内生抗氧化酶减少而导致脂质过氧化增加的现象也同样减少。淋巴细胞对辐射的损伤非常敏感，芝麻酚能够保护受到紫外线照射的淋巴细胞。

4. 抗突变作用

芝麻酚对 Ames 实验菌株表现出很强的抗突变能力。鼠伤寒沙门氏菌 TA102 对氧自由基敏感，芝麻酚主要通过清除如叔丁基氢过氧化物或 H_2O_2 产生的氧自由基达到抗突变的作用。另外，芝麻酚对叠氮化钠致鼠伤寒沙门氏菌 TA100 突变也有抑制作用。

5. 抗炎作用

小鼠饲喂含有芝麻酚的红花子油，其肝脏中二高-γ-亚麻酸的水平显著高于对照组，说明芝麻酚或其代谢物能够抑制体内 ω-6 多不饱和脂肪酸（ω-6 polyunsaturated fatty acid，ω-6 PUFA）$\Delta5$-脱氢化。此外，芝麻酚能够显著降低前列腺素（PGE2）的水平，并伴随白介素-6（IL-6）浓度的降低。PGE2 的降低说明芝麻酚或其代谢物抑制了环氧合酶的活性，因此使得炎症中间体形成更少。

芝麻酚对由系统性脂多糖引起的肺部炎症有缓和作用，能够降低肺部水肿和损伤，减少由脂多糖引起的支气管肺泡灌洗液中的细胞数、蛋白浓度、肿瘤坏死因子-α（tumor necrosis factor，TNF-α）和亚硝酸盐水平，降低肺组织中的 TNF-α、亚硝酸盐和可诱导的一氧化氮合酶（nitricoxidesynthase，NOS）的表达，并且抑制脂多糖引起的原发性肺泡巨噬细胞中 TNF-α、亚硝酸盐、可诱导 NOS 的表达及核因子 κB 的激活水平。

6. 抑制黑色素合成

芝麻酚对黑色素代谢途径中的限速酶—酪氨酸酶具有抑制作用。芝麻酚对小鼠黑色素瘤 B16F10 细胞黑色素合成的抑制呈现剂量关系，当其浓度为 100mg/mL 时，黑色素降低 63%。芝麻酚对二酚酶和单酚酶的抑制浓度分别为 $1.9\mu mol/L$ 和 $3.2\mu mol/L$，且对二酚酶表现出竞争抑制，而对单酚酶为非竞争抑制。芝麻酚对单酚酶来说是"自杀性底物"。酪氨酸酶单酚酶能够将芝麻酚转化为稳定的芝麻酚醌类物质，并与酪氨酸酶结合。芝麻酚与酪氨酸酶二酚酶底物结合位点有着很强的亲和性。芝麻酚与酪氨酸酶结合并形成复合物，使二酚酶活性不可逆性丧失。

第四节　功能性脂类的制备方法及应用

一、多不饱和脂肪酸

（一）富含多不饱和脂肪酸鱼油的制备

鱼油的提取方法主要有物理法（压榨法、蒸煮法、超声波辅助法、超临界流体萃取法）、化学法（稀碱水解法、溶剂浸出法）和生物法（酶解法）。

1. 压榨法

压榨法是一种较为传统的提取方法，通过将原料进行挤压来提取油脂。压榨法分为普通压榨和低温压榨两种，普通压榨有很高的出油率，但是被压榨后的蛋白质很难进行二次利用，原因是高强度的挤压使蛋白质发生变性，造成了资源的浪费。冷榨法可压榨出油脂伴随物含量高、色泽好的油，但是相较于普通压榨法具有出油率低、残渣含油量高等缺点。

2. 蒸煮法

蒸煮法是一种以加热的方式破坏细胞结构，从而使鱼油分离出来的传统提取方法。其原理简单、操作方便，但由于提取率低，提取温度较高，现已很少采用。

3. 超声波辅助法

超声波是一种高频机械振荡波，超声波辅助提取通过机械效应、空化作用和热效应快速地溶解在试剂中，具有提取效率高、节约能耗、环保等优点。研究者利用超声波辅助提取三文鱼油，在液料比 $3:1$（mL∶g）、温度 65℃、超声功率 250 W、超声时间 10min 条件下，提油率达到 92.6%。

4. 超临界流体萃取法

超临界流体萃取法是将流体作为萃取剂在超临界状态下萃取油脂的分离技术，其具有提取率高、品质优良、无溶剂残留、萃取精确易控、快速简便和不改变萃取物性质等优点，但对设备要求高，前期投入较大。

5. 稀碱水解法

稀碱水解法是通过稀碱水溶液分解蛋白质组织，破坏蛋白质和油脂的结合提取鱼油，通常使用的碱为氢氧化钠和氢氧化钾，并用氯化钠进行盐析。其具有操作简单、价格低廉、提油率较高等优点，但水解后的废弃物会对环境造成污染。

6. 溶剂浸出法

溶剂浸出法是油脂提取的传统方法之一，其原理是根据油脂在不同溶剂中的溶解度不同来进行提取，常用的有机溶剂有氯仿、乙醇、石油醚等。该方法相较于压榨法则具有规模化生产、出油率高和蛋白质不变性的优点，缺点是油中有溶剂残留且有效萃取率不高，鱼油易被氧化。

7. 酶解法

酶解法利用蛋白酶水解蛋白质的作用，破坏蛋白质和脂肪的结合，从而释放出鱼油，是目前普遍采用的一种鱼油提取方式，具有反应条件温和、提取效率高、环保等特点。比较常用的蛋白酶有碱性蛋白酶、木瓜蛋白酶、中性蛋白酶和胰蛋白酶等。

将几种方法结合到一起的复合提取法，可以集中单一提取方法的优势。

（二）多不饱和脂肪酸的制备

目前分离提纯富集多不饱和脂肪酸（PUFA）的方法有溶剂低温结晶法、尿素包合法、分子蒸馏法、超临界流体萃取、银离子络合法色谱分离法、酶法、发酵法。在实际应用中，通常将两种或多种方法结合使用。

1. 低温结晶法

低温结晶法富集 PUFA 是利用各脂肪酸在有机溶剂中的凝固点和溶解度不同，通过调节温度达到分离效果。随着结晶温度的降低，饱和脂肪酸和单不饱和脂肪酸在有机溶剂中的溶解度降低，而慢慢地结晶出来，从而使其在所得脂肪酸中的含量降低，而 PUFA 的含量提高。工业上常用的低温钠盐结晶法制备 PUFA 的工艺流程如图 4-1 所示。在低温环境下，不饱和脂肪酸不易被氧化，具有操作简单、安全的特点。但用此种方法分离，需要使用大量有机溶剂且溶剂回收成本高，存在分离效果差和分离程度不高等问题。

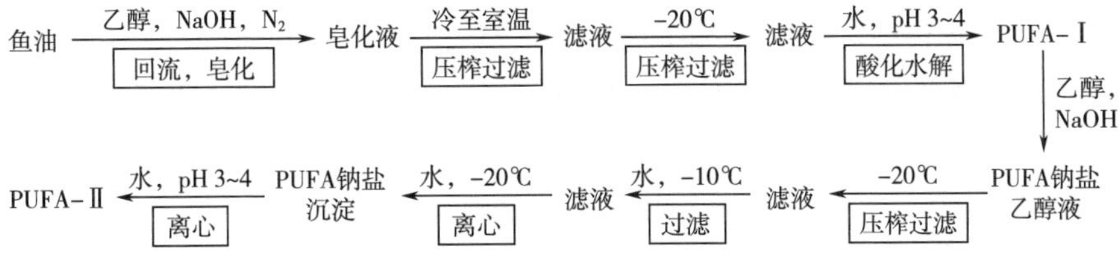

图 4-1 低温钠盐结晶法制备 PUFA 工艺流程

2. 尿素包合法

尿素包合法是一种根据脂肪酸的分子结构有效富集 PUFA 的方法。链长为 6 碳及以上的直链饱和脂肪酸容易与尿素形成包合物，而 PUFA 由于分子内存在双键、碳链弯曲、增加了体积，不易进入尿素分子内部，难以形成尿素包合物，保留在溶液当中。利用这一原理，可以将直链饱和脂肪酸与不饱和脂肪酸分离。此外，尿素包合形成的结晶非常稳定，不需要在较低温度下即可进行过滤分离，除去尿素包合物，即可得到较高纯度的 PUFA。通常采用多次尿素包和，富集后的 DHA 和 EPA 含量高达 80% 以上。尿素包合法制备 PUFA 的工艺流程如图 4-2 所示，该方法操作简单，所用溶剂价格低，整体生产成本较低，适合规模生产。缺点是难以将双键数相同或相近的 PUFA 分开，消耗大量溶剂，产生大量的废液，且废液难处理。

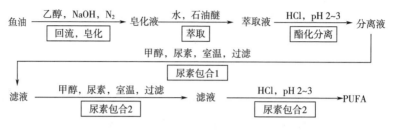

图 4-2　尿素包合法制备 PUFA 工艺流程

3. 分子蒸馏法

分子蒸馏法是目前工业生产高纯度 PUFA 常用的一种方法，是根据不同脂肪酸在真空条件下沸点不同来分离提取 PUFA。分子蒸馏是在相当于绝对大气压 $1.33 \times 10^{-5} \sim 1.33 \times 10^{-3}$ kPa 的条件下进行的，分子运动在此高真空下可以克服其相互间的引力，挥发自由能大大降低，因而分子的挥发性极其自由，沸点明显降低，因此在温度降低的情况下组分的挥发度仍显著增加，可减小 PUFA 的热变性，提高分离效果。为提高富集效率，通常会进行多级分子蒸馏。有研究者应用二级分子蒸馏，富集深海鱼油中 ω-3 脂肪酸，可得到 ω-3 脂肪酸含量为 63% 的鱼油乙酯。工业上采用多级分子蒸馏富集 DHA 或 EPA 乙酯，所得产品 DHA 或 EPA 含量大于 70%。该方法具有操作所需时间短、温度低、高效的优点，但成本较高。

4. 超临界流体萃取法

气体压缩到临界点以上，成为超临界状态，此时对溶质的溶解能力大大增强，超临界流体萃取就是利用处于超临界状态的流体具有的这一特异性能，从原料中溶解想要分离的成分，通过改变温度和压力，分离出目标物质，它综合溶剂萃取和蒸馏的功能与特点。CO_2 是超临界流体技术中最常用的溶剂，临界温度 31.06℃，接近室温，节省能耗，对设备要求低，无毒，对环境几乎无污染，该技术的溶解能力强、萃取能力强可以实现溶剂零残留，保护 DHA 和 EPA 不被氧化分解。缺点是设备要求高，能耗大，且不能分离分子质量相近的 PUFA。

5. 银离子络合法

银离子（Ag^+）络合法是根据 Ag^+ 可以和双键络合的原理对 PUFA 分离提纯。DHA 有 6 个双键，EPA 有 5 个双键，分别可以结合 6 个 Ag^+ 和 5 个 Ag^+，且结合的 Ag^+ 越多亲水性越强。Ag^+ 与 DHA 和 EPA 的络合物将进入水相，饱和或低饱和的脂肪酸将继续留在油相中，油水分离后便可以得到 Ag^+ 与 DHA 和 EPA 络合物的水溶液，水洗后的 Ag^+ 与 DHA 和 EPA 络合物稳定性不同，使用有机溶剂进行萃取可以得到含量很高的 DHA 产品和 EPA 含量高于 DHA 的产品。

6. 色谱分离

色谱分离基于原料中各组分在固定相和流动相之间的分配差异而进行分离。许多研究采用反相 C18 柱来分离不饱和脂肪酸。有研究者采用反相色谱分离系统，以甲醇-水（98∶2）为流动相对裂殖壶菌藻油脂肪酸乙酯进行分离，最终得到纯度大于 99% 的 DHA 和 DPA。已报道的色谱分离纯化 PUFA 的研究一般先通过对鱼油或藻油样品进行衍生化，转化成相应甲酯或乙酯再进行分离。色谱分离可获得纯度较高的脂肪酸单体，但是需要大量溶剂，对设备要求较高，成本较高。

7. 酶法

酶法富集 PUFA 的原理是基于脂肪酶对脂肪酸选择性的差异。大多数商业化脂肪酶对于 PUFA 的活力较饱和脂肪酸和单不饱和脂肪酸差，在水解或醇解过程中，脂肪酶更加容易作用于饱和脂肪酸和单不饱和脂肪酸，将其水解，而 PUFA 被保留在部分甘油酯组分中。通过酶法水解或醇解富集的 ω-3 PUFA 一般以甘油酯的形式存在，具有较高的生物利用率。来自 *Candida antarctica* 的脂肪酶 A（CALA）是一种非位置特异性且对非 ω-3 PUFA 具有较强催化活性的脂肪酶，可以醇解 TAG 三个位置上的非 ω-3 PUFA，而 ω-3 PUFA 以甘油单酯形式保留在甘油骨架上。当然，也可利用脂肪酶催化选择性酯化反应来富集 ω-3 PUFA。酶法富集过程具有反应条件温和、单一选择性强的特点，对 PUFA 具有一定的保护作用，而且能减少对环境的污染，是一种绿色的富集方式。但目前脂肪酶的价格较高，因此需要将脂肪酶回收利用来降低其应用的成本。

8. 发酵法

目前认为细菌、酵母、霉菌和藻类都能产 PUFA。但要实现微生物发酵生产 PUFA 的产业化，通常要解决以下几个问题：①高产稳定菌种的选育；②PUFA 的代谢调控方法及培养条件的优化；③发酵过程中动力学参数的确定与优化控制。从微生物中提取 PUFA 的方法和前面提及的 PUFA 的提取方法类似，主要有溶剂提取法、尿素包含法、真空蒸馏法、分馏法、液相色谱法和超临界 CO_2 提取法等。

（三）多不饱和脂肪酸的应用

1. 在调和食用油方面的应用

由于一种植物油中所含的脂肪酸不能满足人体脂肪酸平衡的需求，因此，采用几种植物油调和，使得调和油中脂肪酸比例平衡，且富含 PUFA。

2. 在医药保健食品方面的应用

PUFA 由于极易因环境中氧、热、湿和光而变质，丧失生理功效，产生对人体有害的反式脂肪酸，以及令人不愉快的腥异味，严重影响了其在食品中的应用。目前，主要方法是将其微胶囊化后作为营养强化剂添加在食品中。微胶囊技术是指利用天然或合成高分子材料，将分散的固体、液体甚至是气体物质包裹起来，形成具有半透性或密封性囊膜的微小粒子的技术，其粒子大小一般在 $5\sim200\mu m$，壁厚通常为 $0.2\sim10\mu m$。微胶囊化方法主要有喷雾干燥法、喷雾冻凝法、冷冻干燥法、分子包合法、复合凝聚法、斥水性微胶囊技术。当用喷雾干燥法对不饱和脂肪酸进行微胶囊化时，使用变性淀粉及蛋白质类物质为主要壁材是主流方向，通过考察微胶囊的包埋率、表面油率、抗氧化性、表面形态等，调整壁材组成，添加合适的辅材，如淀粉糖浆、小分子糖等弥补产品的缺陷，从而达到理想的油脂微胶囊性质。

PUFA 通常被作为营养强化剂添加到奶粉、酸奶、饮料中，婴幼儿及青少年可以通过食用这系列产品来补充生长发育、强化身体健康和提高智力所需的脂肪酸。有公司为素食者、不吃鱼的人群推出了从硅藻中提取出富含 DHA 的油做成的软胶囊，来补充身体所需的 DHA。也有公司推出了从深海鱼油中提取的 DHA 等 PUFA 做成的软胶囊，供需要补充此类 PUFA 的人群食用。另外，有公司开发出另一种新的深海鱼油剂型，该剂型是使用复合壁材对鱼油进行包埋，再通过微囊化技术做成微囊粉，再进行二次包衣对鱼油的腥味进行包埋掩盖，同时也可以起到防止鱼油被氧化的作用。微囊化后的 PUFA 可以进行压片，或者直接与奶粉等冲剂混合服用，来拓宽 PUFA 的添加范围。我国的相关企业在尝试将微囊粉技术应用到共轭亚油酸领域，对共轭亚油酸进行包埋做成微囊粉，再进行压片做成片剂方便随时服用，帮助人体满足每天不低于 6g 的共轭亚油酸摄入量。此外，日本市场上还推出了添加 PUFA 的鱼肉香肠、火腿肠、汉堡包、即食酱菜、调料、豆腐、蛋黄酱、面包、糖果、香口胶等 PUFA 强化食品。

3. 在日用品方面的应用

PUFA 又被称为美容酸，是因为当人体内含有充足的 PUFA，能够使人的皮肤细腻光滑、头发乌黑浓密有光泽，若体内缺乏 PUFA 时则会皮肤暗淡粗糙，头发发黄脱落。因此，PUFA 经常会被作为护肤护发产品的主要功能因子添加到产品中。例如，一些日化产品将月见草油中的花生四烯酸和 α-亚麻酸作为主要的营养保护因子，共轭亚油酸因其黏度低、手感好、抗氧化性强等作用被作为优良新颖的按摩基础油和护手霜。

二、植物甾醇

（一）植物甾醇的提取

传统油脂加工工艺中植物甾醇会有一定的损失，为避免天然资源的浪费，需要从油脂加工副产品中将其提取出来，并用于其他用途。脱臭馏出物中的主要成分为脂肪酸、甘油三酯和植物甾醇，从脱臭馏出物中提取植物甾醇的方法很多，如溶剂结晶法、络合法、干式皂化法、分子蒸馏法、发酵等。

1. 溶剂结晶法

溶剂结晶法主要用于实验室对植物甾醇进行提取，该法操作步骤多，溶剂用量大，植物甾醇的收率低，因此难以工业化。

2. 络合法

络合法利用甾醇与特定络合剂发生络合反应，然后分离络合物，并使络合物分解来获得植物甾醇，络合剂包括草酸、琥珀酸和苹果酸等有机酸，盐酸和氢溴酸等卤酸，氯化锌、氯化钙、溴化钙、氯化镁、溴化镁和氯化亚铁等卤素碱土金属盐。用石油醚或异辛烷为溶剂时，其产品纯度高，收率高，但溶剂回收困难，生产成本较高。日本、美国等采用此法工业化生产植物甾醇，我国少量米糠甾醇的工业化生产也采用此法。工艺流程见图4-3。

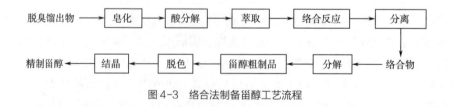

图4-3 络合法制备甾醇工艺流程

3. 干式皂化法

干式皂化法的工艺流程如图4-4所示，它是利用甾醇不皂化的特性，将脱臭馏出物用熟石灰或生石灰在 60~90℃ 下皂化，形成膏状物，用机器粉碎后，再用溶剂萃取、浓缩得到粗植物甾醇，再经过洗涤去杂、脱水即可得到精制植物甾醇。该法用于工厂可同时提取和分离维生素 E 和植物甾醇，其缺点在于原料的利用率低，而且产品的纯度和收率也偏低。

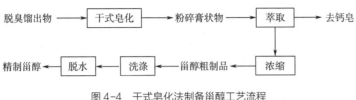

图 4-4　干式皂化法制备甾醇工艺流程

4. 分子蒸馏法

分子蒸馏法为目前主要的工业生产方法。如图 4-5 所示，脱臭馏出物首先与甲醇或乙醇反应使其中的脂肪酸酯化，蒸馏除去脂肪酸酯，残留物经冷冻结晶，使植物甾醇离析出来，然后进行分子蒸馏分离出维生素 E。该法的主要缺点是流程长、操作步骤多、产品的纯度和收率低。采用固定化脂肪酶对脱臭馏出物进行催化酯化，提高了脂肪酸甲酯的转化率，从而提高维生素 E 和植物甾醇的收率，其可认为是提取维生素 E 和植物甾醇的一个新的途径。

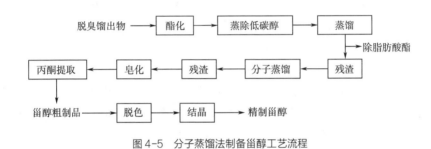

图 4-5　分子蒸馏法制备甾醇工艺流程

5. 发酵法

超临界 CO_2 萃取法为间歇式操作，脱臭馏出物中脂肪酸、甘油三酯和植物甾醇在 CO_2 中的溶解度依次减小，因此，在超临界 CO_2 多次萃取过程中，最后的萃取物即为粗植物甾醇制品，再经脱色和重结晶即可得到精制植物甾醇。该法可直接将植物甾醇从油脂脱臭馏出物中提取出来，其收率高、操作简单、生产费用低、无污染、提取的产品保持了植物甾醇的天然性，是生产植物甾醇的重要发展方向。

（二）植物甾醇单体的分离纯化

从植物油脂及其副产物中提取得到的植物甾醇是一种混合物，若要获得个别甾醇制品，尚需进行进一步的分离。分离方法可分为化学法和物理法两类。

1. 化学法

化学法分离豆甾醇，是利用其特征反应，将植物甾醇混合物乙酰化，接着将甾醇的乙酰化物在乙酸中进行溴化加成，形成的豆甾醇乙酰四溴化物用乙醇结晶，晶体经锌粉处理，并进行皂化反应，最后通过丙酮再结晶，即可得到纯的豆甾醇。

2. 物理法

物理法第一种是利用色谱制备技术，根据各甾醇组分保留时间不同进行分离收集；第二

种是采用超临界 CO_2 萃取装置，通过选择操作条件，在溶解度较高的脂肪酸、甘油三酯被萃取后，将留在萃取器中的植物甾醇再进行分离纯化，或直接用制得的植物甾醇制品进入此分离系统进行分离；第三种是利用有机溶剂进行多级分步结晶，如采用正庚烷和三氯甲烷，经固液两相逆流萃取制得豆甾醇；此外还可利用正丁醇与正丁酮进行二段多级分步结晶操作、分离获取豆甾醇和谷甾醇。尽管溶剂的选择有所不同，但均是利用各甾醇组分在特定有机溶剂中随温度变化时溶解度变化的差异加以分离的。

（三）植物甾醇的应用

基于植物甾醇和植物甾醇衍生物特有的生物学特性和理化特性，其对人体有诸多功能，并且本身无毒，因此被广泛地应用于食品、医药、化妆品、动物生长剂、植物生长激素以及化工、纺织等行业。

1. 食品工业

早在 20 世纪 50 年代，植物甾醇就被应用于防治高胆固醇症。在食品中添加植物甾醇，在欧美国家形成了一股健康热潮，如在植物奶油、牛奶、酸奶、涂抹酱中，都可能找到植物甾醇。在日常生活中增加植物甾醇的摄入，对于预防慢性病具有重要意义。国际营养学会推荐的未来十大功能性营养成分中包括植物甾醇。植物甾醇和植物甾烷醇作为具有降胆固醇功效食品添加剂日益受到人们重视。美国食品药品监督管理局（Food and Drug Administration，FDA）在 2000 年已经批准，添加了植物甾醇或甾烷醇酯的食品可以使用"有益健康"的标签。1999 年日本厚生省将含有植物甾醇类的食品认定为特定保健用食品。2002 年欧洲食品科学委员会通过了植物甾醇酯的安全性评估，2004 年欧盟委员会也批准了几个添加植物甾醇的新食品，以扩大欧洲市场上降低胆固醇食品的数量。2008 年 9 月我国卫生部批准植物甾烷醇酯为新资源食品。

2. 医药工业

植物甾醇可作为调节高胆固醇血症、减轻动脉粥样硬化及防治前列腺疾病的药物。植物甾醇有类似于氢化可的松的消炎作用和阿司匹林的解热镇痛作用，可作为消炎镇痛药。另外，临床应用已证明谷甾醇对预防宫颈癌和皮肤癌都有明显的疗效，对晚期的癌症病人，可结合其他药物综合使用，效果比较明显。

3. 食品添加剂

植物甾醇具有良好的抗氧化和抗腐败作用，可作为食品添加剂使用。它常作为天然营养因子出现在食品营养强化剂和麦淇淋配方中以预防高胆甾醇症。2000 年 9 月，FDA 已经批准添加植物甾醇的食品可采用"Health Claims"的标签。作为食品成分，植物甾醇在国内外已经得到了迅速发展，各种类似的产品已经进入了消费市场。

4. 化妆品工业

植物甾醇是一种油包水型乳化剂，其乳化性能好而且稳定，能保持皮肤表面的水分，防止皮肤老化等，因此，可作为皮肤营养剂用于许多化妆品中。植物甾醇的亲和性弱，在洗发护发剂中可起到调节剂的作用，能使头发变强劲、不易断裂，并能减少静电效应，保护头皮。有研究报道谷甾醇能防止足底、膝发手掌等的皮肤干燥及角质化，并能防止和抑制鸡眼的形成，改善皮肤触感。此外，植物甾醇在浴用化妆品中可以起到稳定泡沫的作用。

5. 饲料工业

植物甾醇可以和核糖蛋白及植物激素结合生成一种新型的动物生长激素。该激素可增强原植物激素对环境温度（包括进入动物体内后的动物体温）及在动物体内分解的稳定性，促进动物蛋白质的合成，有利于动物健康和生长。研究表明，含植物甾醇的饲料可以降低禽蛋等动物产品的胆甾醇含量。此外，植物甾醇还可用作动物的肝功能改善剂。

除以上用途外，植物甾醇在造纸行业可用于纸张的精压加工；在印刷行业可作为油墨颜料的分散剂；在纺织工业可作为柔软剂；在农业中可以作为大规模合成农业除草剂和杀虫剂的原料等。

三、角鲨烯

（一）角鲨烯的提取

约99%的角鲨烯是由鲨鱼肝油的不皂化物中提取出来的，提取方法主要有两种：①将原料肝油直接进行减压蒸馏；②对肝油进行皂化，分离得到不皂化物后减压蒸馏。

提取的角鲨烯粗品经脱酸、金属钠减压蒸馏后，采用溶剂（乙醇）处理，再经减压蒸馏即得到精制品。目前，在工业生产中应用的提取方法有城野钟昊提取法、浜屋通泰提取法、二次减压蒸馏法等。

角鲨烯具有脂溶性且不可皂化的特点，常用溶剂提取法提取，经酯化或皂化后油脂中的甘油三酯和脂肪酸可被去除，再用蒸馏法或柱色谱分离法进行纯化，以获得较高纯度的角鲨烯。传统提取法以传统设备、步骤简单的工艺为主，提取效率低、损耗大；新型提取和纯化方法补充了传统提取方式的不足，优化提取和纯化工艺，可获得更高含量和纯度的角鲨烯。

1. 溶剂提取法

溶剂提取法即利用角鲨烯易溶于正己烷、石油醚、三氯甲烷等有机溶剂的特点，将其与其他杂质进行初步分离，得到角鲨烯含量较高的提取物。常用的液-液萃取法就是溶剂提取的一种，即把目标化合物从液相样品转移到另一个液相，是长期以来提取脂类物质最广泛使用的方法。如索氏提取法，利用脂类物质在有机溶剂的溶解性进行反复多次提取，达到较高的提取率。由于不同物质在不同有机溶剂中的溶解度不同，有机溶剂的选择很大程度上影响了提取角鲨烯的效率。但作为传统的提取方法，存在溶剂分离困难、毒性大等缺点，要得到较高质量的角鲨烯，还需要与其他提取方法相结合。

新型的液-液萃取法弥补了传统溶剂法的不足，可以使用低毒性的溶剂进行萃取，此外，新型的液-液萃取法也改善了传统溶剂法提取时间长、溶剂使用量大的缺点，如加速溶剂萃取在高压和高于沸点的温度下使用微量的有机溶剂，大大减少了提取时间和溶剂用量，并且还可以使用通用溶剂和极性不同的溶剂混合物。

2. 超临界流体萃取

超临界流体是在压力和温度的调节下产生的一种具有改进溶剂化特性的流体，即通过改变压力和温度来改变流体的密度，控制角鲨烯在流体溶剂中的溶解度，从而选择性地分离角鲨烯。目前提取角鲨烯的研究中，超临界CO_2萃取是使用较为广泛的提取方法，通过对影响其提取效率的各类因素的研究来获得高浓度的角鲨烯，如温度、压力、样品基质组成以及目标化合物与基质的相互作用。温度对角鲨烯的提取角鲨烯比其他脂类物质更容易从油脂中萃取，可以在较短时间内（30min）获得高纯度的角鲨烯，而要提取到更高含量的角鲨烯，需要适当地延长萃取时间。为提高工业上提取角鲨烯的效率，角鲨烯的纯度、含量和回收率都需要纳入试验设计的范畴，这就需要进一步扩大角鲨烯与其他油脂组分间溶解度的差异，来保证角鲨烯的分离提取效果，必要时还可以通过建立工艺模型探索技术和经济均可行的替代方案。但在工业生产上，还缺乏有效的耐压设备以满足实际生产的需求，可以通过工艺模拟等途径有效解决超临界技术在工业转化过程中的难点，降低生产成本。

（二）角鲨烯的纯化

1. 冷析结晶法

利用不同温度下角鲨烯溶解度的变化，降温使角鲨烯从原混合物中冷却结晶，从而纯化角鲨烯。冷析结晶的过程能去除油脂中大量的三酰甘油，可以在色谱分析的前处理过程中提高角鲨烯的纯度，也避免了提取过程中使用强碱等有毒试剂。但操作时间长、分离效果不佳等缺点限制了其在纯化上的应用。

2. 皂化法和酯化法

角鲨烯是一种仅可溶于非极性溶剂的不可皂化物，溶剂提取法提取的角鲨烯混合了其他脂类物质，要得到较高纯度的角鲨烯，需要通过皂化的方法将角鲨烯与其他可皂化的脂类物质进一步分离。通常甘油三酯含量较高的原料需要进行皂化，得到的不可皂化物再经过蒸馏或有机溶剂提取，得到比直接溶剂提取纯度高的角鲨烯。一般情况下，从植物油及其加工副产物中提取角鲨烯时会经过皂化步骤。

此外，为了优化角鲨烯的提取效率，也会在前处理步骤中对油脂进行酯化，游离脂肪酸的酯化可以降低其挥发性，便于后续蒸馏等步骤对角鲨烯的纯化，酯化也能减少油脂中高浓度脂肪酸对角鲨烯色谱分离产生的干扰，有利于分析的进行。

3. 分子蒸馏法

分子蒸馏是一种高真空条件下的蒸馏方法，液体分子受热从液面逸出，根据料液中各组分蒸发速率的差异而对混合物进行分离。分子蒸馏往往在皂化和酯化步骤后进行，目的是除去脂肪酸、酯类物质和其他可皂化物。有研究者在高效微波辅助酯化反应后，用分子蒸馏分离脂肪酸甲酯，通过快速色谱分离残余物，使角鲨烯纯度达到 89%（产率 55.4%）。由于高真空度下蒸馏温度低，适于分离热敏性、低挥发性的物质，加上停留时间比较短的特点，适合分离角鲨烯这样的分子质量高且具有生物活性的化合物。纯化过程中往往由于高温和反应的不连续性，导致角鲨烯损失。为提高角鲨烯的得率，需要考虑皂化和酯化的反应条件，并且尽可能保证皂化或酯化反应和分子蒸馏在连续反应器中进行。

4. 固相萃取法

固相萃取法是把目标化合物从气体、液体或超临界流体基质转移到固体吸附剂，固体吸附剂通过与吸附剂的相互作用保留目标化合物，然后通过溶剂置换或热解吸回收目标化合物，可以看成是一种简单的色谱分离方法。与色谱分离不同的是，固相萃取小柱流程短，更适用于一两个目标物的富集和分离，且速度更快、更节省溶剂。固相萃取往往是提取角鲨烯最后一步，在经过机械压榨、有机溶剂萃取或超临界 CO_2 萃取得到油脂后，用皂化步骤除去可皂化的物质，不可皂化物质再经过固相萃取。非极性的角鲨烯因为不易被吸附而首先流出，其他极性较大的物质被硅胶柱或中性氧化铝柱吸附，从而达到角鲨烯与其他物质分离的效果。

高纯度角鲨烯的获得往往需要经过固相萃取法或柱色谱法，为了提高提取率和回收率，可以用亲脂性和亲水性物质按一定比例聚合成的耐酸碱的 HLB 柱，其在高 pH 时仍很稳定。固相萃取法的分离效果好，是样品制备或分离纯化中较为便捷的方法，但存在规模较小、成本较高、吸附剂再生困难等缺点。

（三）角鲨烯的合成

自 1931 年用化学合成法合成了角鲨烯后，人们又研究出许多合成角鲨烯的工艺，其中金合欢基卤素间偶合合成法是一种具有工业价值的合成方法，以碘化钡和钾的联苯内盐为原料，将制备的活性钡作为偶合催化剂时，角鲨烯的收率达 98%。随着生物技术的发展，人们开始利用发酵工程生产角鲨烯，例如利用市售压榨后的面包酵母和从糖蜜中分离出的孢圆酵母在厌氧条件下发酵生产角鲨烯，其生成量分别达到 41.16、237.25μg/g 干酵母细胞。

（四）角鲨烯的应用

角鲨烯是生物体内自身合成的一种活性物质，可以促进血液循环、恢复细胞活力，抗缺氧和抗疲劳，具有增强机体免疫能力、提高体内 SOD 活性、抗衰老及促进胃肠道吸收、保护皮肤等多种生理功能，被广泛应用于保健品及化妆品等领域。

1. 食品工业

角鲨烯是一种良好的自由基清除剂，因其具有抗氧化、降血糖、降血脂等生物活性，可应用于功能性食品，目前主要应用于保健品的生产加工，如角鲨烯软胶囊（角鲨烯含量为 100~500mg/粒）等。此外，还因角鲨烯可以终断脂质自动氧化途径中氢过氧化物的链式反应而被添加到食用植物油中用于提高稳定性、延长货架期。

2. 医药工业

在医药行业中的应用，角鲨烯具有较好的抗肿瘤作用，在降低癌症风险和预防心血管疾病方面发挥着不错的功效。其还具有一定的药物缓释作用及降低损伤作用。角鲨烯可以调节低密度脂蛋白受体的表达，具有潜在的降低胆固醇功能。心脏中的高含量角鲨烯可与细胞膜磷脂双分子层中的脂肪酸形成复合物，稳定细胞膜结构，降低心肌细胞的氧化损伤。此外，角鲨烯因其具有降血脂的生物活性还可用于辅助缓解高脂血症。

3. 化妆品

在化妆品行业中的应用，角鲨烯在化妆品标准配方（如乳油、软膏、防晒霜）中很容易乳化，因此，可用于膏霜（冷霜、洁肤霜、润肤霜）、乳液、发油、发乳、唇膏、芳香油和香粉等化妆品中做保湿剂，同时还具有抗氧化剂和自由基清除剂的作用。研究还表明，角鲨烯可显著提升多种抗氧化酶的活性，发挥抗衰老作用。此外，角鲨烯也可用作高级香皂的高脂剂，还可用于食品机械设备中润滑剂、杀虫剂、衣物护理剂、铅笔芯稳定剂等的研制。

第五节　功能性油脂类产品未来展望

食用油脂作为三大营养要素之一，对我们的身体健康起到关键作用，不能不吃，但摄入过量会引起肥胖、脂肪肝、高血压和动脉硬化等一系列疾病。当下存在油脂消费过多过量的现象，但并非营养过剩，而是营养不均衡。在减油的同时，也要摄入更高营养价值、能缓解或改善慢性病发生的健康好油。提供更健康的食用油脂产品，成为油脂行业的重要创新方向。油料作物除了提供我们日常所需的植物油外，其自身含有丰富的特异性脂类伴随物，大多具有抗氧化、降低胆固醇、调节和预防心脑血管疾病等生理功效。目前，对于油料作物中特异性脂类伴随物的提取大多为粗提物，对于其单体的分离及鉴定技术仍需进一步加强。不同地区、品种和成熟度油料作物中脂类伴随物组成及含量不同，因此，特异性脂类伴随物的组成与含量可作为油料作物以及植物油的指纹信息，用于识别植物油的品质及用于掺假和掺杂的鉴别。同时这些特异性脂类伴随物在油料作物内的合成及调控途径及其在生物体内功能活性的作用机制仍需深入研究，可为后续通过基因工程手段获得高表达作物、营养功能油脂或研发天然药物提供理论基础。中长链脂肪酸食用油（medium and long chain triacylglycerol oil，MLCT 油）即是以普通植物油与 MCT 或者含有 MCT 的食用油为原料，通过改性或结构重组而制得，是一种新型的合成功能性油脂，被誉为"新一代脂肪"。

思考题

1. 试述必需脂肪酸的定义。
2. 试述多不饱和脂肪酸的功能。
3. 试述常见的功能性脂类伴随物。
4. 试述角鲨烯的功能及应用。

第五章

维生素

学习目标

理解维生素的概念、来源、种类；掌握维生素的代表性化合物及功能；掌握几种维生素常规的制备方法；了解维生素在食品中的应用。

名词及概念

维生素、脂溶性维生素、水溶性维生素、维生素 A、维生素 B、维生素 C、维生素 D、维生素 K、超临界流体萃取、超声波辅助、微波辅助提取等。

第一节 概述

维生素（Vitamin）是一类促进人体生长发育和调节生理功能所必需的低分子有机化合物。维生素种类很多，化学结构各不相同，在体内含量极微，但它在体内调节物质代谢和能量代谢中起着十分重要的作用。与其他营养素不同的是，维生素既不供能也不构成机体组织，少量即能维持人体正常的生理功能，机体不能合成或合成量很少的维生素，必须由食物供给。当机体缺乏时会表现出特有的维生素缺乏症。

维生素种类多，目前被发现的已有 30 多种，按其溶解性质分为脂溶性维生素和水溶性维生素。脂溶性维生素有维生素 A、维生素 D、维生素 E、维生素 K，大部分储存于脂肪组织和肝脏中，摄入过多时易在体内蓄积，引起中毒；水溶性维生素有 B 族维生素 ［维生素 B_1、维生素 B_2、维生素 B_3（烟酸）、维生素 B_5、维生素 B_6、维生素 B_7、维生素 B_9（叶酸）、维生素 B_{12}］和维生素 C，在体内仅有少量储存，需经常通过食物补充，摄入不足易引起缺乏症，摄入过多可以从肾脏排出。

维生素缺乏的常见原因有：①膳食中维生素含量不足，或加工时破坏过多；②体内吸收障碍，如胃肠疾病使维生素吸收降低；③膳食中脂肪过少、纤维素过多维生素的吸收减少等；④需要量增加，如婴幼儿、乳母、孕妇、疾病恢复期的病人对维生素的需求增高而未及时补充，易出现维生素缺乏症。

目前，维生素的亚临床缺乏（又称维生素边缘缺乏）是营养缺乏中的一个重要问题。亚临床缺乏者体内维生素营养水平处于较低状态，降低了机体对疾病的抵抗力而出现一些症状。由于这些症状不明显，易被忽视，故应引起高度重视。

第二节　脂溶性维生素

脂溶性维生素（Fat-soluble vitamins）是不溶于水而溶于脂肪及非极性有机溶剂（如苯、乙醚及氯仿等）的一类维生素，包括维生素 A、维生素 D、维生素 E、维生素 K 等。这类维生素一般只含有碳、氢、氧三种元素，在食物中多与脂质共存，其在机体内的吸收通常与肠道中的脂质密切相关，可随脂质吸收进入人体并在体内储存（主要在肝脏），排泄率不高；摄入量过多易引起中毒现象，若摄入量过少则出现缺乏症状。另外，脂溶性维生素大多稳定性较强。

一、维生素 A

维生素 A，又称视黄醇，性质活泼，易被氧化和紫外线照射而被破坏。天然维生素 A 只存在于动物性食物中。有些植物性食物含有 β-胡萝卜素，进入机体可转变为维生素 A，因此，β-胡萝卜素又称维生素 A 原，在人体内可发挥维生素 A 的作用。

维生素 A 有促进生长、繁殖，维持骨骼、上皮组织、视力和黏膜上皮正常分泌等多种生理功能，维生素 A 及其类似物有阻止癌前期病变的作用。缺乏时表现为生长迟缓、暗适应能力减退而形成夜盲症。由于表皮和黏膜上皮细胞干燥、脱屑、过度角化、泪腺分泌减少，从而发生干眼病，重者角膜软化、穿孔而失明。呼吸道上皮细胞角化并失去纤毛，使抵抗力降低易于感染。我国成人维生素 A 推荐摄入量（RNI）男性为 770μg RAE/d，女性为 660μg RAE/d。含维生素 A 多的食物有禽、畜的肝脏、蛋黄，胡萝卜素在小肠黏膜内可变为维生素 A，红黄色及深绿色蔬菜、水果中含胡萝卜素多。

1. 保护视力作用

维生素 A 具有维持保护视力的功能，特别是暗视觉。维生素 A 在体内可以合成视紫红质（由维生素 A 和视蛋白结合而成），视紫红质对弱光敏感，与暗视觉有关，能使人在暗处看清物体。所以维生素 A 缺乏造成视紫红质合成不足，对弱光的敏感度降低，造成夜盲症（古代称雀目）。

2. 维持上皮细胞完整性作用

维生素 A 可维持上皮细胞的完整和健康。维生素 A 与磷酸构成的脂类是合成糖蛋白所需寡糖基的载体，而糖蛋白能参与上皮细胞的正常形成和黏液分泌，是维持上皮细胞生理完整性的重要因素。缺乏维生素 A 时，上皮细胞分泌黏液的能力丧失，出现上皮干燥、增生及角化（死皮）、脱屑等现象，尤其以眼、呼吸道、消化道、尿道等上皮组织受影响最为明显。由于上皮组织不健全，机体抵抗微生物侵袭的能力降低而易感染疾病。如果泪腺上皮组织受波及，导致泪液分泌减少，会造成干眼病，严重时角膜上皮角质化导致角膜感染，白细胞浸润导致角膜浑浊软化而穿孔失明。因为癌肿多发生在上皮组织，所以上皮组织健康与否与癌肿发生有关。

3. 促进生长发育作用

维生素 A 具有类固醇激素的作用，影响细胞分化，促进生长发育。维生素 A 能维持成骨细胞与破骨细胞之间的平衡，维持骨的正常生长。缺乏时，可引起生长停顿、发育不良、骨质向外增生，并干扰邻近器官及神经组织等。孕妇缺乏维生素 A 可导致胚胎发育不全或流产。

4. 抗氧化和抗癌作用

维生素 A 和 β-胡萝卜素能捕捉自由基，所以具有较强的抗氧化作用。近年来的研究表明，维生素 A 与视黄醇类物质还能抑制肿瘤细胞的生长与分化，可起到防癌、抗癌作用。此外，维生素 A 还与抗疲劳有关。

二、维生素 D

维生素 D 包括维生素 D_2 和维生素 D_3，前者是植物中麦角固醇经紫外线照射转变而成，后者是人的皮肤中 7-脱氢胆固醇经紫外线照射的产物。维生素 D 在中性及碱性溶液中能耐高温和氧化，故一般的烹调加工不会损失，但在酸性溶液中逐渐分解，脂肪酸败时可被破坏。成年人在正常膳食条件下，只要经常接触阳光，一般不会发生维生素 D 缺乏症，只有正在生长发育的婴幼儿，还有孕妇、哺乳期妇女应由食物予以补充。

此外维生素 D 还有促进皮肤细胞生长、分化及调节免疫功能作用。一般成年人经常接触日光降低发生缺乏病的概率，婴幼儿、孕妇、乳母推荐维生素 D RNI 为 $10\mu g/d$。缺乏维生素 D 儿童可患佝偻病，成人患骨质软化症。维生素 D 的食物来源以含脂肪高的海鱼、动物肝、蛋黄、奶油相对较多，鱼肝油中含量高。

1. 调节钙、磷代谢作用

维生素 D 的主要作用是调节钙、磷代谢，促进肠内钙磷吸收和骨质钙化，维持血钙和血磷的平衡。具有活性的维生素 D 作用于小肠黏膜细胞的细胞核，促进运钙蛋白的生物合成。运钙蛋白和钙结合成可溶性复合物，从而加速了钙的吸收。维生素 D 促进磷的吸收，可能是通过促进钙的吸收间接产生作用的。因此，活性维生素 D 对钙、磷代谢的总效果为升高血钙和血磷，使血浆钙和血浆磷的水平达到饱和程度。有利于钙和磷以骨盐的形式沉积在骨组织上促进骨组织钙化。

2. 促进骨骼生长作用

维生素 D_3 可以通过增加小肠的钙磷吸收而促进骨的钙化。即使小肠吸收不增加，仍可促进骨盐沉积，可能是维生素 D_3 使 Ca^{2+} 通过成骨细胞膜进入骨组织的结果。维生素 D_3 的缺乏可导致钙质吸收和骨矿化障碍，引起佝偻病的发生，长期缺乏阳光照射的幼儿，由于骨质钙化不足易使骨骼生长不良。单纯增加食物中钙质，而维生素 D_3 不足，仍然不能满足骨骼钙化的要求。1,25-二羟维生素 D_3 对骨组织的作用具有两重性，生理剂量的 1,25-二羟维生素 D_3 能提高成骨细胞活性，增加成骨细胞数目，但超过生理剂量则提高破骨细胞的活性。

3. 调节细胞生长分化作用

1,25-二羟维生素 D_3 对白血病细胞、肿瘤细胞以及皮肤细胞的生长分化均有调节作用。如骨髓细胞白血病患者的新鲜细胞经 1,25-二羟维生素 D_3 处理后，白细胞的增殖作用被抑制并使其诱导分化。1,25-二羟维生素 D_3 还可使正常人髓样细胞分化为巨噬细胞和单核细胞，这可能是其调节免疫功能的一个环节。1,25-二羟维生素 D_3 对其他肿瘤细胞也有明显的抗增殖和诱导分化作用。对原发性乳腺癌、肺癌、结肠癌、骨髓肿瘤细胞等均有抑制作用。此外，1,25-二羟维生素 D_3 还能加速巨噬细胞释放肿瘤坏死因子，而后者具有广泛的抗肿瘤效应。1,25-二羟维生素 D_3 可明显抑制表皮角化细胞和皮肤成纤维细胞的增殖并诱导其分化，故推测 1,25-二羟维生素 D_3 对某些皮肤过度扩生性疾病可能有防治作用。

4. 免疫调节作用

维生素 D 具有免疫调节作用，是一种良好的选择性免疫调节剂。当机体免疫功能处于抑制状态时，1,25-二羟维生素 D_3 主要是增强单核细胞、巨噬细胞的功能，从而增强免疫功能，当机体免疫功能异常增加时，它抑制激活的 T 和 B 淋巴细胞增殖，从而维持免疫平衡。

三、维生素 E

维生素 E，又称生育酚或产妊酚，是最主要的抗氧化剂之一。维生素 E 是所有具有 α-生育酚活性的生育酚和生育三烯酚及其衍生物的总称。目前已知有 4 种生育酚，以 α-生育酚生物活性最高，并作为维生素 E 的代表进行研究。α-生育酚对热和酸稳定对碱不稳定，对氧十分敏感，油脂酸败时可加速其破坏。一般烹调破坏性不大，但油炸时维生素 E 活性明显降低。

植物油，特别是麦胚油中富含维生素 E，另外谷物的胚芽、许多绿色植物、大豆、肉、乳、蛋等也富含维生素 E。根据《中国居民膳食营养素参考摄入量（2023 版）》，0~12 岁儿童适宜摄入量（AI）为 3~13mg/d，15 岁以上 AI 为 14mg/d，乳母为 17mg/d。维生素 E 的需要量还受膳食其他成分的影响，如饮酒、口服避孕药、阿司匹林等都会增加其需要量。

1. 抗氧化作用

机体在代谢过程中不断产生自由基（如呼吸链终端）。自由基是一个或多个未配对电子的原子或分子（如羟自由基和超氧阴离子自由基），具有强氧化性，易损坏生物膜和生理活性物质，并促进细胞衰老，使脂质过氧化，出现脂褐素沉着（老年斑）。维生素 E 本身结构中有一个羟基容易被氧化，因而可以保护细胞膜和细胞器的完整性和稳定性，有效地减少各组织细胞内脂褐素产生，延缓衰老过程。

维生素 E 的抗氧化性可以防止维生素 A、维生素 C、含硫酶和 ATP 的氧化，保证这些重要物质的生理功能。维生素 E 还能提高免疫反应，从而起到预防肿瘤的作用。目前还用于改善冠状动脉的循环，防治心脏病、血管硬化症和肝炎。另外，一些化妆品也含维生素 E。

2. 促进蛋白质更新合成作用

维生素 E 可促进核 RNA 更新蛋白质合成，促进某些酶蛋白的合成，降低分解代谢酶的活性，促进人体正常新陈代谢，增强机体耐力。

3. 预防衰老作用

维生素 E 可以改善皮肤弹性，减少脂褐质形成，对预防衰老有积极的意义。当维生素 E 缺乏时，体内的必需脂肪酸受到氧气的破坏会形成褐色的斑点，我们将这种褐色的斑点称为脂褐色素，又称老年斑。细胞内的老年斑聚集多了会破坏细胞，使细胞丧失功能，加速人体衰老。当维生素 E 充足时，能保护必需脂肪酸使其不被氧化成老年斑。维生素 E 还可以调节线粒体的呼吸速度，影响线粒体内细胞色素的含量，增强免疫功能，从而具有延缓衰老的作用。

4. 维持正常生育作用

维生素 E 是哺乳动物维持生育必不可少的营养物质，与动物精子生成和繁殖能力有关，缺乏时可出现睾丸萎缩及上皮变性孕育异常，但未引起人类不育症。临床上常用维生素 E 治疗先兆流产和习惯性流产。

5. 调节血小板的黏附力和聚集作用

维生素 E 缺乏时血小板聚集和凝血作用增强，增加心肌梗死及脑卒中的危险性。维生素 E 能抑制蛋白激酶 C 的活性，蛋白激酶 C 在血小板增殖和分化中起重要作用。维生素 E 还可以上调胞浆磷脂酶 A_2、环氧合酶-1 的表达，这两种酶是花生四烯酸级联反应的限速酶。花生四烯酸的过氧化反应是形成前列环素所必需的。因此，维生素 E 与前列环素的释放有剂量依赖效应（前列环素是强有力的血小板凝集抑制剂和血管舒张剂）。血管内皮细胞富含维生素 E 还可以降低细胞间黏附因子和血管细胞黏附分子-1 的表达，抑制血细胞与内皮的黏附。

6. 其他作用

维生素 E 在胃中可有效阻断亚硝基生成，预防肿瘤的发生。除维生素 E 以外，类黄酮化合物对另外一些致突剂和致癌物也有拮抗作用。槲皮素能在毫摩尔每升的浓度下直接阻滞癌细胞增殖；芦丁具有抑制肿瘤细胞的增殖、转移和侵袭的能力；桑色素能够通过调节多种细胞信号通路蛋白发挥其药理活性，促进癌细胞凋亡，抑制癌细胞增殖，并诱导自噬等功效；同时类黄酮还能抑制苯并芘的代谢。

四、维生素 K

维生素 K，又称凝血维生素，属于维生素的一种，具有叶绿醌生物活性，其最早于 1929 年由丹麦化学家达姆从动物肝和麻子油中发现并提取。维生素 K 包括维生素 K_1、维生素 K_2、维生素 K_3、维生素 K_4 等几种形式，其中维生素 K_1、维生素 K_2 是天然存在的，属于脂溶性维生素；而维生素 K_3、维生素 K_4 是通过人工合成的，是水溶性的维生素。四种维生素 K 的化学性质都较稳定，能耐酸、耐热，正常烹调中只有少量损失，但对光敏感，也易被碱和紫外线分解。

维生素 K 具有防止新生婴儿出血疾病、预防内出血及痔疮、减少生理期大量出血、促进血液正常凝固等生理作用，故而在临床中有一定的应用。

1. 促进凝血作用

维生素 K 即是凝血因子 γ-羧化酶的辅酶，又是凝血因子 2、凝血因子 7、凝血因子 9、凝血因子 10 合成的必需物质。人体缺少维生素 K，凝血时间会延长，严重者会导致流血不止，甚至死亡。对女性来说，维生素 K 可减少生理期大量出血，还可防止内出血及痔疮。经常流鼻血的人，也可以考虑多从食物中摄取维生素 K。

2. 参与骨骼代谢作用

维生素 K 属于骨形成的促进剂，临床和实验已经证明其有明确的抗骨质疏松作用，但其作用效果不如雌激素，且其作用有明显的药物剂量依赖性。目前，维生素 K 可以改善中老年骨质疏松症患者的状态，从而达到抗骨质疏松的作用。

第三节　水溶性维生素

水溶性维生素（Water-soluble vitamins）是可溶于水而不溶于非极性有机溶剂的一类维生素，包括 B 族维生素和维生素 C。这类维生素除碳、氢、氧元素外，有的还含有氮、硫等元素。与脂溶性维生素不同，水溶性维生素在人体内储存较少，从肠道吸收后进入人体的多余的水溶性维生素大多从尿中排出。水溶性维生素几乎无毒性，摄入量偏高一般不会引起中毒现象，若摄入量过少则较快出现缺乏症状。

一、维生素 B_1

维生素 B_1，又称硫胺素，在生物体内可作为硫胺素焦磷酸（thiamine pyrophosphate，TPP）的辅酶，易被氧化，含维生素 B_1 的食品种类丰富，包括米糠、麦麸、豆类、干果和硬壳果类、动物内脏、瘦肉及蛋类、绿叶菜。如芹菜叶、莴笋叶谷类的胚芽和表皮维生素 B_1 含量最丰富，是维生素 B_1 主要来源。所以长期吃精米、白面的人易患脚气病。另外，熬粥加碱等烹调不当，会损失硫胺素。

由于硫胺素参与糖代谢，其需要量与机体热能总摄入量成正比，故维生素 B_1 的供给量以每 4.2MJ（1000kcal）热能供给多少来表示，据此，我国推荐维生素 B_1 摄入量成人一般为 1.2～1.4mg/d。高度脑力劳动者、高温、缺氧作业者的需要量增加，运动员的需要量较高，特别是从事耐力项目者应适当补充。维生素 B_1 的具体生理作用如下。

1. 促进新陈代谢，维护心脏和神经作用

维生素 B_1 主要是脱羧酶的辅酶，在糖代谢过程中，用于氧化脱羧。所以没有硫胺素，糖代谢受阻，一方面导致神经组织的供能不足；另一方面使糖代谢过程中产生的丙酮酸、乳酸在血、尿和组织中堆积，从而引起多发性神经炎，并影响心肌的代谢及功能。患者易怒、健忘、失眠、食欲缺乏、手足麻木（有蚂蚁爬行感等）、皮肤粗糙、肌肉疼痛萎缩，严重时可产生手足腕下垂、下肢水肿和心力衰竭。维生素 B_1 缺乏症的病因包括：①膳食不合理，如主食精米为主，米搓洗过度，面粉加工过细等；②烹调不当，如捞饭时弃丢米汤，煮粥时加碱等；③长期发热或患消耗性疾病。

2. 增进食欲与消化作用

维生素 B_1 可抑制胆碱酯酶的活性，使重要的神经传导递质乙酰胆碱不被破坏，从而保持神经的正常兴奋程度。当维生素 B_1 缺乏时，由于胆碱酯酶活性增强，乙酰胆碱水解加速，使神经传导受影响，会导致胃肠蠕动慢、消化液分泌不足、引起食欲不振、消化不良等症状。

二、维生素 B_2

维生素 B_2，又称核黄素，是 B 族维生素的一种，微溶于水，在中性或酸性溶液中加热稳定，为体内黄酶类辅基的组成部分，缺乏时影响机体的生物氧化，使代谢发生障碍。病变多表现为口、眼和外生殖器部位的炎症，如口角炎、唇炎、舌炎、眼结膜炎和阴囊炎等。体内维生素 B_2 的储存是有限的，需每天由饮食提供补充。

维生素 B_2 具有黄色的晶体结构，具有酸稳定性、可耐热，在生物机体中以黄素单核苷酸

（flawin mononucleotide，FMN）和黄素腺嘌呤二核苷酸（flavin adenine dinucleotide，FAD）的形式存在，作为一些氧化还原酶的辅酶，参与体内很多氧化还原反应，并与蛋白部分结合，很少以游离态的形式存在。核黄素广泛存在于动植物中，在牛乳、水果、蔬菜等也有较高含量，植物和许多微生物在体内可以合成。目前，核黄素主要通过革兰氏阳性菌和半球菌的微生物发酵生产。维生素的供给量与机体能量代谢及蛋白质的摄入量均有关系，机体热量需要量增大、生长加速、创伤修复期、孕妇和乳母的供给量都需要增加，我国推荐的供给量标准与维生素 B_1 相同，成人推荐量为 $1.2\sim1.4mg/d$。

1. 参与代谢作用

维生素 B_2 参与体内生物氧化与能量代谢，与碳水化合物、蛋白质、核酸和脂肪的代谢有关，可提高机体对蛋白质的利用率，促进生长发育，维护皮肤和细胞膜的完整性。其具有保护皮肤毛囊黏膜及皮脂腺的功能；参与细胞的生长代谢，是机体组织代谢和修复的必需营养素，如强化肝功能、调节肾上腺素的分泌；参与维生素 B_6 和烟酸的代谢。FAD 和 FMN 作为辅基参与色氨酸转化为尼克酸，维生素 B_6 转化为磷酸吡哆醛的过程。

2. 抗氧化作用

维生素 B_2 还具有抗氧化活性，可能与黄素酶-谷胱甘肽还原酶有关。研究表明，核黄素缺乏的大鼠肝脏中谷胱甘肽含量显著下降，核黄素缺乏会引起 SOD、GSH-Px 与谷胱甘肽还原酶的活力减弱。

三、维生素 B_3

维生素 B_3，又称烟酸，属于吡啶维生素，物理性质稳定，是生物体中烟酰胺腺嘌呤二核苷酸和烟酰胺腺嘌呤二核苷酸磷酸的前体，参与各种酶促氧化还原反应。烟酸在体内以烟酰胺的形式参与构成辅酶Ⅰ和辅酶Ⅱ，是组织呼吸过程中极其重要的递氢体，与糖、脂肪和蛋白质代谢中能量的释放有关；可维护皮肤和神经系统的正常功能，并有降低血胆固醇和扩张血管的作用。

人体内烟酸可由色氨酸合成，60mg 色氨酸可产生 1mg 烟酸，因此，膳食中烟酸供给量以烟酸当量（mgNE）来表示。中国营养学会制定的烟酸推荐摄入量（RNI）为：成年男性15mgNE/d，女性12mgNE/d，孕妇及乳母15mgNE/d。

富含烟酸的食物有动物肝脏、肉类、鱼类、乳类、全谷类、豆类等。动物性蛋白由于含色氨酸较多，色氨酸在体内可以转变为烟酸，尽管转变比例较少，仍有一定的营养意义。植物性蛋白色氨酸含量较低营养意义较小。谷类加工越精细烟酸丢失越多。玉米中含量并不低，但由于玉米中的烟酸为结合型的，不被人体吸收利用，故以玉米为主食的地区易发生癞皮病。如果在玉米粉中加入 0.6% 的碳酸氢钠或适量食碱，可使结合型烟酸分解为游离型，可以被人体利用。

四、维生素 B_5

维生素 B_5 又叫泛酸，是一种水溶性维生素，化学式为 $C_9H_{17}NO_5$，因广泛存在于动植物中而得"泛酸"之名。由于所有的食物都含有维生素 B_5，所以几乎不存在缺乏问题，是分布广泛的有机酸，是 CoA 和磷酸泛酰巯基乙胺的组成成分。其中，CoA 是细胞中泛酸的主要辅酶形式。目前，仅发现了泛酸的 D-异构体，且大多数都是与 CoA 的结合形式存在，游离形式很少。在酵母、小麦、花生、米糠、豌豆、蛋、肝中的含量丰富，尤其是蜂王浆中。泛酸是糖类、脂肪等转变成能量必不可少的物质。

《中国居民膳食营养素参考摄入量（2023 版）》推荐的泛酸适宜摄入量（AI）为：成人 5mg/d，孕妇 6mg/d，乳母 7mg/d。

1. 参与代谢作用

维生素 B_5 在体内转变成辅酶 A（CoA）或酰基载体蛋白（ACP）参与脂肪酸代谢反应。CoA 是生物体内 70 多种酶的辅助因子（约占总酶量的 4%），细菌还需要 CoA 来构建细胞壁。在新陈代谢中 CoA 主要发挥酰基载体的功能，参与糖、脂肪、蛋白质和能量代谢，还可以通过修饰蛋白质来影响蛋白质的定位、稳定性和活性。CoA 为生物体提供了 90% 的能量。

2. 参与合成作用

维生素 B_5 是脂肪酸合成类固醇所必需的物质，也可参与类固醇紫质、褪黑激素和亚铁血红素的合成；还是体内柠檬酸循环、胆碱乙酰化、合成抗体等代谢所必需的中间物。因此，维生素 B_5 在体内可作用于正常的上皮器官如神经、肾上腺、消化道及皮肤，提高动物对病原体的抵抗力。

3. 保护作用

维生素 B_5 也可以增加谷胱甘肽的生物合成从而减缓细胞凋亡和损伤。实验证明，维生素 B_5 会对遭受脂质过氧化损伤的细胞具有很好的保护作用。泛酰巯基乙胺可以降低胆固醇和甘油三酯的浓度。

4. 促进营养成分吸收作用

维生素 B_5 及其衍生物还可以减轻抗生素等药物引起的毒副作用，参与多种营养成分的吸收和利用。维生素 B_5 具有维持蛋白质和脂肪的代谢作用，不但能够增强胆固醇，还可以帮助脂肪的分解以及合成，还可以转化身体中的热量，从而促进人体吸收营养元素，能够增强人体的抗压力和忍耐力。

五、维生素 B_6

维生素 B_6 又称吡哆素，其包括吡哆醇、吡哆醛及吡哆胺，在体内以磷酸酯的形式存在，是一种水溶性维生素，遇光或碱易被破坏，不耐高温。维生素 B_6 为无色晶体，易溶于水及乙醇，在酸液中稳定，在碱液中易破坏，吡哆醇耐热，吡哆醛和吡哆胺不耐高温。维生素 B_6 在酵母菌、肝脏、谷粒、肉、鱼、蛋、豆类及花生中含量较多。《中国居民膳食营养素参考摄入量（2023 版）》推荐维生素 B_6 的适宜摄入量（AI）为：成人 1.4mg/d，孕妇及乳母分别增加 0.8mg/d、4mg/d。维生素 B_6 为人体内某些辅酶的组成成分，参与多种代谢反应，尤其是和氨基酸代谢有密切关系。

维生素 B_6 在生物体内的存在形式是磷酸酯，磷酸吡哆醛和磷酸吡哆胺是它的活性形式，为氨基酸代谢、脂肪酸代谢中多种酶的主要辅酶。细菌、真菌和植物中可以合成吡哆醇，而包括人类在内的大多数动物对吡哆醇的需求来源于饮食，因为它们无法合成这种重要的微量营养素。目前，吡哆醇主要通过化学合成方式生产，广泛应用于食品和制药工业。

六、维生素 B_7

维生素 B_7，又称生物素、维生素 H、辅酶 R，是水溶性维生素。它是合成维生素 C 的必要物质，是脂肪和蛋白质正常代谢不可或缺的物质，是一种维持人体自然生长、发育和正常人体机能健康必要的营养素，具有较好的水溶性、醇溶性，不溶于亲脂性有机溶剂。生物素具有优良的热稳定性，但易被碱和过氧化物等破坏，其八种异构体中只有天然存在的生物素具有生物活性。生物素以游离形式存在于细胞质中作为植物细胞的储备池或以结合形式存在于细胞器中作为多种酶促羧化反应的辅酶，在糖异生、氨基酸代谢和脂肪酸合成中发挥重要作用。

生物素的主要来源是蛋制品、酵母、肝脏、肾脏和花生，在各种农作物生物质、水果中也有发现，如小麦、玉米、马铃薯、甜菜、甘蔗糖蜜和葡萄等。目前，商业用生物素主要通过化学合成方式生产，微生物合成生产生物素的方式仍在继续努力，可应用于化妆品、生物基化学品生产（如谷氨酸、赖氨酸等）。《中国居民膳食营养素参考摄入量（2023 版）》推荐维生素 B_7 的适宜摄入量（AI）为：成人 $40\mu g/d$，乳母 $50\mu g/d$。

七、维生素 B_9

维生素 B_9，又叫叶酸，黄色晶体，酸碱可溶，不溶于有机溶剂，对酸、光和温度敏感，四氢叶酸是叶酸的辅酶（COF）形式。细菌、真菌和植物体内可以合成叶酸，而包括人类在内的大多数动物对叶酸的需求来源于饮食或肠胃微生物，因为它们自身无法合成叶酸。目前叶酸主要通过自然界和化学合成。叶酸是生物体许多生化反应的重要物质，主要以离子的形式存在，促进细胞增殖、脑功能调节物质的合成，也被用作靶向治疗和诊断的重要载体。

《中国居民膳食营养素参考摄入量（2023 版）》推荐的叶酸推荐摄入量（RNI）为：成年人 $400\mu g/d$，孕妇 $600\mu g/d$，乳母 $550\mu g/d$。富含叶酸的食物是动物肝脏、肾脏、绿叶蔬菜、酵母、土豆、麦胚等。由于神经管畸形在我国的发生率较高，在人群中开展的大规模干预评价研究证实，小剂量的口服叶酸制剂是预防神经管畸形最安全有效的途径。

叶酸参与嘌呤的合成，对核酸的合成和蛋白质的生物合成有重要影响。其还可通过蛋氨酸的代谢影响磷脂、肌酸、神经介质的合成。临床研究表明，叶酸可以调节致癌过程，降低癌症危险性。

八、维生素 B_{12}

维生素 B_{12} 又称钴胺素，是以 Co 离子为中心的复杂多元环化合物，是唯一含金属的维生素。在中性或弱酸条件下稳定，在强酸或强碱中易分解，在阳光照射下易被破坏。但耐热性较好，故一般烹调方法不会破坏。

维生素 B_{12} 的食物来源主要是动物性食品，动物肝、肾、奶、肉、蛋、海鱼、虾等含量较多，肠道细菌也可合成部分。《中国居民膳食营养素参考摄入量（2023 版）》推荐维生素 B_{12} 成人推荐摄入量（RNI）为 $2.4\mu g/d$。正常人一般不缺 B_{12}，但胃功能失调病人，不能吸收此种维生素，可能造成缺乏症。

1. 维持造血作用

维生素 B_{12} 缺乏将导致 DNA 的合成减少，有丝分裂速率降低，延迟甚至破坏正常细胞特别是骨髓细胞和黏膜细胞的分化，形成不正常的巨细胞，这种现象称为巨母细胞转化，它是恶性贫血（又称巨幼红细胞性贫血）的一种典型特征。在人类的组织中，维生素 B_{12} 与血红素的合成有关，维生素 B_{12} 缺乏时，影响其生化反应的正常进行，血红素合成出现障碍，红细胞的生存时间有中度缩短，骨骼内虽然各阶段的巨幼细胞增多，但不发生代偿，因而出现贫血。维生素 B_{12} 能促进红细胞的发育和成熟，维持机体正常的造血机能。维生素 B_{12} 是转甲基酶的辅酶，可以提高四氢叶酸的利用率。

2. 参与合成作用

维生素 B_{12} 是丙二酸单酰辅酶 A 变位酶的辅酶，可参与胆碱（卵磷脂的构件分子）的合成过程。胆碱是磷脂的组成成分，而磷脂在肝中参与脂蛋白的形成，有助于从肝脏中移走脂肪，因此肝脏病患者常服用维生素 B_{12}，以防治脂肪肝。维生素 B_{12} 具有参与核酸的合成、促进红细胞发育和成熟、确保颅脑神经细胞的氧气供应等功能，并能维持中枢周围髓鞘神经的正常代谢，保持神经纤维的完整性，参与多种代谢过程，使脑神经介质维持在正常状态。

九、维生素 C

维生素 C 又称抗坏血酸，是一种白色晶体，极易溶于水，微溶于醇，难溶于有机溶剂。自身极不稳定，易受阳光、高温、紫外线的破坏，是细胞外液中最有效的水溶性抗氧化剂。它是一种含有多羟基的内酯，并且有连二烯醇式结构，含有两个手性碳原子，它有 L 型和 D 型两种构型，其中 L 型具有生物活性，D 型活性远远低于 L 型，所以我们生活中大部分使用的都是 L 型，对 L 型抗坏血酸的研究较为深入。维生素 C 根据来源分为天然维生素 C 和合成维生素 C 两大类，其中天然维生素 C 除保持合成维生素 C 的基本功效外，还含有黄酮、维生素 P、类黄酮等多种活性成分，具有较高的抗氧化、免疫力、抗慢性疾病等功效，其生物利用度比合成维生素 C 高 35%。维生素 C 在干燥及无光线条件下比较稳定，加热或暴露于空气中、碱性溶液及金属离子，如二价铜离子、三价铁离子都能加速其氧化。

1. 参与氧化还原作用

维生素 C 保护含巯基酶的活性。许多酶分子的巯基是维持其活性的必需基团，而维生素 C 能使酶分子中的巯基维持在还原状态，使酶分子保持一定的活性。此外，在谷胱甘肽还原酶作用下，维生素 C 可使氧化型谷胱甘肽还原为还原型谷胱甘肽，而保证还原型谷胱甘肽在体内的重要作用。保护维生素 A、维生素 E 以及必需脂肪酸免受氧化，清除自由基和某些化学物质对机体的毒害。还可使三价铁还原成二价铁，有效地促进铁元素在人体中的吸收。

2. 促进胶原蛋白的合成作用

胶原蛋白是骨、结缔组织、血管的重要成分。胶原蛋白交联成胶原纤维才能构成组织结构成分。维生素 C 可以促进胶原蛋白的合成，胶原蛋白含有较多的轻脯氨酸和羟赖氨酸，他们分别由蛋白质中的脯氨酸和赖氨酸羟化合成。维生素 C 可激活羟化酶，从而激活胶原蛋白的生成。胶原蛋白是细胞间的黏合剂，维生素 C 缺乏时，胶原蛋白等细胞间质的合成发生障碍，会发生创面，溃疡不易愈合，骨骼、牙齿等易于折断或脱落，毛细血管脆性、通透性增大，引起皮下、牙龈、黏膜出血等坏血病症状。

3. 提高应激能力作用

应激能力指适应各种紧急状态如喜、悲、惊、怒等及各种条件变化的能力。应激状态下，人的全身处于高度的紧张状态，出现相应的生理反应，如心跳加剧、血压升高、出汗、肌肉紧张等，此时机体处于充分动员状态，代谢水平加快，活动量增加，以适应紧急情况。体内各种激素，如肾上腺素、肾上腺皮质激素及胰高血糖素增加，有利于保持体内重要器官葡萄糖的供应，保证能量来源。维生素 C 可参与甲状腺素、肾上腺皮质激素和 5-羟色胺（神经递质）等物质的合成与释放，可提高人的应激能力和对寒冷的耐受力。

4. 降低血胆固醇的作用

维生素 C 参与肝中胆固醇羟化过程以转变成胆汁酸（帮助消化），从而降低血浆胆固醇水平，预防心脑血管硬化。其还可加强肝脏排泄胆固醇的作用，从而血胆固醇含量降低，有预防动脉粥样硬化的作用，还可改善心肌及血细胞、组织代谢的作用。

5. 增强机体免疫力和抗癌作用

维生素 C 能刺激机体产生干扰素，增强抗病毒能力，预防感冒，还可以保护心脏，改善心肌功能。维生素 C 还能阻止一些致癌物的形成，如阻断强致癌物亚硝胺的生成，所以对预防癌症有效。研究表明，维生素 C 的抗癌作用是通过在细胞外生成大量的 H_2O_2，扩散进入细胞，通过产生活性氧来杀死癌细胞。另外，活性氧浓度的增加也会引起一系列氧化应激，抑制细胞自身的抗氧化系统，进而造成 DNA 损伤，加剧癌细胞死亡。

第四节　维生素的制备方法及应用

虽然维生素在机体中含量较少，但生理功能十分重要，长期缺乏任何一种维生素，都会危及健康甚至生命安全。由缺乏维生素所引起的代谢紊乱以及出现相应的病理症状，称为维生素缺乏症。自然界中植物种类繁多，不仅为人类提供了广泛的食物来源，也是人类获取维生素和其他多种有价值产品的一个重要来源。目前，许多功能性食品研究机构及制药公司都开发了多种新的提取检测技术手段如超声波提取法、酶辅助提取法等，将食品中各类维生素提取纯化出来，既可以制成维生素营养保健品，又可添加到一些食品当中，作为营养添加剂。也可以利用液相色谱-质谱等方法对维生素进行定性定量分析，将维生素检测方法应用于饲料、水果、药品、饮料、发酵乳制品，以及人体新陈代谢物的研究，这对食品健康与品质的提升、人体健康发育都有着深远的意义。

一、维生素的提取

人体对维生素的需要是不可缺少的，它能维持细胞的正常功能，调节人体的新陈代谢。维生素种类很多，对人体影响最大的主要有维生素 A、B 族维生素、维生素 C、维生素 D 四类，另外还有维生素 E、维生素 K、维生素 P 等。维生素 A 也称胡萝卜素，主要作用是促进人体生长，增加对传染病的抵抗力。它可以维持上皮细胞的健康状态，预防夜盲症、干性眼炎、结膜硬化、皮肤干燥、蛀牙和生长迟缓、发育不良等。但人体是无法自身合成这些维生素化合物的，只能通过摄取食物进行补充。随着生活水平的提高，食物精做细吃，造成维生素流失。因此作为营养添加剂提取是进行维生素研究的第一步，一般需要根据植物中有效成分在不同条件下的存在状态、形状、溶解性等物理和化学性质来选择适当的提取方法，不仅可以保证所需成分被提取出来，还可尽量避免不需要的杂质的干扰。

维生素种类繁多、结构复杂不一，许多新型提取方法也不断被开发出来，以期获得更高效、更环保的效果。例如，皂化提取法（saponification extraction）利用酯（尤指羧酸酯）在碱的作用下水解生成羧酸盐和醇，再获取所要提取的有机物。直接提取法（direct extraction）

提取时间较短、操作简便且受外界因素影响较少，所以检测精度较高、平行性较好。将多种提取方法联合使用也是高效提取维生素的策略，克服单一方法时的局限性。此外，维生素提取的方法还包括：溶剂提取法、超声波提取法、闪式提取法、超临界流体萃取法、微波辅助提取法、高压均质技术、酶辅助提取法等。

二、维生素的测定

维生素是维持人和动物身体健康所必需的一种有机化合物，但人体自身不能合成，必须从外界环境摄取。而且维生素很不稳定，在酸、碱、光、热等条件下会发生降解，因此对其分析测定有些困难。维生素的测定方法主要包括微生物法、光度法、高效毛细管电泳法、液相色谱法、液相色谱-质谱联用法、超临界流体色谱法等。

1. 微生物法

微生物法测定水溶性维生素含量是一种常见的水溶性维生素检测方法，是利用微生物的特异性，给予一定的营养条件或改变微生物的生存环境，通过其生长繁殖和代谢表达来完成对单一维生素成分的测定。

早在 20 世纪 50 年代，英国维生素研究专家就利用微生物对来自不同动物的乳样中的维生素 B_{12} 含量进行了测定。我国学者于 20 世纪 90 年代开始使用微生物对食品中的维生素含量进行测定，经过近 30 年的发展，微生物法测定维生素已非常成熟，在 2017 年颁布的国家标准中，利用微生物法分别对食用农产品中的烟酸和烟酰胺、泛酸、吡哆素、生物素及叶酸进行了测定。

微生物本身对生存环境极为敏感，且其特异性表达决定了微生物法检出限低、灵敏度高、结果可靠的优点，但同时也因为微生物易染菌、特异性强造成了其具有培养周期长、重现性差、测定结果单一等缺点。研究者采用乳酸杆菌对泛酸含量测定时，应用了泛酸试剂盒，极大缩短了检测时间。各种维生素检测试剂盒因其简单快速的优点或许会成为检测维生素含量的一种重要的工具。微生物法是检测维生素含量最简单、最普遍的一种方法，在未来的发展中应该着力于其较差的重现性及检测单一性等方面，从而使该方法更加完善。

2. 光度法

光度法也是检测维生素的一种常用方法，主要分为分光光度法和荧光光度法。分光光度法利用水溶性维生素对紫外光有极强吸收的特点，测定被测物质在特定波长处或一定波长范围内光的吸收度。光度法对水溶性维生素的定性和定量分析，相对于微生物法，有灵敏度高、操作简便快速、成本低的优点。但分光光度法在实际操作中过程烦琐，花费时间较长，且在测定时有过多的干扰项，稳定性差。分子荧光法有灵敏度高，检出能力强的优点，一般用于自身含有荧光基团或者衍生后能有荧光特性的物质，国标中维生素 B_1、维生素 B_2、泛酸、烟酰胺等的测定都采用了荧光光度法。荧光光度法的缺点在于前处理复杂，维生素往往要经过提取、皂化衍生化等步骤，且不同的维生素往往前处理方法不同，不具备高效快速的特点。

3. 高效毛细管电泳法

高效毛细管电泳法起步于 20 世纪 80 年代末，是近年来发展较快的分析方法之一。它是以高压电场为驱动力，以毛细管为分离通道，依据样品中各组分之间浓度和分配行为上的差异而实现分离分析的液相分离方法。毛细管电泳法具有高效、快速、分析对象广的优点，近年来，有许多学者利用其对维生素进行了测定，建立了高效毛细管电泳同时测定 5 种水溶性维生素的方法，该方法在 6min 内可以对 5 种水溶性维生素进行分离，以出峰时间进行定性、以峰面积进行定量，对食品中的维生素进行定性定量分析，为研究水溶性维生素的检测方法提供了新思路。但毛细管由于其直径较小，所以检测时灵敏度相对较低，电渗也会受到样品成分的影响，重现性不好。

4. 液相色谱法

色谱分析是按物质在固定相与流动相间分配系数的差别而进行分析、分离的方法，相较于传统的分析测试方法，色谱法有检测时间短，检测效率高，检测结果准确等优点。高效液相色谱用高压输液系统，以液体为流动相，将具有极性不同的单一溶剂或者比例不同的混合溶液等流动相输送入装有固定相的色谱分析柱，在柱内进行分离分配，进入合适的检测器完成对试样的分析测试，其较普通液相色谱具有高压、高速、高效、高灵敏度的特点，且色谱柱可反复使用，样品在短时间内可以回收。高效液相色谱法是目前测定维生素比较普遍的方法，用液相色谱对维生素进行检测可实现高效快速的目的，但在实际测定中，还需从维生素本身出发考虑一些问题。

5. 液相色谱-质谱联用法

液相色谱-质谱联用作为近些年出现的一种新的分析检测方法，为食品和医疗等领域的分析检测技术提供了更广阔的发展前景。液相色谱-质谱分析将色谱的高效迅速和质谱的高灵敏度、强定性力有效结合起来，可以同时对多种不同样品进行定性及定量分析。其先利用高效液相色谱对不同样品进行有效的分离，然后利用质谱检测器所具有的高专一性、高选择性、高灵敏度对不同样品进行分析测定。

6. 超临界流体色谱法

超临界流体色谱法也是近年来发展较为迅速的一种检测方法，以超临界流体作为流动相的一种色谱方法。超临界流体指的是流体在高于临界压力和临界温度时的一种物质状态，具有低黏度、高密度及较高的扩散系数等特性。超临界流体色谱既可以分析气相色谱法难以处理的高沸点、不挥发样品，又有比液相色谱法更高的柱效和更短的分析时间。理论上讲，其应用于维生素的定性、定量分析也应更加方便。各项关于超临界色谱法的研究证明了超临界流体色谱测定维生素的可行性，为进一步利用超临界流体色谱测定维生素提供了思路。超临界色谱应用于维生素检测时，相对于其他方法具有检测效率高，检测时间短的优点，但由于有些维生素的极性限制难以使用超临界色谱对其进行测定。

三、维生素的应用

维生素是维持人体健康的必要物质。随着社会文明的进步，带来了科学技术和产业经济的高度发达，人们的饮食构成已经由粗劣型向精细型食品转化，随之而带来的是脂肪、蛋白质、碳水化合物等供应过剩和矿物质、维生素类物质的缺乏，特别是维生素更加明显。另外，由于各地区人们的膳食习惯不同，往往会出现某些营养上的缺陷，据营养调查统计结果，各地普遍存在缺少维生素的情况，例如，食用精白米、精白面的地区和果蔬供应不足的地区。维生素的作用是调节生理机能，大多数维生素是机体内酶系统中辅酶的组成部分。目前，已发现的维生素有多种，一般的维生素在人体内均不能自行合成，必须靠食物供给。当膳食中长期缺乏某种维生素或其含量不足时，就会引起代谢紊乱，从而引起维生素缺乏病。儿童时期缺乏维生素更会影响生长发育，甚至停止生长。长期轻度缺乏维生素，虽不一定出现临床症状，但可引起劳动效率下降，引起不快的情绪，感觉迟钝以及对传染病抵抗力降低等。维生素在食品加工中的应用，就是补充某些食品在加工、贮藏、运输等过程中造成的损失，或者弥补膳食中维生素供给量不足造成的影响，以及适应特殊职业和不同生理状态人的需要，使人体在发育的各个生理阶段获得全面合理的营养。因此，维生素在食品工业中的应用越来越受到重视。把维生素作为抗氧剂使用，不仅能提高产品质量，还有一定的生物效价，即能增加人体营养，所以它是比较理想的食品助剂。

（一）维生素在营养强化食品中的应用

食品的营养强化是指为保持食品中原有的营养成分或为补充食品中缺乏的营养素，向食品中添加营养强化剂以满足人体营养需求的一种食品加工过程。营养强化方式有直接添加法、浸吸法、挤压强化法、涂抹法等。营养强化原则要求营养强化剂易被机体吸收利用，并且加入后不得影响食品原本的营养成分及感官品质，营养素添加量必须根据中国历年来的营养调查情况和个别地区已暴露出营养缺乏问题，或满足特殊人群对某些营养素供给量需要的原则来确定，尤其是对一些脂溶性营养素，必须保证人体长期食用而不会引起蓄积性副作用。但由于大多数营养强化剂本身具有专有的颜色、气味或化学性质，其应用受到极大限制。微胶囊技术在营养强化食品中的应用，不但很好地解决了这一类问题，而且提高了微量元素的稳定性。

在一些国家，95%以上的主食都来自面粉、谷物和薯类等，它们价格相对低廉，种植和消费范围广，因此被认为是营养强化的首选载体。杂粮通常是指水稻、小麦、大豆、玉米和薯类五大作物以外的粮豆作物，常见的有荞麦、高粱、燕麦、谷子、大麦、绿豆、菜豆、黑豆等。杂粮食品具有天然、绿色、营养、健康的品质特征，并可以"以喝代吃"，深受现代人的喜爱。古籍《黄帝内经》就有"五谷为养，五果为助，五畜为益，五菜为充，气味合而服之，以补精益气"的记载，这是因为杂粮含有丰富的营养素，如钾、钙、维生素 E、叶酸、芦丁、黄酮等，使其在降血压、降血脂、降胆固醇、防控糖尿病、健胃、消炎、防癌等方面有良好的保健疗效，同时，杂粮含有的微量元素如铁、镁、锌、硒等也高于细粮，是一种营养丰富、价值较高的营养食品。但杂粮中几乎不含维生素 A，对于饮食结构单一或比较贫困的地区，长期食用杂粮等主食制品易出现视力下降、免疫力下降、发育滞后等症状，故对杂粮的维生素 A 营养强化具有实际研究意义。

微胶囊技术通过各种方法将芯材包埋进天然或合成的高分子材料壁材中，达到改善芯材理化性质、提高物质稳定性、屏蔽气味、控制物质释放的目的。由微胶囊形成的微小颗粒的平均直径一般在 $5\sim200\mu m$，微胶囊总面积与直径成反比，其微观尺寸允许有较大的表面积，可用于吸附和解吸、化学反应、光散射等。目前，在食品工业中主要的微胶囊化方法有喷雾干燥法、相分离法和包结络合法等，其中复凝聚法是一种经典的方法，因操作简单、条件温和而被广泛应用于食品加工行业。

研究发现，小麦粉、荞麦面、燕麦面、马铃薯全粉经维生素 A 微胶囊营养强化后，其原料组织状态、气味及色泽并未改变，图 5-1 为主食-维生素 A 微胶囊物理特性的测定，维生素 A 营养强化后的小麦粉、荞麦粉、燕麦粉及马铃薯全粉的保水力均稍有增加、膨胀率及溶解度相差不大，说明少量微胶囊的加入并未对原料品质带来不良影响，初步断定维生素 A 微胶囊是一种优良的强化剂。维生素 A 营养强化食品经过热加工处理后，维生素 A 保留率均可达 75% 以上，在食品加工中未产生较大损失，说明微胶囊技术对维生素 A 起到良好保护效果。复凝聚法所制备维生素 A 微胶囊是一种较优的营养强化剂，为维生素 A 营养强化食品的深入研究奠定重要基础。

图 5-1　主食-维生素 A 微胶囊物理特性的测定

（二）维生素在食品配料中的应用

沙棘属植物之所以被广泛利用，主要是因为沙棘的根、茎、叶、花、果都含有丰富的生理活性物质。研究报道，沙棘果实中含有 190 多种活性成分，其中包括 10 多种维生素，20 多种黄酮类化合物，20 多种有机酸，40 多种酯，近 30 种萜类和甾体类化合物，几十种微量和宏量元素。此外，还含有磷脂类、胡萝卜素类、多酚类、甜菜碱、5-羟色胺、油脂、18 种氨基酸、蛋白质和碳水化合物等。沙棘不同部位化学成分含量见表 5-1。

表 5-1　　　　　　　　　　　　　　　沙棘不同部位化学成分

指标名称	叶子	果实	果肉	种子	鲜果汁
干物质/%	32.3	22	23	82.3	6.74
游离糖总量/%	2.6	2.69	0.54	0.38	0.78
水溶果胶/%	0.42	0.59	0.41	0.14	0.21
酸度/%	—	3.8	—	1.81	3.2
鞣质/%	1.5	0.02	0.02	—	0.004
油脂/%	0.33	5.2	4.8	9.4	—
番茄红素/(μg/g)	—	0.011	0.032	—	0.004
黄酮醇/(μg/g)	1.62	1.428	0.316	—	0.262
3-萜烯酸/(μg/g)	3.18	2.82	2.26	2.35	1.23
氯原酸/(μg/g)	2.82	1.72	2.14	1.82	1.03

多种类、高含量的维生素是沙棘果实的一大特点。沙棘果实含有的维生素类有维生素 B_1、维生素 B_2、维生素 B_9（叶酸）、维生素 C、维生素 E、维生素 K、维生素 P 及类胡萝卜素等。维生素类也是人体不可缺少的营养素。

叶酸参加造血过程，因而被用于缓解造血机能减退和失调、白细胞减少症、贫血以及胆碱失调等症状。据报道，沙棘中叶酸含量可达 0.75mg/100g 以上。同时沙棘以其维生素 C 含量高而著称，不同产地的鲜果中维生素 C 的含量是在 6~1294 mg/100g。研究结果表明，沙棘果中含维生素 C 580~800mg/100g，维生素 C 的含量是山楂的 20 倍，是猕猴桃的 2~3 倍，是橘子的 6 倍，是苹果的 200 倍，是西红柿的 80 倍，可见沙棘维生素 C 的含量几乎是一切果菜之冠，而且所含的维生素 C 相当稳定，即使在较高温条件下加热，也不易被氧化破坏。

维生素 E 作为一种脂溶性维生素，主要集中在沙棘的果肉油和种子油里。有学者用不同方法研究证明，果肉中维生素 E 总含量为 100~160mg/100g，种子油含量为 100~120mg/100g，维生素 E 在果汁油和种子油中分布是均等的，不同品种的沙棘籽油中的维生素 E 组成及含量差异较大，沙棘中富含的维生素类化合物，其功能主要是：对生物膜的保护作用，抗自由基和抗脂质过氧化作用，提高免疫功能的作用，降血脂、缓解动脉粥样硬化等。

由于沙棘植物及其果实含有如此丰富而重要的维生素，引起了众多研究者的广泛关注，相继出现了许多研究机构和学术组织，如水利部沙棘开发管理中心等。随着人们对沙棘认识的提高，国内沙棘产品已有 8 大系列 200 多种品系。主要以沙棘果、籽、叶、枝为原料生产沙棘果汁饮料、沙棘酒、沙棘油及软胶囊、沙棘黄酮、沙棘复合提取物、沙棘茶等。目前，沙棘已作为原料或添加剂被广泛应用于各类食品中。饮食方面，以沙棘浓缩汁、脱脂奶粉、鸡蛋全粉为原料研制出冲调型沙棘蛋奶食品；以沙棘果汁、白砂糖为主要原料，并配以其辅料，研制出的沙棘果冻食品凝胶状态好，气味清新，酸甜可口，且无水分析出；利用沙棘果实为原料酿造出的具有沙棘果香的食用醋等调味品果香怡人。在近几年，市场上出现了沙棘酱油和沙棘保健醋新产品，深受消费者的青睐，也有企业想把其加到天然保健食品中组成新产品。

（三）维生素在油基食品中的应用

类脂化合物的氧化会产生令人厌烦的气味。例如，牛乳中乳脂氧化后产生乙醛、碳酸和其他降解物质，其浓度有时不到 $1\mu L/L$ 就会影响乳的口味。加入抗坏血软脂酸盐就能防止乳脂氧化或使其氧化延缓。对于动物脂肪，可以把维生素 E 和抗坏血软脂酸盐合起来使用，就能得到较好的效果。植物油由于所含天然维生素 E 比较丰富，可以只用抗坏血软脂酸盐。不同油类所使用抗氧化剂的量也不同，例如葵花油、花生油使用 100mg 已足够，而猪油则需 400~500mg 才有效果。

在维生素 E 和抗坏血软脂酸盐中加入卵磷脂和没食子酸盐，其抗氧效果更好。α-生育酚（维生素 E）和抗坏血酸棕榈酸酯（维生素 C 油溶性衍生物）的用途是稳定油脂，如植物油、烹调油、起酥油、涂抹奶酪和动物脂肪等。由于 α-生育酚不具挥发性，因此不会在烹调过程中挥发消失。α-生育酚和抗坏血酸棕榈酸酯能互相发挥作用，将它们与卵磷脂混合做成抗氧化剂适用于植物油、起酥油、焙烤食品、奶粉、奶酪酱、蛋黄酱、色拉酱、加工肉类和香肠等。α-生育酚和抗坏血酸棕榈酸酯是安全的抗氧化剂，可以替代其他合成抗氧化剂如 BHT、BHA、TBHQ 和没食子酸盐，用量一般为 50~500mg/kg。

（四）维生素在功能食品中的应用

补充维生素是一种直接的方法，有可能迅速纠正人体微量营养素的状态，因此，功能性食品越来越受欢迎，食品工业已经开始加入维生素。补充剂行业借此机会将单一维生素和复合维生素作为预防缺乏的手段进行营销。然而，这种维生素补充剂的有效性在科学界存在广泛争议。一些人发现它们可能在特定情况下有效，例如维生素 D 可以降低子痫前期的发作，复合维生素补充剂可以降低儿童孤独症谱系障碍的风险。其他人则认为，与均衡饮食相比，它们没有什么区别，甚至存在更高的风险。强化是一种补充策略，在食物中添加比原来发现的水平更高的营养物质，这是为了恢复加工过程中丢失的微量营养素，提供比原始形式更营养均衡的食物，或提供一种特殊用途的食物，旨在执行特定的功能。在一些国家，食物强化已经被广泛使用了几十年，并被认为是预防微量营养素缺乏症最有效的公共卫生措施之一。由于维生素在加工和储存过程中的不稳定性，维生素强化的效率往往不能最大化。微胶囊化可以很好地提高强化效果，克服这一问题。

（五）维生素在水基食品中的应用

在水基食品中，抗坏血酸能起护色作用并保护风味。含有天然胡萝卜素的浆果、柑橘等水果中，如加入抗坏血酸可以防止胡萝卜素氧化变色。青豆罐头中加入抗坏血酸可以改善色泽。罐头蘑菇容易变色，每千克蘑菇加入 1.5～3g 抗坏血酸，可以改善色泽和保持良好的风味。

（六）维生素在发酵食品中的应用

食品原料发酵时，如培养液中维生素含量不足，就会降低原料的利用率。加入适当的维生素，可以改变此现象，使产量有所增加。例如：葡萄发酵时，当某些维生素如硫胺素、核黄素、B 族维生素、泛酸钙、烟酸、促生素和环己六醇等消耗尽时，常出现发酵中止现象。此时加入适量的促生素，发酵便恢复正常。在谷氨酸发酵时加入适量的促生素和硫胺素，可以保证微生物正常生长。

面包酵母在糖蜜中发酵所需维生素标准为：促生素 0.29g/t、泛酸钙 50g/t、环己六醇 1200g/t。在甜菜糖蜜中，促生素含量不足，而在甘蔗糖蜜中的泛酸钙和环己六醇含量较低。在糖蜜中添加维生素可以缩短发酵时间，增加酵母产量，节约酵母菌种的用量和能抑制菌种的退化和感染。

在单细胞蛋白生产过程中，细菌需要维生素、促生素等，才能较快地生长。

第五节　维生素类产品展望

随着我国经济的发展和人们健康意识的提高，我国人均维生素消费量仍有很大上升空间，同时，我国人口基数大，也为我国维生素市场发展提供了机遇。随着营养学研究和技术进步，表明常见的健康问题，如睡眠、压力、能量水平等，可以通过日常营养补充来支持，而且比传统的多种维生素所能提供的更多。随着人们对多种维生素的了解越来越多，人们可以根据特定的健康需求和生活阶段定制附加益处，比如具有有益于大脑、眼睛、心脏以及骨骼和关节健康益处的多种维生素。

以中国为主的亚洲国家，维生素 C 生产与消费严重不平衡。我国大部分维生素 C 依赖出口，而国内消费严重不足，远远低于欧美国家的人均年用量，因而国内维生素 C 市场潜力巨大。按欧美国家人均年用量的 1/5 计，国内的需求量有 100% 的增长空间。维生素产品种类多，功能各异，其中维生素 C 可以改善免疫系统、维生素 A 能够改善视力、维生素 D 可以增强骨骼等，备受居民的青睐，因此维生素产品市场需求持续增多。

目前，维生素 A 广泛应用于非处方药、营养补充剂、饲料添加剂及食品加工业。随着我国人民生活水平的提高，维生素 A 的需求将进一步增大。中国国家公众营养改善项目组的食物强化总体构想中确定了维生素 A、维生素 B_1、维生素 B_2、叶酸、尼克酸、铁、碘、锌和钙为我国营养强化的主要品种。随着我国全面推行食物营养强化，维生素 A 的市场需求将大大增加。维生素 C 全球需求量约为 22 万 t，中国供给占比达到了 70%，是全球维生素 C 生产基地，其主要消费市场在欧美国家，维生素 C 下游需求以居民消费者为主，呈刚性需求表现，有力地保障了下游市场需求量缓慢稳定增加。

思考题

1. 试述维生素的定义。
2. 脂溶性维生素包括哪些？
3. 水溶性维生素包括哪些？
4. B 族维生素主要是指哪些？
5. 试述各种维生素的生理功能。
6. 选取 2 种维生素，列举其提取测定方法。
7. 试述常见的维生素来源。
8. 试述常见的维生素缺乏症状。
9. 维生素主要在食品中有哪些应用？
10. 试述超声波辅助提取的原理。

06

活性矿质元素

学习目标

　　理解活性矿质元素的定义、组成、分类特点及缺乏原因；掌握钙、磷、镁等几种代表性常量活性矿质元素及其功能，理解其缺乏或过量时对健康的影响，了解其食物来源与摄入量；掌握铁、锌等几种代表性微量矿质元素及其功能，理解其缺乏或过量时对健康的影响，了解其食物来源与摄入量；了解活性矿质元素在功能性食品中的应用及生产工艺。

名词及概念

　　活性矿质元素、活性常量元素、活性微量元素、必需微量元素、纳米微胶囊技术等。

第一节　概述

　　在漫长的生物进化过程中，人体几乎含有自然界中的所有元素，除碳、氢、氧、氮构成蛋白质、脂类、碳水化合物等有机物及水外，其余元素大部分以无机化合物形式在体内起作用，统称为活性矿质元素。根据其在人体内的含量和膳食中的需要不同，又分为常量元素和微量元素两大类。

一、活性矿质元素的特点

1. 在体内分布不均

　　活性矿质元素在食物及人体组织中分布不均匀，如钙、磷绝大部分在骨、牙组织中，85%铁集中在红细胞，90%碘集中在甲状腺，锌集中在肌肉组织等。

2. 不能在体内生成，也不可能在体内自行消失

　　活性矿质元素主要来源于食物和水，体内不能自行合成，在新陈代谢过程中，通过粪便、尿液、汗液、胆汁、头发、指甲、脱屑等途径排出体外，因此必须通过膳食予以补充。

3. 某些矿质元素相互之间存在协同或拮抗效应

　　活性矿质元素之间的相互作用错综复杂，一种元素可影响另一种元素的吸收或改变另一

种元素在体内的分布。如摄入过量的锌可抑制铁的吸收和利用。

4. 活性矿质元素在体内都有适宜的浓度范围

活性矿质元素在一定浓度范围内对人体有益，缺乏或摄入过量都会导致疾病的发生和发展。如氟、铅、汞、镉等微量元素有潜在毒性，一旦摄入过量可能对人体造成病变或损伤，但在低剂量下对人体又是可能的必需微量元素。

二、活性矿质元素的主要功能

1. 参与组织构成，维持体液平衡、神经肌肉兴奋性和细胞膜通透性

某些活性矿质元素参与构成骨骼、牙、肌肉、腺体、血液、毛发等组织，维持神经、肌肉正常生理功能，维持心脏的正常搏动。钾、钠、钙、镁能维持神经肌肉兴奋性和细胞膜通透性，调节渗透压和体液酸碱度。

2. 在酶系统中起特异的活化中心作用

分子生物学的研究表明，活性矿质元素通过与酶蛋白或辅酶等基团侧链结合，使酶蛋白的亚单位保持在一起，或把酶底物结合于酶的活性中心，提高酶的活性。迄今发现，体内的1000多种酶中多数需要矿质元素参与激活。

3. 在激素和维生素中起特异的生理作用

某些活性矿质元素是激素或维生素的成分，缺少这些活性矿质元素，就不能合成相应的激素或维生素，机体的生理功能就会受到影响。例如，碘为甲状腺激素的生物合成及结构成分所必需；而锌对维持胰岛素的结构不可缺少。

4. 具有载体和电子传体的作用

某些活性矿质元素具有载体和电子传递体的作用。如铁是血红蛋白中氧的携带者，把氧输送到各组织细胞；铁和铜作为呼吸链的传递体，传递电子，完成生物氧化。

5. 影响核酸代谢

核酸中含有相当多的铬、铁、锌、锰、铜、镍等活性矿质元素，对核酸的物理、化学性质产生影响，在遗传中起着重要的作用。多种 RNA 聚合酶中含有锌，而核苷酸还原酶的作用则依赖于铁。

6. 防癌、抗癌作用

有些活性矿质元素，有一定的防癌、抗癌作用。如铁、硒等对胃肠道癌有拮抗作用；镁对恶性淋巴病和慢性白血病有拮抗作用；锌对食管癌、肺癌有拮抗作用；碘对甲状腺癌和乳腺癌有拮抗作用。

三、活性矿质元素缺乏的原因

1. 环境因素

地壳中矿质元素的分布不平衡，地表土壤缺少一种或数种元素，如碘缺乏常具有地区性特点，称为地方性甲状腺肿。

2. 摄入量不足

不良的饮食习惯如挑食、摄入食物品种单一等，可诱发矿质元素缺乏，如缺少肉、禽、鱼类的摄入会引起锌和铁的缺乏，缺少乳制品的摄入可引起钙的缺乏等，长期营养不良也会导致身体缺乏矿质元素，影响身体健康。

3. 生理需求增加

生长发育迅速的儿童、妊娠和哺乳期妇女，处于某些疾病恢复期，或是运动量过大、劳动强度过大的人群，身体对矿质元素的需求量都会显著增加，如不及时补充就会导致矿质元素的缺乏。

4. 年龄因素

随着年龄的不断增长，身体的各个器官会逐渐衰退，人体对矿质元素的吸收能力会逐渐下降，而且体内的酶也会发生紊乱，从而使矿质元素大量流失。

5. 疾病、遗传因素和生理缺陷的影响

一些慢性疾病或消耗性疾病、遗传性或获得性生理缺陷会影响矿质元素的吸收、利用和排泄，如腹泻、胃酸缺乏、消化性溃疡等会使体内的矿质元素大量流失；先天性运铁蛋白缺乏症因铁利用和转运障碍而导致顽固性缺铁性贫血。

6. 药物对矿质元素吸收的影响

多价磷酸盐、青霉胺、四环素、避孕药等，能与某些矿质元素形成络合物或难溶性复合物而影响其吸收。比如可与锌、铜等金属形成络合物，干扰锌吸收或增加尿铜的排泄量。

7. 加工因素

食物加工不当，如加工过于精细，谷物外皮和胚芽中的矿质元素就随糠麸一起丢失；蔬菜浸泡于水中或蔬菜水煮后把水倒掉可损失大量矿质元素。

8. 食物成分与矿质元素的相互作用

食物成分与矿质元素的相互作用也可能造成矿质元素缺乏。不同食物中矿质元素生物利用率各异，动物蛋白中锌、铁吸收一般较植物蛋白高；人乳中锌、铁含量虽比牛奶低，但吸收率比牛奶高。天然存在的矿质元素拮抗物，植物中植酸、草酸和膳食纤维可导致某些矿质元素缺乏。

第二节　活性常量元素

活性常量元素是指含量在0.01%以上，膳食摄入量大于100mg/d的元素，包括钙（Ca）、磷（P）、镁（Mg）、钾（K）、钠（Na）、硫（S）和氯（Cl）7种元素，都是人体必需的，占人体总灰分的60%~80%。

这些常量元素往往成对出现，对机体发挥着极为重要的生理功能。诸如骨组织的形成、神经冲动的传导、肌肉收缩的调节、酶的激活、体液的平衡等多种生理生化过程都离不开常量活性元素的参与及调节。

一、钙（Ca）

钙是人体必需的活性常量元素之一，其含量仅次于碳、氢、氧、氮。正常人体内钙的含量为1200~1400g，占人体重量的1.5%~2.0%，其中99%存在于骨骼和牙齿之中，剩余的约1%有一半与柠檬酸螯合或与蛋白质结合，另一半则以离子状态存在于软组织（0.6%）、细胞外液（0.1%）和血液中（0.03%），与骨钙维持着动态平衡，并对机体内多方面的生理活动和生物化学过程中起着重要的调节作用。

（一）钙的生理功能

1. 构成骨骼和牙齿

钙是骨骼和牙齿的重要成分，保证骨骼和牙齿的正常生长发育，维持骨健康并与混溶钙池保持着动态平衡。骨骼中的钙不断释放进入混溶钙池，混溶钙池中的钙又会不断地沉积于骨组织中，使骨骼不断代谢更新，从而促进人体的生长发育。

2. 维持神经和肌肉活动

钙是神经信号传导所必需的，合适比例的钙、钾、钠、镁等常量元素共同促进神经递质的产生和释放，维持着神经和肌肉的正常兴奋性及心脏的正常搏动。缺钙会引起神经肌肉的兴奋性升高，出现全身惊厥、手足痉挛，伴发阵发性呼吸暂停，引起缺血缺氧性脑损伤，神经性偏头痛、失眠；婴儿夜惊、夜啼、盗汗，诱发儿童的多动症。而钙离子浓度过高时，则可损害肌肉的收缩功能，引起心脏和呼吸衰竭。

3. 促进体内某些酶的活性

钙是人体内 200 多种酶的激活剂，直接参与脂肪酶、ATP 酶等的活性调节，还能激活腺苷酸环化酶、鸟苷酸环化酶等多种酶，调节代谢过程及一系列细胞内生命活动。

4. 其他功能

钙还参与凝血过程，是血液凝固过程所必需的凝血因子，刺激血小板，促使伤口血液凝结；参与调节多种激素分泌；维持体液酸碱平衡以及细胞内胶质稳定性；影响毛细血管通透性，并参与调节生物膜的完整性和质膜的通透性及其转换过程，避免缺钙导致过敏、水肿、皮肤松垮、衰老；钙降低血中胆固醇的浓度，控制心率、血压和冠心病；钙可以预防铅中毒，人体会吸收钙而使铅的吸收减少；钙还能预防骨质疏松和骨质增生。

（二）钙的吸收与代谢

1. 钙的吸收

膳食中钙主要以化合物的形式存在，经消化后变成游离钙才能在小肠上段被吸收，一般钙吸收率为 20%～60%。小肠内钙吸收以主动转运为主，受膳食成分、体内钙与维生素 D 的营养状况及生理状况等因素的影响，被动转运则与肠腔中钙浓度有关，钙摄入量高时被动吸收占主导。

影响钙吸收的因素很多，主要包括机体与膳食两个方面。

（1）机体因素　钙的吸收与机体的需要程度密切相关，故而生命周期的各个阶段钙的吸收情况不同。人体对钙的需求量大时，如妊娠、哺乳和青春期，钙的吸收率也高。钙吸收率随年龄增加而渐减，婴儿时期吸收率为 60%，儿童约为 40%，年轻成人约为 25%，成年人约为 20%。

（2）膳食因素　首先是膳食中钙的摄入量，摄入量高，吸收量也高。但吸收率与摄入量并不成正比，摄入量增加时，吸收率降低。

其次，膳食中维生素 D 的存在与量的多少，对钙的吸收有明显影响。维生素 D 可促进合成钙结合蛋白，是促进钙吸收的主要因素。紫外线能够促进体内维生素 D 的合成，所以晒太阳促进钙的吸收。凡能引起维生素 D 缺乏的原因，均可间接引起钙的吸收下降。

最后，酸性环境能促进钙的溶解和吸收，能够增加消化道酸度的物质均有利于钙的吸收。

老年人胃酸分泌减少，钙吸收能力降低；抗酸剂的服用也会干扰钙的吸收。乳糖可与钙螯合成低分子可溶性物质，也可被肠道菌分解发酵产酸，使肠腔 pH 降低，均有利于钙吸收。婴儿期乳糖可以促进膳食钙吸收增加到 33%～48%。适量的蛋白质和一些氨基酸，如赖氨酸、精氨酸、色氨酸等有利于钙吸收，但当蛋白质超过推荐摄入量时，则未见进一步的有利影响。高脂膳食可延长钙与肠黏膜接触的时间，可使钙吸收有所增加，但脂肪酸与钙结合形成脂肪酸钙，进而影响钙吸收。膳食钙磷比例对钙的吸收有一定的影响。钙和磷任何一种元素过多都可以干扰钙和磷的吸收，并可以增加其中较少的一种元素的排泄。因此长期摄入高磷膳食，能使骨骼缓慢地连续性地丢失钙。膳食中的钙磷比例儿童以 2∶1 或 1∶1 为宜，成人以 1∶1 或 1∶2 为宜，婴幼儿仍是强调钙磷之比为 2∶1 至 1.5∶1 为宜。谷类中的植酸、草酸会减少钙的吸收，可先焯水破坏草酸，然后再烹调。运动可使肌肉互相牵拉，刺激骨骼，加强血液循环和新陈代谢，减少钙质丢失，推迟骨骼老化，有利于人体对钙的吸收。

2. 钙的排泄

钙的排泄主要通过肠道和泌尿系统，经汗液也有少量排出。人体每日摄入钙的 10%～20% 从肾脏排出，80%～90% 经肠道排出。后者包括食物中及消化液中未被吸收的钙，上皮细胞脱落释出的钙，其排出量随食物含钙量及吸收状况的不同而有较大的波动。

（三）钙的缺乏

钙缺乏症是较常见的营养性疾病。人体长期缺钙会导致骨骼、牙齿发育不良，血凝不正常，甲状腺机能减退。儿童缺钙会出现佝偻病，易患龋齿，成年人膳食缺钙时，骨骼逐渐脱钙，会发生骨质软化，随年龄增加而钙质丢失现象逐渐严重；老年人及绝经后期妇女缺钙较易发生骨质疏松症。目前，还没有办法使丧失的骨质恢复。有研究表明，高血压和体内钙不足有关，补钙可降低妊娠诱发的高血压的危险性。

（四）钙的过量

尽管钙质的补充对人体健康是很重要的，但是每天补充量不能超过 2500mg 钙离子。钙摄入量增多，与肾结石患病率增加有直接关系；持续摄入大量钙还可能导致骨硬化；钙和碱摄入量的多少和持续时间决定奶碱综合征严重程度；高钙摄入还会影响铁、锌、镁、磷等元素的吸收。

（五）钙的摄入量

钙对人体的生理功能具有多样性和复杂性，钙的需要量应考虑不同的生理条件，如婴幼儿、儿童、孕妇、乳母、老人钙的需要量增加，高温作业人员钙的排出增加，寒带地区阳光不足，皮肤内转化的维生素 D 较少，钙吸收较差，因此以上特定人群都需要增加钙的供给量。

《中国居民膳食营养素参考摄入量（2023 版）》将成年人及 4 岁以上儿童钙的可耐受最高摄入量（UL）定为 2000mg/d，18～49 岁成人钙的推荐摄入量（RNI）为 800mg/d，50 岁以上成人钙的推荐摄入量（RNI）为 800mg/d，而乳母及中晚期孕妇钙的推荐摄入量（RNI）为同龄人群参考基础上不增加。

（六）钙的食物来源

乳与乳制品中钙含量和吸收率均高，是人体的理想钙源。水产品中小虾皮含钙特别多，其次是海带。豆和豆制品以及油料种子和蔬菜含钙也不少，特别突出的有黄豆及其制品、黑豆、赤小豆、芝麻酱等。蛋壳含有极高的钙，把蛋壳磨成粉末然后撒到食物中或放进白开水中食用或饮用，有利于人体对钙的吸收。硬水中有一定含量的钙，也是一种钙的来源。

二、磷（P）

磷是人体必需的常量元素，在人体的含量仅次于钙。磷约占人体总质量的1%，成人体内含磷400~800g，其中85%存在于骨骼和牙齿中，15%分布在软组织及体液中。

（一）磷的生理功能

1. 构成骨骼、牙齿和软组织成分

磷和钙都是骨骼牙齿的重要构成元素，有80%~85%的磷与钙一起构成骨骼和牙齿。骨骼和牙齿的主要成分是磷灰石，其由磷和钙组成的，钙磷比例约为2:1。人到成年时，虽然骨骼已经停止生长，但其中的钙与磷仍在不断更新，每年约更新20%。可是牙齿一旦长出后，便会失去自行修复的能力。

磷也是软组织结构的重要成分，RNA、DNA、细胞膜及某些结构蛋白质均含有磷，这一点与钙不同。磷是生物体所有细胞膜磷脂的成分，维持细胞膜的完整性、通透性。

2. 参与酶的组成，促进代谢

体内许多酶系统的辅酶如磷酸吡哆醛、黄素腺嘌呤二核苷酸等都需磷的参与。许多生命现象都依赖于蛋白质磷酰化机制，磷作用于各种酶，使其磷酸化或去磷酸化，调控酶的活性，促进碳水化合物、脂类和蛋白质的代谢。磷以磷酸的形式参与构成三磷酸腺苷（ATP）、磷酸肌酸等储能供能物质，在能量的产生、转移、释放过程中起重要作用。磷酸盐能调节维生素D的代谢，维持钙的内环境稳定。

3. 参与酸碱平衡的调节

磷调节血浆及细胞中的酸碱平衡，促进物质吸收。在骨的发育过程中，钙和磷的平衡有助于无机盐的利用。磷酸盐缓冲体系接近中性，构成体内缓冲体系，并通过尿液排出不同形式和数量的磷酸盐，维持体液的酸碱平衡。

4. 刺激神经肌肉

磷有益于神经和精神活动，使心脏和肌肉有规律地收缩。

（二）磷的吸收与代谢

磷的吸收部位在小肠，其中以十二指肠及空肠部位吸收最快，在回肠吸收较差。磷的代谢过程与钙相似。体内磷的平衡取决于体内和体外环境之间磷的交换，即磷的摄入、吸收和排泄三者之间的相对平衡。

磷的主要排泄途径是经肾脏。未经肠道吸收的磷从粪便排出，这部分平均约占机体每日磷摄入量的30%，其余70%经由肾以可溶性磷酸盐形式排出，少量也可由汗液排出。

（三）磷的缺乏

缺磷使人疲劳，肌肉酸痛，食欲不振。几乎所有的食物均含有磷，所以磷缺乏较少见。临床遇到的磷缺乏的病人多为长期使用大量抗酸药或禁食者。早产儿若仅喂以母乳，因人乳含磷量较低，不能满足早产儿骨磷沉积的需要，可发生磷缺乏，出现佝偻病样骨骼异常。

（四）磷的过量

一般情况下，不易发生由膳食摄入过量磷的问题，磷过量会影响其他活性矿质元素平衡，减少钙的吸收，导致各种钙缺乏症，骨质疏松、精神不振。如医用口服或静脉注射大量磷酸盐后，可引起血清无机磷浓度升高，形成高磷血症。

（五）磷的摄入量

食物中含磷普遍而丰富，很少因为膳食原因引起营养性磷缺乏，故磷的需要量主要是与钙的需要量相联系而考虑钙磷比值。

《中国居民膳食营养素参考摄入量（2023版）》将成年人磷的可耐受最高摄入量（UL）定为3500mg/d，推荐摄入量（RNI）分别为：15~29岁720mg/d，30~64岁710mg/d，65岁以上680mg/d。

（六）磷的食物来源

磷在食物中分布很广，一般膳食中不易缺乏。无论动物性食物或植物性食物，在其细胞中都含有丰富的磷，动物的乳汁中也含有磷，磷与蛋白质并存。瘦肉、蛋、鱼、鱼子、干酪、母乳、牛乳、蛤蜊、动物的肝和肾中磷的含量都很高，海带、芝麻酱以及干豆类、坚果、粗粮含磷也很丰富，但粮谷中的磷多为植酸磷，不经过加工处理，吸收和利用率较低，而发酵食品利于磷的吸收。

三、镁（Mg）

镁主要分布于细胞内，细胞外液的镁不超过1%。正常成人身体总镁含量约25g，其中60%~65%存在于骨、齿，27%分布于软组织。

（一）镁的生理功能

1. 激活多种酶的活性

镁作为多种酶的激活剂，参与300余种酶促反应。镁能与细胞内许多重要成分，如三磷酸腺苷等形成复合物而激活酶系，或直接作为酶的激活剂激活酶系。

2. 促进骨骼生长和神经肌肉的兴奋性

镁是骨细胞结构和功能所必需的元素，对促进骨骼生长和维持骨骼的正常功能具有重要作用。镁与钙使神经肌肉兴奋和抑制的作用机理相似，血中镁或钙过低，都会促进神经肌肉兴奋，反之则有镇静作用。但镁和钙又有拮抗作用，与某些酶的结合竞争作用，在神经肌肉功能方面表现出相反的作用。由镁引起的中枢神经和肌肉接点处的传导阻滞可被钙拮抗。

3. 促进胃肠道功能

硫酸镁溶液经十二指肠时，可使括约肌松弛，短期胆汁流出，促使胆囊排空，具有利胆作用。碱性镁盐可中和胃酸。镁离子在肠道中吸收缓慢，促使水分滞留，具有导泻作用。

4. 激素调节功能

血浆镁的变化直接影响甲状旁腺激素（parathyroid hormone，PTH）的分泌，但其作用仅为钙的30%~40%。当血浆镁增加时，可抑制PTH分泌；血浆镁水平下降时可兴奋甲状旁腺，促使镁自骨骼、肾脏、肠道转移至血中，但其量很少。当镁水平极端低下时，可使甲状旁腺功能反而低下，经补充镁后即可恢复。甲状腺素过多可引起血清镁降低，尿镁增加。

（二）镁的吸收与代谢

食物中的镁主要在空肠末端与回肠部位吸收，吸收率一般约为30%。影响镁吸收的因素很多，首先是受镁摄入量的影响，摄入少时吸收率增加，摄入多时吸收率降低。膳食中促进镁吸收的成分主要有氨基酸、乳糖等；抑制镁吸收的主要成分有过多的磷、草酸、植酸和膳食纤维等。另外，饮水多时对镁离子的吸收有明显的促进作用。肾脏对镁的处理是一个滤过和重吸收过程，肾脏是排镁、维持机体镁内稳态的重要器官。粪便只排出少量内源性镁。汗液也可排出少量镁。

（三）镁的缺乏

引起镁缺乏的原因很多，主要有镁摄入不足、吸收障碍、丢失过多以及多种临床疾病等。镁缺乏可致血清钙下降，神经肌肉兴奋性亢进；对血管功能可能有潜在的影响，有报告称，低镁血症患者可能患房室性早搏、房颤以及室速与室颤，50%概率患有血压升高；镁对骨活性矿质元素的内稳态有重要作用，镁缺乏可能是绝经后骨质疏松症的一种危险因素；镁耗竭可以导致胰岛素抵抗。

（四）镁的过量

在正常情况下，肠、肾及甲状旁腺等能调解镁代谢，一般不易发生镁中毒。用镁盐抗酸、导泻、抗惊厥或缓解高血压脑病，也不至于发生镁中毒。而肾功能不全者、接受镁剂治疗者易引起镁中毒。镁摄入过量的初期临床表现是腹泻。

（五）镁的摄入量

《中国居民膳食营养素参考摄入量（2023版）》中镁的可耐受最高摄入量（UL）推荐摄入量（RNI）分别为：15~29岁330mg/d，30~64岁320mg/d，65~74岁310mg/d。

（六）镁的食物来源

镁普遍存在于食物中，但含量差别很大。绿叶蔬菜富含镁，糙粮、坚果也含有丰富的镁，而肉类、淀粉类食物及牛奶中的镁含量属中等。

除了食物之外，从饮水中也可以获得少量镁。但饮水中镁的含量差异很大。如硬水中含有较高的镁盐，软水中含量相对较低。因此水中镁的摄入量难以估计。

四、钾（K）

正常成人体内钾总量约为 50mmol/kg 体重，约 98% 存在细胞内液中，其他存在于细胞外。血清钾的正常浓度是 3.5~5mmol /L。

（一）钾的生理功能

1. 参与碳水化合物、蛋白质的代谢

葡萄糖和氨基酸经过细胞膜进入细胞合成糖原和蛋白质时，必须有适量的钾离子参与。三磷酸腺苷的生成过程中也需要一定量的钾。钾缺乏时，碳水化合物、蛋白质的代谢将受到影响。

2. 维持细胞内正常渗透压

由于钾主要存在于细胞内，因此钾在细胞内渗透压的维持中起主要作用。

3. 维持神经肌肉的应激性和正常功能

细胞内的钾离子和细胞外的钠离子联合作用产生能量，维持细胞内外钾钠离子浓差梯度，激活肌肉纤维收缩并引起突触释放神经递质。当血钾降低时，膜电位上升，细胞膜极化过度，应激性降低，则会发生松弛性瘫痪。当血钾过高时，可使膜电位降低，可致细胞不能复极而应激性丧失，其结果也可发生肌肉麻痹。

4. 维持心肌的兴奋性及正常功能

心肌细胞内外的钾浓度与心肌的自律性、传导性和兴奋性有密切关系。钾缺乏时，心肌兴奋性增强；钾过高时又使心肌自律性、传导性和兴奋性受抑制；两者均可引起心律失常。

5. 维持细胞内外正常的酸碱平衡和离子平衡

钾代谢紊乱时，可影响细胞内外酸碱平衡。当细胞失钾时，细胞外液中钠与氢离子可进入细胞内，引起细胞内酸中毒和细胞外碱中毒，反之，细胞外钾离子内移，氢离子外移，可引起细胞内碱中毒与细胞外酸中毒。

（二）钾的吸收与代谢

人体的钾主要来自食物，成人每日从膳食中摄入的钾为 60~100mmol/kg 体重，儿童为 0.5~0.3mmol/kg 体重，摄入的钾大部分由小肠吸收，吸收率为 90% 左右。

摄入的钾约 90% 经肾脏排出，尿钾排出的正常值为 51~102mmol/24h，因此，肾是维持钾平衡的主要调节器官。除肾脏外，经粪和汗也可排出少量的钾。

（三）钾的缺乏

人体内钾总量减少可引起钾缺乏症，可在神经肌肉、消化、心血管、泌尿、中枢神经等系统发生功能性或病理性改变，主要表现为肌肉无力或瘫痪、心律失常、横纹肌肉裂解症及肾功能障碍等。

体内缺钾的常见原因是摄入不足或损失过多。正常进食的人一般不易发生摄入不足，但由于疾病或其他原因需长期禁食或少食，而静脉补液内少钾或无钾时，易发生摄入不足。损失过多的原因比较多，可经消化道损失，如频繁呕吐、腹泻等；经肾损失，如各种肾脏疾病可使钾从尿中大量丢失；经汗丢失，常见于高温作业劳动者或重体力劳动者，因大量出汗而

使钾大量丢失。

（四）钾的过量

体内钾过多，血钾浓度高于 5.5mmol/L 时，可出现毒性反应，称高钾血症。钾过多可使心肌自律性、传导性和兴奋性受抑制。主要表现在神经肌肉和心血管方面。神经肌肉表现为极度疲乏软弱，四肢无力，下肢沉重。心血管系统可见心率缓慢，心音减弱。

（五）钾的摄入量

《中国居民膳食营养素参考摄入量（2023 版）》将成年人钾的适宜摄入量（AI）定为 2000mg/d。

（六）钾的食物来源

大部分食物都含有钾，但蔬菜和水果是钾最好的来源。每 100g 食物含量高于 800mg 以上的食物有麸皮、杏干、蚕豆、扁豆、黄豆、竹笋、紫菜、黄豆、冬菇、赤豆等。

五、钠（Na）

钠是人体中一种重要无机元素，一般情况下，成人体内钠含量大约 3200（女）～4170（男）mmol/kg 体重，约占体重的 0.15%，体内钠主要在细胞外液，占总体钠的 44%～50%，骨骼中含量也高达 40%～47%，细胞内液含量较低，仅 9%～10%。正常人血清中钠的浓度为 135～140mmol/L。

（一）生理功能

1. 调节体内水分与渗透压

钠主要存在于细胞外液，是细胞外液中的主要阳离子，约占阳离子总量的 90%，与对应的阴离子构成渗透压，在维持渗透压、调节和保持体内水平衡等方面起重要作用。此外，钾在细胞内液中同样构成渗透压，维持细胞内的水分的稳定。钠、钾含量的平衡，是维持细胞内外水分恒定的根本条件。

2. 维持酸碱平衡

钠在肾小管重吸收时与 H^+ 交换，清除体内酸性代谢产物（如 CO_2），保持体液的酸碱平衡。钠离子总量影响着缓冲系统中碳酸氢盐的比例，因而对体液的酸碱平衡也有重要作用。

3. 增强神经肌肉兴奋性

细胞内外钠、钾、钙、镁等离子的适当浓度是维持神经肌肉正常功能的必要条件，满足需要的钠可增强神经肌肉的兴奋性。

（二）钠的吸收与代谢

人体钠主要从食物中摄入，钠在小肠上段吸收率极高，几乎可全部被吸收，部分通过血液输送到胃液、肠液、胆汁及汗液中，正常情况下，钠主要从肾脏排出，如果出汗不多，也无腹泻，98% 以上摄入的钠从尿中排出。每日从粪便中排出的钠不足 10mg。钠还可从汗中排出。在热环境下，中等强度劳动 4h，可使人体丢失钠盐 7～12g。钠与钙在肾小管内的重吸收过程发生竞争，即钠摄入量高时，会相应减少钙的重吸收而增加尿钙排泄，故高钠膳食对钙丢失有很大影响。

（三）钠的缺乏

一般情况下，人体内钠不易缺乏。但在某些情况下，如禁食、少食，膳食钠限制过严而摄入量非常低，或在高温、重体力劳动、过量出汗、胃肠疾病、反复呕吐、腹泻（泻剂应用）使钠过量排出丢失，或某些疾病引起肾不能有效保留钠，利尿剂的使用而抑制肾小管重吸收钠，均可引起钠缺乏。

钠的缺乏在早期症状不明显，倦怠、淡漠、无神甚至起立时昏倒。缺钠可出现食欲不振、恶心、头痛、眩晕、心率加快、血压降低、肌肉无力或痉挛，严重缺钠可导致休克和急性肾功能衰竭。

（四）钠的过量

钠摄入量过多、尿中 Na^+/K^+ 比值增高，是高血压的重要因素。研究表明，Na^+/K^+ 比值与血压呈正相关，而尿钾与血压呈负相关。在高血压家族人群较普遍存在对盐敏感的现象，而对盐不敏感的或较耐盐者，在无高血压家族史者中较普遍。正常情况下，钠摄入过多并不蓄积，但某些情况下，如误将食盐当作食糖加入婴奶粉中喂哺，则可引起中毒甚至死亡。急性中毒可出现水肿、血压上升、脂肪清除率降低、胃黏膜上皮细胞受损等。

（五）钠的摄入量

《中国居民膳食营养素参考摄入量（2023 版）》将成年人钠的适宜摄入量（AI）定为：18~65 岁 1500mg/d，65 岁以上 1400mg/d。

人体对钠的需要量很低，成人每日仅需 200mg，相当于 0.5g 食盐。世界卫生组织建议的食盐摄入量上限为每日 6g。研究表明，全世界人群食盐的实际摄入量为每日 6~15g。而中国目前每人每日膳食中食盐摄入量平均为 15g，远远超出了人的生理需要量。钠摄入过多可使部分人的血压升高，因此应提倡减少饮食中食盐的摄入量。一般成人食盐摄入量小于 10g/d，最好是 6g/d。高血压、冠心病、肾病、肝硬化等患者更需限制钠盐的摄入量。

（六）钠的食物来源

钠普遍存在于各种食物中，一般动物性食物钠含量高于植物性食物，但人体钠主要来自食盐（氯化钠）及加工、制备食物过程中加入的钠或含钠的复合物（如谷氨酸、小苏打即碳酸氢钠等），以及酱油（含 20% 食盐）、盐渍或腌制肉或烟熏食品、酱咸菜类、发酵豆制品、咸味休闲食品等。

第三节　活性微量元素

微量元素是含量在 0.01% 以下，膳食摄入量小于 100mg/d 的元素。1990 年，联合国粮食及农业组织（FAO）、国际原子能机构（IAEA）、世界卫生组织（WHO）3 个国际组织的专家委员会按其生物学的作用将其分为 3 类：①人体必需微量元素，共 8 种，包括铁（Fe）、铜（Cu）、锌（Zn）、硒（Se）、铬（Cr）、钴（Co）、碘（I）、钼（Mo）。②人体可能必需的元素，共 5 种，包括锰（Mn）、硅（Si）、硼（B）、钒（V）、镍（Ni）。③具有潜在的毒性，但在低剂量时，可能具有人体必需功能的元素，共 7 种，包括氟（F）、铅（Pb）、镉（Cd）、汞（Hg）、砷（As）、铝（Al）、锡（Sn）。

将微量元素分为必需微量元素与非必需微量元素、有毒微量元素或无害微量元素，只有相对的意义。因为即使同一种微量元素，低浓度时是有益的，高浓度时可能是有害的，同时也不意味着以任何浓度使用该元素都是安全的。

必需微量元素需要具备以下条件：①存在于一切生物的健康组织中；②在体内含量稳定；③缺乏此元素时，会出现或重复出现同样的有特异性的结构上的或生理生化功能方面的变化；④给予缺少的此种元素，机体可防止这些异常现象的变化。

一、铁（Fe）

铁是人体中必需微量元素含量最多的一种，成人体内铁含量 3~5g，其中 60%~75% 以血红蛋白的形式存在、3% 以肌红蛋白的形式存在、1% 以含铁酶类的形式存在；其余则为储存铁，占总铁量的 25%~30%，以铁蛋白（ferritin）和含铁血黄素（hemosiderin）形式存在，在铁需要量增加时动用。在人体器官组织中铁的含量，以肝、脾为最高，其次为肾、心、骨骼肌与脑。机体内铁的含量随年龄、性别、营养和健康状况而存在明显的个体差异。

（一）铁的生理功能

1. 参与组织呼吸和能量代谢

铁是血红蛋白、肌红蛋白及一些酶如过氧化氢酶和细胞色素氧化酶等的主要成分，在体内参与 O_2 和 CO_2 的转运、交换，调节组织呼吸，还是人体内氧化还原反应系统中电子传递的载体，对能量代谢有非常重要的影响。

2. 与红细胞的形成和成熟有关

铁是体内血红素和铁硫基团的成分与原料，维持正常的造血功能，缺乏时可影响血红蛋白的合成，发生缺铁性贫血。

3. 提高机体的免疫力

铁与免疫的关系也比较密切。铁能促进抗体的产生，增加中性粒细胞和吞噬细胞的吞噬能力，促进 β-胡萝卜素转化为维生素 A，参与胶原的合成、抗体的产生、脂类在血液中的转运以及药物在肝脏的解毒等，从而提高机体的免疫力。

4. 其他生理功能

铁对于注意力不集中、智力减退、食欲不振、异食症等均有防治作用。

（二）铁的吸收与代谢

铁的吸收部位主要在十二指肠和空肠上段，铁吸收在小肠的任何一段都可逆行。

机体对铁的吸收与食物中铁的形式有关。食物中的铁以血红素铁和非血红素铁两种形式存在。血红素铁主要来自动物性食物，如肉、禽、鱼的血红蛋白和肌红蛋白，它们虽然仅占食物的 5%~10%，但吸收率可达 20%~25%，肉中铁有 50% 为血红素铁。而存在于植物性食物中的非血红素铁占膳食中铁的85%以上，吸收率仅为1%~5%。

血红素铁与细胞内的脱铁铁蛋白结合成铁蛋白，再运转到身体其他部位而被利用。而非血红素铁在吸收前，必须与结合的有机物，如蛋白质、氨基酸和有机酸等分离，而且必须在转化为亚铁后方可被吸收。

铁的吸收率受到机体状况及体内铁储存量的影响，当铁储存量多时，吸收率降低；储存量减少时，需要量增加，吸收率也增加。血红素铁的平均吸收率为25%，铁缺乏时吸收率升高到40%，而铁充裕时吸收率降到10%。女子铁吸收率比男子高，生长期、孕期、贫血时铁吸收率增加。正常平均吸收率为10%，贫血患者可达20%，婴儿对母乳中铁的吸收率可达50%。

影响非血红素铁吸收的因素很多，动物组织蛋白质、铜、钴、锰可促进铁的吸收，维生素A、维生素B_2能改善机体对铁的吸收和转运，维生素B_6则可提高骨髓对铁的利用率，维生素C具酸性及还原性，能将三价铁还原为二价铁，并与铁螯合形成可溶性小分子络合物，增加铁在肠道内的溶解度，有利于铁吸收。

动物的非组织蛋白质如牛乳、干酪、蛋或蛋清等对铁的吸收作用不大；纯蛋白质，如乳清蛋白、面筋蛋白、大豆分离蛋白等对铁的吸收还有抑制作用；膳食中脂类的含量适当对铁吸收有利，过高或过低均降低铁的吸收；各种碳水化合物对铁的吸收与存留有影响，作用最大的是乳糖，其次为蔗糖、葡萄糖，以淀粉代替乳糖或葡萄糖，则明显降低铁的吸收率；钙含量丰富，可部分减少植酸、草酸对铁吸收的影响，有利于铁的吸收。

咖啡、可可、红酒中的多酚类物质、茶叶中的鞣酸以及粮谷和蔬菜中的植酸盐、草酸盐等都可以与非血红素铁形成不溶性的铁盐而抑制铁的吸收；无机锌与无机铁之间有较强的竞争作用，当一种过多时，就可干扰另一种的吸收；膳食高钙、高磷和高锰影响非血红素铁吸收；铝、阿司匹林阻碍铁的吸收；蛋类中存在一种卵黄高磷蛋白（pho svitin），可干扰铁的吸收，使蛋类铁吸收率降低。

铁在体内代谢中，可被身体反复利用，一般除肠道分泌和皮肤、消化道、尿道上皮脱落损失少量外，排出铁的量很少。

（三）铁缺乏

铁缺乏是许多国家的主要营养素缺乏病之一。需铁量增加而摄入不足、铁吸收不良、铁损失过多是引起铁缺乏的主要原因。

铁缺乏可使血红蛋白含量和生理活性降低，造成许多组织细胞代谢紊乱，影响大脑氧的供应，引起缺铁性贫血，多见于婴幼儿、青少年、育龄妇女、孕妇、乳母和一些老年人。妊娠早期贫血导致早产、低出生体重儿甚至胎儿死亡；婴儿缺铁则精神萎靡不振、不合群、爱哭闹，心理和智力损害，行为改变；儿童可出现身体发育受阻，体力下降、注意力与记忆力调节过程障碍，易烦躁等。另外，铁缺乏还可出现免疫功能下降、易感染；增加铅的吸收，引起铅中毒；铁缺乏导致机体氧化和抗氧化系统失衡，直接损伤DNA，诱发肿瘤。

针对缺铁性贫血的预防，首先要从改善膳食结构入手，增加含铁丰富膳食的比例，以保证铁的摄入量；提高膳食中铁的吸收率；必要时补充铁强化食品；妇女月经过多以及消化性溃疡、痔疮患者应注意慢性失血引起缺铁性贫血。

（四）铁过量

铁虽然是人体必需的微量元素，但摄入过量仍可能导致铁中毒。当儿童口服过量的铁剂后，1h 左右就会出现急性中毒症状，上腹部不适、恶心呕吐，甚至面部发紫、昏睡或烦躁，急性肠坏死或穿孔，最严重者可出现休克而死亡。长期摄入铁过多，超过正常的 10~20 倍，就可能出现慢性中毒症状：肝、脾有大量铁沉着，肝硬化、骨质疏松、软骨钙化、皮肤呈棕黑色或灰暗、胰岛素分泌减少而导致糖尿病，影响青少年生殖器官的发育，诱发癫痫病（羊角风）。

（五）铁的摄入量

铁在体内可反复利用，排出很少。只要从食物中吸收加以补充，即可满足机体需要。《中国居民膳食营养素参考摄入量（2023 版）》将 18~49 岁成年人铁的 RNI 定为男性 12mg/d，女性 18mg/d，孕早期、孕中期、孕晚期和乳母分别在相应年龄阶段的成年女性需要量上增加 0mg/d、7mg/d、11mg/d 和 6mg/d。婴幼儿由于生长较快，需要量相对较高，需从食物中获得铁的比例大于成人。

（六）铁的食物来源

膳食中的铁良好来源，主要为动物肝脏、动物全血、畜禽肉类、鱼类。植物性食物中铁的吸收率较动物食品低，蛋类铁的吸收率仅为 3%。牛奶含铁量低，而且吸收率也不高。对面粉和酱油等食品进行铁强化，可使总铁摄入量明显增加。

婴幼儿要及时添加辅食：4~5 个月添加蛋黄、鱼泥、禽血等；7 个月起添加肝泥、肉末、血类、红枣泥等食物，强化谷物食品是婴幼儿丰富的铁来源。

二、碘（I）

碘是首批确认的必需微量元素之一。碘在人体内含量很少，健康成人体内的碘总量为 20~50mg，主要以有机碘形式存在，其中 70%~80% 存在于甲状腺，其余分布在肝脏、肺、骨骼肌等组织中。血液中碘主要为蛋白结合碘，为 30~60μg/L。

（一）碘的生理功能

碘在体内主要参与甲状腺素的合成，其主要生理功能都是通过甲状腺素来完成的。

1. 参与能量代谢

甲状腺素能促进三羧酸循环中的生物氧化，协调生物氧化和磷酸化的偶联，调节能量的转换，维持基本生命活动，保持体温。缺碘使甲状腺输出甲状腺素受限，从而引起基础代谢率下降；反之，甲状腺功能亢进的人，机体的能量转换率和热的释放量相对提高。

2. 调节组织中的水盐代谢

甲状腺素可促进组织中盐进入血液并从肾脏排出，缺乏时可引起组织内盐潴留，在组织间隙出现含有大量黏蛋白的组织液，发生黏液性水肿。

3. 增强酶的活力

甲状腺素能活化体内 100 多种酶，如细胞色素酶系、琥珀酸氧化酶系、碱性磷酸酶等，促进物质代谢。

4. 调节蛋白质的合成与分解

当蛋白质摄入不足时，甲状腺素有促进蛋白质合成作用；当蛋白质摄入充足时，甲状腺素可促进蛋白质分解。

5. 促进糖和脂肪代谢

甲状腺素能加速糖的吸收利用，促进糖原和脂肪分解氧化，调节血清胆固醇和磷脂浓度等。

6. 促进中枢神经系统和骨骼的正常发育

甲状腺素能促进神经系统的发育、组织的发育和分化等，这些作用在胚胎发育期和婴儿出生后的早期尤为重要，如果此时缺碘，会导致婴儿的脑发育落后。缺碘对大脑神经的损害是不可逆的，胚胎期及婴儿期缺碘的儿童在改善缺碘状态后，只能防止缺碘对大脑的进一步损害及防止碘缺乏病的发生，而不能明显改善智力发育。发育期儿童的身高、体重、肌肉、骨骼的增长和性发育都必须有甲状腺激素的参与，此时期碘缺乏可致儿童生长发育受阻，侏儒症的一个最主要病因就是缺碘。

7. 其他

甲状腺素有促进烟酸的吸收和利用，能促进胡萝卜素转变为维生素 A，促进维生素 B 合成核黄素腺嘌呤二核苷酸等。

（二）碘的吸收与代谢

成人体内碘 80%～90% 来自食物，主要以碘化物的形式由消化道吸收。其中有机碘一部分可直接吸收，另一部分则还原成碘离子后在消化道经肠上皮细胞进入血浆，遍布于全身各组织中，最主要储存于甲状腺。甲状腺从血液中摄取碘的能力很强，甲状腺中碘的浓度比血浆高 25 倍以上。长期缺碘时，由血液进入甲状腺的碘可达 80% 或更多。膳食碘充足时，肠道吸收的碘只有 10% 或更少进入甲状腺。缺碘患者偶尔摄食碘，甲状腺可储存大量的碘并持续一段时间，成为缺碘地区甲状腺肿大而含碘量却正常的原因。膳食钙、镁以及一些药物如磺胺等不利于碘的吸收，蛋白质与能量不足时，胃肠对碘的吸收也不好。

碘的排泄途径主要为肾脏，其次为肠，一般有 80%～85% 的碘经肾排出，10% 碘经粪便排出，也有少量随汗液（占 5%）或通过呼吸排出。

（三）碘缺乏

饮食中长期摄入不足或生理需要量增加，可引起碘缺乏。缺碘使甲状腺素分泌不足，引起甲状腺代偿性增长，出现甲状腺肿，多见于青春期、妊娠期和哺乳期。由于甲状腺素对 RNA 和蛋白质的合成有作用，胎儿期和新生儿期缺碘还可引起呆小症，又称克汀病。患儿表现为生长停滞、发育不全、智力低下，形似侏儒，可有黏液性水肿。甲状腺素对生殖功能也有影响，克汀病患者通常不能生育，性器官的成熟也推迟。此外，在碘缺乏时，皮肤及其附属器官也发生改变，如黏液性水肿的患者其皮肤粗糙变厚，头发易脱落。

碘缺乏常具有地区性特点，称为地方性甲状腺肿。远离海洋或不易被海风吹到的地区，外地水土中的活性矿质元素流不过来，而本地土壤中的活性矿质元素随雨水冲刷流走，土壤和空气中含碘量较少，这些地区的食物含碘量不高，碘缺乏病发病率也较高。有些食物如菜花、萝卜、木薯等还含有致甲状腺肿物质，它们影响碘的吸收和利用，若长期食用这些食物，可增加缺碘地区甲状腺肿的发生率。在高发病地区，应优先供应海鱼、海带等富含碘的食物。

食盐、食用油、自来水加碘等碘强化措施是防治碘缺乏的重要途径，5月5日是全国碘缺乏日，我国在食盐中加入碘化物或碘酸盐已实践多年并取得良好效果。

（四）碘过量

一般认为每日碘摄入量大于 2000μg 是有害的。摄入碘过量会引起碘中毒或高碘性甲状腺肿，还可诱发甲状腺功能亢进，常出现心率加速、气短、急躁、失眠、手、舌、眼睑及全身震颤、畏热多汗、代谢和食欲亢进、并伴有凸眼症，故又称突眼性甲状腺肿。

（五）碘的摄入量

人体对碘的需要量，取决于对甲状腺素的需要量，受年龄、性别、体重、发育及营养状况等影响。维持正常代谢和生命活动所需的甲状腺激素是相对稳定的，合成这些激素所需的碘为 50~75μg。

《中国居民膳食营养素参考摄入量（2023 版）》将成年人碘的 UL 定为 600μg/d，RNI 为 120μg/d。

（六）碘的食物来源

人类所需的碘，主要来自食物，其次为饮水与食盐。食物碘含量的高低取决于各地区的生物地质化学状况。碘含量丰富的食品为海产品，如海带、紫菜、鲜海鱼、蚶干、蛤干、干贝、淡菜、海参、海蜇、龙虾等，陆地食品含碘量以动物性食品高于植物性食品，蛋、乳含碘量相对稍高，其次为肉类，淡水鱼。植物含碘量是最低的，特别是水果和蔬菜。

加碘盐是用碘化钾按一定比例与普通食盐混匀。我国《食用盐碘含量》中规定在每克食盐中添加碘 20μg。由于碘盐受热易分解出碘，碘化学性质比较活泼、易于挥发，含碘食盐在储存期间碘可损失 20%~25%，加上烹调方法不当又会损失 15%~50%，故炒菜或做汤菜时，要晚放盐。碘在酸性条件下极容易遭到破坏，因此在食用碘盐时，最好少放醋或不放醋。

三、锌（Zn）

锌作为人体必需微量元素广泛分布在人体所有组织和器官，成人体内锌含量 2.0~2.5g，以肝、肾、肌肉、视网膜、前列腺为高。血液中 75%~85% 的锌分布在红细胞，3%~5% 分布于白细胞，其余在血浆中。

（一）锌的生理功能

锌对生长发育、免疫功能、物质代谢和生殖功能等均有重要作用。

1. 调节功能

锌具有调节机体免疫功能，影响激素分泌和活性。其不仅对激素受体的效能和靶器官的反应产生影响外，还在激素的产生、储存和分泌中起作用，维持胰岛素的结构，提高胰岛素的活性，防治糖尿病。锌在脑的生理调节中起着非常重要的作用，能影响到神经系统的结构和功能，与强迫症等精神方面障碍的发生、发展具有一定的联系。缺锌使脑细胞减少，影响智力发育。

2. 促进生长发育和组织再生

现已有的包含所有鉴定出的含锌酶或其他蛋白已超过 200 种。锌参与胶原蛋白、DNA、RNA 以及蛋白质的合成，对于细胞的生长、分裂和分化的各个过程都是必需的。因此，锌对于处于生长发育旺盛期的婴幼儿、儿童、青少年以及伤口愈合的患者都是非常重要的微量元素。如果缺锌，伤口长期不能愈合。

3. 促进性器官和性功能的正常发育

锌影响性激素的合成和活性，正常的锌摄入可保证男性第二性征和女性生殖器的发育。锌对于促进性器官和性功能的正常发育是必需的。大量锌存在于男性睾丸中，参与精子的生成、成熟和获能的过程。

4. 促进食欲

动物和人缺锌时，都会出现食欲下降。锌缺乏对味觉系统有不良影响，导致味觉迟钝。锌是味觉素的结构成分，通过味觉素影响味觉和食欲。

5. 维持细胞膜结构

锌可与细胞膜上各种基团、受体等作用，增强膜稳定性和抗氧自由基的能力。当细胞产生脂质过氧化损伤时，膜内巯基被氧化成二硫键，锌可与硫形成稳定的硫醇盐防止氧化，从而保护膜的完整性。缺锌可造成膜的氧化损伤，结构变形，膜内载体和运载蛋白的功能改变。锌对膜功能的影响还表现在对屏障功能、转运功能和受体结合方面的影响。

6. 参与免疫功能

锌是免疫器官胸腺发育的营养素，促进 T 淋巴细胞正常分化，增加 T 淋巴细胞的数量和活力，提高细胞免疫功能。缺锌可引起细胞免疫功能低下，使人容易患感染性疾病，如呼吸道感染、支气管肺炎、腹泻等。

7. 其他

锌和 300 多种酶的活性有关，控制着蛋白质、脂肪、糖以及核酸的合成和降解等各种代谢过程；锌对于维持皮肤健康也是必需的，缺锌可引起皮肤粗糙和上皮角化；锌可以促进维生素 A 吸收，提高暗光视觉，改善夜间视力。

（二）锌的吸收与代谢

锌的吸收主要在十二指肠和近侧小肠处，吸收率为 20%～30%，仅小部分吸收在胃和大肠。锌与白蛋白或运铁蛋白结合，随血流分布于各器官组织。

动物性食物中的锌生物利用率较高，维生素 D、半胱氨酸、组氨酸有利于锌的吸收，膳食中的植酸、草酸及过量的膳食纤维、过量的钙和过量的铁会降低锌的吸收。体内锌营养状况和膳食锌含量也影响锌的吸收。

体内的锌经代谢后主要由肠道排出，少部分随尿排出，汗液、毛发中也有少量排出。

（三）锌缺乏

锌不同程度地存在于各类自然食物中，正常摄食一般可以满足人体对锌的基本需求。长期膳食锌摄入不足、机体吸收利用减少或需要量增加等情况下，会引起锌的缺乏。人类锌缺乏的常见体征是生长缓慢、皮肤伤口愈合不良、味觉障碍、胃肠道疾患、免疫功能减退等。

儿童和青少年缺锌，可使生长停滞，身材矮小、瘦弱，甚至侏儒。成人长期缺锌可导致性功能减退、精子数减少、胎儿畸形、皮肤粗糙、免疫力降低等症状。孕妇缺锌还可导致胎儿畸形。

（四）锌过量

锌过量损害免疫器官和免疫功能，影响中性粒细胞及巨噬细胞活力，抑制趋化性和吞噬作用及细胞的杀伤能力。盲目补锌或误食会引起锌中毒，刺激和腐蚀胃肠道，干扰铜、铁的利用导致贫血，引起继发性铜缺乏。

（五）锌的摄入量

《中国居民膳食营养素参考摄入量（2023 版）》将成年男子锌的 RNI 定为 12.5mg/d，成年女子 RNI 定为 7.5mg/d。

（六）锌的食物来源

锌在食物中的来源很广泛，贝壳类海产品、红色肉类和动物内脏都是锌的良好来源，蔬菜、水果中含量较低。植物性食品如谷类胚芽和麦麸、豆类、花生等含锌也较为丰富，但锌的吸收率相对较低。

四、硒（Se）

20 世纪 70 年代，我国科学工作者发现了克山病和缺硒的关系，首次证明了硒也是人体必需的微量元素。硒遍布于人体各组织器官和体液中，肾中硒浓度最高，肝脏次之，血液中相对低些脂肪组织最低。成人体硒总量在 3~20mg。人体硒量的不同与地区膳食硒摄入量的差异有关。

（一）硒的生理功能

1. 构成含硒蛋白与含硒酶的成分
进入体内的硒绝大部分与蛋白质结合，称为"含硒蛋白"，体内可能会有 50~100 种硒蛋白存在。硒主要以硒蛋白的形式发挥功能，它们起着抗氧化、调节甲状腺激素代谢和维持维生素 C 及其他分子还原态作用等。

2. 抗氧化作用
硒是谷胱甘肽过氧化物酶（GSH-Px）的必需组分，它通过消除脂质过氧化物，阻断活性氧和自由基的致病作用，进而起到延缓衰老乃至预防某些慢性病的发生。

3. 维持正常生育功能
实验表明，硒缺乏可导致动物不育。人类精子细胞易受精液中氧自由基攻击，使精子活力下降，甚至功能丧失，造成不育。硒具有强大的抗氧化作用，可清除过剩的自由基，抑制脂质过氧化作用，保护男性生殖能力。

4. 维持正常免疫功能
适当硒浓度对于保持细胞免疫和体液免疫是必需的。硒促进淋巴细胞产生抗体，提高中性粒细胞和巨噬细胞吞噬异物的作用，增强机体免疫能力。硒的摄入量不足则吞噬细胞的杀菌能力下降。

5. 防癌抗肿瘤作用

补硒有利于阻断病毒的变异，增强机体防癌和抗癌能力，可预防心脑血管疾病和某些癌症的发生，减少恶心、呕吐，食欲减退、严重脱发等放化疗时的毒副反应，降低肿瘤细胞的耐药性。硒能抑制癌细胞 DNA、RNA 和蛋白质合成，干扰致癌物质的代谢，抑制癌细胞生长及其分裂和增殖，抑制肿瘤血管形成与发展，切断肿瘤细胞的营养供应，使其逐渐枯萎、消亡；同时由于切断了肿瘤的代谢渠道，肿瘤组织自身废物不能排出，肿瘤便会逐渐变性坏死。

6. 其他

硒是重金属的天然解毒剂，可解除体内重金属的毒性作用；硒能防止骨髓端病变，促进修复，对克山病、大骨节病两种缺硒地方性疾病和关节炎有很好的防治作用；硒还具有促进生长、改善视觉功能、保护心血管和心肌健康的作用。

（二）硒的吸收与代谢

硒主要在十二指肠被吸收，空肠和回肠也稍有吸收。人体对食物中硒的吸收良好，吸收率达 50%~100%。硒在人体内的吸收、转运、排出、储存和分布会受许多外界因素的影响。主要是膳食中硒的化学形式和量，另外性别、年龄、健康状况以及食物中是否存在如硫、重金属、维生素等化合物也有影响。经尿排出的硒占总硒排出量的 50%~60%，在摄入高膳食硒时，尿硒排出量会增加，反之减少，肾脏起着调节作用。少量硒从肠道排出，呼气和汗液中排出的硒极少。

（三）硒缺乏

人体缺硒可引起某些重要器官的功能失调，导致许多严重疾病发生，全世界 40 多个国家处于缺硒地区，中国 22 个省份的几亿人口都处于缺硒或低硒地带，这些地区的人口肿瘤、肝病、心血管疾病等发病率很高。缺硒可导致克山病的发生，主要特征为心肌病变，其主要症状有心脏扩大、心功能不全、发生心源性休克或心力衰竭、心律失常等，大骨节病也与缺硒有关，此病主要累及儿童和青少年，成年人中新发病例很少。大骨节病的发病地区大致与土壤低硒地带一致，与克山病发病地区重叠。硒缺乏使产生的大量自由基无法及时清除，影响人体的脑功能，导致儿童癫痫、焦虑、抑郁和疲倦。

（四）硒过量

硒过量会导致中毒，症状为脱发、脱甲，食欲不振、腹泻、呼吸和汗液有蒜臭味，还有肝大、肝功能异常、自主神经功能紊乱、尿硒增高、小儿发育迟缓、毛发粗糙脆弱甚至有神经症状及智能改变。我国既存在硒含量极高的地区，也存在硒含量极低的地区。20 世纪 60 年代，我国湖北恩施地区和陕西紫阳县发生过吃高硒玉米而引起急性中毒病例，病人 3~4d 内头发全部脱落。

（五）硒的摄入量

膳食硒需要量是以防止克山病发生为指标的最低硒摄入量。《中国居民膳食营养素参考摄入量（2023 版）》将成年人硒的 UL 定为 400μg/d，RNI 为 60μg/d。

（六）硒的食物来源

含硒较高的食物有鱼类、虾类等水产品，其次为动物的心、肾、肝。蔬菜中含量最高的为荠菜、大蒜、蘑菇。其次为豌豆、大白菜、南瓜、萝卜、韭菜、洋葱、番茄、莴苣等。部分水果中也含有硒，如桂圆、软梨、苹果等。营养学家提倡补充有机硒，如硒酸酯多糖、硒酵母、硒蛋、富硒蘑菇、富硒麦芽、富硒天麻、富硒茶叶、富硒大米等。

五、铜（Cu）

铜是人体必需的活性矿质元素，在体内含量为 1.4~2.1mg/kg，幼儿含铜量以千克体重计算是成人的 3 倍。大部分以有机复合物而不以自由铜离子的形式存在，以金属氧化酶的形式起着功能作用，存在于所有器官和组织中。肝脏是储存铜的仓库，含铜量最高。脑和心脏也含有较多的铜。

（一）铜的生理功能

1. 催化作用

构成含铜酶与铜结合蛋白，活化亚铁氧化酶、铜锌-SOD 等多种关键酶。以酶的辅助因子形式参与代谢、自由基解毒，影响头发、皮肤、骨骼的发育，以及心脏、肝脏和免疫系统的功能等。

2. 维持正常造血功能

铜参与造血过程，有利于血红蛋白的合成，影响铁的吸收、运输与利用。人体缺乏铜时，可发生小细胞低色素性贫血等。

3. 促进结缔组织形成

铜主要是通过赖氨酰氧化酶促进结缔组织中胶原蛋白和弹性蛋白的交联，在皮肤和骨骼的形成、骨矿化、心脏和血管系统的结缔组织完善中起着重要的作用。

4. 维护中枢神经系统的健康

铜在神经系统中起着多种作用。铜是大脑神经递质的重要成分，如果摄入不足可致神经系统失调。

5. 促进正常黑色素形成及维护毛发正常结构

缺铜可使人体内的酪氨酸酶的形成困难，导致酪氨酸转变成多巴的过程受阻，妨碍黑色素的合成，遂引起头发变白。

6. 保护机体细胞免受超氧阴离子的损伤

含铜的金属硫蛋白、SOD 等具有较强的清除自由基的功能，保护人体细胞不受其害。

7. 其他

铜对脂质和糖代谢有一定的影响，缺铜动物可使血中胆固醇水平升高，但过量铜又会引起脂质代谢紊乱。铜对血糖的调节也有重要作用。缺铜后葡萄糖耐量降低，对某些用常规疗法无效的糖尿病患者，小剂量铜离子可使病情得到明显改善，使血糖降低。

育龄女性要怀孕也离不开铜。研究表明，妇女缺铜就难以受孕，即使受孕也会因缺铜而削弱羊膜的厚度和韧性，导致羊膜早破，引起流产或胎儿感染。

（二）铜的吸收与代谢

胃、十二指肠和小肠上部是铜的主要吸收部位，可溶性铜的吸收率为 40%~60%。铜的吸收率受膳食中铜水平强烈影响，膳食中铜含量增加，吸收率则下降，而吸收量仍有所增加。膳食中铜水平低时，铜吸收方式以主动运输为主；膳食中铜水平高时，被动吸收为主。食品中的氨基酸有利于铜的吸收，而铁、钼、锌、维生素 C、蔗糖和果糖则影响铜的吸收，但所需含量都比较高。

铜很少在体内储存，膳食中铜被吸收后，大部分内源性铜经胆汁排泄到胃肠道与从食物中来而未被吸收的铜一起排出体外，从尿、皮肤、头发和指甲排出量较少。当铜的排泄、存储和铜蓝蛋白合成失衡时出现铜尿。铜吸收和排泄的动态平衡调节，可预防铜的缺乏或中毒。

（三）铜缺乏

正常膳食可满足人体对铜的需要，一般不易缺乏。铜缺乏常出现在早产儿、长期腹泻、铜代谢障碍等情况。缺铜可引起贫血、白细胞减少，可致脑组织萎缩、神经发育停滞、运动受限、骨质疏松、厌食、肝脾肿大等症状。

（四）铜过量

铜对于大多数哺乳动物是相对无毒的。但作为重金属，摄入过量会引起急、慢性中毒。严重者有腹绞痛、呕血、黑便，可造成严重肾损害和溶血，出现黄疸、贫血、急性肾功能衰竭和尿毒症，对眼和皮肤有刺激性，长期接触可发生接触性皮炎。

胎儿的肝含铜量极高。妊娠后期是胎儿吸收铜最多的时期，早产儿易患缺铜症就是这个原因。正常情况下，孕妇不需要额外补充铜剂，铜过量可产生致畸作用。

（五）铜的摄入量

《中国居民膳食营养素参考摄入量（2023 版）》中对 18~74 岁成年人铜的 RNI 为 0.8mg/d。

（六）铜的食物来源

铜广泛存在于各种食物中，牡蛎、贝类海产品食物以及坚果类是铜的主要来源，其次是动物的肝、肾，谷类胚芽部分，豆类等次之，植物性食物铜含量受其培育土壤中铜含量及加工方法的影响，奶类和蔬菜含量最低。

六、铬（Cr）

铬是人体内必需的微量元素之一，具有多种化合价，六价铬具有毒性，主要以三价铬的形式存在于人体各组织中，但含量很少。铬在人体内的含量约为 7mg，主要分布于骨骼、皮肤、肾上腺、大脑和肌肉之中。除了肺以外，各组织和器官中的铬浓度均随着年龄增长而下降。新生儿铬含量高于儿童，儿童 3 岁前铬含量高于成人。3 岁起逐渐降至成人水平。成年人随年龄的增长，体内铬含量逐渐减少，因此老年人常有缺铬现象。

（一）铬的生理功能

1. 加强胰岛素的作用

铬是葡萄糖耐量因子（glucose tolerance factor，GTF）的组成部分，参与机体的糖代谢，帮助胰岛素促进葡萄糖进入细胞代谢产生能量，提高胰岛素作用效率，维持人体正常的葡萄糖耐量，是重要的血糖调节剂。

在胰岛素的存在下，铬可以促进眼球晶状体对葡萄糖的吸收，促进糖原的合成，对人体眼球巩膜的正常生理功能形成和坚韧性也起一定的作用。近视眼的发生和糖尿病人的白内障都与人体缺铬有关。

2. 影响脂类代谢，预防动脉粥样硬化

铬可能对血清胆固醇的内环境稳定有作用。动物缺铬血清胆固醇较高，补充铬以后可使血清胆固醇降低。铬能抑制胆固醇的生物合成，降低血清总胆固醇和三酰甘油含量，升高高密度脂蛋白胆固醇含量。老年人缺铬时易患糖尿病和动脉粥样硬化。

3. 促进蛋白质代谢和生长发育

在 DNA 和 RNA 的结合部位发现有大量的铬，提示铬在核酸的代谢或结构中发挥作用。缺铬会使动物生长发育停滞。铬在核蛋白中含量较高，研究发现它能促进 RNA 的合成。铬还影响氨基酸在体内的转运。铬摄入不足时，实验动物可出现生长迟缓。

4. 其他

研究表明，补充铬可以提高应激状态下的动物体内免疫球蛋白，显著减少其血清皮质醇；具有良好的体液和细胞免疫功能；铬虽对体重的影响不大，但可抑制肥胖基因的表达。

（二）铬的吸收与代谢

无机铬化合物在人体的吸收很低，其范围为 0.4%～3%或更少。铬可与有机物结合成具有生物活性的复合物而提高吸收率。膳食中的铬含量较高时，可使膳食中铬的吸收率降低。高糖膳食会增加铬的丢失，明显提高铬平均排出量。草酸盐和植酸盐可干扰铬的吸收。铬在小肠被吸收，进入血液的铬主要与运铁蛋白结合，部分与白蛋白结合，并转运至全身组织器官。维生素 C 能促进铬的吸收。

同时，研究认为，铬自粪便中排泄。

（三）铬缺乏

人体铬主要来源于食物，而人体对铬的吸收率较低，老年人、糖尿病患者容易缺铬。铬缺乏的原因主要是摄入不足或消耗过多。食物缺铬的原因主要是精制过程中铬被丢失，如精制面粉可损失 40%铬，精制砂糖可损失 90%铬，精制大米可损失 75%铬，精制脱脂牛奶可损失 50%铬。此外，饮用水的低铬也有一定的影响。缺铬的另一主要原因是人体对铬消耗增加。如烧伤、感染、外伤和体力消耗过度，可使尿铬排出增加。由于应激而使铬的排泄增加可能是加重铬缺乏的一个重要因素。外伤病人尿中铬的排泄高于正常。长跑运动员每天跑 6km，其尿中铬的排泄是休息时的 2 倍。

人体缺铬时，很容易表现出糖代谢失调，就会患糖尿病，诱发冠状动脉硬化导致心血管病，严重的会导致白内障、失明、尿毒症等并发症。严重缺铬时，会出现体重减轻、末梢神

经疼痛等症状，胰岛素含量降低，血中葡萄糖不能被人体利用，诱发高胆固醇血症。

（四）铬过量

过量铬的毒性与其存在的价态有极大的关系，六价铬的毒性比三价铬高约100倍，六价铬化合物在高浓度时具有明显的局部刺激作用和腐蚀作用，低浓度时为常见的致癌物质。在食物中大多为三价铬，其口服毒性很低，可能是由于其吸收非常少。

（五）铬的摄入量

《中国居民膳食营养素参考摄入量（2023版）》将成年人铬的UL定为500μg/d，男性和女性的AI分别为35μg/d和30μg/d。

（六）铬的食物来源

铬的主要食物来源为粗粮、肉类、豆类和鱼贝类，乳类、蔬菜和水果中铬的含量较少。食品加工也会影响铬的含量，精制糖和精制面粉中的铬低于未加工过的农产品，但加工过的肉类铬的含量较高。

七、钴（Co）

钴是中等活泼的金属元素，有二价和三价两种化合价。钴经消化道和呼吸道进入人体，一般成年人体内含钴量为1.1~1.5mg。在血浆中无机钴附着在白蛋白上。它最初储存于肝和肾，然后储存于骨、脾、胰、小肠以及其他组织。

（一）钴的生理功能

钴是维生素B_{12}组成部分，其功能通过维生素B_{12}的作用来体现。无机钴对刺激红细胞生成有重要的作用。钴通过维生素B_{12}参与核糖核酸及血红蛋白的合成，促进红细胞分裂及脾脏释放红细胞，钴抑制细胞内呼吸酶，使组织细胞缺氧，反馈刺激红细胞生成素产生，进而促进骨髓造血。钴促进肠黏膜对铁的吸收，加速储存铁进入骨髓，从而促进造血功能。

钴促进锌在肠道吸收，在碘缺乏时钴能激活甲状腺，拮抗碘缺乏所产生的影响，人体甲状腺功能紊乱不仅由于环境中的碘和钴含量低，并且还决定于两者之间的比值。钴可激活很多酶的活性，如能增加人体唾液中淀粉酶、胰淀粉酶和脂肪酶的活性，对糖类和蛋白质代谢以及人体生长、发育都有重要影响。如钴促进肝糖原和蛋白质合成，并可扩张血管、降低血压等。钴还有去脂作用，防止脂肪在肝细胞内沉着，预防脂肪肝。

（二）钴的吸收与代谢

经口摄入的钴在小肠上部被吸收，吸收率可达到63%~93%，铁缺乏时可促进钴的吸收。钴主要通过尿液排出，少部分由肠、汗、头发等途径排出，一般不在体内蓄积。

（三）钴的缺乏与过量

目前尚未发现人体钴缺乏的现象，从膳食中每天摄入钴5~20μg。

经常注射钴或暴露于过量的钴环境中，可引起钴中毒。儿童对钴的毒性敏感，应避免使用每千克体重超过 1mg 的剂量。在缺乏维生素 B$_{12}$ 和蛋白质以及摄入酒精时，毒性会增加，这在酗酒者中常见。

（四）钴的食物来源

含钴丰富的食物有牛肝、蛤肉类、小羊肾、火鸡肝、小牛肾、鸡肝、牛胰、猪肾、瘦肉、蟹肉、沙丁鱼、蛋和干酪，植物性食物中钴含量较高的有甜菜、卷心菜、洋葱、菠菜、西红柿、荞麦和谷类等，乳制品和各类精制食品中钴含量较低。

八、钼（Mo）

钼是人体及动植物必需的微量元素。人体各种组织都含钼，成人体内总量约为 9mg，肝、肾中含量最高。

（一）钼的生理功能

钼主要作为酶的辅助因子，通过各种钼酶的氧化还原作用，参与人体代谢。钼是人体肝、肠黄嘌呤氧化酶、醛类氧化酶的组成成分，也是亚硫酸肝素氧化酶的组成成分。钼酸盐可保护肾上腺皮质激素受体。钼还有明显防龋作用。钼对尿结石的形成有强烈抑制作用。

（二）钼缺乏

由于动物和人对钼的需要量很小，钼广泛存在于各种食物中，因而迄今尚未发现在正常膳食条件下发生钼缺乏症。但是，长期接受全胃肠外营养的病人及对亚硫酸盐氧化酶的需要量增大的病人有可能出现钼缺乏问题。

（三）钼的食物来源

钼广泛存在于各种食物中。动物肝、肾中含量最丰富，谷类、乳制品和干豆类是钼的良好来源。蔬菜、水果和鱼类中钼含量较低。

第四节　活性矿质元素的应用

活性矿质元素既可以作为营养强化剂来补充强化某些食品，又可作为食品的品质改良剂而应用于食品的生产工艺中，在人体内的量虽然很少，但其积极参与维持生命的许多重要机能，并充当着平衡生命的角色。因此，活性矿质元素在功能性食品中的应用具有极大的研究价值，对提高食品的营养价值和保护人体的健康具有十分重要的作用。

一、活性矿质元素的营养强化

一般情况下，人只要合理地选择食物就可预防和控制活性矿质元素的缺乏。但食品在加工和贮藏过程中往往造成活性矿质元素的损失，而人们饮食习惯和居住环境等的不同，也会引发活性矿质元素摄入不足，导致各种不足症和缺乏症，以下三类人群最易缺乏：

第一类人群是少年儿童。因快速生长发育、需求量较大、补充不足、饮食结构不合理、厌食、偏食、生病等原因，易缺乏锌、硒、碘、钙、铁等。

第二类人群是孕妇及哺乳期妇女。因胎儿快速生长发育，消耗量较大，孕妇由于妊娠反应摄入不足，饮食结构不合理，偏食、挑食、生病等原因，易缺乏锌、硒、钙、碘、钙、铁、钼、锰等。

第三类人群是免疫力低下者及中老年人。老年人因胃肠吸收功能下降，导致免疫力低下，且易患慢性消耗性疾病，易缺乏锌、硒、钙、铬等。

因此，有针对性地将营养素添加到食品中去，进行活性矿质元素的强化，可补充食品在加工与贮藏中活性矿质元素的损失，满足不同人群生理和职业的要求，方便摄食以及预防和减少活性矿质元素缺乏症。

食品进行活性矿质元素强化必须遵循一定的原则，即从营养、卫生、经济效益和实际需要等方面全面考虑。首先结合实际，对当地的食物种类及人们的营养状况进行全面分析，有明确的针对性，科学地选择需要强化的食品，选择生物利用性较高的活性矿质元素；应保持活性矿质元素和其他营养素间的平衡，否则会影响活性矿质元素以及其他营养素在体内的吸收与利用；食品中使用的活性矿质元素强化剂要符合有关的卫生和质量标准，同时还要注意使用剂量；在进行活性矿质元素强化时不应损害食品原有的感官性状而致使消费者不能接受；在强化时应注意成本和经济效益，否则不利于推广。

目前已被列入国家食品营养强化剂使用卫生标准的矿质元素包括铁、钙、锌、钾、硒、镁、铜等。

二、人工富含活性矿质元素的功能性食品

由于天然食物中的活性矿质元素含量普遍较低，因此通过人工方法将无机的矿质元素转化为有机形式，可提高其生理活性与吸收率，同时也进一步提高了原来食品的医疗保健价值。

（一）富硒食品

由于天然食物中的硒含量普遍较低，而亚硒酸钠之类无机硒因毒性较高只能用于药品而不能用于食品。因此，采用人工方法转化无机硒为有机硒，提高硒的生理活性与吸收率，同时降低其毒性。常见的富硒食品如下。

（1）富硒酵母　生产富硒酵母所用菌种一般是啤酒酵母，使用麦芽汁加亚硒酸钠作培养基，在一定条件下发酵培养，然后通过离心法分离出酵母，用水反复冲洗后干燥，粉碎后即得富硒酵母粉。

（2）富硒食用菌　在富含亚硒酸钠的培养基上接种入菌种，所长出的食用菌中硒含量明显增高。

（3）富硒麦芽　通过谷物种子发芽法转化无机硒为有机硒，是一种良好的功能性富硒食品基料，可用来生产富硒饼干、面条和面包等一系列食品，应用前景广阔。

（4）富硒茶叶　在种植茶叶的土壤中喷洒一定浓度的含硒水，使土壤的硒含量达到一定浓度，茶树在生长过程中会吸收土壤中的硒并富集于叶子中，经这种加工制得的茶叶就富含硒元素；另一种方法是通过叶面喷施亚硒酸钠溶液，喷施硒后12d采摘茶叶来制备富硒茶叶。

（二）富铬食品

（1）富铬酵母　利用酵母富集能力、无机铬转化为有机铬的转化能力，在培养基中加入

无机铬，通过微生物培养制取富铬酵母粉。

（2）富铬绿豆芽 通过绿豆发芽过程将铬富集，无机铬转化为有机铬。铬含量为普通绿豆芽的 100 倍，富铬绿豆芽中的铬有 95% 左右为有机铬。

三、矿质元素的纳米微胶囊技术研究

纳米微胶囊（nanocapsule），即具有纳米尺寸的微胶囊，其颗粒微小，易于分散和悬浮在水中，形成均一稳定的胶体溶液，并且具有良好的靶向性和缓释作用。

纳米微胶囊技术是指利用纳米复合、纳米乳化和纳米构造等技术在纳米尺度范围内（1~1000nm）对囊核物质进行包覆形成微型胶囊的新型技术。其中，被包覆的物质称为微胶囊的芯材，用来包覆的物质称为微胶囊的壁材。

在功能食品领域中，运用纳米微胶囊技术对功能食品中的功能因子进行包埋，既可以减少功能因子在加工或贮藏过程中的损失，又能有效地将功能因子输送到人体的胃肠道位置，达到降低毒性、提高疗效的目的；并通过控制释放功能因子提高其生物利用率，保持食品的质地、结构以及其感官吸引力，延长贮藏稳定期。纳米微胶囊技术对于功能食品的研究与开发提供了新的理论和应用平台，十分有利于功能食品的发展。

作为功效成分的矿质元素钙、铁、锌等，由于难溶于水，影响到人体的吸收和利用，限制了其在功能食品中的应用。采用纳米技术制备出的微量元素超微粉，与水有更强的亲合力，在水中有更强的化学活性，有利于人体的消化吸收。

第五节 活性矿质类产品展望

近年来，我国的功能性食品有了迅速发展，也出现了许多令人担忧的问题，如对功能性食品缺乏真正的了解，混淆了食品与药物的本质等。但功能性食品没有药物的相关副作用，可以改善人们的日常生活，对其开发研究仍是必然趋势。对于活性矿质元素的功能性食品开发，重点在吸收率的提高上，减少因肠部不吸收而被排泄掉的情况，开发增进矿物质吸收功能的生物合成制品，加强高新技术在功能性食品生产制造中的应用，开展多学科基础研究和创新产品的开发设计，从多元化的角度开发产品，高度重视科学研究，从而加强产品在国际市场上的竞争力。开发新产品时，要密切注意过量摄入的危害，过量摄入铁或多种矿物质补充剂会增加患高色素沉着症的风险；钙制剂可能引起胃肠道反应，并增加心血管疾病的风险。因此建议消费者为改善健康而服用膳食补充剂应该理性选择，生产者也应该在合理的配方组成和用量上进行研发。

思考题

1. 简述活性矿质元素的定义及分类。
2. 简述活性矿质元素的特点。
3. 简述活性矿质元素的生理功能。

4. 简述钙的生理功能。

5. 影响钙吸收的因素有哪些？

6. 简述磷的生理功能及缺乏时的表现。

7. 简述影响镁吸收的因素。

8. 简述钾的生理功能及食物来源。

9. 简述铁的生理功能。

10. 影响铁吸收的因素有哪些？

11. 简述锌的生理功能及缺乏时的表现。

12. 简述硒的生理功能及缺乏时的表现。

13. 碘摄入过多或过少可出现哪些症状？

14. 简述常见几种活性微量元素主要食物来源。

15. 举例说明富铬酵母的生产工艺流程。

16. 举例说明 GTF 强化花生酱的制备工艺流程。

第七章

自由基清除剂

学习目标

理解自由基的概念、来源、种类；掌握自由基清除剂的种类及作用机理；掌握几种常见的自由基清除剂的来源、作用机理及其应用；了解常见自由基清除剂的制备方法。

名词及概念

自由基、自由基清除剂、超氧化物歧化酶、过氧化氢酶、谷胱甘肽过氧化物酶、竹叶黄酮、茶多酚、虾青素

第一节 概述

一、自由基的定义

自由基又称游离基，是指含有一个或多个未配对电子的分子或离子。未配对电子指那些在原子或分子轨道中未与其他电子配对而独占一个轨道的电子，其自旋量子数为 1/2。未配对电子具有强烈的配对倾向，倾向与其他原子基团结合，形成更稳定的结构。因此，自由基非常活泼，具有顺磁性、化学反应性极强、作用半径小、生物半减期短等特点。

二、自由基的分类

人体内的自由基分为氧自由基和非氧自由基。氧自由基占主导地位，大约占自由基总量的 95%。氧自由基，又称活性氧（Reactive oxygen species，ROS），包括超氧阴离子（$\cdot O_2^-$）、过氧化氢（H_2O_2）、羟自由基（$\cdot OH$）、氢过氧基（$HO_2^- \cdot$）；有机氧自由基脂质烷氧自由基 $LO \cdot$、脂质烷过氧自由基 $LOO \cdot$；含氧的非自由基衍生物单线态氧（$^1O_2$）、氢过氧化物、次氯酸、过氧化物等。

非氧自由基包括以碳为中心的自由基如三氯甲烷自由基（$\cdot CCl_3$），以硫为中心的自由基如烷硫自由基（$R-S \cdot$），以氮为中心的自由基如苯基二肼自由基（$C_6H_5N=N \cdot$），以及过渡金属离子如一价铜离子与二价铜离子、二价铁离子与三价铁离子、三价钛离子与四价钛离

子，这些金属离子具有接受和供给电子的能力，可作为自由基反应的催化剂，在自由基的损伤作用中起重要作用。

三、自由基的来源

自由基在生物体中的来源分两部分：一是细胞正常生理过程产生的自由基；二是外来化学物质在体内产生的自由基。

1. 细胞正常生理过程产生的自由基

正常生理情况下，机体会产生自由基，参与某些生物学功能，对机体没有损害作用。人体自身产生的自由基称为内源性自由基，如在机体内的心肌线粒体膜中产生各种各样的活性氧。线粒体是活性氧的重要来源，活性氧族如 $\cdot O_2^-$、H_2O_2、$\cdot OH$ 和 $^1O_2$ 都是正常有氧代谢的副产物。在大多数细胞中超过90%的氧是在线粒体消耗的，其中2%的氧在线粒体内膜和基质中被转化成氧自由基。线粒体呼吸链在正常条件下通过自氧化一种或多种还原物质而释放少量的 $\cdot O_2^-$ 和 H_2O_2。体内的 H_2O_2 或 $\cdot O_2^-$ 的歧化反应产物其在过渡金属的介导下可生成 $\cdot OH$，$\cdot OH$ 可侵害细胞脂质中的不饱和脂肪酸引起脂质过氧化反应，产生 LO^- 或 LOO^- 以及 LOOH。LOOH 分解产生代谢产物丙二醛（MDA）、乙烷及出现共轭二烯的双键。此外白细胞在吞噬外来异物和病菌过程中，会发生呼吸爆炸释放大量的活性氧用以杀死外来的微生物，除了线粒体外，内质网和核膜也可以产生 $\cdot O_2^-$ 和 H_2O_2。

生理条件下，线粒体中的 $\cdot O_2^-$ 可被锰-SOD 分解，如该酶活性降低，$\cdot O_2^-$ 将不被清除。同样，线粒体内的过氧化氢酶和过氧化物酶的活性降低时，增多的 H_2O_2 和过氧化物形成活性更强的 $\cdot OH$，可致脂质氧化链式反应，进一步扩大细胞损伤。

细胞内的酶反应也是产生自由基的来源。例如黄嘌呤氧化酶（xanthine oxidase，XOD），它以分子氧作为电子受体催化氧化嘌呤、蝶呤、醛类等多种杂环化合物，同时产生 H_2O_2 和 $\cdot O_2^-$ 等 ROS。

2. 外来化学物质在体内产生的自由基

外来化学物质在体内产生的自由基称外源性自由基。许多外来化合物，例如抗癌剂、抗菌剂、杀虫剂、麻醉剂等药物，香烟烟雾和光化学空气污染物等，外界条件的刺激，例如高压氧、高能辐射、紫外线辐射、电离辐射等，都可通过各种不同途径刺激机体产生 ROS。

四、自由基的生物学功能

自由基作为人体正常的代谢产物，对维持机体的正常代谢有特定的促进作用，这种作用主要表现在对机体危害物质的防御作用，具体包括：①增强白细胞的吞噬功能，提高杀菌效果。例如白细胞利用自由基（超级氧，一氧化氮）来杀死外来的微生物，体内一些分解代谢的反应需要自由基来催化，血管的舒张和部分神经、消化系统信号的传导要借助于自由基（一氧化氮），基因经自由基的刺激而得以产生突变以更适应环境的变化；②促进前列腺素的合成；③参与脂肪加氧酶的生成；④参与胶原蛋白的合成；⑤参与肝脏的解毒作用；⑥参加凝血酶原的合成；⑦参与血管壁松弛而降血压；⑧杀伤外来微生物和肿瘤细胞。

五、自由基对生命分子的损害

正常细胞内每天能产生数量高达 10^{11} 的自由基分子。自由基具有高度的活泼型和极强的氧化反应能力，能通过氧化作用影响体内的生命大分子，例如核酸、蛋白质、糖类和脂质等，使这些物质发生过氧化变性、交联和断裂，从而引起细胞结构和功能的破坏，导致机体的组织破坏和退行性变化，从而引起疾病和衰老。

1. 自由基对核酸的损害

活性氧自由基（ROS）是外源性的物理氧化作用或化学氧化作用的产物，一旦其超过生物体内的抗氧化系统所承载的极限，累积的 ROS 便可攻击 DNA，造成核内和线粒体 DNA 的损伤，如碱基错配、修饰、脱嘌呤或脱嘧啶位点的形成、DNA 断裂以及 DNA 蛋白质交联等。·OH、电子诱导转移是造成 DNA/RNA 损伤的两种最直接的来源，细胞内每天可以产生大量的自由基，而核酸在自由基的进攻下可使组成它的核糖、脱氧核糖形成脱氢自由基，使磷酸二酯键断裂从而导致 DNA/RNA 链的断裂或者碱基的破坏，这些损伤如果不能及时的被修复，就会使生物体中存在潜在可致病的细胞，导致体内产生一系列的病变。X 射线、放射治疗和紫外线等电离辐射是造成 DNA/RNA 损伤的常见原因，在电离辐射的过程中，可使 DNA/RNA 产生自由基，还可使碱基由于失去一个电子而形成碱基自由基正离子。

2. 自由基对脂类的损害

自由基性质活泼，与细胞膜不饱和脂肪酸相遇后，能够夺取不饱和脂肪酸亚甲基中的氢原子，从而引发脂质过氧化。自由基引发的脂质过氧化反应是一种链式反应，包括三个阶段：链引发、链增长和链终止。随着脂质中不饱和脂肪酸的减少，细胞膜蛋白比例失衡，细胞膜通透性增强。Ca^{2+} 转运不断增强，ATP 酶等许多钙依赖性蛋白酶被激活。自由基过多时，会使链式反应不断进行从而导致细胞膜进一步受损，细胞完整性被破坏甚至引发细胞死亡。线粒体由于呼吸作用不断产生自由基，当自由基清除系统受损时，线粒体膜受到破坏，抑制线粒体功能表达，ATP 产生减少从而影响细胞能量代谢。研究表明，脂质过氧化与包括奶牛在内的家畜的多种疾病状态以及生产性能和繁殖性能下降密切相关。

3. 自由基对蛋白质的损害

活性氧与脂质和糖化蛋白反应产生的醛和酮可以修饰蛋白质。自由基介导的氨基酸损伤主要会造成肽链裂解、氨基酸侧链的氧化，同时引发蛋白质的交联。氧化应激引起的蛋白质活性和功能改变会导致蛋白质中半胱氨酸和蛋氨酸的直接氧化。当运输蛋白受到自由基攻击时，会导致血液中的营养物质不能被正常输送到生物体内。一些化合物还可以在过氧化氢的条件下与血红蛋白发生氧化反应，产生溶血现象。此外，通过凝胶色谱进行研究发现，活性氧对氨基多糖和蛋白多糖也有损伤作用。

4. 自由基对糖类的损害

自由基会破坏碳水化合物，使透明质酸降解，导致关节炎的发生。

六、机体对自由基的防御系统

机体虽有多种途径产生自由基，但并不是产生自由基就会对机体有损害作用。自由基产生只有超过抗氧化能力或机体抗氧化能力降低时，才会造成损害作用。这是因为机体存在防御系统，包括酶抗氧化系统和非酶抗氧化系统。

1. 酶类抗氧化系统

在生物进化过程中，需氧生物如人或动物，机体内存在防御过氧化损害的酶系统，即消除自由基的酶系统，包括 SOD、CAT、GSH-Px 和谷胱甘肽还原酶（glutathione reductase, GR）等。

2. 非酶抗氧化系统

在生物体中广泛分布着许多小分子，它们能通过非酶促反应而清除氧自由基。例如谷胱甘肽、维生素 C、维生素 E、尿酸、牛磺酸和次牛磺酸等。

（一）氧化应激

氧化应激（oxidative stress）是指体内氧化作用与抗氧化作用失衡的一种状态，倾向于氧化作用，导致中性粒细胞炎性浸润，蛋白酶分泌增加，产生大量氧化中间产物。氧化应激是由自由基在体内产生的一种负面作用，一旦发生氧化应激，许多细胞生物分子，如 DNA、脂质和蛋白质就会容易受到自由基引起的氧化损伤，从而导致细胞和最终的组织器官功能障碍。氧化应激与多种疾病有关，并被认为是导致衰老和疾病的一个重要因素。

（二）自由基与疾病

1. 衰老

衰老过程涉及许多内外因素，与衰老过程有关的最常见的内源性生化因子是自由基。研究表明，老年动物及老年人血清脂质自由基（脂质过氧化物）水平增高，组织内（尤其脑、肝细胞内）脂褐素含量增多。组织内脂褐素含量多少可作为衰老的客观依据之一，其形成与脂质自由基有关。脂质自由基的分解产物为醛类，它可与蛋白质、磷质和核酸的氨基起反应，使分子发生交联，交联的结果，使蛋白质变性，使酶失活。这些变性物质被吞噬细胞吞噬，但不能完全消化，结果不断增加细胞内的脂褐素。

2. 动脉粥样硬化及脑血栓

花生四烯酸（arachidonic acid, AA）是细胞膜磷脂的重要组成部分，机体缺血缺氧后，细胞外液中的 Ca^{2+} 进入细胞内使细胞膜中的钙依赖的磷脂酶 A2 被激活，后者使 AA 释出，AA 通过环氧化酶途径产生前列腺素（prostaglandin H2, PGH2）；后者在血小板微粒体内，在血栓素合成酶作用下，生成血栓素（thromboxane A2, TXA2）；在动脉血管内皮细胞微粒体内，在前列腺素合成酶作用下，生成前列环素（protaglandin I2, PGI2）。TXA2 和 PGI2 是 2 种作用完全相反的血管活性介质，前者主要为强烈的血管收缩和血小板聚集剂；后者的作用与之相反，当动脉血管内皮细胞受到损害时，PGI2 生成减少，TXA2 的量及作用增多增强，导致血管痉挛和促进血栓形成。此外，AA 通过脂氧化酶途径产生的 5-过氧化氢花生四烯酸（5-hydroperoxy-eicotetraenoic acid, 5-HPETE）和脂质自由基强抑制前列环素合成酶的作用，使 PGI2 合成减少。5-HPETE 尚可激活血小板中的血栓素合成酶，导致血栓形成的恶性循环。

3. 脑的再灌流性损害

缺血后再灌流氧自由基的产生，是脑再灌流性损害的根本。通常情况下，机体自由基的生成与清除能力保持动态平衡。当缺血时，则清除超氧阴离子和过氧化氢的自由基清除剂 SOD 和 GSH-Px 降低，但再灌流时自由基反应更为明显。脑缺血后再灌流氧自由基的产生途径有：

①脑缺血时 ATP 不被利用，依次降解为次黄嘌呤，同时钙离子激活蛋白酶，使黄嘌呤脱氢酶转变为黄嘌呤氧化酶，后者使大量堆积的次黄嘌呤产生超氧阴离子；

②低血氧时酶自由基积累，再灌流时自身氧化产生超氧阴离子及氧化酶；

③再灌流时，硫酸亚铁复合物自身氧化产生超氧阴离子。

4. 由于金属离子缺乏引起疾病

锌在稳定生物膜中起重要作用。缺锌引起肺微粒体中自由基生成增加缺锌、铜的大白鼠肝微粒体内 LPO 增多。缺锌动物表现生长停滞、食欲减退、采食量可降低 70%。因为锌是味觉素的一种成分缺锌动物皮肤胶原蛋白减少、皮肤角化、羽毛磨损或被毛脱落；缺锌也会影响生殖及骨骼发育。硒是谷胱甘肽过氧化物酶（GSH-Px）的辅助因子是该酶的活性中心。硒缺乏时 Se-GSH-Px 活性降低其降解体内代谢过程产生的内源性的 H_2O_2 及过氧化脂质（lipid peroxide，LPO）的能力减弱引起多不饱和脂肪酸（PUFA）过氧化而直接损害膜结构。过氧化终末产物丙二醛（MDA）可使细胞孔隙增大通透性增强毛细血管内皮细胞损伤血红蛋白渗出。

5. 支气管哮喘

支气管哮喘是由多种细胞如嗜酸粒细胞、肥大细胞、淋巴细胞、中性粒细胞、气道上皮细胞等和细胞组分参与的气道慢性炎症性疾病。研究发现，支气管哮喘是由于体内氧自由基增多、脂质过氧化反应增强和抗氧化能力降低，最终导致氧化/抗氧化失衡，并且支气管哮喘的反复发作与氧化抗氧化失衡密切相关。同时哮喘患者体内免疫细胞、炎性细胞、大气污染物、香烟烟雾以及颗粒物质产生的氧自由基，也可导致其机体内氧化与抗氧化失衡，比如，与正常人相比，哮喘患者血液中的中性粒细胞和嗜酸粒细胞释放的以及呼出气冷凝液中的浓度升高，超氧化物的水平增高。哮喘患者的抗氧化防御能力以及总抗氧化能力降低，导致机体内氧自由基增多。据报道，哮喘患者的 SOD 活性降低，且活性与气道高反应性、气道阻塞以及气道重塑相关。

6. 慢性肝炎与肝微循环障碍

各型肝炎尤其是慢性活动性肝炎外周血中淋巴细胞内 LPO 水平升高，淋巴细胞膜通透性增加，TS 细胞功能下降，淋巴细胞转换率降低，ATP 酶活性下降，IL-2 产生减少，由此，推断自由基对淋巴细胞损伤是造成机体免疫功能紊乱的原因之一，单核细胞损伤作用的发挥又与其产生的自由基有关。因此可以说病毒性肝炎发病过程中不断产生自由基，既可影响免疫细胞功能，引发免疫功能紊乱，又可直接参与肝细胞的免疫病理损伤，导致肝炎慢性化。

体内自由基反应引起的脂质过氧化可影响血液流变学的性质，甚至可以造成肝脏微循环障碍，使氧和营养物质来源中断，细胞产生的能量急剧降低，各种代谢产物堆积，细胞水肿，膜通透性增加，缺血缺氧时大量儿茶酚胺炎物质形成，也使 α 受体介导的 $\cdot O_2^-$ 内流。由于肝微循环的障碍，再供血氧时会增加自由基的产生，脂质过氧化物得不到应有的清除而造成组织损伤。

7. 肾小球炎症的发生

正常肾组织可生成少量的自由基（OFR），但很快被 SOD 等体内抗氧化酶所清除，不会引起肾组织损伤。肾小球肾炎的基本发病机理是免疫介导的炎症反应。肾炎时随血流进入肾小球的多形核白细胞、巨噬细胞，以及免疫复合物沉积的肾小球系膜细胞和肾小管都能产生大量的 OFR。OFR 与肾组织细胞膜和细胞器膜上的多聚不饱和脂肪酸结合后生成脂质过氧化物，导致膜的流动性和转运功能障碍，酶的活性下降，以及亚细胞器功能改变，多形核白细胞和肾小球系膜细胞在抗原抗体复合物、补体系统等刺激下引起呼吸骤发，产生大量 OFR，其中 H_2O_2 在髓过氧化物酶催化下与卤素化合物反应，生成毒性更强的次氯酸等产物，损伤肾小球引起蛋白尿。OFR 使肾脏组织细胞损伤，促进炎症的发展，而炎症的发展使更多的 OFR 产生，从而使损伤与炎症形成恶性循环。

第二节　常见的自由基清除剂

一、酶类自由基清除剂

1. 超氧化物歧化酶

超氧化物歧化酶（SOD）是一类生物体内广泛存在的抗氧化酶，其生物学功能是清除生物体内因自身有氧代谢所产生的超氧自由基，从而保护细胞免受自由基的破坏。

早在 1938 年就从牛红细胞中将其作为铜蛋白复合物分离到。但由于其底物不稳定性，直到 1969 年被重新分离后发现其可使 $\cdot O_2^-$ 发生歧化反应，而被命名为 SOD，同时发现其在哺乳动物中广泛存在。此后随着对 SOD 研究的深入，发现该类酶几乎存在于所有生命体中。由于 SOD 催化 $\cdot O_2^-$ 发生歧化反应生成 H_2O_2 与 O_2，从而降低超氧阴离子的危害性，因此被称为细胞内第一解毒酶，也是最强的抗氧化剂，在保护机体免受超氧自由基以及由其生成的活性氧类（ROS）的氧化伤害过程中起着极其关键的作用，在生命演化过程中发挥了重要作用。

SOD 的主要功能是催化超氧阴离子自由基歧化为过氧化氢和氧，产生的超氧阴离子自由基是生物体内正常的代谢产物。但是自由基的积累将使细胞膜的脂质发生过氧化作用而引起膜裂变，导致细胞损伤甚至死亡。SOD 是生物体内最重要的且最佳的自由基清除剂，维持机体代谢平衡。另外，SOD 对防治心肌梗死、血管性心脏病、胶原病、新生儿呼吸困难综合征、水肿、肺气肿、氧中毒等疾病有显著疗效，还可防治银屑病、皮炎、湿疹和瘙痒症等多种皮肤病。SOD 作为第一个以超氧阴离子为其作用底物的酶被发现以来，已充分证明了其在防治与超氧自由基有关疾病方面的有效作用。当机体超氧阴离子产生过多或 SOD 浓度偏低时，过量的超氧阴离子就会引起疾病，给以外源性 SOD 即可有效地防治。

SOD 已在食品、医药保健品以及农业上展现了巨大的功能价值，特别是在当前地球环境日益恶化的情况下，各种来源的食品、饮用水等都因为环境污染和恶化，造成大量氧自由基的产生，而这种失衡的过量氧自由基对人体健康会产生一系列影响，从而间接性诱发各种癌症、炎症和糖尿病等，因此，通过在食品中加入适量 SOD，或补充食入适量的 SOD，可以有效调节和降低食品中及机体中过量的氧自由基的积累，从而能够有效保护人体细胞不受到过量氧自由基的破坏，延缓细胞的衰老过程，最终使人的生命得到健康延寿。研究表明，口服 SOD 也能够在机体中发挥 SOD 抗衰老和抗病的作用，人体可能通过一些特殊的消化吸收机制，使得一定量的具有 SOD 进入人体中，发挥其功能。此外，注射 CuZn-SOD 可有效地降低由于大剂量照射而引起的对骨盆肿瘤患者的副作用。有报道表明，局部使用 SOD 能够缓解由放疗引起的皮肤放射纤维化。

2. 过氧化氢酶

生物体内的过氧化氢酶（CAT）作为一种高效的过氧化氢清除酶，在生物体中发挥着重要的作用。按照蛋白结构以及氨基酸序列的不同，一般分为单功能过氧化氢酶、双功能过氧化氢酶以及锰过氧化氢酶。单功能过氧化氢酶是目前种类最多、分布最广、活性最高的一类，CAT 催化分解 H_2O_2 反应实质是 H_2O_2 发生歧化反应，催化过氧化氢分解为水和氧气，清除体内的过氧化氢，从而使细胞免于遭受 H_2O_2 的毒害，是生物防御体系的关键酶之一，为机体提供了抗氧化防御机理。化学反应表达式如下。

$$2H_2O_2 \xrightarrow{CAT} 2H_2O+O_2$$

在不同组织中 CAT 的活性水平也不同，H_2O_2 在肝脏中分解速度比在脑或心脏等器官快。研究表明，当机体内积聚过多 H_2O_2 时，会导致蛋白质、核酸等相互作用，产生 MDA 等有毒物质，而当 ROS 过度积聚时，会导致肠道炎性因子表达量增多，加重对肠道组织功能的损害，严重影响机体健康，甚至造成死亡。CAT 具有强烈的抗氧化性，可增强机体对过氧化氢的抑制，使其快速分解，减少 MDA 的含量。同时，CAT 还可作为 ROS 清除剂，减少肠黏膜活性氧数量，调控肠道健康；CAT 可通过清除肠道中过量的活性氧，降低肠道中炎症因子相对表达量，保护肠上皮细胞的完整性；CAT 的缺乏或水平异常与许多与年龄相关的退行性疾病的发病机制有关，例如糖尿病、白癜风、贫血、精神分裂症、阿尔茨海默病、帕金森病、癌症和高血压。

3. 谷胱甘肽过氧化物酶

谷胱甘肽过氧化物酶（GSH-Px）作为生物抗氧化胁迫酶促反应系统的成员之一，是一类以还原性谷胱甘肽或硫氧化蛋白为电子供体，催化 H_2O_2、有机氢过氧化物或脂质过氧化物还原为 H_2O 或相应醇类的同工酶的总称。GSH-Px 广泛存在于动物、植物、真菌及细菌等生物体内，可以较好地调控体内氧化还原平衡，在抗癌，增强机体免疫力方面也有突出表现。GSH-Px 在反应过程中能够催化底物 GSH 转化成氧化型谷胱甘肽（GS-SG），从而将有毒的过氧化物转换成危害较小或无危害的羟基物质，保护机体细胞免受活性氧的损伤。

4. 谷胱甘肽还原酶

谷胱甘肽还原酶（GR）是一种胞浆酶，是人体氧化还原体系中最为重要的酶之一。GR 在谷胱甘肽的氧化与还原过程中起关键作用，是谷胱甘肽代谢途径中的一种重要酶。还原型谷胱甘肽（GSH）是大多数真核细胞和许多原核细胞中主要的低分子质量硫醇，被认为是细胞抵御一些氧化应激的第一道防线之一。在健康的非应激细胞中，细胞内谷胱甘肽池中的几乎所有谷胱甘肽都是还原形式，反映了该细胞室的高度还原环境。而细胞内的 GSH 池是通过 NADPH 依赖性 GR 将 GSSG 还原为 GSH 来恢复的，化学反应表达式如下。

$$GSSG+NADPH+H^+ \xrightarrow{GR} 2GSH+NADP^+$$

维持细胞中 GSH/GSSG 比率动态平衡，负责细胞中 GSH 的供应，为 ROS 等的清除提供还原力，以维持细胞内氧化还原稳态。目前国内外对 GR 功能的研究正在不断深入，研究发现，GR 在生物体发育、疾病发生与防御、抗氧化应激和应对非生物胁迫等方面起着重要作用。

二、非酶类自由基清除剂

（一）维生素类

维生素不仅是对机体的健康、生长、繁殖和生活必需的有机物质，还是重要的自由基清除剂。维生素与自由基机体自由基清除系统是生物生化中所形成的损伤和抗损伤的反应，以防止自由基对机体的伤害。

1. 维生素 A

维生素 A（V_A）的抗氧化功能机制包括清除单线态氧和硫醇自由基，还与基因表达和细胞分化的过程有关。β-胡萝卜素在体内代谢可转化为维生素 A，β-胡萝卜素具有较强的抗氧化作用，能通过提供电子抑制活性氧的生成，从而达到防止产生自由基的目的。

2. 维生素 C

维生素 C（V_C）具有很强的还原性，很容易被氧化，故是一种很好的抗氧化剂。V_C 在细胞内外均有抗脂质过氧化作用，它与细胞内的自由基清除剂 SOD、GSH-Px 防御机制有所不同。V_C 的抗氧化作用强于 α-生育酚，对血浆中正在进行的脂质过氧化反应有阻断作用，是细胞外液抗氧化防御体系的第一道防线。V_C 分子具有抗氧化性在于其分子中有易于被自由基抽提的氢原子，可与自由基优先反应，捕获自由基，使其成为惰性物质，从而保护组织及细胞免受自由基的损伤。另外，V_C 还在体内氧化还原链的正常运转中起抗氧化作用。V_C 自由基可以与 NADH 反应恢复成 V_C，继续发挥清除自由基的功能。V_C 除了直接发挥清除自由基的功能外，还可协助 V_E 和谷胱甘肽等清除自由基。

3. 维生素 E

维生素 E（V_E）是最具有代表性的定位于膜的脂溶性天然抗氧化剂，它有疏水结构，能插入到有不饱和脂肪酸存在的生物膜中发挥抗氧化作用。细胞内 V_E 主要分布于微粒体和线粒体中。V_E 是 $\cdot O_2^-$ 的直接清除剂，与 SOD、GSH-Px 一起构成体内抗氧化系统，保护细胞膜及细胞内的核酸免受自由基的攻击。在生物膜上 V_E 可直接抑制脂质链过氧化的启动和链的延伸，从而保护细胞结构及细胞质、溶酶体、线粒体、核 DNA 免遭氧化损伤。V_E 最主要的功能是抗自由基与血红素合成，在体内保护 PUFA 和胴体组织免受自由基破坏，保护肌肉的完整性。此外，V_E 能使三价铁变为二价铁。

（二）谷胱甘肽

谷胱甘肽（GSH）是由谷氨酸、半胱氨酸和甘氨酸通过肽键缩合而成的三肽化合物，GSH 能与 H_2O_2 或有机过氧化物作用，可保护细胞免受过氧化物损害，是重要的自由基捕获剂。不同类型的细胞内 GSH 的浓度不同。

（三）微量元素

在机体内，微量元素含量甚微，但对生命过程中具有重要的意义，许多作为酶的重要成分，参与自由基的清除。

1. 硒

硒（Se）是一种非常重要的微量元素，是硒谷胱甘肽过氧化酶的活性成分，Se-GSH-Px

存在于胞浆和线粒体基质中，能使有毒的过氧化物还原成无毒的羟基化合物，并使过氧化氢分解成醇和水，摄入硒不足时使 Se-GSH-Px 酶活力下降，在体内处于低硒水平时，Se-GSH-Px 活力与硒的摄入量呈正相关，但到一定水平时，酶活力不再随硒水平上升而上升。研究表明，糖尿病大鼠补充硒和维生素 E，其 GSH-Px 和 SOD 活性均有不同程度增加，而脂质过氧化产物丙二醛含量随之下降。另外，高糖环境中增加的糖基化蛋白会自动氧化产生大量自由基，而引起一系列连锁氧化过程，硒和维生素 E 的抗氧化性可阻断这一过程中的某些环节。

2. 锌

锌在清除自由基的过程中也起到很重要的作用。锌能减少铁离子进入细胞并抵制其在经自由基引发的链式反应中的催化作用，锌也能终止自由基引起的脂质过氧化链式反应。锌可与铁竞争从而抑制了脂质过氧化的多个环节，它们通过竞争与膜表面结合的位点，可使铁复合物产生减少，通过哈勃-韦斯（Hater-Weiss）反应产生·OH 减少，造成脂类转变为活性氧的链式反应被抑制。由于锌可以激活体内的 GSH-Px，锌缺乏使体内有活性的 GSH-Px 数量减少，也由于锌缺乏导致的过氧化脂质生成增多，而使 GSH-Px 消耗增多，导致其活性下降。锌还有稳定细胞膜的作用，由于锌与红细胞膜结合，抑制了膜脂质过氧化过程中所产生的自由基，从而降低了自由基对膜的损伤。锌作为 SOD 的辅酶，催化超氧离子发生歧化反应。锌可以诱导体内硫蛋白的产生而抵制自由基损害，锌与抗氧化剂螯合，其抗氧化作用增强。

3. 铜

CuZn-SOD 的活性中心是铜，铜蓝蛋白中含有血清铜的大部分，是细胞外液重要的抗氧化剂。铜蓝蛋白的抗氧化作用主要是防止过渡金属二价铁离子和二价铜离子催化 H_2O_2 形成·OH。铜蓝蛋白具有铁氧化酶的活力，能将二价铁离子氧化成三价铁离子。

4. 铁

铁是过氧化氢酶（CAT）的活性中心，体内 2/3 的铁存在于血红蛋白中，血红素缺乏，CAT 活性下降。但活性铁是脂质过氧化的催化剂，脂质过氧化启动反应所产生的脂烷基与氧反应，产生脂烷过氧基。这些自由基再度作用于脂质，使反应以链式不断进行，脂质过氧基的性质非常活跃，从而造成细胞成分的损害。

5. 锰

锰是体内多种酶的组成成分，与体内许多酶的活性有关。锰与铜同样是 SOD 组成成分，在清除超氧化物、增强机体免疫功能方面产生影响。Mn-SOD 是体内自由基清除剂。对人来说，胚胎和新生儿体内的 Mn-SOD 含量高于成年人，随着机体衰老量逐步下降。老年色素斑中脂褐素在细胞内的形成和聚集与 Mn-SOD 有关。因此，锰的抗衰老作用主要与体内 Mn-SOD 有关。

（四）天然活性成分

1. 茶多酚

茶多酚是一类存在于茶树中的多元酚类化合物的总称。茶多酚为儿茶素类、黄酮类、酚酸类、聚合酚、花青素类等化合物的复合体，其中儿茶素类化合物为茶多酚的主体成分，占茶多酚的 60%~80%。儿茶素类化合物主要包括儿茶素（epicatechin，EC）、没食子儿茶素（epigallocatechin，EGC）、儿茶素没食子酸酯（epicatechin gallate，ECG）和没食子儿茶素没食子酸酯（epigallocatechin gallate，EGCG）4 种物质。茶多酚抗氧化的机制之一即直接或间接清除自由基。因含有多羟基结构，茶多酚可在自由基的链传递过程释放出氢质子，这些氢质子可以捕捉高势能自由基，并与之结合使其转化为非活性或较稳定的化合物，同时自身转变成比氧化链式反应生成的自由基更稳定的醌类结构，从而阻断自由基的链式反应；其次，茶多酚也可以通过电子转移直接给出电子而清除自由基。

2. 竹叶抗氧化物

竹叶抗氧化物（antioxidant of bamboo leaves，AOB）从禾本科刚竹属品种的嫩叶中得到的酚性制剂，已被批准作为抗氧化剂应用于食品。

AOB 抗氧化成分包括黄酮、内酯和酚酸类化合物。其中黄酮类化合物主要是黄酮碳苷，包括荭草苷、异荭草苷、牡荆苷和异牡荆苷等；内酯类化合物主要是羟基香豆素及其糖苷；酚酸类化合物主要是肉桂酸的衍生物，包括绿原酸、咖啡酸和阿魏酸。其作用特点是既能阻断脂肪自动氧化的链式反应，又能螯合过渡态金属离子，同时作为一级和二级抗氧化剂起作用。具有很强的抗自由基活性，能清除多种活性氧自由基（$\cdot OH$、$\cdot O_2^-$、$RO\cdot$、$ROO\cdot$等）；具有优良的抗氧化活性，有效抑制脂质过氧化，对脂质过氧化产物丙二醛（MDA）的生成具有明显的抑制作用；能有效清除亚硝酸盐，并阻断强致癌物 N-亚硝胺（NMDA）的合成；同时，还有较强的抑菌作用，对伤寒沙门氏菌、革兰氏阴性杆菌和阳性球菌等均有一定的抑制作用。

3. 甘草抗氧化物

甘草抗氧化物（licorice antioxidants）是从提取甘草浸膏或甘草酸之后的甘草渣中提取的一组脂溶性混合物，主要包括甘草酸、甘草黄酮、黄酮类、酚类物质、多糖等。甘草中的黄酮类物质具有抗氧化作用，甘草查尔酮对 DPPH·自由基和过氧化阴离子具有清除作用。甘草次酸、甘草次酸衍生物、黄芪多糖、黄芪总黄酮、阿魏酸对·OH 及·O_2^-均具有较强的清除作用，且清除能力均与浓度呈明显的线性关系。研究发现，甘草素清除活性氧能力是 V_E 的 3 倍，甘草查尔酮清除活性氧的能力与 V_E 类似。甘草总黄酮对 ROS 具有明显的清除作用，其效果好于 V_E；甘草总黄酮对·OH 具有非常高的清除作用。研究发现了甘草中异黄酮类化合物对 LDL（低密度脂蛋白）氧化过程的影响，证实了异黄酮类化合物的抗氧化作用。

4. 迷迭香提取物

迷迭香提取物的主要成分是二萜类、三萜类、黄酮类和有机酸类等化合物。二萜类主要包括二萜酚类和二萜醌类两种，其中二萜酚类是主要的抗氧化活性成分，目前已经分离鉴定出的二萜酚类主要包括鼠尾草酚、迷迭香酚、鼠尾草酸、异迷迭香酚、表迷迭香酚、迷迭香二酚、铁锈酚、迷迭香宁、异迷迭香宁、迷迭香二醛等。已经分离得到的三萜类，多为三萜酸类，主要包括熊果酸、齐墩果酸等。已经鉴定出的黄酮类化合物有 30 多种，主要包括木犀草素、香叶木素、槲皮素、山奈酚等。有机酸类主要包括迷迭香酸、咖啡酸、阿魏酸、L-抗坏血酸等。迷迭香脂溶性提取物的抗氧化活性主要与鼠尾草酸的含量和脂溶性的二萜酚类物质总量有关，迷迭香水溶性提取物的抗氧化活性主要与迷迭香酸的含量有关。脂溶性迷迭香提取物主要成分为鼠尾草酸，其具有抗氧化、抗菌、抗肿瘤、神经保护、抑制肥胖等药理作用，是目前发现的热稳定性最好的天然脂溶性抗氧化剂。研究表明，鼠尾草酸可明显减弱 H_2O_2 所造成的神经元氧化应激损伤，体现了鼠尾草酸在预防中枢神经退行性疾病如阿尔兹海默症中的应用潜力。

5. 植酸

植酸又称肌醇六磷酸酯、环己六醇六磷酯，是肌醇磷酸酯的混合物，包括肌醇二磷酯、肌醇三磷酯、肌醇四磷酯、肌醇五磷酯、肌醇二磷酯等，它是植物体中最重要的含磷化合物。研究发现，植酸可抑制叔丁基过氧化氢（tert-butyl hydroperoxied，TBHP）所催化的尿酸的氧化与 TBHP 诱导的红细胞膜质的过氧化作用。植酸对于改善·OH 造成的心肌缺血也有一定的缓解作用。

植酸在食品工业中有着广泛的应用，在油脂和油脂含量较高的食品中加入少量的植酸可抑制油脂的氧化和水解酸败，在大豆油中添加体积分数 0.01% ~ 0.2% 的植酸，大豆油的抗氧化能力提高 4 倍，在花生油中加入少量的植酸除了可使其抗氧化能力提高 40 倍外，还抑制强致癌物质黄曲霉毒素的产生。植酸还能有效地减缓或阻止果蔬的褐变。

6. 虾青素

虾青素最早于 1933 年在虾、蟹等水产品中分离得到。它在自然界中广泛存在，然而高等生物体内无法合虾青素，一般通过摄食获取。天然虾青素主要通过微藻或浮游植物进行生物合成，随后在浮游动物和甲壳类动物中积累，进而通过捕食关系出现于鱼类、鸟类等高级生物体内。它是一种非维生素 A 原的类胡萝卜素，在动物体内不能转变为维生素 A，但具有与类胡萝卜素相同的抗氧化作用，是一种优良的抗氧化剂。

虾青素能稳定细胞膜的结构，降低膜通透性、限制过氧化物启动子进入细胞内，保护细胞内重要分子免受氧化损伤。同时虾青素可能成为促氧化剂，诱导氧化应激的产生。虾青素分子中存在共轭双键、羟基和在共轭双键链末端的不饱和的酮基，其中羟基和酮基又构成 α-羟基酮，这些结构都具有比较活泼的电子效应，能向自由基提供电子或吸引自由基的未配对电子，有效地猝灭氧化性极强的单线态活性氧以及环境中其他自由基。研究表明，猝灭活性氧能力随着共轭双键数的增加而增加，虾素的淬灭能力是最强的，其猝灭分子氧的能力比具有相同结构的 β-胡萝卜素、V_E、α-胡萝卜素、叶黄素和番茄红素都高。虾青素通过抑制脂质过氧化，还可以保护细胞及 DNA 免受氧化反应的伤害，保护细胞内的蛋白质，使细胞有效进行新陈代谢，使细胞内的蛋白质更好地发挥功能。这种抗氧化作用表现在延长 LDL 被氧化的时间，从而降低动脉粥样硬化的发生。

7. 番茄红素

番茄红素属于类胡萝卜素，是目前自然界中为数不多的兼具保健和着色作用的抗氧化剂之一，具有消除人体自由基、避免机体内 DNA 和蛋白质遭受氧化伤害、推迟细胞老化、延缓衰老的作用。研究发现，番茄红素通过活化 Nrf2 抗氧化关键因子核转移的同时抑制 NFκB 信号因子的表达，并抑制肾小管上皮细胞 ROS 的产生，从而改善肾脏氧化应激反应，缓解肾脏细胞的凋亡。还有研究表明，番茄红素不仅具有改善人脑神经元损伤的潜能，而且在突触功能障碍修复中也发挥了一定的积极作用。将番茄红素作为天然食品抗氧化剂进行使用，可以降低人体患癌概率，控制人体细胞的衰老速度。正是由于其超强的抗氧化活性，番茄红素无论在医药或食品加工领域均具有可持续发展的应用价值。

8. 葡萄籽提取物

葡萄籽提取物是从葡萄籽中提取分离得到的一类多酚类物质，主要由原花青素、儿茶素、表儿茶素、没食子酸、表儿茶素没食子酸酯等多酚类物质组成。葡萄籽提取物是一种高效抗氧化剂，具有非常强的体内活性，可抑制诱导的腹腔巨噬细胞活性氧的产生，降低血清中

MDA 的含量，同时升高 SOD 和 PSH-Px 的含量。此外，适量的葡萄籽提取物可以使 V_E 再生并延缓其消耗，是 V_E 的生理再生剂。

三、自由基清除剂作用机理

自由基清除剂发挥作用必须满足 3 个条件：

①自由基清除剂要有一定的浓度；

②因为自由基活泼性极强，一旦产生马上就会与附近的生命大分子起作用，所以自由基清除剂必须在自由基附近，并且能以极快的速度抢先与自由基结合，否则就起不到应有的效果；

③在大多数情况下，清除剂与自由基反应后会变成新的自由基，这个新的自由基的毒性应小于原来自由基的毒性才有防御作用。

自由基清除剂对自由基的作用机制可分为：

①自由基清除剂，是在自由基形成起始阶段的抑制剂和断裂传播阶段的断链剂；

②单线态氧淬灭剂，使氧气达到基态；

③抗氧化剂增效剂，增加混合物中其他抗氧化剂的活性；

④脂氧合酶抑制剂，使氧化酶失去原有的活力；

⑤金属螯合剂，可以将金属离子转化为不能用于电子转移的稳定形态；

⑥还原剂，向其他可氧化的化合物提供电子，使之转变为非活性或较为稳定的化合物，同时自身转变成为较氧化链式反应生成的自由基更稳定的物质，从而中断或延滞链式反应，并抑制脂质过氧化的启动；

⑦提高生物体本身具有的抗氧化酶的活性，间接地起到抗氧化的作用。

不同类自由基清除剂发挥作用的机制是不一样的，它们之间可能存在协同、相加以及拮抗等相互作用，其中协同作用最受关注，概括起来主要包括以下 5 种：

①修复再生。抗氧化剂之间存在明显的互补作用，通过电子转移等方式提供和维持还原剂水平；

②偶联氧化。一方面降低直接反应的两种抗氧化物间的电位落差，使反应易于进行，另一方面，偶联的抗氧化油水分配系数互为补充，在某一体系中合理分布，充分发挥每一种抗氧化剂的抗氧化功能；

③吸收氧气。在反应体系中，某种抗氧化剂可以直接与氧气反应，降低氧浓度，从而降低其他抗氧化剂与氧反应生成的过氧化自由基；

④改变酶的活性。通过改变氧化酶或促氧化酶的活性起到协同作用；

⑤络合金属离子。抗氧化剂中的某种与氧化体系中的金属离子形成螯合物，降低金属离子对体系氧化的催化作用，从而达到抗氧化的目的。

协同作用可能由于对于 ROS 生成、清除、过氧化链式反应的终止等不同环节，细胞的不同区域，都有相应的自由基清除剂起作用。如由 SOD 催化反应生成的 H_2O_2，由 CAT 进而分解，并有铜蓝蛋白催化亚铁氧化，从而减少过渡金属通过产生自由基引发及促进自由基损伤；细胞内有脂溶性抗氧化剂 V_E 与作用于膜脂质的磷脂氢谷胱甘肽过氧化物酶（phospholipid hydroperoxide glutathionepero xidase，PH-GSH-Px），同时有水溶性的 V_C 和 Se-GSH-Px，V_C 和 V_E 能互相偶联，虽然 Se-GSH-Px 只能催化游离的脂氢过氧化物分解，PH-GSH-Px 则能催化膜上的脂氢过氧化物分解。此外，磷脂酶 A2 能水解磷脂中的过氧化脂质，糖苷酶能识别与切下脱氧核糖核酸双螺旋中的被氧化的碱基等，这既是一种防御的补充，又是一种修复功能。

相互依赖关系抗氧化剂或酶之间互有联系，如 V_C 与 V_E 在清除自由基过程中互相支持；当它们自身均被氧化后，要恢复还原状态，需有其他还原剂，并有催化还原反应酶参与；又如，GSH 是细胞内主要的、直接的还原剂，它也是 GSH-Px 催化过氧化物还原的必需底物，故细胞内 GSH 的浓度通常为 GSSG 的十倍左右。维持 GSH 的高水平则有赖于 GSH-Px 催化的辅酶（NADPH）的氧化反应，而充足的 NADPH 又依赖葡萄糖代谢的磷酸戊糖途径，GSH 的合成还必须有充足的含硫氨基酸与合成酶的参与等。此外，抗氧化成员间互相代偿，如动物缺硒时，Se-GSH-Px 活力降低，其同工酶—谷胱甘肽硫转移酶的活力则升高。

第三节　自由基清除剂的制备方法及应用

一、虾青素的制备及应用

虾青素是一种类胡萝卜素，其来源广泛，可从红发夫酵母、胶红酵母、雨生红球藻、铜绿小球藻以及虾、蟹壳等多种生物中提取。很多种类的藻类都可自身合成虾青素，如雪藻、衣藻、裸藻、伞藻等，其中产量最高的是雨生红球藻，对虾青素的积累量最高可达到细胞干重的 4%，积累速率和生产总量比其他绿藻类高，被公认为是生产天然虾青素的最好生物来源。

（一）虾青素的制备

1. 虾青素的提取

天然虾青素的提取方法会因来源不同而存在一定的差异。雨生红球藻（微藻）是一种球形、椭圆形的单细胞绿藻，具有由纤维蛋白和果胶物质组成的厚度为 $14\sim21\mu m$ 的成熟细胞壁，该结构使其耐受光辐射、高盐度的环境和气候，同时也使溶剂难以进入细胞，增加虾青素提取难度。红发夫酵母以椭圆形的单细胞为主，虾青素约占其干质量的 0.12%。红发夫酵母的细胞壁由甘露聚糖、葡聚糖及蛋白质组成，厚约 25nm，同样增加虾青素的提取难度。

因此，破壁处理是提取虾青素的必要手段，常用的方法有物理法、化学法和生物法（表 7-1）。

表 7-1　　　　　　　　　　　　　雨生红球藻不同的破壁方法比较

类型	原理	破壁方法	优点	缺点
物理法	依靠作用过程中产生的机械力、超声波效应、碰撞挤压效应等破坏细胞壁	研磨法、冻融温差法、超声法、高压匀浆法	原料成分损失较少	单独使用破壁效果不佳，为获得较高的虾青素提取率往往需与化学溶剂协同作用
化学法	利用溶剂的化学作用使细胞破损	常用试剂：无机酸、有机溶剂和离子液体	方法简单、易操作、对设备要求低	无机酸和有机溶剂容易对虾青素造成化学污染

续表

类型	原理	破壁方法	优点	缺点
生物法	通过破坏雨生红球藻壁的纤维素、多糖、蛋白质的氢键、糖苷键及肽键，从而导致细胞壁破裂和胞内物质流出	纤维素复合酶、果胶酶和蛋白酶	装置简单、适用范围广、重现性好、对活性影响小	酶法成本高、耗时长，存在的酶变性问题

虾、蟹等水产甲壳类废弃物中也含有虾青素，壳中灰分、甲壳质影响虾青素提取效率，酶解法、碱法可提高提取率。常用破壁法与有机溶剂法、酸法等方法结合进行提取。近年来，还出现了离子液体法、脉冲电场法、负压空化法、生物酶法等新技术，可低耗、高效提取虾青素。表 7-2 列出了虾青素不同提取方法的优缺点。

（1）有机溶剂法

虾青素属于脂溶性物质且带有羟基、羰基等极性基团，因此溶剂的极性与虾青素溶解能力密切相关，可利用有机溶剂浸泡原料，溶解其中的虾青素达到提取目的。常见有机溶剂有丙酮、二氯甲烷、乙酸乙酯、乙醇等，可选择单溶剂法或混合溶剂法提取，以达到更好的提取效果。有机溶剂提取法中溶剂的极性是影响提取率的主要因素之一。虾青素极性较小，选择适宜极性的溶剂可增大溶解度进而有效增加提取量。虾青素在有机溶剂中的溶解度随溶剂极性的增加而减小。研究发现，20℃、2h 下不同溶剂对破壁雨生红球藻虾青素的提取能力依次为二氯甲烷>乙酸乙酯>丙酮>95%乙醇>异丙醇。

有机溶剂提取法无需特殊仪器，但是存在提取时间长、溶剂消耗大的缺点，故多与微波、超声等技术结合以缩短提取时间、提高提取率。有机溶剂法相对简单、有效、后续分离技术成熟，但试剂用量大且丙酮等有毒试剂的使用仍存在极大隐患。

（2）酸法

酸法处理原料基于藻类、法夫酵母的细胞壁水产甲壳类的壳在酸中水解，便于胞内物质的释放以及有机溶剂的进入，酸法提取所需原料简单，但需考虑废水处理问题。

（3）离子液体法

离子液体（ionic liquids，ILs）是近年来出现的绿色溶剂，是指由相对较大的不对称有机阳离子和较小的无机或有机阴离子组成的有机盐，根据原料性质可选择不同阳离子或阴离子成分而达到提取的目的。有研究人员利用 ILs 从雨生红球藻中提取虾青素，提取率高于 70%。将超声与 ILs 微乳相结合，从南极磷虾壳中提取虾青素，提取率高达 97.75%。

（4）脉冲电场法

脉冲电场法（pulsed electric fields，PEF）是利用重复短高压脉冲放置在 2 个电极之间的材料，增强材料细胞膜的渗透性，提高虾青素提取率。研究表明，PEF 处理与研磨、冻融、热处理、超声处理相比，PEF 处理后虾青素提取率最高，为 96%，其他方法最高提取率则为 80%。

（5）负压空化法

负压空化法指通过负压手段产生连续气流并释放进液相或者固液两相中，气流与液相或固液两相互相冲撞出现空化气泡的方法。空化气泡坍塌时产生巨大的能量，使细胞破碎，胞内活性物质释放，提高虾青素提取率；此外负压空化法可增大细胞膜及细胞壁通透性，使溶剂瞬间进入胞内，加速胞内活性物质溶解、扩散过程，进而提高提取率。负压空化法可直接从法夫酵母鲜料中提取虾青素，无需破壁，有效缩短提取时间，节约提取成本，适合大规模的工业生产。研究表明，负压空化法较酸法、碱法及自溶破壁法提取效果更佳，与超声提取效果相近，且提取温度低不易引起虾青素结构变化。

（6）生物酶法

生物酶可有效水解雨生红球藻细胞壁成分，增加细胞壁的通透性，使有机溶剂便于渗透、促进胞内物质的释放，提高虾青素提取率。有研究显示，对比纤维素酶、溶菌酶、果胶酶及复合酶对雨生红球藻的破壁效果，发现纤维素酶和果胶酶联合使用的效果优于 3 种单酶单独使用，虾青素提取率为 71.08%。

表 7-2　　　　　　　　　　　　　虾青素不同提取方法的优缺点

提取方法	特点	优点	缺点
物理提取法	采用物理方法破坏原材料细胞壁，促进胞内物质释放及有机溶剂渗透	超声波法、微波辅助法、研磨法用时短，操作便捷，提取效率高，设备成本低，可用于处理大量原材料；超临界 CO_2 萃取法、脉冲电场负压空化法适宜于热敏化合物；高压均质法时间短且产生的热量低，不易引起虾青素变性，但用于工业化生产还需考虑设备成本、操作可靠性等因素	超声波法、微波辅助法可能引起虾青素降解；超临界 CO_2 萃取法设备成本高且不适用于处理大量原材料；高压均质法、超临界 CO_2 萃取法操作要求高
化学提取法	利用有机溶剂、离子液体渗透原料中提取虾青素；酸法水解原料细胞壁加速胞内物质释放	适宜溶剂可少量高效提取	有机溶剂提取法耗时；酸法用于工业化生产需考虑废水处理问题
生物酶法提取法	生物酶水解细胞壁，增加细胞通透性	酶法环保、污染少；复合酶提取率优于单酶	部分酶的价格昂贵、培养困难

2. 虾青素的纯化

虾青素粗提物中除虾青素以外还有虾青素衍生物、脂质等杂质，影响虾青素的分析检测结果，故需对其进行分离纯化得到高纯度虾青素。常用纯化方法有柱层析法、高效液相色谱法、薄层层析法、重结晶法等，此外近年来还出现高速逆流色谱法等新技术。表 7-3 列举了常见的虾青素纯化方法的优缺点。

表 7-3　　　　　　　　　　　　　不同纯化方法的优缺点

纯化方法	特点	优点	缺点
柱层析法	对粗品进行纯化，常压柱 50～100g 样品。纯化时间与样品量相关，所得虾青素纯度可高达 97%	层析柱规格多样，操作简单，成本低，分离效果佳	不可逆吸附
高效液相色谱法	对纯度较高的样品或光学异构体进行纯化，制备量与所选半制备柱规格相关，半制备柱内径 10mm，长度 15~30cm，一次制备 0.1~1.0mg	高效灵敏，选择性好，产物纯度高	设备成本高不适宜工业化生产

续表

纯化方法	特点	优点	缺点
薄层层析法	样品量小于0.5g可采用TLC纯化	快速高效，样品损失少，成本低	不适宜工业化生产
重结晶法	样品纯度相对较高时可进行重结晶，所得虾青素结晶纯度可达98.9%	产物纯度高，操作简单。无需复杂设备	溶剂残留
高速逆流色谱法	进样量可达10g，所得虾青素纯度高达97%	产物无损失，回收率高，可用于工业化生产	设备成本高

3. 虾青素制备工艺

虾青素制备工艺流程见图7-1。

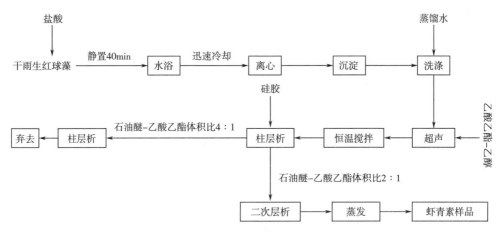

图7-1　虾青素制备工艺流程

（二）虾青素的应用

在功能性食品领域中，虾青素已被广泛应用。日本很早就将虾青素批准为食品原料，美国FDA于1999年批准雨生红球藻虾青素为膳食补充剂，我国和欧盟也相继将雨生红球藻来源的虾青素批准为新资源食品。关于它的应用获得了多项的国际专利，包括突破血脑屏障的溶栓成分、阻止糖尿病的肾脏病损的物质、实现动脉硬化逆转的新元素、无副作用的"绿色抗生素"、可用于关节炎的止痛作用等，已被广泛用于各种功能食品中，如食用油脂、人造奶油、冰淇淋、糖果、糕点、挂面、调料等。虾青素不仅赋予了这些食品艳丽的红色，还增强了它们的抗氧化能力，延长了保质期，改善了口感。虾青素在功能食品领域的应用涵盖了多个方面，包括视力保护、抗氧化、预防动脉粥样硬化等。具体作用及应用如下。

（1）抗氧化和抗炎　虾青素是一种高效的抗氧化剂，在清除自由基、减轻氧化应激、降低炎症反应等方面具有显著作用。因此，将虾青素添加到功能性食品中，可以帮助提高人体的抗氧化能力，预防氧化应激相关疾病的发生，如心血管疾病、糖尿病、关节炎等。

（2）免疫调节　虾青素具有免疫调节作用，能够调节免疫系统的功能，增强机体抵抗力。因此，将虾青素添加到功能性食品中，有助于改善人体的免疫功能，预防感冒、流感等感染性疾病的发生。

（3）护眼保护视力　虾青素能有效地防止视网膜的氧化和感光细胞的损伤，对眼睛具有保护作用，能够减轻眼睛疲劳、改善视力，对眼部组织具有修复和保护作用，并且其对视网膜黄斑变性效果较叶黄素更加显著。因此，将虾青素添加到缓解视疲劳功能性食品中，有助于保护眼睛健康，预防眼部疾病的发生，如白内障、黄斑变性等。

（4）美容护肤　虾青素具有抗衰老和美容护肤作用，能够减少皮肤色素沉着、改善皮肤弹性，并且具有抗皱和保湿作用，有助于延缓皮肤衰老过程。此外，虾青素能有效清除体内由紫外线照射产生的自由基，降低由光化学引起的损伤，对紫外线引起的皮肤癌有很好的防治效果。

（5）养胃　虾青素能减少细菌量和减轻胃部炎症，抑制幽门螺旋杆的增长，对胃肠消化道系统起到保护的作用。研究发现，富含虾青素的红球藻藻粉能显著降低幽门螺杆菌对胃的附着和感染，国外已开发了虾青素口服制剂作为抗感染药物。

综上所述，虾青素是一种非维生素 A 原的天然类胡萝卜素，有许多优良的生物学功能，对生命体的健康有极大的促进作用，在功能性食品中具有广泛的应用前景，可以作为抗氧化剂、免疫调节剂、眼部保护剂和美容护肤剂等方面的功能性成分，为人体健康和美容提供全方位的保护和支持。随着研究的深入和消费者对健康需求的增加，虾青素在功能食品领域的应用前景将更加广阔。

二、超氧化物歧化酶的制备及应用

超氧化物歧化酶（SOD）是一种源于生命体的活性物质，能消除生物体在新陈代谢过程中产生的有害物质，是目前研究最深入、应用最广泛的一种酶类自由基清除剂。SOD 存在于几乎所有靠氧呼吸的生物体内，包括细菌、真菌、高等植物、高等动物中。

（一）SOD 的制备

1. 活性干酵母的破壁

目前，SOD 的主要来源是从牲畜动物血中提取，其安全性及质量均不稳定，且原料来源受到很大的限制。随着发酵工业的发展，到了 20 世纪 80 年代后期，美国和日本先后利用发酵法生产 SOD，虽然大大降低了生产成本，但也存在着提取工艺复杂的问题。目前，国内一些实验室研究利用酵母菌提取 SOD，具有繁殖快、代谢时间短、产率高、易培养、易规模化生产、不受季节与自然条件的限制等优点。

研究表明，在菌体细胞中，线粒体中 SOD 的活力能够占到整个细胞 SOD 活力的 12%，是整个细胞比活力的 2.4 倍，对于没有呼吸功能的小菌落突变株，细胞的 SOD 活力比较低，仅为正常菌体的 20%，这就表明菌体细胞中有无线粒体对细胞 SOD 活力大小有非常重要的影响。有学者认为，线粒体是细胞内能量产生和氧代谢的主要场所，线粒体中含有大量产生活性氧的酶系统和非酶系统，是自由基产生的重要场所。为了维持正常的生存状态，在代谢过程中就需要有相应的机制清除不断产生的自由基，因此，线粒体呼吸作用越旺盛，就会出现比较高的 SOD 活力，从而对于没有线粒体的菌株来说，细胞内的 SOD 活性必然就比较低。

粗酶液的质量直接影响着最后产品的质量。常见的微生物细胞（以活性干酵母为例）破壁方法及其优缺点见表 7-4。

表7-4 活性干酵母不同的破壁方法比较

类型	原理	破壁方法	优点	缺点
物理	依靠作用过程中产生的机械力、超声波效应、碰撞挤压效应等破坏细胞壁	石英砂研磨法	原料成分损失较少	单独使用破壁效果不佳
化学	利用溶剂的化学作用使细胞破损	氯仿-乙醇法、甲苯法	方法简单、易操作、对设备要求低	有机溶剂容易对SOD造成化学污染
生物	用蜗牛酶对细胞壁的裂解作用达到破壁的目的	蜗牛酶液法、细胞自溶法	装置简单、适用范围广、重现性好，对活性影响小	酶法成本高、耗时长，存在的酶变性问题

2. SOD 的提取

（1）活性干酵母中 SOD 的提取　根据提取方法的不同将提取工艺分为以下几种：石英砂研磨法、细胞自溶法、氯仿-乙醇法、甲苯法以及酶裂解法。

研究表明，不同的提取方法对 SOD 酶的活性影响很大，这几种提取方法得到的粗酶液中都有 SOD 酶活性，可以证明这几种方法都能够达到破碎酵母细菌细胞壁从而得到 SOD 粗提取液的目的。但是不同的提取方法得到的 SOD 酶的活性并不相同，因此不同提取方法的提取效果是有所不同的。这主要是由于不同的提取方法有不同的原理。细胞自溶法主要是在一定条件下对细胞能消化自身结构的自溶酶的分解作用，从而提取到 SOD 酶，而酶裂解法则是利用蜗牛酶对细胞壁的裂解作用达到提取的目的，甲苯法和氯仿-乙醇法都是利用有机溶剂溶解细胞壁，释放 SOD 的原理。但是甲苯较氯仿-乙醇混合溶液而言，破坏力更强，因此几种方法相比较，甲苯提取法得到的 SOD 酶活性最大，而氯仿-乙醇法得到的 SOD 酶活性则最小。

（2）高等动植物中 SOD 的提取　通过热变性法以及超声辅助磷酸缓冲液提取法从植物叶子、种子、大蒜等植物中提取，而从动物组织中提取 SOD 往往不是以生产为目的，而是借助SOD 的含量来反映母体的健康状况，用于疾病诊断等方面。

（3）微生物发酵法生产 SOD　选育 SOD 高产菌株进行发酵生产一种是比较有效的方法，研究学者利用常规筛选方法自然筛选出 1 株 SOD 高产菌株，酶活可达 600U/g 湿菌体，为SOD 的工业化发酵生产打下了基础。有研究表明，从啤酒废酵母生产、提取和纯化 SOD 的方法及条件，得到比活为 3048U/mg 的 SOD。微生物发酵技术生产 SOD，不仅产量高，而且提取工艺简单，因而能大幅度降低 SOD 的生产成本。由于 SOD 来源有限，异体蛋白免疫原性受温度和 pH 等因素影响，在应用方面也会有很大限制。

（4）基因工程法生产 SOD　近年来，美国、日本、英国和德国相继开发了微生物基因工程产品，并进行了临床试验。研究人员分别以人胎肝组织及人肝细胞株（L02）总 RNA 为模板，以 RT-PCR 法获得 Cu/Zn-SOD 和 Mn-SOD cDNA，构建表达质粒 pET-SOD，并导入E. coil 细胞中使之表达，分别获得了 38% 和 50% 的高表达率且有活性。

3. SOD 的纯化

SOD 提取多采用磷酸缓冲盐，也有采用 Tris-HCl 等其他缓冲液的，超声波辅助提取可以加快提取效率，也有很多研究应用。pH 多为中性偏碱，以利蛋白溶出，同时也能保护酶活性。SOD 作为一种蛋白，一般使用磷酸缓冲液从样品中提取分离，大多数原料中得到的粗提物活力一般较低，而 SOD 的纯度是 SOD 存储和应用中的重要指标，因此对粗提取液需要采用一定的方法进行纯化，去除杂质，得到品质较好的 SOD 产品。常用的纯化方法包括硫酸铵分级沉淀法、热击法、离子交换色谱法等。

（1）硫酸铵分级沉淀法 硫酸铵沉淀法可用于从大量粗制剂中浓缩和部分纯化蛋白质。高浓度的盐离子在蛋白质溶液中可与蛋白质竞争水分子，从而破坏蛋白质表面的水化膜，降低其溶解度，使之从溶液中沉淀出来。各种蛋白质的溶解度不同，可利用不同浓度的盐溶液来沉淀不同的蛋白质。盐浓度通常用饱和度来表示。硫酸铵因其溶解度大，温度系数小和不易使蛋白质变性而应用最广。

大多数 SOD 提取工艺把硫酸铵分级沉淀作为第一步。硫酸铵分步沉淀操作简单，方法成熟，操作时需注意加盐要缓慢，防止酶失活，其缺点是增加了后续的脱盐环节。

（2）热击法 热击法是利用 SOD 酶的热稳定性，进行适当的热处理，让杂蛋白变性沉淀进行分离。热击法一般用于初步纯化。

（3）离子交换色谱法 离子交换色谱法是利用蛋白的荷电性质不同对蛋白进行分离，是根据蛋白质的组成物质氨基酸的物理性质（基于氨基酸电荷行为）为分离基础的方法，可以针对多种蛋白质中的某一种进行分离，分离单一蛋白质的纯度高，可以更好地保留蛋白质的天然理化性质。

（4）分子筛法 分子筛法是根据样品的分子质量大小进行分离，常用分子筛为结晶态的硅酸盐或硅铝酸盐，是由硅氧四面体或铝氧四面体通过氧桥键相连而形成分子尺寸大小（通常为 0.3~2.0nm）的孔道和空腔体系，因吸附分子大小和形状不同而具有筛分大小不同的流体分子的能力。

（5）亲和色谱法 亲和色谱又称亲和层析，是一种利用固定相的结合特性来分离分子的色谱方法。亲和色谱可以用来从混合物中纯化或浓缩某一分子，也可以用来去除或减少混合物中某一分子的含量。在 SOD 中利用到的亲和层析方法包括：Affi-gel blue Gel，固定化金属离子亲和色谱，壳聚糖凝胶螯合金属层析等。

（6）超滤法 超滤是利用分子质量大小差异对组分进行分离，是一种纯物理的分离手段。可利用超滤离心管进行筛选，在此基础上，使用膜分离装置则更接近实际生产状况。

（7）加金属离子法 SOD 是金属酶，其中心金属离子对酶活性影响较大。在提取和纯化过程中，金属离子脱落会造成酶活性下降。研究表明，加入金属离子能提高酶的活性。对于铜锌 SOD 酶，加入铜离子效果要比加入锌离子效果好。

（8）膜分离法 膜分离是指采用具有选择性分离作用的功能性膜材料，在外力作用下实现混合物的分离、纯化、浓缩等的一种新型分离方法。根据实现分离作用的外力形式及分离原理的不同，可分为微滤（microfiltration，MF）、超滤（ultrafiltration，UF）、纳滤（nanofiltration，NF）、反渗透（reverse osmosis，RO）、正渗透（forward osmosis，FO）、膜蒸馏（membrane distiuation，MD）、电渗析（electrodialysis，EDR）等。利用外界压力梯度场作用实现分离过程的膜技术主要有 MF、UF、NF 与 RO；利用外界溶液自身渗透压实现分离过程的为 FO；利用温度场实现分离过程的为 MD；利用电位梯度场实现分离的为 EDR。微滤是膜分离过程中最早产业化的，其孔径一般在 0.02~10μm，超滤孔径在 1~50nm，超滤和微滤有一部分重叠，没有绝对的界限。

膜分离过程通常是一种物理性分离作用，其依赖于所分离物质在分子质量、粒径、亲疏水性、电荷性等性质的差异，以实现不同物质间的相互分离。膜分离技术不仅能够实现常规意义上的分离、纯化，亦能达到物料浓缩效果。发挥分离作用的主要是功能性膜材料，根据膜材料的性质，可将膜材料分为无机膜与有机膜两大类。其中，无机膜主要有金属、陶瓷、金属氧化物、多孔玻璃等膜材质；有机膜由有机高分子材料制备，主要有纤维素类、聚丙烯类、聚砜类、聚酰胺类、聚酯类等。与其他分离技术相比，膜分离技术具有的特点与优势有：膜分离过程无相变，操作温度低，适合热敏性物料；不消耗有机溶剂，环保、绿色、节能、成本低；可同时实现物料的分离、纯化、富集与浓缩，简化了工艺流程；装置设备操作简单，可连续化、自动化、智能化生产，工作效率高；易于与其他技术或操作单元联用、衔接。目前，膜技术已经在食品、饮料、医药、化工、海水淡化、污水处理等领域得到了广泛应用。

膜通量影响膜分离效率的关键因素。在膜的分离应用中大部分都会采用错流过滤而不是盲端过滤，但是膜通量会随着过滤时间的增长而降低。膜通量是膜分离效率的重要指标，其影响因素是多方面的，比如料液性质、分离膜的特点等。膜通量减少会形成浓差极化层以及产生膜污染，研究发现操作参数的改变可消除浓差极化层，而膜污染的消除方式只能是清洗。因此，若要达到较理想的分离效率，需要使得整个过滤过程始终保持较高的膜通量，在进行过滤操作时，应该在膜组件允许的最大操作参数范围内，尽可能选择较大的料液流速，同时协调过滤时的压力、温度等条件。

以牛新鲜血液为原料，制备高纯度 SOD 的工艺流程见图 7-2。

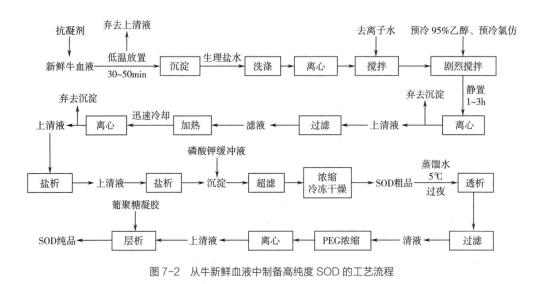

图 7-2　从牛新鲜血液中制备高纯度 SOD 的工艺流程

（二）SOD 的应用

SOD 是一种重要的抗氧化酶，在食品工业中的应用具有一定的潜力和价值。主要应用领域如下。

（1）食品保鲜　SOD 可以有效地清除食品中的自由基，延缓食品氧化和腐败的过程。因此，将 SOD 添加到食品中可以有效地提高食品的保鲜性，延长食品的货架期，保持其色泽、口感和营养价值。

（2）改善食品品质　氧化反应是导致食品品质下降的主要原因之一，而 SOD 的添加可以有效地抑制氧化反应的发生，保持食品的新鲜度和口感。特别是在易氧化的食品中，如肉制品、海产品等，SOD 的应用可以显著改善其品质和口感。

（3）抗氧化食品开发　将 SOD 添加到功能性食品中，有助于保护人体免受自由基的损害，预防氧化应激相关疾病的发生。

总的来说，SOD 在食品和功能性食品中的应用具有广泛的应用前景，可以改善食品的品质，提高功能性食品的抗氧化能力，增强人体健康。

三、番茄红素的制备及应用

番茄红素是一种脂溶性色素，分子式为 $C_{40}H_{56}$，是植物性食物中存在的一种具有营养和着色作用的类胡萝卜素，在所知的类胡萝卜素中对单线态氧的猝灭活性最强，是 β-胡萝卜素的 2 倍，是维生素 E 的 100 倍，维生素 C 的 1000 倍。番茄红素广泛存在于茶叶及萝卜、胡萝卜、芜菁、甘蓝等的根部和番茄、西瓜、番木瓜、石榴等中。在成熟的番茄中，有 80% ～90% 的色素成分是由番茄红素构成，同时它还含有多种维生素、矿物质和碳水化合物等多种有益成分，被人们冠以"植物黄金"的称号。在食品加工领域，番茄红素作为食品添加剂，可降低牛肉及其肉制品中脂质氧化速率延长保质期，常用于法兰克福香肠、新鲜香肠、发酵香肠、汉堡包和肉末等产品的加工。同时，研究表明，番茄红素的营养保健作用已被报道用于缓解和改善肥胖、糖尿病、前列腺癌、心血管疾病和代谢综合征等多种疾病。FAO、WHO、FAO 和 JECFA 已认定番茄红素为 A 类营养素，可广泛应用于保健食品，医药和化妆品等领域。

（一）番茄红素的制备

1. 番茄红素的提取

（1）有机溶剂提取法

番茄红素可溶于乙醚、石油醚、乙酸乙酯、己烷和丙酮等有机溶剂，易溶于氯仿、二硫化碳、甲苯和苯，不溶于水，难溶于甲醇和乙醇。利用这一溶解性质，一般可选用亲油性有机溶剂萃取番茄红素。据报道，采用新鲜样品制备番茄酱，再通过真空过滤工艺得到萃取原料，将该原料与丙酮按照 1∶0.8～1∶1.2 的质量体积比混合，在 40～50s 内萃取 3 次得到紫红色固体物，再将其与乙醚按照 1∶0.8～1∶1.2 的质量体积比混合提取 3 次得到白色固体物质和红色的乙醚萃取液，将萃取液减压蒸馏，为避免番茄红素见光氧化，充入氮气 5～15min 后，即可得到萃取产品番茄红素。

（2）超声波辅助提取法

除了选用单一和几种组合有机溶剂提取外，还可以采用超声波、高压脉冲技术和酶辅助破碎细胞壁，使得番茄红素快速溶出，节约了提取时间。研究表明，相比于传统溶剂提取法，超声辅助提取法显著缩短提取时间（30min）的同时提升提取率至原来的 1.81 倍。进一步说明，与传统提取法的最适温度（40℃）相比，超声辅助提取工艺的最适温度（30℃）相对较低，还可有效限制全反式番茄红素在提取过程中的降解，提升萃取得率。因此，凭借超声波辅助结合酶解法具有的提取条件温和及提取时间短等特点，在高效分离纯化番茄红素领域，极具开发前景和应用潜力。

（3）微波加热辅助提取法

由于传统的水浴有机溶剂提取存在萃取时间长、效率低、污染环境等缺点，因此新技术和新工艺在番茄红素提取中的应用成为近年来研究的热点。由于有机溶剂不容易渗透到物料内部，因此，近年来也有采用微波加热辅助提取的报道。采用微波辅助提取，外电磁场的变化可使物料内部极性分子随之发生激烈的碰撞和摩擦，细胞破碎，使内部有效成分容易流出，从而有利于有机溶剂萃取。

（4）生物酶富集法

生物酶富集法是提高提取率、降低有机溶剂用量和成本的重要方法，在适合的 pH 条件下，向番茄皮渣中加入果胶酶和纤维素酶等，控制温度在 40~45℃进行酶处理 3h，再进行脱水富集，经 97% 的乙醇洗涤和丙酮的循环设备提取，最终得到高纯度的番茄红素结晶。其工艺流程如图 7-3 所示。

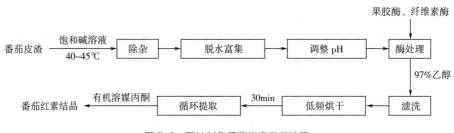

图 7-3　酶法制备番茄红素工艺流程

（5）超临界流体萃取法

超临界流体萃取法（SFE）是以高压、高密度的超临界流体为萃取剂，从液体或固体中提取高沸点或热敏性的有效成分，以达到分离或纯化为目的的一项新型提取技术。超临界 CO_2 流体萃取技术作为现代食品行业新兴一项分离技术，其优势在于超临界流体具有独特的溶剂性质，可通过改变溶剂的相实现被萃取物的溶解和分离，因此成为近年来萃取和分离技术中研究的热点之一。可采用超临 CO_2 单一流体作为溶剂提取，CO_2 流量为 30L/h，萃取压力为 30MPa，在 45℃的条件下，以体积分数为 90% 的乙醇作为携带剂萃取 2h。与传统溶剂萃取相比，超临界流体萃取无化学溶剂残留，避免了高温下萃取物的热劣化，有效保护其生物活性，并且萃取剂无毒，易回收，可重复利用。因此，采用 SFE 技术不仅具有生产周期短、耗能低、效率高，且无过多溶剂残留的特点，同时还具有提高萃取物活性物质的潜能，是一种新型绿色环保的番茄红素提取方法，在大型工业生产中具有广阔的应用前景。

（6）微生物发酵法

近些年来，环保高产的微生物发酵法逐渐成为主流。微生物发酵经济环保，并且使用微生物工厂发酵生产的番茄红素属于天然产物，其异构性和活性均与从自然界中提取的番茄红素一致。

微生物合成番茄红素一般基于两条途径：存在于原核细菌中的 2-C-甲基-D-赤藓糖醇-4-磷酸（2-C-methyl-D-erythritol 4-PhosPhate，MEP）途径或存在于真核细菌中的甲羟戊酸（mevalonic acid，MVA）途径，该两条途径分别利用丙酮酸与 3-磷酸甘油醛，或乙酰辅酶 A 合成萜类化合物的前体焦磷酸异戊烯脂（isopentenyl pyrophosphate，IPP）和二甲基烯丙基二磷酸三铵盐。在植物中，这两种途径同时存在于初级和次级代谢，这种系统可能有利于环境适应和更有效地碳利用。

2. 番茄红素的纯化

（1）膜分离法

纯化原理是通过选择性透过膜作为分离的介质，利用膜将混合物中的各个组分渗透性不同的原理，将番茄红素进行有效富集，真正达到分离目的。比如错流微过滤法的运用，在不加热情况下，能够将提取物中的各项成分有效分离。此项技术取得的效果，主要由膜选择性决定，膜类型比较多，例如陶瓷膜，此种膜的稳定性比较好，机械强度较大，成本也比较低，应用范围比较广泛。通过合理利用膜分离提取技术，即使操作温度过低，仍然能够防止番茄红素热敏性成分流失，避免番茄红素制品感官品质发生较大变化。

（2）大孔吸附树脂纯化法

大孔吸附树脂主要由交联剂与致孔剂、分散剂等通过聚合反应，形成高分子聚合物。此类物质属于多孔结构，机械强度也比较大，具有较好的耐酸碱性，使用寿命也比较长。现阶段，一些特异性基团移接于大孔吸附树脂之上，使得其吸附性能得到良好改善，所以，此项纯化技术被广泛运用到食品工业当中。

国外相关人员采用大孔吸附树脂纯化技术，将番茄皮中的番茄红素有效纯化，通过对 20 种大孔树脂吸附特性进行全面分析，得出 LX-68 类型树脂吸附性显著，并将其作为吸附剂，经过一系列处理之后，粗提物当中的番茄红素含量明显增加，回收率提高到 66.8%。

以番茄皮渣为原料，制备高纯度番茄红素的工艺流程见图 7-4。

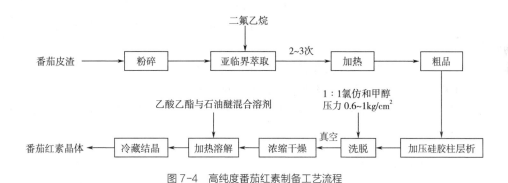

图 7-4 高纯度番茄红素制备工艺流程

（二）番茄红素的应用

在功能性食品中，番茄红素的应用主要体现在以下几个方面。

（1）抗氧化 番茄红素是一种强效的抗氧化剂，能够清除体内的自由基，减少氧化应激对人体健康的不利影响。因此，将番茄红素添加到功能性食品中，可以提高人体的抗氧化能力，预防氧化应激相关疾病的发生，如心血管疾病、癌症等。

（2）保护心血管 研究表明，番茄红素能够降低胆固醇水平，减少动脉硬化的发生，有助于保护心血管健康。因此，将番茄红素添加到功能性食品中，如降脂茶、调节血脂食品等，有助于降低血脂，预防心血管疾病的发生。

（3）抗癌作用 番茄红素被认为对预防某些类型的癌症具有一定的保护作用，特别是对前列腺癌和结肠癌等具有一定的预防效果。因此，将番茄红素添加到功能性食品中，有助于预防癌症的发生。

（4）保护视力　番茄红素能够保护眼睛健康，减少黄斑变性和其他眼部疾病的发生。因此，将番茄红素添加到功能性食品中，有助于保护视力，预防眼部疾病的发生。

（5）美容护肤　番茄红素能够减少皮肤氧化和色素沉着，改善肤色和肌肤弹性。因此，将番茄红素添加到美容护肤食品中，有助于保持皮肤年轻、健康和有光泽。

综上所述，番茄红素在功能性食品中的应用具有多种益处，包括抗氧化、心血管保健、抗癌、护眼和美容等功能。

四、竹叶黄酮的制备及应用

天然黄酮类物质是植物中重要的生理活性物质之一，黄酮类化合物不仅能防止心脑血管疾病，还能为人体的免疫力提供助力。黄酮类化合物还会影响细胞间的相互作用、中和自由基以及阻止自由基产生，因而它具有明显的抗炎、抗氧化、降血脂等生理活性作用。竹叶黄酮作为自然界中的一种天然生物资源，具有优良的抗衰老、抗菌和调节免疫力等生物学功效。在人类的营养补充、人体健康及人类衰老等各种疾病的防治上存在着较为广阔的应用前景。目前，已知的黄酮类化合物有 4000 多种，由于其结构的不同，对黄酮类化合物的认知仍在继续研究中。

黄酮苷类是竹叶中黄酮类化合物的主要存在形式，其中以碳苷黄酮为主要产物。碳苷黄酮又以荭草苷、异荭草苷、牡荆苷、异牡荆苷为主要活性物质。黄酮类化合物如查耳酮、黄酮醇难溶于水，而二氢黄酮、二氢黄酮醇及花色苷元类的黄酮醇在水中溶解度较高。此外，某些有毒溶剂的化学性质会引起人体不适，因而在竹叶黄酮的提取中采用的溶剂大多为食用级的乙醇-水溶液。

由于竹叶黄酮具有酚羟基和糖苷链，有一定的极性和亲水性，生成氢键的能力较强，有利于弱极性和极性树脂吸附。研究表明，在丙酮浓度 60%、固液比为 1：40 的条件下回流浸提 3h，所得黄酮粗提液经过 X-5 大孔吸附树脂与聚酰胺树脂联用而得到纯化，可得到竹叶总黄酮高达 78.97%。

（一）竹叶黄酮制备

1. 竹叶黄酮的提取

（1）水煮法　竹叶所含的有效活性物质主要为黄酮类，具有较大的极性和亲水性，故可选择热水进行提取。而且在古代就已出现溶剂提取的方法，如古人利用熬中药的方式将有效成分提取出来。

（2）传统加热溶剂提取法　根据相似相溶原理，对于植物中不同有效成分的提取，选择不同的提取溶剂，能够实现快速有效地从提取物料中把有效成分提取出来。通常在提取黄酮类化合物时选用乙醇、甲醇等不同有机溶剂，也常用乙醚、乙酸乙酯等中极性溶剂。

有研究通过对竹叶黄酮的提取工艺进行优化，发现当乙醇浓度 70%、固液比 1：40、回流提取时间 1h 时，该方法具有良好的重复性、稳定性和可行性。目前，在现代工业化生产中，多采用先进的提取设备和溶剂相结合，大大推进了提取技术的发展。

（3）微波辅助提取法　不同的有效成分对微波磁场中所发射的微波频率具有不同的吸收能力，使得某些物质中的有效成分能进行被动加热，再通过剧烈的微波振荡，从而将有效成分从原料中分离出来。在与普通溶剂提取方法的比较中，其操作方式简单、所需溶液较少、在生产过程中副产物少，而且提取过程中得到的产品具有细粉不糊化与凝聚等特点。

（4）超声波辅助提取法　超声波辅助提取法作为现代提取技术中辅助提取有效成分的新型手段，超声波辅助提取法竹叶黄酮是利用乙醇溶液浸提竹叶，加以超声波辅助。其特性是利用超声波的空化效应，提高乙醇溶液对物质的扩散速度，使得溶剂更加充分地穿透物质，有利于缩短提取时间、消耗更少的溶剂，从而获得更高的收率。通过响应面分析优化，得到提取优化工艺条件为：果胶酶用量 5.1%、固液比 1∶41、超声提取时间 81min。在此条件下，所探究得到的沙棘果渣总黄酮提取率达到 8.91mg/g。

（5）酶解法　对于天然植物中活性成分的提取，酶解法主要是依靠能够水解植物体内相应结构的活性酶来加速植物中活性成分的渗透和扩散，从而提高活性成分的提取率。酶解法的主要受酶解温度、pH、酶用量和酶解时间等因素的影响。在研究酶法提取竹叶总黄酮时，发现在最佳酶解条件下，竹叶黄酮的提取率比直接水煮法提高了 0.2%。

表 7-5 总结了常用竹叶黄酮不同提取方法的优缺点。

表7-5　　　　　　　　　　　　　常用竹叶黄酮不同提取方法的优缺点

提取方法	优点	缺点
水煮法	成本低，设备简单，在分离、纯化、精制等后续工艺中不需要脱除有机溶剂	产品过于粗糙，黄酮含量低
传统加热溶剂提取法	有良好的重复性，稳定性和可行性	后续处理复杂
微波辅助提取法	较高的提取率、速度快、所需溶剂量少、操作安全、生产设备简单等	耗费溶剂量大，成本高，设备要求高
超声波辅助提取法	缩短提取时间、消耗更少的溶剂，从而获得更高的收率	耗费溶剂量大，成本高，设备要求高

2. 竹叶黄酮的纯化

（1）金属络合法

金属络合法是实现有效成分与杂质分离的一种常见方法，在分离工程中被普遍用到。黄酮类化合物有很强的螯合金属离子的倾向，并且 pH 对黄酮与金属络合物的形成有很大的影响。研究表明，在碱性介质中，邻苯二酚基团具有最高的螯合力。基于黄酮类化合物的螯合活性，工业生产中常采用金属络合法实现黄酮类物质的分离纯化，基本思路为利用金属离子与黄酮化合物螯合形成黄酮-金属离子配合物，之后用螯合金属离子能力更强的物质与配合物反应，从而使黄酮-金属离子配合物中的黄酮成分得以释放，以实现黄酮与杂质的分离。常用的螯合剂有氨基羧酸、1,3-二酮、多磷酸盐、羟基羧酸、多胺等。

研究者采用锌络合法纯化银杏叶提取物中黄酮，并对锌络合法的分离工艺优化处理，得到最佳的纯化工艺参数：溶液 pH 为 9.5、硫酸锌溶液与银杏叶提取物质量比为 0.2、银杏叶提取物浓度为 1.0%（甲醇提取）；同时经高效液相色谱法（HPLC）分析后发现黄酮成分发生变化，而且锌络合法对具有苷元槲皮素和山柰酚的黄酮类化合物具有较好的选择性。金属络合法存在一些问题，如掺杂进去的金属离子难以去除，影响了此法分离纯化黄酮类化合物的效果。

（2）碱提取液沉淀法

黄酮虽有一定的极性，可溶于水，但却难溶于酸性水，易溶于碱性水，故可用碱性水提取，再将碱水提取液调成酸性，黄酮苷类即可沉淀析出。用热水提取黄酮，浓缩后，醇沉除去果胶等杂质，选取黄酮，再转换为水相作介质，利用黄酮易溶于水的特性，用碱液溶解黄酮，除去杂质，酸沉淀得粗黄酮，再用乙醇溶解，冷水重结晶，最后80℃真空干燥至恒重得黄酮。

以新鲜竹叶为原料，制备高纯度竹叶黄酮的工艺流程见图7-5。

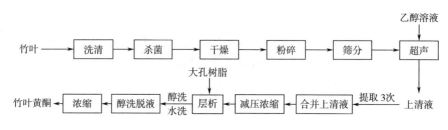

图7-5　高纯度竹叶黄酮制备工艺流程

（二）竹叶黄酮的应用

在功能性食品中，竹叶黄酮的应用已经引起了越来越多的关注，主要体现在以下几个方面：

（1）抗氧化　竹叶黄酮是一种有效的抗氧化剂，能够清除体内的自由基，减少氧化应激对人体健康的不利影响。因此，将竹叶黄酮添加到功能性食品中，可以帮助提高人体的抗氧化能力，预防氧化应激相关疾病的发生，如心血管疾病、癌症等。

（2）降血脂和调节血糖　研究表明，竹叶黄酮具有降血脂和调节血糖的作用，能够降低血液中的胆固醇和三酰甘油水平，稳定血糖水平。因此，将竹叶黄酮可用于开发调节血脂和血糖功能性食品，有助于改善血脂和调节血糖代谢，预防心血管疾病和糖尿病等相关疾病的发生。

（3）抗菌和抗炎　竹叶黄酮还具有一定的抗菌和抗炎作用，能够抑制细菌和病毒的生长，减轻炎症反应。因此，将竹叶黄酮添加到食品中，有助于增强人体的抵抗力，预防感染性疾病的发生。

（4）美容养颜　竹叶黄酮含有丰富的多酚类化合物，具有抗衰老和美容养颜的作用，能够减少皮肤氧化和色素沉着，改善肤色和肌肤弹性。因此，将竹叶黄酮添加到功能食品中，有助于保持皮肤年轻、健康和有光泽。

综上所述，竹叶黄酮在功能性食品中具有广泛的应用前景，可以作为抗氧化剂、降血脂剂和抗菌剂等方面的功能性成分，为人体健康提供全方位的保护和支持。此外，常见自由基清除剂如茶多酚、银杏黄酮等的制备方法与应用，详见第九章的第四节部分。

第四节　自由基清除剂类产品展望

随着对自由基研究的逐步深入，科学家们越来越清楚地认识到，清除多余自由基的措施有益于某些疾病的防治，而自由基清除剂的研究对人体健康的意义便显得更为重大。因此，开发和利用高效无毒的天然抗氧化剂——自由基清除剂，已成为当今科学发展的趋势。以肉制品为例，在屠宰和屠宰后的处理过程中，肉类易于变性和微生物繁殖。肉类供应商使用多种食品添加剂来延长肉类和肉制品的保质期。

思考题

1. 什么是自由基？有什么危害？
2. 自由基清除剂包括哪些种类？
3. 列出 4 种以上自由基清除剂。
4. 简述自由基清除剂的作用机理。
5. 列举几种自由基清除剂制备方法。
6. 自由基有哪些生物学功能？
7. 简述虾青素的制备方法。

第八章

益生菌及其活性代谢物

学习目标

掌握益生菌的概念、选择益生菌的必须符合安全性、功能特性和技术加工特性等标准；掌握益生菌的生理功能；掌握几种常见的益生菌种类及其特点；掌握益生菌的活性代谢物及其功能；了解益生菌在乳制品及其他工业中的应用。

名词及概念

益生菌、乳杆菌属、双歧杆菌属、链球菌属、布拉氏酵母菌、芽孢杆菌类与肠杆菌、短链脂肪酸、细菌素、胞外多糖。

第一节　概述

益生菌（probiotics），又称益生素、活菌制剂、促生素、微生态制剂等。英文 probiotics 一词由希腊语 "for live" 派生而来，译为 "为了生命"，与 antibiotics 词义相反。益生菌的现代定义最初由 Lilley 和 Stillwell 在 1995 年提出，定义为 "由一种微生物分泌的可以刺激其他微生物生长的物质，是与抗生素作用相反的物质"。此后，随着对益生菌研究的不断深入，益生菌的定义也屡经修订。1989 年，益生菌的概念被 Fuller 进一步明确，仅仅局限在活的微生物制剂的范围内，其主要功能在于能改善肠道内的菌群生态平衡。这一定义在 1992 年被 Havenaar 等进一步扩展为 "通过改善肠道内源性微生物，对动物或人类施加有益影响的单一或混合的活微生物"。FAO 和 WHO 于 2001 年 10 月联合专家委员会就食品益生菌营养与生理功能召开第一次会议，并制定了一套评价食品用益生菌的系统方法指南。FAO/WHO《食品益生菌评价指南》明确规定，食品用益生菌是指 "当摄取适当数量后，对宿主健康有益的活的微生物"。欧洲权威机构欧洲食品与饲料菌种协会（EFFCA）于 2002 年给出最新定义：益生菌是活的微生物，摄入充足的数量后，对宿主产生一种活多种特殊且经论证的健康益处。近年来，随着生物技术的发展，益生菌的研究越来越引起微生物学家、免疫学家、营养学家的关注和重视，益生菌的定义日趋完善，形成了目前较为共识的定义：益生菌是具有生理活性的活菌，当被机体经过口服或其他给药方式摄入适当数量后，能够定殖于宿主并改善宿主微生态平衡，从而发挥有益作用。

一、益生菌及其相关种属

益生菌，根据近些年的描述，可以总结为：益生菌是一种活的微生物，当有足够的数量到达人体或动物肠道内仍然保持活性并能发挥对宿主有益健康的作用。2001 年，FAO/WHO 对益生菌的概述进行了规范，"益生菌是一类活的微生物，当有足够量的活菌体到达宿主肠道定殖从而改变宿主肠道菌落平衡，进而对宿主起着健康效应"。益生菌的定义包含着两个重要属性：①活的微生物；②能为宿主提供改善健康的功效。

二、益生菌的筛选

益生菌的筛选是益生菌研制过程中的第一个重要环节，益生菌的选择必须符合安全性、功能性和技术可行性等标准。

1. 菌种的安全性

安全性是益生菌菌种选择研究中最为重要的方面。优良的益生菌不应给动物的健康带来危害。在应用益生菌之前，要对其安全性进行研究和探讨。益生菌的安全评价包括毒性、病原性、代谢活性和毒株的内在特性等指标。选择安全的菌株应考虑以下几点：①用作饲料添加剂或医药的益生菌最好是在动物中存在的菌种，即从健康动物体肠道中分离出来的菌株，也可适当考虑能在动物生存环境下存活的其他有益菌种。②必须为非病原菌，即无致病性，且无毒、无畸形、无耐药性、无残留，不引起感染或胃肠道紊乱，不给动物健康带来潜在的威胁。③不能携带可遗传的抗菌抗性基因，最好保证菌种具有稳定的遗传性及可控性。④选择益生菌菌种时，首先考虑选用已被实践证明对动物生长有益的且被广泛大量应用的益生菌菌株。

由于抗生素药物的滥用，抗生素的抗性除成为微生物的普遍特性外，还可引起各种微生物的感染问题。细菌的抗生素抗性分为固有抗性和适应环境而获得的抗性。固有抗性是一种与生俱来的特性，一般不会水平转移，没有转移到致病菌中的危险。而适应环境获得的抗性则源于基因变异，或其他细菌外源基因的插入，有可能在微生物间水平转移，引起耐药性的扩散。大多数双歧杆菌对新霉素、多黏菌素 B、卡那霉素、庆大霉素、链霉素和灭滴灵具有固有抗性。

2. 菌种的功能性

功能性是应用益生菌制品的主要目的。研究证明，益生菌制剂在进入动物机体后，可与其胃肠道内的正常菌群产生相互作用，增加优势菌群数量，从而改善动物胃肠道平衡；同时抑制部分病原菌的生长，促进动物的健康和预防疾病。选用益生菌菌株时，既要考虑益生菌菌株在理论上是否具有一定的功效，同时要探究菌株进入机体过程中及进入机体后是否仍能发挥作用。

3. 技术的可行性

菌株在具备了安全性并具有一定功能的基础上，还应具备一定的技术可行性，也应用于菌株的工业化生产。菌株需具有以下特征：①具有良好的感官特性及风味，同时不会产生难闻的气体；②在食品发酵和生产过程中能够提供优良品质的生物活性物质，并且在培养和生产及储存过程中能保持理想的状态，有活性，同时具备一定的稳定性；③在目标位点能够生产，且具有抗噬菌体特性；④适于大规模生产和储存，在较高的浓度下仍具有较高的活性；⑤并非每一种益生菌都必须具备所有这些特点，但用于益生菌制剂时尽可能选择能更多地满足以上特点的菌株。

鉴于上述各个特征，作为人使用的益生菌通常需要满足以下的要求：①人体来源，拥有可考证的安全和耐受记录；②能在胃酸和消化道胆汁存在的情况下存活；③能改善肠道功能，纠正各种肠道异常症；④产生维生素，能释放有助于食物消化、促进基本营养物质的吸收、钝化肠道内的致癌物和有毒物的各种酶；⑤能黏附到人肠道上皮细胞上，在黏膜表面定殖，并能在消化道内生长繁殖；⑥能产生抗菌物质，并且对各种人体致病菌具有广谱抗菌作用；⑦具有能刺激免疫功能、增强宿主网状内皮细胞的防御功能。

三、益生菌的生理功能

1. 益生菌与老龄化

全球正以惊人的速度迈向人口老龄化，2015 年希腊和芬兰率先步入 20% 以上的人口超过 65 岁的超高龄化国家。2020 年，世界上包括法国和瑞典在内的 13 个国家将成为超高龄化国家，加拿大、西班牙和英国则在 2025 年，随后是美国、新加坡和韩国 2030 年也将加入该行列。一些国家的老龄化进程是与经济发展同步进行的，而中国的老龄化与经济发展有较大的时间差，庞大的老年人口将对中国的经济发展造成压力，妥善解决老年人口的社会保障和健康服务，使高龄人口健康老龄化的任务相当艰巨。

肠道微生态在保持宿主健康、提供能量和营养素、抵抗生物体侵袭方面具有重要作用。研究表明，从婴儿时期到成年，厚壁门菌类杆菌比值逐渐增大（婴儿 0.4、成人 10.9）并随着年龄增长发生进一步改变且该比值可反映人类肠道细菌整体情况随年龄发生的变化；而肠道微生态制剂可作为活的微生物食品补充剂，改变肠道微生态菌群构成及其代谢活动，有利于调节免疫系统的反应性，促进健康的老龄化。

2. 调节肠道微生态平衡，防治腹泻和便秘

腹泻俗称拉肚子，最常见的腹泻由进食不干净的食物、饮食改变或不当、食物过敏、小腹受凉、精神过度紧张和焦虑抑郁等引起。根据病原微生物的类别不同可以分为病毒性、细菌性和真菌性腹泻 3 种主要类型：①病毒性腹泻是指病毒抑制了胃肠液中酶的活性，使酶不能分解淀粉里的糖，糖在肠道里就形成高浓度的糜汁，产生渗透压，吸引肠壁外面的水分进入肠道内，粪便因此变稀；②细菌性腹泻是指致病细菌导致肠壁表面的黏膜发炎、溃疡，渗出血水、脓水，形成血便或脓便，这也可称为细菌性痢疾。大肠杆菌是常见的导致腹泻的细菌，在正常情况下，大肠杆菌被限制在一定的数量以内，这时候它是不致病的。一旦大肠杆菌过量增殖，平衡被打破，量变引起质变，变成了释放毒素的致病菌；③真菌性腹泻主要由霉菌引起，导致肠炎，形成腹泻大便像水一样稀，散发出发酵的霉味或酸味。上述三种腹泻均是有益菌群数量下降，破坏了肠道微生态平衡造成的结果。

肠内菌群失调是引起腹泻的主要原因之一。益生菌可以通过调节肠道微生态的平衡，创造出一个不利于有害病毒和细菌存在的环境来防治感染性腹泻。一般作用机理有：①益生菌产生乙酸、乳酸和丁酸等有机酸降低肠道 pH 和氧化还原电位；②产生 H_2O_2、细菌素和抗菌肽等物质抑制病原微生物的黏附生长；③益生菌与肠黏膜上皮细胞紧密结合形成微生物膜，阻止了致病菌的黏附定殖；④益生菌通过增加腹泻者肠道内有益菌的数量和活力抑制致病菌

的生长，以恢复正常的菌群平衡，达到缓解腹泻症状的效果。

益生菌不仅能够调节肠道菌群的平衡，而且可以通过促进肠蠕动加快类便排出，对便秘和腹泻均有防治效果。便秘本身不是病，但可以诱发多种疾病。有些便秘的发病与肠道微生物有关，比如双歧杆菌，它在维持正常的肠道蠕动方面具有重要作用。由于双歧杆菌和其他专性厌氧菌有产酸功能，能使肠腔内保持一个酸性环境，具有调节肠道正常蠕动、维持生理功能的作用。此外，益生菌还可减少毒素及代谢产物的吸收，加速血氨的分解，发挥保健作用。

3. 缓解乳糖不耐症状

乳糖是牛奶中的主要糖分，β-半乳糖苷酶（又称乳糖酵素）主要是由小肠绒毛最顶端细胞分泌产生用于消化乳糖的酶。当人体摄入乳糖后，身体会产生 β-半乳糖苷酶消化吸收乳糖。乳糖不耐症是指身体无法消化大量的乳糖，其原因是缺乏 β-半乳糖苷酶。缺乏 β-半乳糖苷酶尽管不会造成致命后果，但还是会造成很大的痛苦，常见症状包括反胃、腹部绞痛、胀气和腹泻，通常在食用含有乳糖的食物或饮料后 $0.5 \sim 2h$ 后，这些症状就会发生。

当某种疾病或其他原因使 β-半乳糖苷酶数量不足或活力低时，会导致乳糖不耐症。摄入益生菌可以帮助我们同时解决上述问题，其机理是活性益生菌可以保持肠道的正常菌群，减少肠道有害菌特别是利用乳糖产气细菌的比例，使胀气症状得到缓解。有些益生菌可以产生 β-半乳糖苷酶，帮助我们对乳糖进行消化吸收，使乳糖到达结肠前被分解，不会使大肠内渗透压失衡，使腹泻症状得到缓解。

4. 改善睡眠、增强人体免疫力

良好的睡眠质量是人们正常工作、学习、生活的保障。肠道有非常复杂的神经网络，拥有大约 1000 亿个神经细胞，其数量几乎和脑中一样多，被称为人体的第二大脑。研究表明，胃肠存在着一些内分泌细胞，其分泌的物质类似大脑内分泌素，可调节胃肠神经，乃至全身神经系统。因此，肠道疾病将严重影响睡眠，慢性胃肠疾病一般与细菌感染有关，细菌毒素也可能影响大脑和神经系统的调节功能，引起或加重失眠，而益生菌可以通过稳定肠道微环境进而发挥改善睡眠作用。此外，益生菌如长双歧杆菌（*Bifdobacterium longum*）还可以提高海马体脑源性神经营养因子表达，提高睡眠质量。

免疫一词最早见于中国明代医书《免疫类方》中，指防治传染病的意思免疫力是人体自身的防御机制，是人体识别和消灭外来侵入的任何异物（病毒细菌等），处理衰老、损伤、死亡和变性的自身细胞以及识别和处理体内突变细胞和病毒感染细胞的能力，是人体识别和排除异己的生理反应。人体肠道内栖息着许多微生物，它们被称为肠道菌群，可分为以下 3 种类型：①肠道正常菌群。该菌群是机体内环境中不可或缺的组成部分，是优势菌群，具有营养及免疫调节作用，主要包括乳酸杆菌、双歧杆菌等益生菌。②条件致病菌群。该菌群是肠道非优势菌群，如肠球菌肠杆菌等，在肠道微生态平衡时无害，但在特定的条件下具有侵袭性。③致病菌。此类多为过路菌，长期定殖于肠道的机会少，在宿主体内存留数小时、数天或数周，对人体有害，如变形杆菌、假单胞菌和产气荚膜梭菌等。益生菌可产生有机酸、游离脂肪酸、过氧化氢、细菌素，抑制其他有害菌的生长；通过生物夺氧使需氧型致病菌数量大幅度下降，益生菌能够定殖于黏膜、皮肤等表面或细胞之间形成生物或化学屏障，阻止病原微生物的定殖、争夺营养、互利共生或拮抗。益生菌可以刺激机体的非特异性免疫功能，提高自然杀伤细胞的活性，增强肠道免疫球蛋白 IgA 的分泌，改善肠道的屏障功能。益生菌可以激活巨噬细胞、自然杀伤细胞和 T 淋巴细胞活性。另外，以双歧杆菌、乳酸杆菌为代表的益生菌群具有广谱的免疫原性，能刺激负责人体免疫的淋巴细胞分裂繁殖，同时还能调动非特异性免疫系统，杀灭可致病的外来微生物，产生多种抗体，提高人体免疫功能。

5. 防治骨质疏松和过敏

骨质疏松症是多种原因引起的一组骨病，是以单位体积内骨组织量减少为特点的代谢性骨病变，主要表现为骨骼疼痛、易于骨折等。骨质疏松症主要分为原发性和继发性，原发性分为 I 型和 II 型。骨质疏松与慢性腹泻有密切的联系，其原因是腹泻会影响到肠道的吸收功能。机体补充的钙、磷和胶原蛋白，必须经过小肠的吸收进入血液，然后再沉积到骨骼中，但因腹泻致使试剂被人体吸收利用的量很有限，因此导致骨质疏松。肠道微生态发生紊乱是导致腹泻的主要原因之一，因此，及时补充益生菌、改善肠道微环境可间接预防骨质疏松。

过敏反应是机体活体对某些药物或外界刺激的感受性不正常地增高的现象。全球有 22%~25% 的人患有过敏性疾病，其中儿童数量最多，我国有 2 亿多人患过敏性疾病。抗过敏益生菌是一类对宿主有益的活性微生物，是定殖于人体肠道、生殖系统内，能产生确切健康功效而改善宿主生态平衡、发挥抗过敏作用的活性有益微生物的总称。益生菌通过增加 *Th1* 型抗体蛋白，减少 *Th2* 型抗体蛋白，使免疫系统重新达到平衡，来从根本上解决过敏问题。近几年来，免疫学界通过对过敏的研究发现，对于过敏性疾病或过敏体质人若是对人体有利的细菌，能够改善自身的免疫系统，同时不会产生任何副作用，益生菌抗过敏调整过敏体质的研究是国内外研究与应用的热点之一。

6. 降低血清胆固醇

胆固醇广泛存在于动物体内，尤以脑及神经组织中最为丰富，在肾、脾、皮肤、肝和胆汁中含量也高。体内胆固醇 70%~80% 由肝脏合成，10% 由小肠合成。胆固醇是动物组织细胞所不可缺少的重要物质，它不仅参与形成细胞膜，而且是合成胆汁酸、维生素 D 的重要原料。益生菌降低胆固醇的作用机理主要包括 3 个方面：①同化吸收。益生菌能够通过吸收降低胆固醇含量。乳酸菌对胆固醇具有同化作用，即细菌把胆固醇吸收到自身膜中，因此降低了人体血液和组织中的胆固醇浓度。乳酸菌吸收胆固醇的目的是增加膜的韧性，以增加其存活的可能。②共沉淀作用。益生菌在生长过程中降低介质中结合胆盐等有机物释放出游离胆酸等有机酸，在 pH 不高于 6.0 时，后者的溶解度比结合胆盐的溶解度小，与胆固醇形成复合物共沉淀下来，以达到降低介质中胆固醇含量的目的。③其他理论。研究发现，双歧杆菌等益生菌可以抑制胆固醇合成途径中某些酶的活性，从而降低血清胆固醇水平。目前，用于降低胆固醇的益生菌种主要有乳杆菌属、双歧杆菌属和链球菌属。

肥胖症是一种常见的、古老的代谢症。研究表明，瘦人和胖人的体质是完全不同的，而两者之间最大的区别则可能是肠道微生物群落结构的差异。因此，设法改变肠内微生物的组成是控制体重的最好办法。减肥益生菌是一类具备减肥特殊功能的活性益生菌，能够帮助消化吸收，提高肠道新陈代谢，还可以分解蛋白质、糖类及脂肪这 3 大营养物质。益生菌能够分泌出较多的脂肪酶，促进对脂肪的消化吸收。研究显示，肥胖人群定量补充减肥益生菌特别是约氏乳杆菌和副干酪乳杆菌可以参与糖、脂肪和胆固醇的代谢，通过减少合成和分解多余的脂肪，从而使人体的脂肪不会过度蓄积，同时又不会产生任何副作用。

益生菌减肥的主要作用机理有：①影响脂肪合成。人体内蓄积的脂肪主要由糖转化而成，某些益生菌能减少催化糖转化脂肪的酶，因此降低了脂肪的合成。高水溶性胆盐和胆固醇结合后形成脂肪蓄积体内，益生菌可以降低胆固醇含量，减少脂肪的形成。②加速脂肪分解。很多益生菌都含有脂肪酶等多种酶类，有助于人体内蓄积脂肪的分解，可以降低血脂，发挥燃烧脂肪的作用。

7. 预防癌症和抑制肿瘤生长

癌症是由正常细胞的原癌基因受到诱变剂激活而转化为生长不受控制的异常细胞引起的，增生的新组织不具有正常功能，其最主要的活动就是不停地消化机体的资源，挤占空间并越来越快速分裂增殖。益生菌防治癌症的主要作用机理有：①激活免疫系统。乳酸菌可活化肠黏膜内的相关淋巴组织，使抗体分泌增强，提高免疫识别力，并诱导 T 淋巴细胞和 B 淋巴细胞和巨噬细胞等产生干扰素、白细胞介素和肿瘤坏死因子等细胞因子，通过淋巴循环活化全身的免疫防疫系统，增强机体抑制癌细胞增殖的能力，提高抗感染、抗细胞突变、抗肿瘤、延缓衰老的能力。②减少和清除致癌物质。消化食物时有害菌会产生许多致癌物和前致癌物，如亚硝胺、吲哚和酚类等。益生菌可以抑制有害菌的生长，因此可以大幅度减少致癌物质的产生。另外，益生菌能够吸附和转化致癌物，减弱其毒性。同时益生菌能促进肠道蠕动，加快多粪便中的有害致癌物的排出，使人体远离有害物质。③使癌细胞凋亡。细胞凋亡是细胞在各种死亡信号刺激后发生的一系列细胞主动程序死亡的过程。双歧杆菌可抑制肿瘤血管生成和端粒酶的活性，促进肿瘤凋亡基因的表达，诱导肿瘤细胞的凋亡。④抗突变。实验发现，乳酸菌发酵酸奶能抑制突变剂在体外诱导大肠杆菌发生突变。进一步研究证明，短双歧杆菌、青春双歧杆菌、分叉双歧杆菌、嗜酸乳杆菌以及保加利亚乳杆菌均能与强突变剂有效结合而抵消突变剂或致癌剂对 DNA 的损伤作用，进而保护细胞免受畸变。

8. 防治阴道炎

目前全球约有 10 亿女性受到阴道和尿道不适的困扰。阴道中正常的酸性环境是由乳杆菌产酸来维持的，酸性可以抑制病原微生物的生长。阴道中的乳杆菌可以产生过氧化氢或细菌素等抗菌物质，它们可以防治各种致病菌感染。对细菌性阴道炎患者和健康妇女阴道乳杆菌进行比较发现，健康妇女的阴道中 96% 的乳杆菌为产过氧化氢的菌株，而从细菌性阴道炎患者中分离的乳杆菌绝大多数是不产过氧化氢的乳杆菌。研究显示，食用嗜酸乳杆菌酸奶可以减少阴道酵母的感染，使用乳杆菌对滴虫性阴道炎有 97% 治愈率。酸奶中的嗜酸乳杆菌可抑制阴道内白色念珠菌的繁殖，另外，阴道是艾滋病毒的主要传播途径之一，而某些益生菌产生的抗菌物质可以杀死艾滋病病毒，对艾滋病的传播起到一定的阻碍作用。

第二节　常见的益生菌

美国食品与药物管理局（FDA）及饲料监察协会（AAFCO）1989 年公布的直接可以饲喂且安全的菌种已有四十多种，在欧洲市场上销售的益生菌品种不下于 50 钟。2001 年我国卫生部公布的可用于保健食品的益生菌菌种有：婴儿双歧杆菌、两歧双歧杆菌、青春双歧杆菌、长双歧杆菌、短双歧杆菌、嗜热链球菌等；而目前在畜禽和水产养殖生产上较多应用的益生菌有四类：乳酸菌类（如嗜酸乳杆菌、双歧杆菌等）、芽孢杆菌类（如枯草芽孢杆菌、地衣芽孢杆菌、蜡样芽孢杆菌、粪链球菌等）、酵母菌类（如酿酒酵母、石油酵母等）和光合细菌类。表 8-1 列出了我国颁发的可用于食品的益生菌种类。

表 8-1　　　　　　　　　　　　　　可用于食品的益生菌种类

产品名称	拉丁学名/英文名称
双歧杆菌属	Bifidobacterium
青春双歧杆菌	*Bifidobacterium adolescentis*
动物双歧杆菌	*Bifidobacterium animalis*
两歧双歧杆菌	*Bifidobacterium bifidum*
短双歧杆菌	*Bifidobacterium breve*
婴儿双歧杆菌	*Bifidobacterium infantis*
长双歧杆菌	*Bifidobacterium longum*
乳杆菌属	Lactobacillus
嗜酸乳杆菌	*Lactobacillus acidophilus*
干酪乳杆菌	*Lactobacillus casei*
卷曲乳杆菌	*Lactobacillus crispatus*
德氏乳杆菌保加利亚亚种	*Lactobacillus delbrueckii* subsp. *bulgaricus*
德氏乳杆菌乳亚种	*Lactobacillus delbrueckii* subsp. *lactis*
发酵乳杆菌	*Lactobacillus fermentium*
格式乳杆菌	*Lactobacillus gasseri*
瑞士乳杆菌	*Lactobacillus helveticus*
约氏乳杆菌	*Lactobacillus johnsonii*
副干酪乳杆菌	*Lactobacillus paracasei*
植物乳杆菌	*Lactobacillus plantarum*
罗伊氏乳杆菌	*Lactobacillus reuteri*
鼠李糖乳杆菌	*Lactobacillus rhamnosus*
唾液乳杆菌	*Lactobacillus salivarius*
链球菌属	Streptococcus
嗜热链球菌	*Streptococcus thermophilus*
新增	
乳酸乳球菌乳酸亚种	*Lactococcus lactis* subsp. *lactis*
乳酸乳球菌乳脂亚种	*Lactococcus lactis* subsp. cremoris
乳酸乳球菌双乙酰亚种	*Lactococcus lactis* subsp. *diacetylactis*
肠膜明串珠菌肠膜亚种	*Leuconostoc mesenteroides* subsp. *mesenteroides*

　　一种微生物是否可用作益生菌的选择标准应该包括如下几个方面：①安全，该菌体不能

为致病菌以及对宿主产生毒效应；②来源于健康人体的肠道，这一类微生物通常被认为人体不构成危害，并且能够更好地适应集体肠道内的微生态环境；③对胃酸、胆汁有较好的耐受性，并且当其通过胃和大肠时，对消化酶也有较好的耐受性，能够起改善宿主健康的功效；④具有可检测性，如对吸附在肠道上皮细胞的菌落的影响、存活能力、对人体大肠功能的影响、产生抑菌物质。

鉴于上述各个特征，益生菌主要包括来源于健康人体肠道的乳酸菌（*Lactobacilli*）属和双歧杆菌（*Bifidobacteria*）属，另外，也包括一些具有益生作用的酵母菌等。

（一）乳杆菌属

乳杆菌属内种之间的差异比较大，由一系列在表型性状、生化反应和生理特征方面具有明显差异的种组成。该属细菌中胞嘧啶+鸟嘌呤的范围为32%~53%，几乎超过了作为单一属可接受范围的2倍。乳杆菌属用于益生菌的种如下。

1. 嗜酸乳杆菌

嗜酸乳杆菌（*Lactobacillus acidophilus*）是乳杆菌属的一种，革兰氏阳性，不产芽孢，无鞭毛，不运动，同型发酵乳糖，不液化明胶，接触酶阴性，最适生长温度为30~38℃，最适pH为5.5~6.0，胞嘧啶+鸟嘌呤含量为36%~37.4%，是一类厌氧或兼性厌氧的微生物。嗜酸乳杆菌是宿主肠道内的主要微生物之一，当存在一定数量时，能够调整和改善肠道内的有益微生物和有害微生物之间的平衡，进而起到增进宿主健康的效果。国内外对嗜酸乳杆菌的健康促进作用做了较多的研究，研究表明，服用含有嗜酸乳杆菌的制品具有众多的生理作用，例如能够促进乳糖的消化吸收，缓解乳糖不耐症，提高蛋白质、维生素等的吸收。此外，研究表明，嗜酸乳杆菌具有降低血清胆固醇、提高机体免疫力和抑制肿瘤发生的能力。

2. 德氏乳杆菌

德氏乳杆菌（*Lactobacillus delbrueckii*）是由拜耶林克（Beijerinck）于1901年分离得来，并用德国细菌学家德尔布吕克（M. Delbruck）的名字来命名的一种革兰氏阳性菌。菌体呈杆状，无芽孢，菌落圆形，接触酶阴性，兼性厌氧，15℃不生长，45℃生长。利用葡萄糖、半乳糖、麦芽糖、蔗糖、果糖、糊精，不利用牛乳、乳糖。进行发酵时利用葡萄糖产生的主要产物为乳酸。由于此菌不能合成大部分的氨基酸，所以需要从培养基中获得。德氏乳杆菌在发酵工业中得以广泛应用，如乳制品的发酵、肉制品发酵和啤酒发酵，而德氏乳杆菌保加利亚亚种是乳制品发酵中最为常用的菌种之一，是最具有经济价值的乳酸菌之一。

保加利亚乳杆菌是典型的来自乳的乳酸菌，菌体长2~9μm，宽0.5~0.8μm，单个体呈长杆状或成链，两端钝圆，不具运动性，也不会产生孢子。1905年，保加利亚科学家斯塔门·戈里戈罗夫第一次发现并从酸奶中分离了"保加利亚乳酸杆菌"，同时向世界宣传保加利亚酸奶。俄国科学家、诺贝尔奖获得者伊力亚·梅契尼科夫发现长寿人群有着经常饮用含有益生菌的发酵牛奶的传统，并于1908年正式提出了"酸奶长寿理论"。保加利亚乳杆菌繁衍至今已经遍布全世界，其效能优异，助人健康长寿，作为发酵剂在食品工业中被广泛应用在酸奶的生产中。由于保加利亚乳杆菌具有调节胃肠道健康、促进消化吸收、增加免疫功能、抗癌抗肿瘤等重要的生理功能，因此，被规定为可用于保健食品的益生菌菌种之一，在食品发酵、工业乳酸发酵、饲料行业和医疗保健领域均有着比较广泛的应用。

德氏乳杆菌保加利亚亚种与嗜热链球菌在乳中共同培养时其产酸能力及菌种数量都比单

独在乳中培养时高，表明这两种菌存在着协同作用，这两种菌各自的代谢机制可利用彼此释放的物质满足自己代谢的需要。嗜热链球菌可以提供甲酸盐及 CO_2 刺激保加利亚乳杆菌的生长，而保加利亚乳杆菌能够合成胞外蛋白酶降解原料中的蛋白质，从而为缺少该种酶的嗜热链球菌提供生长所需的氨基酸及小肽类物质。

3. 发酵乳杆菌

发酵乳杆菌（*Lactobacillus fermentum*），革兰氏阳性，兼性厌氧，发酵核糖、半乳糖、葡萄糖、果糖、甘露糖、麦芽糖、乳糖、蜜二糖、蔗糖、海藻糖、棉子糖、L-阿拉伯糖及甘露醇，广泛分布于人和动物的胃肠道中，是肠道、口腔和阴道的正常菌群。许多报道指出，发酵乳杆菌具有水解胆盐、降胆固醇的功能，它能够调节宿主体内微生物菌群的平衡，可以通过口服到达肠道，很好地吸附在小肠的上皮细胞，并产生表面活性成分而阻止有害菌对肠道的黏附，从而改善宿主体内系统环境，对宿主健康具有促进作用。研究表明，发酵乳杆菌菌株 AD1 有明显的益生作用。

4. 格氏乳杆菌

格氏乳杆菌（*L. gasseri*）是革兰氏染色阳性杆菌，不生成孢子，不具触酶、氧化酶及运动性，在好氧及厌氧环境中均能生长，属于兼性异质发酸性菌株，葡糖代谢时不产生气体，无芽孢，无荚膜，不运动，发酵产物以 L（+）乳酸为主，不产气，最适生长温度为 30℃，可在 10℃ 生长。

5. 约氏乳杆菌

约氏乳杆菌（*Lactobacillus johnsonii*，*L. johnsonii*）是乳酸杆菌的一种，能够防治家禽坏死性肠炎，降低仔猪腹泻率，提高小肠上皮细胞抗原受体的基因表达，刺激分泌型免疫球蛋白 A（SIgA）的产生以及调节环氧化酶-2（COX-2）、诱生型-氧化氮合酶（iNOS）白细胞介素-1β（IL-1β）、肿瘤坏死因子-α（TNF-α）、转化生长因子-β（TNF-β）、白细胞介素-4（IL-4）和干扰素-γ（INF-γ）等细胞因子的水平。欧盟于 2010 年对约氏乳杆菌进行了安全资格认定（qualified presumption of safety，QPS），并批准其在饲料和食品中使用。因此，约氏乳杆菌是一种潜在的具有改善动物生产性能、提高机体免疫力的微生态制剂。

6. 植物乳杆菌

植物乳杆菌（*L. plantarum*）的最适生长温度为 30~35℃，厌氧或兼性厌氧，菌种为直或弯的杆状，单个、有时成对或呈链状，最适 pH 为 6.5 左右。植物乳杆菌是乳酸杆菌属的一个菌种，作为益生菌具有很多乳杆菌的益生特性，如抗菌作用、整肠作用、调节免疫功能、营养作用、提高乳糖利用率、预防癌症、延缓机体衰老及降低体内胆固醇的作用。由于其自身的益生特性及生物学特性，被广泛地应用于酸奶、干酪、乳酸菌饮料、干肠发酵、发酵泡菜及发酵调味品等食品中。

7. 罗伊氏乳杆菌

罗伊氏乳杆菌（*Lactobacillus reuteri*）形状呈轻微不规则、圆形末端的弯曲杆菌，大小为（0.7~1.0）$\mu m \times$（2.0~5.0）μm，通常单个、成对、小簇存在。罗伊氏乳杆菌属专性异型发酵，能发酵糖产生 CO_2、乳酸、乙酸和乙醇。罗伊氏乳杆菌是目前已报道的几乎天然存在于所有脊椎动物和哺乳动物肠道内的乳酸菌。它是新生儿和健康成年人肠道微生物菌群的主要成员，对维持新生儿和成年人的肠胃健康有积极的意义。罗伊氏乳杆菌对肠黏膜具有很强的黏附能力，可改善肠道菌群分布，拮抗有害菌定殖，避免罹患肠道疾病。罗伊氏乳杆菌能产生一种被称为罗伊氏菌素（Reuterin）的非蛋白质类广谱抗菌物质，能广泛抑制革兰氏阳性菌、革兰氏阴性菌、酵母、真菌和病原虫等的生长。罗伊氏乳杆菌益生菌制剂可改善人体机能，提高免疫力，从而促进人体健康。我国卫生部于 2003 年批准了罗伊氏乳杆菌可作为人类保健品的微生物菌种，且该菌已是国际上公认的新型益生乳酸菌，具有很高的理论研究和生产应用价值。

8. 鼠李糖乳杆菌

鼠李糖乳杆菌（*L. rhamnosus*）作为一种从健康人体内分离而得到的益生菌，具有发酵产生 L-乳酸、代谢产物丰富、耐胃酸和耐胆汁、口服安全和口服后可在肠道短暂繁殖等优点，被用于人的各种腹泻、轮状病毒感染和过敏性疾病的防治，并取得良好的效果。另有研究发现，鼠李糖乳杆菌通过抑制大肠杆菌的黏附、降低大肠杆菌等致病菌的数量和提高肠道免疫功能等途径有效防治仔猪断奶所引起的腹泻等疾病。

（二）双歧杆菌属

双歧杆菌（Bifidobacterium）是 1899 年由法国学者 Tissier 从母乳营养儿的粪便中分离出来的一种厌氧革兰氏阳性杆菌，末端常常分叉，故名双歧杆菌。它是人体内存在的一种生理细菌，是人体益生菌中最重要的一大类。双歧杆菌主要栖居于人体和动物肠道下游。小肠上部几乎无双歧杆菌，而在小肠下部，其数量可达 $10^3 \sim 10^5 CFU/g$，大肠粪便中双歧杆菌的数目高达 $10^8 \sim 10^{12} CFU/g$。此外，在人体口腔和阴道中也有双歧杆菌栖居。通常在婴儿肠道内以婴儿双歧杆菌、短双歧杆菌占优势；在成人肠道中缺少这两种双歧杆菌，主要是青春双歧杆菌和长双歧杆菌，有时有少量的两歧双歧杆菌。目前经研究证实，能够促进人体健康的双歧杆菌主要有八类：两歧双歧杆菌、婴儿双歧杆菌、长双歧杆菌、短双歧杆菌、青春双歧杆菌、角双歧杆菌、链状双歧杆菌、假链状歧杆菌。

（三）链球菌属

嗜热链球菌（*Streptococcus thermophilus*），革兰氏阳性菌，圆形或椭圆形，直径 0.7 ~ 0.9μm，不运动，成对或呈链排列，最低生长温度为 20 ~ 25℃，最高 47 ~ 50℃。嗜热链球菌不利用精氨酸，发酵过程中只利用较少种类的糖，如乳糖、果糖、蔗糖和葡萄糖，嗜热链球菌具有较弱的蛋白水解能力，在没有类群特异性抗原的链球菌中是非常特别的一种菌。早在1907 年，嗜热链球菌因为能促进胃肠道健康而被人们所知，不久，人们利用嗜热链球菌与德氏乳杆菌保加利亚亚种作为发酵剂菌株来生产酸奶。这两株菌到目前为止仍是制作酸奶的主要工业菌株。此外，嗜热链球菌还被用来生产多种干酪制品。

嗜热链球菌在乳品发酵中的主要作用就是迅速产酸。嗜热链球菌还能产生胞外多糖，胞外多糖能赋予发酵乳制品黏稠、拉丝的质构和流变学特征，具有保水作用，能防止酸奶脱水收缩。还有研究报道了嗜热链球菌的其他益生特征，如胆盐的分解、疏水性和 β-半乳糖苷酶活性和耐生物学障碍（胃液和胆盐）。嗜热链球菌也对儿童腹泻、早产儿小肠结肠炎以及其他人群肠炎疾病有较好的疗效。嗜热链球菌还能提高乳糖不耐症患者对乳糖的消化作用，产生抗氧化剂，促进肠道免疫系统发挥作用，减轻特定癌症的发生风险。缓解溃疡和炎症，减少肠道和生殖道感染。

（四）布拉氏酵母菌

布拉氏酵母菌（*Saccharomyces boulardi*）是一种热带酵母菌属真菌，由法国微生物学家 Henri Boulard 于 1923 年在法属印度支那地区发现，并且成功地将其从当地人食用的荔枝和山竹等热带水果果皮中分离得到，这株菌即以 Boulard 教授的名字命名，即布拉氏酵母菌，它是迄今为止所发现的唯一一株具有生态调节作用的生理性真菌。布拉氏酵母菌作为一种近年研究较多的益生菌，可以维持肠道菌群平衡、增强肠黏膜屏障，减少肠源性内毒素血症的产生。同时，通过调节和利用内源性代谢产物并且加速短链脂肪酸代谢达到降低胆固醇的目的。研究表明，布拉氏酵母菌可起到暂时性充当肠道益生菌，直接抑制外源性致病菌在肠道内黏附、侵袭和繁殖，调节肠道内微生态平衡，增强肠道免疫屏障功能等作用。

（五）芽孢杆菌类与肠杆菌

1. 蜡样芽孢杆菌

蜡样芽孢杆菌（*Bacillus cereus*）大小为（1～1.3）μm×（3～5）μm，能够形成芽孢，菌体两端较平整，多数呈链状排列。其在自然界中广泛存在，从土壤、植物的根部、植物的体表及体内均可分离到大量的芽孢杆菌。芽孢杆菌可以产生大量不同化学结构的多肽抗菌物质。有些能抑制酵母、革兰氏阴性菌，有些主要抑制革兰氏阳性菌，有的还表现出抗病毒、抗支原体、抗肿瘤和抗真菌的生物活性。好氧芽孢杆菌通过生物夺氧的方式消耗肠内过量的气体，与有害需氧菌（如大肠杆菌）形成空间和营养的竞争，恢复有益厌氧菌的菌群优势，达到维护微生物区系平衡的目的；枯草芽孢杆菌和地衣芽孢杆菌有很强的蛋白酶、脂酶和淀粉酶活性，可以降解木聚糖、羟甲基纤维素、果胶等复杂的植物性糖类；芽孢杆菌能提高巨噬细胞的数量和活性，产生抗体和提高嗜菌作用，增强动物免疫活性；芽孢杆菌还能促进吞噬细胞的吞噬功能，增加分泌型 IgA 的分泌，提高局部免疫。另外，芽孢杆菌能产生多种维生素，如 B 族维生素和维生素 K，起到助消化、促生长的作用。

2. 粪肠球菌

粪肠球菌（*Enterococcus faecalis*）是国内外认可的饲用微生物，其菌体形态为链球或球状，该肠球菌为革兰氏阳性兼性厌氧菌，耐性强，大多数能在低温 10℃和较高温 45℃的条件下生长，且能耐 65℃的高温 30min。粪肠球菌分布广泛，存在于人和动物的粪便中，是动物胃肠道正常菌群之一。粪肠球菌进入动物肠道后，主要通过以下 4 个途径对宿主产生作用：①快速黏附肠道黏膜，通过排阳效应抑制病原菌黏附肠道，形成肠道屏障，保护肠道健康，维持微生态平衡；②代谢过程中产生乳酸、细菌素和过氧化氢等物质，可以降低肠道 pH，抑制动物病原菌繁殖，维持和调整肠道微生态平衡，减少肠道内毒素与尿素酶的含量，减少血液中毒素和氨的含量，促进动物器官成熟，改善动物生理状态；③产生多种营养物质，如维生素、氨基酸、促生长因子等，营养物质可参与新陈代谢，促进动物生长；④诱导机体产生细胞因子、干扰素、白细胞介素等，可增强机体非特异性免疫，提高抗病能力，降低炎症反应，促进肠道健康。

粪肠球菌类产品和其他微生态产品一样，最先在医药类产品中开发应用。粪肠球菌来源广泛，可分为非致病菌和致病菌两类，在菌株的筛选和使用上，应尤其慎重。

（六）其他可用益生菌的菌种

大肠杆菌属 Nissle 1917 (*Escherichia coli* Nissle 1917, EcN) 是从一次志贺菌痢疾大暴发时未出现腹泻的士兵的粪便中分离得到的。除了血清型 O6：K5：H1 与尿道感染有关。EcN 基本为非致病菌，被广泛用于预防传染性腹泻、炎性肠疾病如溃疡性结肠炎和克罗恩病，防止新生儿消化道内病原菌定殖等，近来研究发现 EcN 还具有免疫调节作用，是目前应用较为广泛的一类益生菌。EcN 作为目前广泛应用的一种益生菌，对各种胃肠功能紊乱和免疫性疾病具有良好的效果，安全，耐受性良好。EcN 可维持肠道内环境稳定，调解免疫系统，对机体正常功能的发挥具有重要作用。随着研究的不断深入和广泛的应用开发，EcN 将为人类健康发挥越来越重要的作用。

第三节　益生菌的活性代谢物

益生菌是指通过定殖作用改变宿主某一部位菌群的组成，从而产生有利于宿主健康作用的单一或组成明确的混合微生物。目前益生菌除了定殖外，主要代谢产物改善肠道内环境、有效酶活力外，其他代谢产物，如短链脂肪酸、细菌素、胞外多糖、维生素等也发挥着重要的作用。

一、短链脂肪酸

机体肠道系统中存在着大量的细菌来维持微生态平衡，这些细菌的主要功能就是代谢功能，表现为对膳食中难消化物质的发酵。细菌可以通过不同的代谢途径来发酵底物，产生能量和营养物质供给自身生长，同时对宿主产生有利的影响。短链脂肪酸 (short chain fatty acid, SCFA) 是大肠细菌代谢的主要终产物，是碳链为 1~6 的有机脂肪酸，是主要由厌氧微生物发酵难消化的糖类而产生的，主要包括乙酸、丙酸、丁酸、异丁酸、戊酸、异戊酸、己酸和异己酸；其中乙酸、丙酸和丁酸含量最高，三者占短链脂肪酸的 90%~95%。SCFA 的重要作用表现为：可以影响结肠上皮细胞的转运，促进结肠细胞和小肠细胞的代谢、生长、分化，为肠黏膜上皮细胞及肌肉、心、脑、肾提供能量，增加肠道血液的供应量，影响肝对脂质和糖类的调控等。

（一）短链脂肪酸的合成

SCFA 是结肠内重要的有机酸，由饮食中的糖类经肠道细菌发酵生成。其底物主要是非淀粉多糖、不可消化淀粉，其他如不可吸收寡糖、少量蛋白质及胃肠道分泌物、黏膜细胞碎屑也与 SCFA 的生成有关。盲肠、结肠是细菌发酵的主要部位。大肠内容物每克含菌量高达 $10^{11}~10^{12}$CFU，结肠的无氧状态为厌氧菌发酵提供了理想的环境与场所。升结肠和盲肠中 SCFA 的含量较高，这是由于此部位的细菌手下接触到经小肠输送来的糖类，这些细菌的发酵活性最强。虽然升、降结肠中 SCFA 的浓度不同，但乙酸：丙酸：丁酸的比率却相同。人肠道中主要的发酵糖类底物的细菌如表 8-2 中所示。

菌属	粪便平均菌属/(CFU/g 干重粪便)	主要发酵产物
拟杆菌属	11.3	乙酸、丁酸、琥珀酸
双歧杆菌	10.2	乙酸、乳酸、乙醇、甲酸
真杆菌属	10.7	乙酸、丁酸、乳酸
瘤胃球菌属	10.2	乙酸
消化链球菌属	10.1	乙酸、乳酸
乳杆菌属	9.6	乳酸
梭菌属	9.8	乙酸、丙酸、丁酸、乳酸
链球菌属	8.3	乳酸、乙酸

表 8-2　　人肠道中主要的发酵糖类底物的细菌

（二）短链脂肪酸的生理功能

1. 促进肠道水和 Na^+ 吸收

非离子化短链脂肪酸的吸收可促进 Na^+–H^+ 交换，刺激 Na^+ 的吸收；丁酸还可通过产能提供 ATP，增加细胞内 CO_2 的含量，经碳酸酐酶作用产生 H^+ 而促进 Na^+–H^+ 交换：Na^+ 的吸收又刺激了 SCFA 的吸收。结肠黏膜上皮细胞对 Na^+ 的吸收增加，然后增加对水的吸收，由此可以推测，饮食性纤维生成的 SCFA 具有抗腹泻作用。抗生素抑制肠道菌群。减少 SCFA 生成，引起肠道水钠吸收降低，可导致抗生素相关性腹泻。肠道管饲营养时，由于大部分配方中糖类大都在小肠吸收，因而结肠细菌的发酵底物减少，SCFA 生成相应减少，这使得结肠黏膜上皮细胞营养不良和结肠内水钠的吸收降低，容易引发腹泻。

2. 促进结肠细胞增殖

用放射性元素标记的胸腺嘧啶脱氧核苷进行动物试验发现，饮食中添加纤维素可提高结肠隐窝上皮细胞的更新和迁移。将瓜尔豆胶和果胶添加到大鼠的饮食中，发现其结肠上皮细胞增殖加快，而低纤维饮食导致以黏膜发育不全，结肠上皮细胞增殖减少为特征的结肠萎缩。流质饮食中添加可溶性纤维可促进病人术后结肠上皮细胞的增殖，进而维持结肠黏膜的完整。丁酸能促进黏膜生长，表现为黏膜总量、DNA 含量和有丝分裂指数的增加。乙酸、丙酸、丁酸混合液能增加空肠、近端结肠黏膜 DNA 含量，刺激肠上皮细胞增殖，其中丁酸对结肠上皮细胞增殖与黏膜生长起主要作用，对隐窝上皮细胞增殖的剂量依赖性、刺激作用强弱的顺序是丁酸>丙酸>乙酸。

3. 提供能源底物

结肠中经由酵解产生的能量主要依赖于饮食性糖类的质和量。如果人们摄入平衡饮食，理论上 3%~9% 的机体总需求能量来自肠酵解产生的能量（20~60g 物质被酵解），以淀粉为主食的人群中所占比例更高。SCFA 作为首选的代谢性底物，提供结肠黏膜所需总能量的 70%。在远端结肠发生的主要是丁酸的氧化，而葡萄糖、谷氨酰胺的氧化则主要在近端结肠。

4. 增加肠血流

SCFA 有扩张结肠血管的作用，其中以丁酸的作用最强。SCFA 能改善结肠微循环，对结肠黏膜产生营养作用。SCFA 对末端回肠微循环也有影响，能使离体的人回肠阻力动脉舒张，且在质、量上与对结肠血流的作用相似。

5. 刺激胃肠激素生成

胰腺和胆道的分泌物可刺激肠黏膜生长。胃泌素、肠高糖素、酪酪肽（Peptide YY，PYY）是介导肠上皮细胞增殖和肠黏膜生长的三种主要的激素。可酵解纤维能够刺激结肠上皮细胞增殖，与整个肠道肠高糖素及结肠 PYY 水平升高密切相关，而与血浆胃泌素水平无明显相关。肠道有无神经支配可影响 SCFA 的空肠营养作用和肠道胃泌素的生成，空肠 PYY 水平在有神经支配与去神经支配时增加都不明显。静脉注射 SCFA 其可直接刺激胰腺腺泡分泌胰高血糖素和胰岛素，且作用强弱依赖于 SCFA 剂量。

6. 抗炎作用

据报道，所有种类的 SCFA 均对炎性反应有一定的缓解作用，它们能减少 1L-6 蛋白从培养器官中释放，但在效能上存在差异，丙酸和丁酸具有等效作用，而乙酸作用较小。有研究表明，SCFA 可以降低炎性肠炎（Inflammatory Bowel Disease，IBD）的发病率。在 IBD 模型中，研究者已经观察到柔嫩梭菌群（*F. prausnitzii*）具有的丁酸依赖性的抗炎效果。考虑到肠道微生物在生产 SCFA 过程中的重要作用，益生菌在防治慢性 IBD 方面的作用也开始受到关注。

7. 抗肿瘤作用

有研究表明，SCFA 通过抑制癌细胞的增殖、分化和转移，从而起到抗肿瘤作用。同时，不同食物纤维素中所含的脂肪酸盐和不同脂肪酸盐的比率所产生的抗癌效果不同，应提倡摄入高丁酸盐/乙酸盐比率的纤维素饮食，以充分增强 SCFA 抗结肠癌作用。据报道，从人体肠道中分离得到的 1 株益生菌费氏丙酸杆菌（*Propionibacterium freudenreichii*）可以通过 SCFA 介导的凋亡而杀死结直肠癌细胞。粪便菌群的发酵上清液中富含丁酸和丙酸，表现出很强的抑制结肠癌（CRC）细胞中 HADC 酶的活性。此外，SCFA 还可通过调节结肠细胞表型、DNA 的合成与甲基化、细胞周期蛋白 D1 的表达水平来保护结肠黏膜，避免其转化为肿瘤。

8. 调控基因表达

在 SCFA 混合物调控组蛋白乙酰化的作用中，丁酸和丙酸存在累加效应，而乙酸则不具备，说明生理浓度的内酸和丁酸比其单独存在具有更加复杂的生物效能。单独使用丁酸不能上调肠上皮高血糖素原和葡萄糖转运蛋白-2（GLUI-2）基因的表达，而 SCFA 混合物可以上调上述两个基因的表达，表明 SCFA 间具有协同调控作用。为探讨结肠细胞上负责 SCFA 活性的候选基因，研究者共分析了 SCFA 不同表达的 30000 个基因序列，所有的基因通过寡核苷酸芯片来鉴别。其中，丁酸对基因表达有最显著的影响，乙酸影响最小。因此，在分子水平方面。SCFA 对基因表达的应答是有差异的，从而对研究膳食纤维生物活性的基因鉴别有重要的作用。

9. 降血脂和降血糖

SCFA 混合物可以刺激盲肠膳食纤维的发酵，从而影响血液中胆固醇的水平，尤其是内酸，经结肠吸收以后由肝脏代谢，用作能源，并可以抑制肝胆固醇的合成。有文献报道，日常饮食中添加丙酸钠会使猪血清中胆固醇水平以及肝脏中 HMG-CoA 还原酶活性显著降低。体外试验结果表明，丙酸可能抑制胆固醇的合成，提高高密度脂蛋白和三酰甘油的比例。膳食中的丙酸还能降低血糖和胰岛素水平，肝中的丙酸可以调节糖类和脂肪的代谢。在反刍动物类，丙酸是合成葡萄糖的主要前体，而对于人类，目前还没有确切的研究结果表明丙酸对人体的糖类代谢有明显的影响。但有研究表明，长期给予丙酸盐可降低空腹血糖的浓度，这可能与其抑制肝脏释放葡萄糖有关。

二、细菌素

许多乳酸菌除了产生乳酸、乙酸、丙酸和丁酸等断粮脂肪酸外，还能产生细菌素（bacteriocin）。细菌素是由某些细菌在代谢过程中通过核糖体合成机制产生的一类具有生物活性的蛋白质、多肽或前体多肽，这些物质可以抑制或杀灭与之相同或相似的其他微生物。

迄今已经发现了几十种细菌素，其中最有名的且已经商业化生产的细菌素是乳酸链球菌素（nisin）。Nisin 是由乳酸乳球菌乳酸亚种（*Lactococcus lactis* subsp. Lactis）的多个菌株生产的作用谱广的细菌素，是典型的乳酸菌细菌素。1988 年，Nisin 被 FDA 批准作为生物防腐剂用于多种加工食品。此后，细菌素这一研究领域迅速发展，使得大量来自乳酸菌的细菌素被分离纯化出来，并且其化学结构得到了详细的表征。

三、胞外多糖

根据存在位置的不同，微生物多糖可分为细胞内多糖、细胞壁多糖和细胞外多糖（expolysaccharides，EPS）。乳酸菌大量产生的多糖主要是胞外多糖。胞外多糖的种类很多，按照所含糖苷基的情况可分为同型多糖（homopolysaccharides）和异型多糖（heteropolysaccharides）。同型多糖中糖苷单体只有一种，如葡萄糖苷组成的普堂堂和果糖苷组成的果聚糖。葡聚糖是葡萄糖的高聚物，其主链主要由 α-(1,2) 糖苷键、α-(1,3) 糖苷键和 α-(1,4) 糖苷键连接的支链。某些乳酸菌可以发酵产生葡聚糖，特别是链球菌和肠膜明串珠菌。由于口腔链球菌能产生葡聚糖，其为牙菌斑的主要成分，因而引起了人们对葡聚糖的研究兴趣；而肠膜明串珠菌产生的葡聚糖可以作为临床、制药、研究和商业用途的化学制品，因而具有很大的商业价值。果聚糖是自然界中分布最广泛的生物高分子，是由以 β-(2,6) 糖苷键和 β-(2,1) 糖苷键连接的呋喃果糖基组成的同多糖。根据连接键的不同，果聚糖可以分为菊粉和左聚糖（levan）两种类型，左聚糖这一术语主要用来描述由 β-(2,6) 糖苷键连接的 D-呋喃果糖残基作为主链，以一些 β-(2,1) 糖苷键连接作为分支点所组成的微生物果聚糖。异型多糖又称杂多糖，是由两种以上（一般为 2~4 种）不同的糖苷基组成的聚合体。这类 EPS 是由线性的以及分支结构的重复单位组成的。

近几十年来，人们对乳酸菌的兴趣与日俱增。由于这些细菌具有公认的安全性，它们产的 EPS 被广泛地用作食品工业中的增稠剂、凝胶剂以及稳定剂。在这一方面最重要的应用领域无疑是乳制品工业，在这一领域中，EPS 被用于生产不同质地和口味的发酵乳制品。现有研究结果表明，乳酸菌 EPS 具有良好的生物活性，如免疫调节、抗肿瘤、降血脂、调解胃肠道菌群等。

（一）产 EPS 的菌株

产 EPS 的乳酸菌来源广泛，绝大部分来源于乳制品，如酸奶、奶酪等，还有一些来源于发酵肉制品和蔬菜等。目前已经报道的产 EPS 的乳酸菌有：嗜热链球菌、嗜酸乳杆菌、干酪乳杆菌、德氏乳杆菌保加利亚亚种、瑞士乳杆菌、乳酸乳球菌乳脂亚种、乳酸乳球菌、植物乳杆菌、肠膜明串珠菌、酒样乳杆菌等。

（二） EPS 的生物合成

微生物胞外多糖的生物合成因菌种不同而发生在生长的不同阶段和环境条件下。按合成位点和合成模式的不同，微生物胞外多糖的合成分为位于细胞壁外的同型多糖的合成与位于细胞膜上的异型多糖的合成。

1. 同型多糖的生物合成

同型多糖，如由肠膜明串珠菌生产的葡聚糖，是在胞外合成的，合成体系包含糖基供体（蔗糖）、糖基受体及葡聚糖蔗糖酶。在葡聚糖合成中需解决的问题包括：单链或多链反应、启动子、主链延长方向、链的终止、受体机制及支链连接方式等。葡聚糖的合成属单链反应机制，葡聚糖蔗糖酶是一个糖苷转移酶，它将供体的糖苷基团转移到受体即正在延长葡聚糖主链上，蔗糖可启动其自身的多聚化反应，并不需要葡萄糖作为启动子。葡聚糖的合成特点是以蔗糖为唯一底物，合成所需的能量来自蔗糖的水解而不是糖基核苷酸，不需要脂载体和独立的分支酶，产物分子质量大。

2. 异型多糖的生物合成

较同型多糖的生物合成相比，异型多糖的生物合成过程比较复杂，涉及多种酶与蛋白质。异型多糖的生物合成是一个耗能过程。前体糖核苷酸的合成，脂载体的磷酸化，重复单元的聚合和集合体转移输出都需要能量。而乳酸菌产生的能量远远不够，这在很大程度上限制了异型多糖的产量。因此，在培养过程中增加过量水平 ATP 可以大大提高 EPS 的产量。另外，糖核苷酸前体和类异戊二烯糖脂载体还参与细胞壁多聚物，如肽聚糖、磷壁酸、脂多糖等的生物合成。所以，糖核苷酸和类异戊二烯糖脂载体的浓度水平也是影响 EPS 产量的关键因素，在细胞生长缓慢，细胞壁大分子合成减少的情况下，异型多糖的产量会提高。此外，在异型多糖的生物合成过程中，涉及大量的特异性糖基转移酶和相关活性蛋白，可以通过提高糖基转移酶及活性蛋白的浓度和活性水平，从而提高其产量。

（三） EPS 的生物活性

近年来，乳酸菌 EPS 被广泛研究的原因主要是基于两个方面：其一是 EPS 的物理化学特性，EPS 作为食品添加剂添加到食品中或者在发酵食品中由乳酸菌直接发酵产生，可以改善食品的流变性、质构、稳定性、持水性和口感等；其二是乳酸菌 EPS 的生物活性，EPS 具有许多对人类健康有利的生物活性，如益生作用、对肠道炎症和癌症的预防、免疫调节活性、抗肿瘤活性、降血压和降血脂作用和抗氧化作用等。

1. 益生作用

益生元是一种膳食补充剂，通过选择性地刺激一种或数种菌落中的细菌的生长与活性而对寄主产生有益的影响从而改善寄主健康的不可被消化的食品成分。有效的益生元在通过胃肠道时大部分不被消化而进入到肠道后才被肠道菌群所利用，它只刺激有益菌群的生长，它对肠道内有潜在致病性或腐败活性的有害细菌没有促进作用。大量文献报道，有些乳酸菌的胞外多糖具有益生元的作用，可调节人体肠道菌群，促进人体健康。

用体外和体内模型模拟人体胃肠道环境可研究胞外多糖耐受体内环境而不被降解的能力。含有 102mg 乳酸乳球菌属的一个亚种 NZ4010 产的胞外多糖在人体胃肠道不被降解。乳酸菌

EPS 还可以促进菌体在肠黏膜上的非特异性黏附作用，其中荚膜多糖（CPS）使菌体更容易在肠道内定殖。EPS 由于能够增加食品的黏度，使得发酵乳制品可以在胃肠道内存留更长的时间，这对益生菌在肠道内发挥其益生作用十分有益。所以，一株高产的、具有良好黏附性的 EPS 的益生菌具有更高的应用价值。

2. 对肠道炎症和癌症的预防

乳酸菌 EPS 不仅可以作为结肠共生菌群的碳源，还可以调节结肠共生菌群的生长和代谢的激活，从而维持结肠的稳态平衡。同时，乳酸菌 EPS 在肠道中又可以被一些微生物代谢，其中的代谢产物 SCFA 可以被肠上皮细胞吸收，降低结肠的 pH 环境，使肠道内容物的溶解度增加，并抑制二次胆酸的形成和减少不必要病原体的扩散。与此同时，它们还可以作为结肠的能量底物，增强将要产生病变细胞的免疫能力，使突变的肿瘤细胞凋亡或者向正常的细胞转变，并抑制致癌基因的表达，对溃疡性结肠炎和结肠癌的预防具有重要作用。另外，有些乳酸菌 EPS 不能被肠道内的微生物降解，这样的 EPS 即为益生元，此 EPS 会刺激肠壁，加快肠蠕动，有利于排便，降低致癌物质和结肠接触的机会，起到了预防便秘和结肠癌的作用。

3. 免疫调节活性

乳酸菌能诱导巨噬细胞和 T 淋巴细胞的免疫应答，它们产的 EPS 在其免疫增强活性中扮演了重要的角色。许多双歧杆菌、乳球菌属和乳杆菌属等食品级的菌株产的 EPS 被报道具有免疫刺激活性。青春双歧杆菌 M101-4 产的水溶性 EPS 由葡萄糖、半乳糖和 N-乙酰胞壁酸组成，可促进脾细胞的增殖。乳酸乳球菌亚种 KVS20 产的 EPS 能刺激 B 淋巴细胞加速有丝分裂。除了诱导激活 B 淋巴细胞，乳酸乳球菌亚种 SBT 0495 产的 EPS（由葡萄糖、半乳糖和鼠李糖组成）还可增强某些特定的鼠源抗体的活性。

4. 抗肿瘤活性

有文献报道酸奶有一定的抗肿瘤活性，可能与酸奶发酵过程中发酵剂产的 EPS 活性有关。从保加利亚乳杆菌和嗜热链球菌发酵的奶制品中的提取物有抗诱变活性。植物乳杆菌 70810 产生的 EPS-1 和 EPS-2 对体外培养的大肠癌细胞 HT-29 的增殖均具有明显的抑制作用，抑制率随着 EPS 浓度的增加而逐渐增大。

多糖抗肿瘤活性与其分子质量、单糖组成、分支度、分子构象、糖苷键的构型、溶解度、黏度等有关，但主要与其立体构型有关。目前尚未发现较为统一的构效关系，不同种类的多糖的抗癌活性结构可能有所不同，有学者发现水解壳聚糖使其分子质量变小后抗癌活性增强。近年来，多糖受体的发现对阐明多糖的作用机制有重要意义。研究推测，多糖分子可能存在一个或几个寡糖片断的活性中心，多糖与受体作用时，只有分子中的活性中心与受体结合，因而在保持完整的活性中心的前提下，小分子质量的多糖可能具有良好的生物学活性。

现有研究结果表明：一级结构是 β-(1,2) 糖苷键连接的葡聚糖、甘露聚糖、半乳聚糖大都有一定的抑制肿瘤的活性；β-(1,3) 糖苷键葡聚糖、半乳聚糖有较明显的抑制肿瘤的活性；β-(1,3) 糖苷键为主链的葡聚糖如有 β-(1, 6) 糖苷键支链的 EPS 部分具有抗肿瘤活性。

5. 降血压和降血脂作用

关于乳酸菌 EPS 降血脂和降血压的报道还不多，一方面，可能与多糖降血压和降血脂的机制比较复杂，没有简单的体外模型而只能通过动物模型来评价有关；另一方面，多糖的降血压和降血脂的效果可能不如小分子化学药物那么显著，且影响动物试验结果的因素又很多，如果没有很好的动物模型严格控制试验条件，很可能导致多糖降血压和降血脂的试验结果并不理想。目前，有研究发现 *Lactobacillus casei* 产生的一种多糖-糖肽聚合物（SG-1）有明显的降血压作用。

6. 抗氧化作用

近年来，乳酸菌胞外多糖的抗氧化活性正逐渐成为国内外研究的热点。自由基和脂质过氧化产物是引起氧化损伤的重要原因，自由基的清除、抑制脂质氧化也是评价抗氧化性的重要指标。大量研究表明，一些乳酸菌 EPS 具有抗氧化作用，例如，干酪乳杆菌 KW3 产生的 EPS 可显著降低血清、肝和脑组织中的 MDA 含量，提高 SOD 和 GSH-Px 活性；副干酪乳杆菌 H9 产生的 EPS 的抗氧化能力随着浓度的升高而增强；S. phocae PI80 代谢产生的 ESP 在体外对·OH 和·O_2^- 具有较强的清除能力。从一株乳酸乳球菌亚种菌株（*Lactococcuslactis* subsp. *lactis* 12）中分离得到一种分子质量为 6.9×10^5 Pa，且大部分由果糖和鼠李糖组成的 EPS，研究发现，它不仅对·OH 和·O_2^- 具有较强的清除能力，还可以提高体内 CAT 和 SOD 的活力。

四、维生素

科学家们认为生产维生素是益生菌的诸多功能特性之一。许多文献已报道很多乳酸菌和双歧杆菌在发酵时都可以产生维生素，主要是 B 族维生素类化合物，如叶酸、维生素 B_{12}、维生素 B_1、维生素 B_2、维生素 B_9 等。因此，如果利用这些乳酸菌或双歧杆菌来发酵生产某些食品，这样不仅可以提高该食品的营养成分，还可以通过进食将这些益生菌运送到人体的胃肠道，在胃肠道里，它们可以合成如上所述的人体所必需的维生素。

有研究表明，乳酸菌代谢合成叶酸的产率为 $17 \sim 100 \mu g/L$，菌种、培养时间、培养基 pH、对氨基苯甲酸（4-aminobenzoic acid，PABA）质量浓度均会影响乳酸菌合成叶酸的产量。工业上用假单胞菌 *Pseudomonas dentrificans* 和巨大芽孢杆菌 *Bacillus megaterium* 生产维生素 B_{12}，而乳丙酸菌属是唯一的食品级的用来商业生产维生素 B_{12} 的菌株，其合成维生素 B_{12} 的生物途径已被广泛研究。许多双歧杆菌可以生产维生素 B_{12}，如青春双歧杆菌（0.35ng/mL）、双歧杆菌（0.65ng/mL）、婴儿双歧杆菌（0.39ng/mL）、长双歧杆菌（0.46ng/mL）；罗伊氏乳杆菌也表现出具有生产维生素 B_{12} 的活性。一些种属的乳酸菌还被筛选出来生产维生素 K，如乳球菌属、乳杆菌属、肠球菌属、双歧杆菌属、明串菌属、链球菌属等。此外，双歧杆菌也被报道可以产生维生素 B_1 和维生素 B_2。

第四节 益生菌产品开发及应用

一、益生菌在乳制品中应用

嗜酸乳杆菌、双歧杆菌等可以用于生产嗜酸菌素片、微生态口服液、保健制剂等。这些产品的主要目的是改善各种肠道功能异常。乳杆菌制剂的生产工艺相对简单、菌种耐氧性好，效果较显著。常用的乳杆菌有 *Lb. acidophilus*、*Lb. casei*、*Lb. rhamnosus GG*、*Lb. plantarum* 和 *Lb. breve* 等。

随着技术的进步，以酸奶、冰淇淋以及其他发酵产品为载体，增加益生菌的摄入。在欧洲，超过45%的乳品企业加工制造含有益生菌的乳产品。益生菌乳制品等市场需求量逐年增加。在一些欧洲国家，含有益生菌，特别是嗜酸乳杆菌和双歧杆菌的发酵乳占到当前欧洲市场总发酵乳制品产品的10%~20%。值得一提的是，在益生菌乳生产开发方面，嗜酸乳杆菌添加的比例略占优势。因为双歧杆菌在加工和保藏过程中都需要严格的厌氧条件，要保持较高的活菌数及活力尚存在一定的技术困难。

乳制品作为益生菌最佳载体还有非常重要的、工艺方面的原因，相当多的发酵乳制品经过优化后的发酵工艺有利于发酵菌种的存活。此外，现有冷藏运输、销售和储存条件与方式都可以最大程度保证加到产品中的益生菌的存活。

（一）双歧杆菌制品

婴儿配方食品和两歧双歧杆菌发酵物。两歧双歧杆菌发酵物添加于人工婴儿膳食中可以改善肠道菌群的状况。

许多研究者研究了两歧双歧杆菌发酵物对婴儿肠道感染的预防作用，发现口服组合控制组患肠道感染的概率为1:8。目前，商业化双歧杆菌的婴儿食品包括：①含乳果糖和两歧双歧杆菌的干基配方Lactana-B；②含两歧双歧杆菌、嗜酸乳杆菌和乳酸片球菌的干基乳粉，它由两歧双歧杆菌、嗜酸乳杆菌和乳酸片球菌混合发酵剂发酵浓缩乳为原料，菌混合比为1:0.1:1，发酵温度为31℃，达到期望的酸度后冷却加其他配料后喷雾干燥而得成品。

（二）嗜酸乳杆菌和嗜酸乳杆菌乳

研究表明，嗜酸乳杆菌对食物中滋生的肠道病原菌有拮抗作用，可以稳定正常的肠道微生物区系，具有抗癌作用，能降低血清胆固醇。近年来，嗜酸乳杆菌与其他菌株结合或采用其他生产方式，开展了多种新型的嗜酸性发酵产品。嗜酸性产品在很多国家均有生产。

1. 嗜酸性乳

嗜酸性乳的发酵剂由两类嗜酸乳杆菌组成，一株菌是产黏的；另一株菌是非产黏的，以一定的比例混合以获得理想的产品。牛乳经加热、冷却，接种量为5%，接种后的牛乳于42~45℃保持3~4h。

2. 甜型嗜酸性乳

为了客服风味缺陷，非发酵型的嗜酸性乳得到发展，在美国作为甜型嗜酸性乳进行销售。这种产品以巴氏杀菌乳作为嗜酸乳杆菌摄入的载体。将嗜酸乳杆菌增殖在无菌的培养基中，获得菌体，以一定的比例加到巴氏杀菌乳中，得到与通常的嗜酸性乳相应的产品。研究证明，这种非发酵的嗜酸性乳具有巴氏杀菌乳的风味，在2~5℃可以保存7d。

3. 冰淇淋作为载体

在硬质冰淇淋储存期间，嗜酸乳杆菌的数目波动很轻微，在28d的储存中超过2×10^6 CFU/mL的活菌。将嗜酸乳杆菌加入冰淇淋中，生产冷冻乳制品发现，嗜酸乳杆菌的存活率在93%~96%，在-20℃储存10d后，菌数开始降低。

4. 嗜酸酵母乳

原料经过杀菌、冷却，按5%的比例进行接种。发酵剂菌株由嗜酸乳杆菌、酵母菌株（如 *Candida pseudotropicalis* 和 *Saccharomyces fragilis*）共同组成。使用啤酒、葡萄酒、面包酵母时，在巴氏杀菌前加入2%~3%的蔗糖。接种后的牛乳装入瓶中，于30℃培养直至凝固。在

18℃保存 12~18h，酵母菌猛烈的增殖，产生酒精和 CO_2，产品冷却到 8℃以下。

5. 大豆嗜酸性产品

豆乳是东南亚国家最受欢迎的饮料。最近十年中，传统上不消费大豆食品的国家，大豆食品的消费量呈现明显的增加趋势。许多研究证明，豆乳是嗜酸乳杆菌增殖的优良的培养基。调整豆乳中蛋白质和糖类的含量，有利于嗜酸乳杆菌的增殖。

（三）其他益生菌乳品

1. LGG 类产品

鼠李糖乳酪杆菌 GG 菌株（lactobacillus rhamnosus GG，LGG）产品含有足以在粪便中定殖的 LGG 的量。乳和其他成分保护 LGG 通过胃而存活下来，这种保护作用多源于缓冲作用，结果乳基产品中 LGG 的存活率高于胶囊或果汁产品。在改善急性痢疾、抗生素性痢疾和流行性痢疾时，LGG 的量必须达 $3×10^9$ CFU 才有效果。发酵酪乳是 *L. acidophilus* 和 *L. rhamnosus* GG 的良好食品载体，它的保存对人体健康起到有益作用的活菌数是适宜的。在酪乳或酸奶发酵后向其中添加 $1×10^7$ CFU 的活菌，在 28d 储存后，*L. acidophilus* 的量在 $1×10^6$ CFU/g 以上，*L. rhamnosus* GG 表现出高的储存稳定性。

2. 益生菌干酪

干酪作为载体系统，将活的益生菌传递到胃肠道等目标器官，有其固有的优势。干酪的 pH、脂肪含量、氧含量和储藏条件更有益于益生菌在加工和消化期间长期存活。干酪的 pH 为 4.8~5.6，明显高于其他发酵乳（pH 3.7~4.3），因而干酪能够对酸敏感的益生菌的长期存活提供更为稳定的基质。干酪内部微生物的代谢使得干酪在几周的成熟期内就变成一个几乎厌氧的环境，有利于益生菌的存活。此外，干酪的蛋白质基质和较高的脂肪含量都可以在益生菌穿过胃肠道时提供保护。近年来，一些食品，如切达干酪、高达干酪、农家干酪、白霉干酪。克莱森萨干酪作为双歧杆菌和乳杆菌等益生菌株的携带者而备受关注。

二、益生菌在非乳制品中应用

（一）益生菌在发酵肉制品中的应用

肉的发酵本是一种原始的肉类储藏手段，随着人们对其独特风味和良好储藏特性的认识，逐步演化为一种肉制品的加工方法。发酵肉制品的种类较多，传统的中式肉制品中的腊肠、腊肉、火腿都伴随着自身微生物的自然发酵，这些产品通常被称为腌肉制品，具有悠久的生产历史。起源于欧洲的干式或半干式发酵香肠，属于高档次的西式肉制品，是发酵肉制品的典型代表，已经完成了从传统的自然发酵向定向接种培育的工业化生产的转变。

发酵肉的特点如下：①易消化，新风味，高营养。通过微生物发酵在代谢过程中产生的蛋白酶，将肉中的蛋白质分解成氨基酸和肽，同时降解产生大量的风味物质如酸类、醇类杂环化合物、氨基酸和核苷酸等。这些风味物质使发酵肉制品具有独特的酵香风味，不但大大提高了发酵肉制品的消化性能，而且增加了其营养价值。②色泽鲜艳，不易变色。利用微生物的发酵（如葡萄糖发酵产生乳酸）使肉品 pH 降为 4.8~5.2。在 H^+ 的作用下，NO_2^- 分解的 NO 与肌红蛋白结合，生成亚硝基肌红蛋白，使肉品呈腌制的特有色泽。发酵过程中产生的 H_2O_2 还原为 H_2O 和 O_2，防止了肉的氧化和变色。③抑制有害毒素，降低生物胺含量。发酵中的发酵剂产生的细菌素、H_2O_2 及有机酸、醇等都具有一定的杀菌作用，可以抑制肉毒梭菌的繁殖和毒素的分泌，同时能够降低脱羧酶的活性，避免生物胺的形成。④抗癌。肠道内腐生菌分解食物、胆汁等，产生许多有害代谢产物（如色氨酸产生的甲基吲哚和胺、氨、硫化氢），这些物质是潜在的致癌物。发酵肉制品中的双歧杆菌及其他乳酸菌等均能抑制腐生菌的生长和以上致癌物质的生成，起到防癌的作用。⑤保证食品安全，延长产品货架期。通过接种筛选出来的有益生菌微生物，可竞争性地抑制致病菌和腐败菌的作用，起到杀菌作用。益生菌微生态环境保证产品的安全性并延长产品货架期。在常温下发酵肉制品的保质期普遍可以达到保存 6 个月。⑥质构益变，增进口感。经过发酵的肉制品肉质鲜嫩，口感舒适，这是由于微生物及酶的发酵导致其结构发生良性变化。发酵肉制品的加工工艺如下。

（1）发酵肉制品的一般加工工艺为：原料肉预处理→拌料（添加辅料和接种发酵剂）→灌装→发酵→干燥成熟→烟熏→成品。

（2）发酵火腿类的工艺流程为：原料肉预处理（修整、切割、挤血等）→拌料→腌制→成型→干燥成熟→烟熏→成品。

（3）发酵灌肠制品的工艺流程为：原料肉处理→混匀辅料→腌制（发酵剂）搅→灌制→漂洗、发酵、烘烤→成品→包装。

（二）益生菌在植物性发酵食品中的应用

益生菌应用于植物性发酵食品中最典型的是发酵豆制品，豆乳与牛乳均为液态，在牛乳品生产中采用的方法得以应用到豆乳上来，其中以北京豆汁最有代表性。北京豆汁作为一种历史悠久的传统发酵制品，以其独特的风味和丰富的营养广受北京人的青睐，是北京久负盛名的传统风味小吃，具有色泽灰绿、浆汁浓醇、味酸微甜的特色。益生菌应用于发酵豆制品有着良好的前景，有些特定的益生菌有特殊的生理功能。植物乳杆菌 ST-Ⅲ 发酵蒸煮大豆具有显著的糖苷酶抑制活性，是产 α-葡萄糖酶抑制剂的优选基料形式。

非乳发酵食品中，发酵蔬菜也是重要的一部分。将蔬菜与盐混合后发酵是一种普遍且传统的做法，发酵后可改善风味、质构，且通常不添加防腐剂。泡菜、黄瓜泡菜和橄榄都是最常见的发酵蔬菜。在发酵蔬菜中的分离到的乳酸菌主要是：嗜酸乳杆菌（*Lactobacillus acidophilus*）、乳酸乳球菌（*Lb. lactis*、*Lb. leichmanii*、*Lb. salivarius*）、植物乳杆菌（*Lb. plantarum*）、清酒乳杆菌（*Lb. sakei*）、嗜热链球菌（*Streptococcus thermophilus*）、乳酸片球菌（*Pediococcus acidilactici*、*P. damnosus*、*P. pentosaceus*）、类肠球菌（Enterococcus faecalis）、肠膜明串珠菌（*Leuconostoc mesenteroides*、*Ln. paramesenteroides*、*Ln. dextranicum*）、短乳杆菌（*Lb. brevis*、*Lb. cellobiosus*、*Lb. confuses*）、发酵乳杆菌（*Lb. fermentum*）。

第五节　益生菌类产品展望

发掘各种益生菌资源，并针对不同的疾病寻找相应的益生菌，是益生菌安全有效使用的关键所在。益生菌资源的开发与利用是目前健康产业领域中关注的一个热点，但仍存在不足之处，比如缺乏科学的评价体系来指导益生菌菌株和品种的选择，益生菌开发周期长，益生菌生产技术落后和成本较高等。

　　未来可通过利用新型培养技术，可以有针对性地筛选发掘新型的益生菌资源，找到更有效的单一潜在益生菌品种，为安全高效发掘益生菌资源奠定了基础。为了进一步推动益生菌的开发利用，还需要运用基因编辑技术对益生菌进行基因改造。通过精简基因组敲除可能的致病耐药基因等手段，可以构建更安全的新型益生菌。同时，利用合成生物学技术在益生菌底盘细胞中表达功能基因簇，可以构建超级益生菌。这些技术的综合应用，将有助于鉴定、筛选出更多安全有效的新型益生菌资源，并为开发更多超级益生菌提供更广泛的技术支持。

思考题

1. 简述益生菌的定义。
2. 益生菌的选择必须符合安全性、功能特性和技术加工特性标准有哪些？
3. 益生菌对人体的主要生理功能的影响有哪些？
4. 益生菌为什么能够防治感染性腹泻？
5. 益生菌降低胆固醇的机理是什么？
6. 益生菌产生的短链脂肪酸的生理功能有哪些？
7. 益生菌产生的胞外多糖的生理活性有哪些？
8. 益生菌产生的维生素有哪些？

第九章

植物化学素

09

学习目标

理解植物化学素的概念、来源、种类；掌握黄酮、原花青素、萜类、生物碱、类胡萝卜素、有机硫等各类型植物化学素的代表性化合物及功能；掌握几种植物化学素常规分离纯化的方法和要点；了解植物化学素在功能性食品中的制备方法及应用。

名词及概念

植物化学素、次生代谢产物、黄酮类化合物、原花青素、萜类化合物、生物碱、类胡萝卜素、有机硫化合物、超临界流体萃取、超声波辅助、微波辅助提取、生物酶辅助提取、色谱分离、分子印迹技术等。

第一节　概述

植物化学素（phytochemicals）是指由植物代谢产生的多种低分子质量有机化合物，又称次生代谢产物，它们对植物生长不是必需的，但对植物抗病虫害、维护植物性状起着重要作用。其中，不乏具有较好活性的功能性植物化学素，是目前功能性食品竞相开发的重点目标，有关这些植物化学素的分离纯化、结构鉴定、功效评价和挖掘、安全性评价等也备受研究者们的关注。

功能性植物化学素不仅存在于人类常食用的蔬菜、水果、谷物、豆类、坚果等植物性原料中，也存在于一些食药同源、中药材等植物中，这些来源于天然生命体的活性化合物单体，功效明确，安全性高，使用简单方便。在当今全人类都将目光转向天然产物的背景下，人们寄希望于这些活性化合物对促进人类健康发挥出更大的作用。

功能性的植物化学素种类繁多，主要有黄酮类化合物、原花青素、萜类化合物、生物碱、类胡萝卜素、有机硫化合物及其他类。这些化合物虽非人体生长发育所必需的营养素，但在抗氧化、抗癌防癌、抗菌、抗炎、免疫调节、预防心血管疾病等方面发挥重要作用。

第二节　常见的植物化学素

一、黄酮类化合物

黄酮类化合物是以 2-苯基色原酮为母核而衍生的一类植物色素，广泛存在于植物的所有部位包括根、心材、树皮、叶、果实和花中，光合作用约有 2% 的碳源被转化为类黄酮。早在 20 世纪 30 年代，人们就发现了黄酮类化合物具有维生素 C 样的活性，曾一度被视为维生素 P。对黄酮类化合物的研究逐渐由 20 世纪 60 年代时的抗油脂过氧化功能转向清除自由基、抗衰老、免疫调节及对老年病的防治功效上。

黄酮类化合物按结构可以分为黄酮类（Flavones）、黄酮醇类（Flavonols）、二氢黄酮（Flavanones）和二氢黄酮醇类（Flavanonols）、异黄酮类（Isoflavones）、二氢异黄酮类（Isoflavanones）、双黄酮类（Biflavonoids）、查尔酮类（Chalones）、橙酮类（Aurones）、黄烷醇类（Flavanols）、花青素类（Anthcvanidins）、新黄酮类（Neoflavanoids）。黄酮类化合物是许多食药同源和中药材的有效成分。例如，竹叶中的荭草苷和牡荆苷、满山红中的杜鹃素、小叶枇杷中的小叶枇杷素、矮地茶中的槲皮苷、铁包金中的芦丁、白毛夏枯草和青兰中的木犀草素、红管药中的槲皮素、葛根中的黄豆苷与葛根素、毛冬青与银杏叶中的黄酮醇苷、黄芩中的抗菌成分黄芩素和解热有效成分黄芩苷等。

黄酮类化合物具有清除自由基、抑制异常的毛细血管通透性增加及阻力下降、扩张冠状动脉、增加冠脉流量、抗肿瘤、改变体内酶活性、改善微循环、消炎镇痛、免疫调节、抑菌、抗肝炎病毒、解痉挛等重要生物活性，有很高的药用价值。黄酮类化合物一般不作为相关药物使用，而多以防治与毛细血管脆性、渗透性有关疾病的补充药物使用。而且在功能性食品中，黄酮类化合物展现出了广阔的应用前景。

1. 抗氧化作用

关于黄酮类化合物清除体内自由基作用报道很多，其相关机理一般包括：①与超氧阴离子反应而阻止自由基反应的引发；②与铁离子络合阻止羟基自由基的生成；③与脂质过氧化基反应阻断脂质过氧化。

2. 心血管疾病防治作用

黄酮类化合物具有调节毛细血管的脆性与渗透性，保护心脑血管的功效。例如，芦丁、橙皮苷等能降低血管脆性及血管通透性异常，可防治高血压及动脉硬化；芦丁、槲皮素、葛根素等具有扩冠作用；木犀草素等能够降血脂及胆固醇。

3. 抗肿瘤作用

黄酮类化合物槲皮素能在 mmol/L 的浓度下直接阻滞癌细胞增殖；芦丁和桑色素能抑制苯并芘对小鼠皮肤的致癌作用，同时类黄酮还能抑制苯并芘的代谢；类黄酮对另外一些致突剂和致癌物也有拮抗作用。

4. 激素调节作用

异黄酮具有类似雌激素作用。研究表明，随着植物雌激素在体内的浓度增加，其取代体内的 3H-雌二醇的量也就越多。在高浓度情况下，异黄酮对肾脏肿瘤细胞胞浆雌二醇受体和乳腺胞浆雌二醇受体均表现出特异性竞争结合。大豆异黄酮、芒柄花素能与雌激素受体结合，并产生弱的雌激素效应，这种弱的雌激素作用在一定浓度下会表现出抗雌激素活性，取决于动物内源雌激素的水平（即双向调节作用）。东方人的乳腺癌、结肠癌和大肠癌的发病率远低于西方人，重要原因是东方人的食物中含有大量的植物雌激素。调查发现，东方人排泄物中异黄酮及其代谢产物的含量为西方人的 10~20 倍。异黄酮的抗雌激素作用与其抗激素依赖性乳腺肿瘤的生长有关。

5. 抗炎、镇痛作用

炎症的本质是机体应对各种损伤性刺激时进行自我保护的防御反应，在炎症过程中，损伤因子对细胞和组织造成损害，机体通过炎症充血、渗出反应，稀释、杀伤和包围损伤因子，并且通过细胞再生修复受损组织。炎性反应的主要成分包括炎性细胞和炎性介质，前者泛指参与炎性反应的细胞，包括淋巴细胞、浆细胞、粒细胞（嗜酸性、嗜碱性、中性）和单核细胞等；后者包括细胞因子和趋化因子。其中，在炎性反应发生时发挥主要作用，称为促炎反应介质，如氧自由基、转化生长因子 β、干扰素等。大豆苷、葛根素、葛根黄酮等可以缓解高血压患者头痛等症状。

6. 免疫调节作用

芦丁及其衍生物羟乙基芦丁（hydroxyethylrutin）、二氢槲皮素（taxifolin）以及 hesperidin-methyl-chalocone 等对角叉菜胶、5-羟色胺（5-hydroxytryptamine，5-HT）及前列腺素 E（platinum group element，PGE）诱发的水肿、甲醛引起的关节炎及棉球肉芽肿等均有明显抑制作用。金荞麦（fagopyrum cymosun）中的双聚原矢车菊配基有抗炎、祛痰、解热、抑制血小板聚集与提高机体免疫功能的作用，临床上用于肺脓肿及其他感染性疾病。据研究，类黄酮的抗炎作用可能与前列腺素生物合成过程中脂氧化酶受到抑制有关。

7. 抑菌作用

木犀草素、黄芩苷、黄芩素等均有一定的效果。从紫玉盘属植物（uvaria charnae）中得到的 C-苄基黄酮类，如紫玉盘亭（uvaretin）和双矮紫玉盘素（dichamanetin）等，经过与链霉素硫酸盐比较，显示对金黄色葡萄球菌等具有很强的抵抗活性。槲皮素、二氢槲皮素及山奈酚等均有抗病毒作用的报道。

8. 保肝护肝作用

从水飞蓟（silybum marianum）种子中得到的水飞蓟素（silybin）、异水飞蓟素（silydianin）及次飞蓟素（silychristin）等经研究证明有很强的保肝作用，可以防治急慢性肝炎、肝硬化及多种中毒性肝损伤等。儿茶素（catergen）在欧洲也用作抗肝毒的药物，对脂肪肝及因半乳糖胺或四氯化碳引起的中毒性肝损伤均有一定效果。

9. 解痉挛作用

异甘草素（isolquiritigenin）及黄豆苷原（daidzein）等具有类似罂粟碱（papaverine）样的解除平滑肌痉挛作用。

10. 其他作用

有些黄酮类化合物具有止咳、祛痰作用，且平喘作用与分子中的 α-不饱和酮、β-不饱和酮结构有关。还有报道，有些黄酮类化合物对环核苷酸磷酸二酯酶具有一定程度的选择性抑制作用，且多数黄酮苷元的抑制作用比黄酮糖苷强。

二、原花青素

原花青素（procyanidins）是一类由不同数量的儿茶素或表儿茶素通过碳—碳键缩合而形成的聚合物，又称缩合单宁。根据原花青素聚合度的不同，又可分为单体原花青素、低聚原花青素和高聚原花青素，其中以二聚体分布最广。最简单的原花青素是儿茶素、表儿茶素或儿茶素与表儿茶素形成的二聚体。原花青素是目前公认的清除人体内自由基有效的天然抗氧化剂之一，对于多种疾病的预防以及保健作用都与其超强的自由基清除能力相关，如抗氧化、抗炎，调节血脂、血糖、抗肿瘤，保护心血管，抗抑郁等。近年来，原花青素已成为国内外研究的热点，并主要被应用在一些食品、保健品和化妆品中。

原花青素广泛存在于多种植物的种子、果实、皮、叶中，如葡萄籽、蓝莓、桑葚、枸杞等，其中葡萄籽中原花青素的含量高达 95%。不同植物品种原花青素含量差异较大，如黑枸杞的原花青素含量高于蓝莓，是迄今为止原花青素含量最高的野生植物。随着食品工业的发展和消费者健康保健意识的不断提高，天然活性成分的功能性食品成为现代人追逐的目标，其中原花青素以纯天然、功能活性好、作用广泛等特点日益受到人们关注。

1. 抗氧化作用

原花青素体内的抗氧化能力是维生素 C 的 20 倍、维生素 E 的 50 倍。其抗氧化机制主要与其带负电子的羟基有关，这部分结构是优良的氢或中子给予体。在体外抗氧化实验研究中，山楂原花青素对羟基自由基、DPPH·自由基的清除率及总抗氧化能力显著高于维生素 C，且抗氧化能力与浓度呈正相关。夏黑葡萄原花青素可通过调节 SOD、GSH-Px 的活性，清除心肌细胞中的自由基，保护心脏。来源于天竺葵的原花青素也能高效清除 ABTS·、DPPH·、超氧阴离子、羟基自由基和次氯酸。但是，不同的植物乃至不同品种或植物不同部位所含的原花青素在分子质量大小及结构方面也具有一定差异，导致原花青素生化及功能活性不同。因此，研究不同分子质量及分子结构的原花青素有助于更加全面深入地了解原花青素的特性，尤其是与其抗氧化性相关的分子结构特性。

2. 抗炎作用

许多研究表明，原花青素具有较好的抗炎作用。原花生素可降低由炎症介质组胺、缓激肽等引起的毛细血管通透性增高，减少毛细血管壁脆性，使毛细血管的张力和通透性减少，保护毛细血管的物质转运能力，从而起到抗炎作用。研究表明原花青素能有效抑制 COX-2、IL-1β 及血管内皮生长因子等炎症因子的表达，发挥抗炎作用。国外学者研究证实，蔓越莓原花青素能够通过抑制口腔中的白色念珠菌来阻止口腔上皮细胞炎症的发生。从越橘、黑加仑中提取的花青素，能有效抑制脂多糖诱导的转化因子 NF-κB 的活化，并且能降低血清中促炎性趋化因子、细胞因子和炎症介质的浓度，从而发挥抗炎功效。进一步研究发现，黑加仑提取物的抗炎作用，可能通过上调凋亡蛋白 Bax 和下调抗凋亡蛋白 Bcl-2 的表达来实现。

3. 调节血脂、血糖作用

原花青素可以促进甘油三酯代谢、提高肝脏代谢功能、减少体内脂质沉积、抑制动脉粥样硬化的发展，从而发挥降血脂作用。例如，刺玫子原花青素可以显著降低高脂小鼠血清低密度脂蛋白胆固醇、总胆固醇和甘油三酯含量，达到降血脂效果。有些原花青素是良好的脂肪合酶抑制剂，可有效减少机体脂肪的合成。原花青素还能纠正棕色脂肪组织线粒体功能障碍、促进脂肪酸氧化，发挥调节血脂功能。此外，原花青素还可通过增强卵磷脂胆固醇酰基转移酶的活性降低高脂血症大鼠的血脂。

葡萄籽原花青素能缓解血清胰岛素抵抗水平、修复损伤的 B 淋巴细胞、调节 B 淋巴细胞的增殖和凋亡等方面来调节糖脂代谢，对 2 型糖尿病患者有明显的降血糖、降血脂作用，且不会对肝肾及造血功能造成不良影响。还有研究发现，原花青素可以通过提高机体抗氧化能力、降低炎症因子对胰岛细胞的损伤，调节血清甘油三酯、总胆固醇和高密度脂蛋白，达到降血糖和改善血脂的作用，这些原花青素包括龙眼核原花青素、昆山雪菊原花青素、葡萄籽原花青素、松树皮原花青素等。

4. 抗肿瘤作用

原花青素对癌症、肿瘤具有一定的防治作用。原花青素可通过凋亡途径抑制多种肿瘤细胞生长或诱导其死亡，且可拮抗化疗药物对正常细胞的毒性作用，具有较好的抗癌效果。有实验证实原花青素对皮肤癌、结肠癌、乳腺癌、肝癌、胰腺癌都有预防作用，同时对人口腔鳞癌细胞及涎腺癌细胞也有不同程度的毒性。例如，葡萄籽提取物中原花青素可以诱导人食管癌细胞凋亡；原花青素 B2 可诱导直肠癌细胞凋亡和自噬；红小豆中含有的原花青素，主要是儿茶素聚合物类组分，对人体前列腺癌细胞增殖具有显著抑制作用，并可控制癌细胞生长和转移；从月见草脱脂种子中提取的原花青素能够加速乳腺癌细胞凋亡、抑制乳腺癌细胞的侵染力。

5. 保护心血管作用

高脂血症、动脉粥样硬化、冠心病等心血管疾病的发生都与过氧化脂质水平密切相关。许多研究表明，原花青素保护心血管系统的作用机制与其抗氧化作用和改善血管内皮功能有关。原花青素能提高血管抵抗力，降低毛细血管通透性，其抗氧化和抗弹性酶活性已被多个改善毛细管血管渗透性的体内实验模型所证实。有报道表明，葡萄籽原花青素具有抗动脉粥样硬化，其机制可能与降低血清 C 反应蛋白水平有关。莲房原花青素通过增加心肌对瘦素调节的敏感性，降低了血清和心肌组织中 TNF-α 含量，控制炎症反应，进而发挥对心血管系统的保护作用；也能通过调节脂质过氧化物 MDA 和 ET-1 含量来保护心血管组织。研究表明，原花青素可降低高脂血症大鼠的血脂水平，提高抗动脉硬化指数和血清及肝脏中的抗氧化能力，显著降低血清氧化低密度脂蛋白抗体滴度，进而降低动脉粥样硬化发生风险。

6. 抗抑郁作用

近年来，国内外研究均发现富含原花青素的植物或其提取物对抑郁症模型动物或者抑郁症患者的抑郁症状具有改善作用。相关的植物包括越橘、红豆越橘、蓝莓、咖啡等。

7. 其他作用

研究发现，板栗壳原花青素具有抑菌作用，且随着浓度的提高抑菌作用明显增强；葡萄籽原花青素可改善患者睡眠质量，延长睡眠时间，提高睡眠效率；原花青素对帕金森、癫痫等疾病也有一定的防治作用，能同时改善帕金森疾病的运动和非运动早期症状，以及具有神经保护潜力，有望成为帕金森疾病防治的一种新功能因子。此外，国内外采用原花青素防治糖尿病性视网膜病变已经多年，这类化合物能显著减少眼睛毛细血管出血，改善了视力，也能用来防止糖尿病患者白内障术后的并发症。

三、萜类化合物

萜类化合物（terpenoids）是以不同个数的异戊二烯为基本结构首尾相连构成，据不完全统计，萜类化合物是植物化学素中种类最多的一类，超过 22000 种。根据异戊二烯（C_5H_8）规则，其中以两个异戊二烯构成的称为单萜，单萜类化合物主要存在于从植物提取的挥发油（又称精油）中，大部分具有气味，如柠檬醛、香叶醇、薄荷醇等；以三个异戊二烯构成的为倍半萜，很多倍半萜是芳香油高沸点部分的主要成分，代表性功能成分有金合欢醇、青蒿素、橙花叔醇等。单萜和倍半萜化合物是植物精油发挥抑菌、止痛、驱虫等作用的主要成分，也是医药、化妆品和食品工业中的重要原料。

二萜类化合物是具有 4 个异戊二烯结构的碳氢化合物，通常用（C_5H_8）$_4$ 表示，广泛存在于植物、动物和海洋生物中，目前已有超过 100 种二萜化合物骨架被发现。许多含氧的二萜衍生物以醇、酮、内酯或者苷形式存在，具有多种生物活性。二萜类化合物代表性功能成分有紫杉醇、穿心莲内酯、丹参酮、银杏内酯、鱼藤酮内酯、甜菊苷等，有的是重要的药物功效成分，也有很多可望开发成功能性食品。

三萜是由 30 个碳原子组成的萜类化合物，可分为直链化合物、单环化合物、二环直至五环化合物。三萜类化合物在生物体内多以游离形式存在，也有以醚、酯及糖苷形式存在。三萜糖苷因振摇后可产生持久性似肥皂液的泡沫，故通称为三萜皂苷类化合物。三萜类化合物在五加科、豆科、桔梗科、玄参科等植物中含量最高，在动物体中也有三萜类化合物存在，如羊毛脂中分离出羊毛脂醇；真菌灵芝中也分离到许多三萜成分；而鲨肝油及一些植物油如橄榄油、茶籽油中分离到鲨烯类三萜化合物。三萜类化合物生物活性良好，许多三萜皂苷具有抗氧化，还有的三萜化合物具有免疫调节、抗肿瘤、保肝护肝、抗炎、抗病毒、心血管疾病防治、抗疲劳、抗缺氧等功效，在临床医药、功能性食品方面都有较多应用。鉴于人们对三萜类化合物生物活性重视程度的提高及其分离解析技术的不断进步，近年来从植物中分离纯化并确定了化学结构的三萜类化合物数目日益增多，这为相关功能性食品的开发提供了更多的可能。

1. 抗氧化作用

三萜类化合物在一定程度上能促进细胞 SOD 的合成，增强机体清除自由基能力，从而延缓衰老。北五味子藤茎总三萜对羟自由基和 DPPH·自由基有较强的清除作用；从橄榄表皮、山楂中分离得到的山楂酸能够抑制细胞在无胎牛血清培养时胞内 ROS 的过量产生，在低剂量时具有较好的抗氧化作用；三萜类化合物灵芝酸对联苯三酚诱导的红细胞膜氧化具有较好的拮抗作用，且效果与剂量呈现一定正相关。此外，红枣三萜、茯苓三萜、木瓜三萜等均报道具有较好的抗氧化效果。

2. 免疫调节作用

三萜类化合物能使人体免疫活性细胞 T 淋巴细胞和 B 淋巴细胞增殖能力加强，从而可以应对免疫低下症状或疾病如肿瘤、衰老、感染等；许多皂苷还具有调节人体免疫功能如人参皂苷、绞股蓝皂苷等，发挥防病、治病功能。大豆皂苷可以提高胸腺指数和脾指数，同时增加巨噬细胞的吞噬率和吞噬指数，增强免疫力。人参皂苷可抑制压力诱导的血浆皮质酮水平，显著降低去甲肾上腺素和肾上腺素诱导巨噬细胞产生 IL-6 含量，从而抑制体内的血浆应激性 IL-6 水平。还有一些三萜类化合物除直接对免疫系统功能有促进作用外，也被作为免疫调节的辅助剂用于防治性疫苗的研发，例如，将抗原与皂苷结合可以帮助这些大分子通过细胞膜及肠黏膜，促进其吸收，从而增加注射或口服疫苗的有效性。

3. 抗肿瘤作用

许多皂苷化合物具有抗肿瘤和细胞毒性，这与化合物的表面活性有关，静脉注射某些皂苷可能会引起严重的溶血反应。研究者发现，夏枯草中的三萜类化合物乌苏酸是其发挥抗癌的主要活性成分。人参皂苷 Rh1 及其前体 Rg1 对宫颈癌（U14）和食道腺癌增殖有明显抑制作用，其二醇组皂苷 Rh2 经研究也发现具有很高的抗肿瘤活性，对癌症细胞具有分化诱导、增殖抑制和诱导细胞凋亡等作用。来自植物 *Maesa lanceolata* 叶中的 3 位苷化齐墩果酸型皂苷体内作用于绒毛膜癌时，可抑制肿瘤组织诱导的血管生成作用。绞股蓝总皂苷经腹腔注射对肺癌细胞具有明显的抑制作用。

4. 保肝护肝作用

三七皂苷、绞股蓝皂苷、桦木脂醇对酒精引起的肝损伤具有干预、保护作用，能减轻肝脏组织脂肪变性程度；人参皂苷通过降低受损肝脏中谷草转氨酶和谷丙转氨酶活性，进而降低肝损伤。从构效关系看，天然及合成的齐墩果酸及常春藤的双糖链糖苷均有显著的护肝作用，但单糖苷则无活性，只有在苷元的 C3、C28 位均接有糖时才会产生活性。

5. 抗炎作用

三萜类化合物在抗炎方面具有良好的抗炎活性，相关作用机制主要包括：调节细胞因子、降低氧化应激、影响花生四烯酸代谢过程等。羽扇豆烷型五环三萜能够调节炎症反应期间机体产生的炎症因子，从而发挥抗炎作用。羽扇豆醇可以减轻葡聚糖硫酸钠诱导的结肠炎；桦木酸可以上调抗炎因子 IL-10 水平。金银花中分离得到的新三萜皂苷忍冬苦苷能有效抑制炎症引起的耳部肿胀，效果甚至优于阿司匹林；山茶科植物分离得到的茶叶皂苷具有抗过敏活性，以剂量依赖式抑制动物支气管痉挛和被动皮肤过敏反应。

6. 抗病毒作用

在抗艾滋病毒（HIV）的研究中也发现三萜类化合物具有很好的效果。豆科植物甘草中的甘草甜素具有体外抗 HIV-1 的活性，其硫酸盐衍生物能够很好地抑制 HIV-1 逆转录酶活性；从桔梗的根中分离到的三个新三萜皂苷能有效抑制 1 型单纯疱疹病毒（HSV-1）、呼吸道合胞病毒（respiratory syncytial virus，RSV）和流感病毒（influenza A virus，Flu A），发挥抗病毒作用；人参皂苷 Rg3、Rb3 对 HSV-1 有明显的抑制作用，通过阻止病毒吸附于易感细胞或进入细胞内部，达到抑制或杀伤病毒之效；甘草次酸不仅能抑制病毒复制，且在病毒复制早期抑制病毒吸附和侵入宿主细胞，从而能有效保护宿主细胞免受病毒感染；甘草酸及其盐（甘草甜素）可通过改变宿主细胞膜的通透性、抑制病毒的唾液酸化作用两条途径发挥抗肝炎病毒作用。此外，三萜类化合物对疱疹病毒、SARS 冠状病毒、流感病毒等也具有较好抑制作用，是一种广谱的抗病毒功能因子。

7. 心血管疾病防治作用

心血管系统疾病对人类健康的危害不言而喻，许多皂苷类化合物具有降低胆固醇、抗心肌缺氧、抗心律失常及毛细管血管保护作用。大豆皂苷能显著抑制高脂饮食大鼠血清中甘油三酯、总胆固醇、低密度和极低密度胆固醇含量的升高，显示出良好的降血脂功能；三萜类化合物能与肠腔内的胆固醇形成复合体，可减少胆固醇的吸收率；大豆皂苷可抑制血清中脂类氧化物及过氧化脂质生成，降低胆固醇活性；三七皂苷对心肌缺血和再灌注损伤具有明显的保护作用；人参皂苷 Rg1 可以刺激心肌梗死区的血管生成和侧支循环建立；从三七中分离得到的人参三醇对冠状动脉结扎诱发的缺血再灌注心律失常具有对抗作用；黄芪皂苷能够显著改善心肌收缩性，减少冠脉血流，对心肌功能具有保护作用；一些薯蓣皂苷可减少心绞痛，调节新陈代谢。

8. 其他作用

三萜类化合物如甘草次酸具有促肾上腺皮质激素样活性；人参和三七中的原人参醇、三萜皂苷等具有良好的抗疲劳、抗缺氧等功效；从积雪草中分离出的积雪草苷具有促进伤口愈合等作用；大豆皂苷、苦瓜皂苷能降低糖尿病患者空腹血糖和抑制糖耐量实验后机体血糖的持续升高，表现出良好的降血糖作用。

四、生物碱化合物

生物碱（alkaloids）一般是指植物中的含氮有机化合物但不包括蛋白质、肽类、氨基酸及 B 族维生素。植物是生物碱的一大重要来源，此外人们从海洋生物、微生物、真菌及昆虫的代谢产物中也发现了不少含氮化合物（又称生物碱）。因此，从广义上来说，生物界所有含氮的有机化合物都可以称为生物碱。作为天然有机化合物中最大的一类化合物，各类生物碱的结构千差万别，变幻无穷，至今已有超过 4000 种生物碱及结构被报道。生物碱在植物中的分布较广，其中双子叶植物的豆科、茄科、防己科、罂粟科、毛茛科和小檗科等科属含的生物碱较多。

生物碱是科学家研究最早的一类生物活性物质，早在 17 世纪初《白猿经》中便记载从乌头中提炼出砂糖样毒物做箭毒用，现代经验分析其为乌头碱。来源于中草药或食药两用植物中的生物碱大多具有活性，例如阿片中的镇痛成分吗啡，荷叶中的减肥成分荷叶碱，桑叶中的降糖、抗炎成分多羟基生物碱（荞麦碱、去甲莨菪碱等），辣椒中调节脂质过氧化、心肌保护、提高免疫力的辣椒素，麻黄的抗哮喘成分麻黄碱，长春花的抗癌成分长春新碱，黄连中抗菌消炎成分黄连素等。生物碱能与酸结合形成盐而溶于水，易被体内吸收，它们又大多具有复杂的化学性。科学家们在阐明化学结构的同时，研究它们的结构和功效关系，同时进行结构改造，寻求活性更高、结构更为简单的且易于大量生产的新型生物碱化合物。

由于生物碱包括了大多数天然有机物中的含氮化合物，其结构千差万别，总体来说可以分为有机胺类、喹啉类生物碱、异喹啉类生物碱、吡咯烷类生物碱、吲哚类生物碱等。有机胺类是氮原子不结合在环内的一类生物碱，如麻黄碱、秋水仙碱、益母草碱等；异喹啉类生物碱最简单的为鹿尾草（*Salsola richteri* Kar.）中的降血压成分鹿尾草碱和鹿尾草定，还有莲子心中的莲心碱、黄连中的抗菌成分小檗碱等；喹啉类生物碱包括茵芋（*Skimmia reevesiana* Fort.）叶中所含的茵芋碱，白鲜（*Dictamnus dasycarpus* Turcz.）根所含的白鲜碱，其他如奎宁、喜树碱均属于喹啉类生物碱；从古柯（*Erythoxylon coca* Lam.）植物中分离出的古豆碱、从新疆党参［*Codonopsis clematidea*（Schrenk）Clarke］中分离的党参碱等，以及简单的吡咯衍生物、吡咯里西啶衍生物和吲哚里西啶衍生物等是比较简单的吡咯烷类生物碱。此外，其他结构生物碱如吡啶酮类石杉碱和石杉碱甲、吖啶酮衍生物山油柑碱等也有较多研究报道。生物碱化合物的主要作用如下。

1. 抗氧化、抗衰老作用

荷叶生物碱可以提高脑组织的抗氧化能力，有助于防止脑缺氧损伤发生；也能延缓衰老和延长寿命，发挥抗衰老作用。异莲心碱、莲心碱及甲基莲心碱作为莲子心提取物的主要活性成分具有良好的抗氧化活性，体现在氧自由基减少、乳酸脱氢酶释放减少、脂质过氧化抑制以及谷胱甘肽活性增加，且效果具有剂量依赖性。槟榔碱能显著提高机体抗氧化酶活力，对 H_2O_2 造成的肺氧化损伤具有很好改善。此外，香菇总生物碱、蕨麻总生物碱也被报道具有较强的自由基清除活性。

2. 降脂作用

生物碱类化合物减肥降脂的途径一般包括：①抑制外源性脂质的吸收，主要是减少肠道对外源性胆固醇的吸收；②抑制内源性脂质的合成，主要为抑制胆固醇的生物合成；③促进体内脂质的转运和排泄；④调节体内脂质代谢，促进脂质的分解与消除。此外，生物碱还能通过调节神经内分泌系统来控制机体进食量和基础代谢率。咖啡碱通过刺激交感神经系统来降低食欲、提高基础代谢率和机体产热的作用，进而发挥促进脂质代谢的作用。辣椒素可通过腹部迷走神经来阻止代谢减退并增加饱食感，减少食物摄入从而达到减轻体重的效果。

3. 抑菌、抗病毒作用

研究表明，生物碱对流感病毒、乙型/丙型肝炎病毒、单纯疱疹病毒、艾滋病毒、寨卡病毒、柯萨奇病毒和烟草花叶病毒等均具有显著抑制作用。石斛碱可通过抑制流感病毒核糖核蛋白复合物活性而阻遏其复制和转录。生物碱对细菌和真菌也具有良好抑制效果。抑菌圈实验证明辣椒素对微球菌、芽孢杆菌、大肠杆菌、假单胞菌和柠檬酸杆菌均有较强的抑制活性，对泌尿系感染的肺炎克雷伯菌、铜绿假单胞菌、大肠杆菌等也具有杀伤作用。骆驼蓬生物碱与传统抗生素的抗菌作用相当，且副作用较小，同时对黄曲霉、烟曲霉、黑曲霉和白色念珠菌等真菌也有抑制作用。

4. 心血管疾病防治作用

莲心碱和异莲心碱对心血管疾病防治作用包括抗心律失常、抗高血压及心室肥厚、抗血小板聚集等。咖啡碱能通过提高细胞内钙离子浓度来改善静息状态下的内皮细胞功能，引起血管舒张，从而降低心血管疾病的风险。长期低剂量摄取辣椒素类物质可显著降低血清中低密度脂蛋白胆固醇（LDL-C）含量和总胆固醇（TC）水平，且与绿茶联合使用效果更佳。小檗碱、黄连碱均可明显降低血清 TC 和 LDL-C 含量，减轻高脂饮食动物体重，显著减少血管粥样硬化病变，降低肝脏系数等。

5. 镇痛、消炎作用

槟榔碱对福尔马林诱发的疼痛及前列腺素 E、花生四烯酸诱发的水肿分别起镇痛、抗炎的作用。茶碱可通过抑制磷酸二酯酶和神经肽的释放发挥抗炎作用，也可上调相关蛋白表达，对肺气肿小鼠模型的骨骼肌具有抗炎作用。低剂量茶碱还能一定程度上增强糖皮质类激素的抗炎作用，有效降低炎性细胞水平，抑制炎性细胞的活化和聚集。从骆驼蓬中提取的生物碱通过中枢和外周神经介质发挥镇痛作用，且具有剂量依赖性，相关作用机制可能与阿片受体有关，早期能被纳洛酮所拮抗。

6. 抗肿瘤作用

生物碱的抗肿瘤机理一般有：诱导肿瘤细胞凋亡、调控细胞周期来控制肿瘤细胞的增殖扩散、抑制肿瘤细胞受体信号通路、增加细胞内 ROS 水平等。铁棒锤生物碱可上调肿瘤细胞中促凋亡基因的表达发挥强效的抗肿瘤作用。莲心碱和异莲心碱能显著提高肿瘤细胞自噬能力。秋水仙碱对乳腺癌细胞 MCF-7 的抑制作用随药物浓度增加和暴露时间延长而逐渐加强，同时对皮肤癌、宫颈癌、慢性白血病和何杰金氏病等的防治也具有良好的应用前景。

7. 对神经系统的影响

怀孕期间长期摄入咖啡碱能增强后代的运动能力和空间记忆形成能力，同时，咖啡碱可缓解由于年龄增长导致的记忆力下降及健忘症，且摄入剂量与患阿尔茨海默病、帕金森病和老年痴呆的风险成反比。苦茶碱具有镇静催眠活性。石杉碱甲是迄今为止天然产物中发现的最强效的乙酰胆碱酯酶抑制剂，具有促进和改善多种实验性记忆障碍的作用。同时，对促智、改善记忆和老年人行为能力方面均有一定效果。

8. 免疫调节作用

茶碱促进体液免疫和细胞免疫作用，也能逆转化学诱导造成的运动障碍，发挥免疫调节作用。槐果碱能增强血清溶菌酶活性，氧化苦参碱能升高白细胞和提高吞噬功能并提高淋巴细胞的免疫功能。木兰花碱能够提升脂多糖刺激下巨噬细胞（U937 细胞）的免疫功能。异喹啉类生物碱还能通过促进或抑制树突状细胞、巨噬细胞、肥大细胞、淋巴细胞等的活化或分化，调节炎症反应等途径，发挥免疫调节和抗炎效应。

9. 其他作用

槟榔碱是一种广谱的驱虫药，它能有效的抑制或者杀灭体内的绦虫、血吸虫、蛔虫、球虫等肠道型的寄生虫，并且作用机制主要是麻痹作用，且对神经无损伤。苦茶碱可以改善小鼠肝脏脂肪化的状态，抑制肝脏甘油三酯的积累，从而改善高脂饮食引起小鼠的肝损伤。槐果碱能改善大鼠肝组织炎症反应、脂肪变性和纤维化程度，发挥保肝护肝功效。

虽然生物碱功能活性较好且应用前景广阔，但许多生物碱也具有生物毒性。乌头类生物碱药性剧烈，乌头碱对中枢神经有强烈兴奋作用，直接作用于心肌，先兴奋后抑制，用量过大可导致心肌麻痹而死亡。毒芹碱的毒性是以运动神经末梢麻痹和脊髓麻痹为主，表现为虚弱无力，昏昏欲睡，呼吸弱且慢，最后因呼吸停止而死亡。毒蝇碱是毒蘑菇的重要成分，是使食用者出现幻觉甚至导致残废的神经毒素，中毒者有多涎、流泪和多汗症状，紧接着呕吐和腹泻、脉搏降低、不规律，但少见死亡。因此，使用生物碱防治疾病时要充分权衡利弊，控制好生物碱使用量十分重要。

五、类胡萝卜素

类胡萝卜素（carotenoids）是自然界中第二丰富的天然色素，已知的成员超过 700 种，主要分为胡萝卜素（不含氧）（carotenes）和含氧叶黄素（xanthophylls），最初分别从胡萝卜根和秋天的叶片中分离得到。类胡萝卜素绝大多是以异戊二烯为基本结构组成的含 40 个碳原子的化合物，属于类萜化合物，每种类胡萝卜素的特性由其环状烃和含氧官能团的种类决定。例如，类胡萝卜素的颜色与共轭双键的数目有关，会随着其数目的增多颜色更深，更加趋向于红色。大多数类胡萝卜素不溶于水，易溶于油脂等低极性溶剂。类胡萝卜素耐酸碱，在锌、铜、铁、锡等离子存在下稳定性较好，但因其含有许多不饱和双键，对光、热和氧较为敏感。

类胡萝卜素来源广泛，主要在高等光合植物的叶绿体中合成，对植物生命过程有着至关重要的作用。例如，胡萝卜、番茄、沙棘、玉米、枸杞等高等植物中富含类胡萝卜素；盐藻、雨生红球藻等微藻中也能累积大量的 β-胡萝卜素、虾青素等。此外，瑞士乳杆菌、球形红杆菌、粘红酵母、三孢布拉霉菌、布拉克须霉菌等原生生物中也有丰富的类胡萝卜素。具有代表性的类胡萝卜素有番茄红素（lycopene）、叶黄素（lutein）、虾青素（astaxanthin）、β-胡萝卜素（β-carotene）、玉米黄质（zeaxanthin）、β-隐黄质（β-cryptoxanthin）等。类胡萝卜素的主要作用如下。

1. 抗氧化作用

类胡萝卜素因存在较多共轭双键，是国际公认的功能性抗氧化剂，能有效促灭单线态氧、清除多种自由基，在细胞中与细胞膜中的脂类相结合而减少脂类氧化，维持细胞膜稳定。类胡萝卜素作为一种脂溶性色素，能够存在于机体的多个组织器官中，发挥与抗氧化和自由基清除相关的功能如延缓衰老、降低辐射伤害、减少自由基对遗传物质（DNA、RNA）和细胞膜的氧化损伤等。此外，不同类胡萝卜素的抗氧化强弱方面有很大差异，不同种类的类胡萝卜素以一定浓度配比组合后，其在抗氧化方面还具有协同作用。例如，虾青素和 β-胡萝卜素浓度比为 1∶1 时，其协同抗氧化作用最强；玉米黄质和叶黄素质量比为 2∶1 时，其协同抗氧化作用最强。

2. 调节血脂代谢作用

血脂代谢异常是心血管疾病的主要危险因素之一，主要体现在总胆固醇（TC）和低密度脂蛋白胆固醇（LDL-C）、甘油三酯（TG）升高或高密度脂蛋白胆固醇（HDL-C）降低等。血脂代谢异常不仅可以直接引起内皮细胞功能障碍，也可使内皮细胞通透性增加，长期的高血脂会加速全身动脉粥样硬化，进而引发冠心病、心肌梗死、中风等严重危及生命的心血管疾病。三年人群追踪试验发现，增加叶黄素膳食摄入可预防早期动脉粥样硬化，动物实验也得到类似结果。

3. 降脂作用

叶黄素、玉米黄质和虾青素能缓解 FFAs 诱导的脂肪积累和氧化损伤。岩藻黄素对肝细胞炎症和高脂饮食引起的脂肪肝变性有一定的改善作用，同时能降低血清中 FFAs 含量。随着我国肥胖人口以及非酒精性脂肪肝疾病患者的增加，对叶黄素、玉米黄质和虾青素等类胡萝卜素的降脂作用研究具有重要意义。

4. 抗炎作用

类胡萝卜素可以减少巨噬细胞分泌促炎因子而发挥抗炎作用。虾青素直接抑制哮喘炎性细胞浸润、黏液生成、肺纤维化以及减少炎症细胞因子生成，对冠心病患者具有抗炎性反应作用；叶黄素、虾青素、β-胡萝卜素等能减缓脂多糖诱导的体内及体外炎性反应，具有剂量依赖性抗炎作用。玉米黄素通过抗炎机理缓解酒精性脂肪肝损伤。

5. 抗肿瘤作用

类胡萝卜素可加强细胞缝隙间连接和交流能力，从而抑制或减少肿瘤发生。流行病学研究表明，番茄红素等类胡萝卜素能抑制前列腺癌细胞的增殖，同时诱导癌细胞凋亡和转移能力下降，对老年性前列腺癌具有良好预防作用。叶黄素能明显抑制人肺癌细胞 H1975 增殖及转移。水溶性类胡萝卜素西红花苷被证实具有多种抗肿瘤生物活性，相关作用机制主要有抑制肿瘤细胞增殖、促进肿瘤细胞凋亡、逆转多药耐药、诱导细胞自噬、诱导细胞周期阻滞、抑制血管新生、抑制肿瘤侵袭和转移等。从菠菜中分离的 β-胡萝卜素被证明能降低乳腺癌细胞 MCF-7 的活力，且两者具有剂量依赖关系。

6. 免疫调节作用

免疫系统通过细胞免疫和体液免疫在机体内起着免疫监视、防御和调控的作用。虾青素可增强免疫细胞 Th1 和 Th2 的特异性免疫反应，增加自然杀伤细胞的数目，以消除机体内被感染的细胞。叶黄素可以调控机体的系统炎症应答指标，如调解细胞炎症因子水平，促进淋巴细胞增殖，从而提高机体免疫力。β-胡萝卜素能提高机体免疫球蛋白 IgA、IgG 和 IgM 的含量。此外，还有些类胡萝卜素能增强 B 淋巴细胞的活力，增强体液免疫，提高血清补体活性，刺激分泌 IgM 和 IgG 等免疫球蛋白的细胞数量增加，增强机体脾淋巴细胞功能和特异性体液免疫反应。

7. 视力保护作用

保护视力是许多类胡萝卜素如 β-胡萝卜素、叶黄素、玉米黄质等的最重要活性之一。一般来说，只有不到 10% 的 β-胡萝卜素可以在人体内转化成为维生素 A（视黄醇），理论上一分子的 β-胡萝卜素可以得到两分子维生素 A，故 β-胡萝卜素又称维生素 A 原。而众所周知，缺乏维生素 A 会导致夜盲症、干眼症、角膜炎甚至失明，所以 β-胡萝卜素对上述症状具有明显消除或缓解作用，且能够避免因服用维生素 A 剂量过大造成中毒，是维生素 A 最安全的来源。叶黄素和玉米黄质是人类角膜中黄斑色素的重要成分，其能够保护视网膜免受蓝光损伤，提高视觉灵敏度。蓝山眼科研究和鹿特丹研究中心的数据表明，在具有高遗传风险的人群中，高剂量摄入叶黄素和玉米黄质能降低 20% 以上早期老年性黄斑变性的风险。在糖尿病视网膜病变防治方面，细胞凋亡和氧化应激是病变发生的主要机制，而类胡萝卜素可以通过降低胰岛素和游离脂肪酸的水平并增加抗氧化酶活性来改善氧化应激，通过加强神经保护作用和减轻炎症来缓解糖尿病视网膜病变。此外，叶黄素和玉米黄素等类胡萝卜素对白内障的预防也有一定的效果。

8. 其他功能

叶黄素占婴儿大脑中类胡萝卜素的一半以上，提示类胡萝卜素是婴儿神经发育的重要功能因子，儿童对叶黄素和玉米黄质摄入量已被证明与数学、书面语言、记忆力以及控制力等认知能力呈正比。有研究发现中国人群血清类胡萝卜素与骨骼健康有良好的关联，特别是在女性中，例如摄入高剂量 β-隐黄素与人体骨质疏松症风险降低显著相关，这主要因为 β-隐黄素能促进成骨细胞增殖与矿物质化，同时诱导破骨细胞凋亡与抑制其重吸收，从而调节骨质疏松的症状。类胡萝卜素也是一种很好的着色剂，作为一种油溶性色素，根据其颜色各异，具有很好的着色功能能力。例如，让产蛋畜禽摄入类胡萝卜素，使之沉淀于卵黄中，可以提高蛋的品质；人体大量摄入隐黄素会导致皮肤泛黄，特别是手和耳朵部位的皮肤，这被称为表皮黄变症，但对健康无影响。此外，类胡萝卜素还具有养颜和促进儿童生长发育，降低血脂、血压、血糖，增强机体抗病能力等功能。

六、有机硫化物

有机硫化物是指分子结构中含硫的一类植物化学素。一些具有臭味的植物，如大蒜、葱、韭菜、芥子等以及许多中草药中都有含硫化合物。许多十字花科植物如萝卜、荠菜、松兰（其根称板蓝根）等也都含硫，因而有些异味。大量流行病学研究表明，含硫化合物具有一系列的生理活性功能，其中最为突出的是抗癌和抑菌活性。

大蒜是重要保健类食品，美国国家癌症研究所评出的最具癌症预防作用食物中，大蒜列于首位，这与大蒜中丰富的含硫化合物密不可分，它们具有显著的抗癌、抗炎症、抗原虫、抗菌及预防心血管疾病等生理功能。大蒜中的含硫化合物不稳定，容易产生各种分解产物及聚合物。大蒜本身并无臭味，但在粉碎与加工过程中产生酸辣素具有臭味。大蒜素是大蒜的主要抗菌成分，一般认为大蒜素产生的过程是大蒜粉碎后其所含不稳定的蒜氨酸或 S-烯丙基半胱氨酸亚砜经蒜酶分解成烯丙次磺酸，再进一步生成烯丙亚磺酸与烯丙硫醇，再继续失水后生成具有臭辣味的大蒜素。我国科学家发现，大蒜中抗真菌成分为大蒜新素（二烯丙基三硫），是一种较稳定的硫化物，已广泛应用于防治白色念珠菌、隐球菌等真菌疾病和呼吸道感染、消化道感染、脑膜炎等细菌性疾病。另一种通过微波或柠檬酸调节生产的无臭大蒜，除臭完全，但有些成分保留率高，也逐渐应用于工业化生产。

其他葱属食物如大葱、洋葱、韭菜等，在完整无破碎细胞之前，活性成分的前体物质还未转化生成具有该风味的物质，大多不具有浓烈的辛辣风味。目前已从葱属类植物提取物中检测到几十种有机硫化物，包括硫醇、硫酚、硫醚、噻吩、亚砜、砜、磺酸等物质，这些物质在某些条件下可以互相转化，具有预防心血管疾病、抗氧化、抗肿瘤、抗菌、改善糖代谢作用、防肠胃疾病等作用。

西蓝花、甘蓝、中国大白菜、芜菁和卷心菜等十字花科植物来源的异硫氰酸酯类化合物是硫代葡萄糖苷的酶解产物，当植物细胞被咀嚼或破坏，硫代葡萄糖苷被葡萄糖苷酶（芥子酶）降解，生成大量的异硫氰酸酯类化合物（硫氰酸盐、硫氰酸脂和腈类等），对多种肿瘤如肺癌、乳腺癌、直肠癌等实体肿瘤和血液肿瘤等具有明显抑制活性。此外，异硫氰酸酯类化合物对多种病原体、细菌、真菌都具有毒害作用，比如吲哚类硫苷及其降解产物与十字花科植物中危害最大的真菌性病害根肿病的发育有关。

第三节　植物化学素的获取方法

自然界中植物种类繁多，不仅为人类提供了广泛的食物来源，也是人类获取药物和其他多种有价值产品的一个重要来源。抗疟疾青蒿素及抗肿瘤紫杉醇等的发现使人们对植物化学素的研究日益关注。目前，许多功能性食品研究机构及制药公司都开发了多种新的功能因子挖掘模型系统和提取分离技术手段。同时，液相色谱-质谱联用、液相色谱与核磁共振技术的发展为植物化学素的快速发现和鉴定提供了便利。在进行植物化学素提取分离之前，应重视所用植物原料的品种鉴定及来源，这对选择适当的提取分离方法及新的功能因子挖掘会带来重要启示。

功能性食品中所用到的植物化学素形式有植物粗提物或纯度较高的功能性植物化学素，有时一些目标化合物在粗提物中含量很低或性质不稳定，因而选择恰当的提取分离方法十分重要。传统的植物化学素提取方法主要依靠经典的溶剂法，这些方法虽然简便，但效率低，且对微量成分性质相类似成分和不易结晶成分的进一步分离往往存在困难。如今，新的提取、分离技术及色谱仪器的使用，使提取分离效率得到了很大提升。

一、植物化学素的提取

天然植物中含有多种有效而又复杂的化学成分，这些成分可分为有机酸、挥发油、香豆素、甾体类、苷类、生物碱、糖类、植物色素等。提取是进行植物化学素研究的第一步，一般需要根据植物中有效成分在不同条件下的存在状态、形状、溶解性等物理和化学性质来选择适当的提取方法，不仅可以保证所需成分被提取出来，还可尽量避免杂质的干扰，简化后续的分离工作。有时只经过一步提取即可获得植物中的单体成分，因此，植物成分的提取和后续的分离工作密切相关。下面介绍几种提取方法。

1. 溶剂提取法

实验室传统的溶剂提取法（solvent extraction）包括浸渍法、渗漉法、煎煮法、回流提取法及连续回流提取法等。用浸渍法提取植物成分是可以采用极性依次增大的溶剂提取，如国外一些植物化学素研究实验室依次采用二氯甲烷、甲醇及水，在室温下对植物化学素进行提取。渗漉法是目前国内外采用比较普遍的方法，效率较浸渍法高，且可以用于提取较大量的植物原料。根据需要可以采用单一溶剂进行渗漉，也可以使用几种溶剂依次进行渗漉。浸渍法和渗漉法一般提取温度较低，提取物中所含杂质较少。

与上述两种方法相比，煎煮法、回流提取法及连续回流提取法是在较高温度下对植物化学素进行提取，提取效率更高，但杂质也相对较多。连续回流提取法还具有操作简单、节省溶剂的特点，在不了解植物所含成分稳定与否情况下，一般应避免使用高沸点溶剂的煎煮法和回流提取法，以防植物所含成分发生降解或转化。

水是成本最低的提取溶剂，且安全性高，故一些商品化的植物化学素如甘草酸、芸香苷、牡荆苷等在提取纯化过程中采用水为提取溶剂，但存在提取液杂质（如无机盐、蛋白质、多糖等）较多、导致进一步分离困难等问题。植物中的大多数成分都可以用有机溶剂来提取，有时遇到植物中所含成分较为简单或某一成分含量较高时，可根据其极性大小或溶解性能选择一种适当的溶剂把目标成分提取出来，杂质留在植物残渣中。其中，乙醇是植物化学素提取最常用的有机溶剂，具有低毒、价廉、沸点适中、便于回收利用等特点，且对植物细胞的穿透能力强。除了蛋白质、黏液质、果胶、淀粉和部分多糖外，大多数有机化合物都能在乙醇中溶解。

2. 超声波提取法

超声波提取法（ultrasonic extraction）是利用超声波振动作用来强化提取植物中的有效成分，超声波是频率高于20kHz的声波，在提取中会产生空化效应、热效应、机械效应和化学效应等。特定的超声作用可使植物中有效成分快速地溶解在溶剂中，且不受成分极性、分子质量大小的限制，适用于多种天然植物化学素的提取，如生物碱、萜类化合物、甾体类化合物、黄酮化合物、糖类化合物、脂质和挥发油等；另一方面超声波振动可加速分子运动，使得溶剂和植物中的有效成分快速混合，与传统萃取方式相比，超声波萃取技术用时短、适用性广、效率高。研究者采用超声波辅助提取法对水飞蓟素进行提取研究发现，获得的水飞蓟素得率约为传统浸渍法提取效果的6倍，且水飞蓟素中的6个主要化合物含量也明显提高。此外，根据影响提取率的参数如提取时间、料液比、超声频率等设计单因素实验、响应面实验等进行提取参数优化，可以获得更高的提取率。

近年来，有研究者指出超声波辅助提取的频率和功率可能会对一些活性化合物产生影响，这可能与低频率提取过程中产生的自由基有关，但当以甲醇为溶剂时可以削弱自由基的产生。超声能量过高会使提取液局部高温和高压，也不利于有效成分的提取。还有研究报道超声浸取技术并不总是比传统浸取技术优越。

3. 超临界流体萃取法

超临界流体萃取法（supercritical fluid extraction）是20世纪60年代兴起的一种新型提取分离技术，该技术所用的萃取剂是超临界流体。利用流体（溶剂）在其临界点附近的某一区域内，与待分离混合物中的溶质具有异常相平衡行为和传递性能而进行的萃取过程称为超临界流体萃取法。许多超临界流体具有较好的扩散性能，与液体相比具有更低的黏度和更高的扩散速度，使其适合于对植物化学素的提取。该方法提取速度快，通过改变压力及加入改性溶剂，可以调整溶剂的溶出能力；选择适当的温度与压力，能提高提取的选择性能，并获得更纯净的提取物。而且该方法无需使用大量的有机溶剂，更加的安全、环保。超临界流体萃取法尤其适用于对热及化学不稳定的化合物的提取，以及从混合物中提取低极性的组分。CO_2 具有适中的临界条件、无毒、无燃爆危险等诸多优点，成为最常用的超临界流体。CO_2 超临界流体提取的另外一个优点在于即使不加改性溶剂时植物叶片中大量叶绿素也不会被提取出来。

利用 CO_2 超临界流体萃取法获得的天然植物化学素的种类日益增多，植物中的一些生物碱类、类胡萝卜素、萜类等化合物因其极性小，可以通过超临界 CO_2 得到有效提取；啤酒花中酒花浸膏的提取，烟草中烟碱的脱除，天然物质中香料、精油、色素等的提取和纯化，植物籽中籽油的提取和纯化等非极性或弱极性的植物化学素多数也可采用超临界 CO_2 法进行获取。但当目标物极性较大时，可通过加入乙醇、丙酮和水等极性物质（也称改性溶剂）来改善超临界 CO_2 萃取效果。有研究者将非离子表面活性剂和水添加到超临界 CO_2 体系中，可形成胶束，胶束核心可作为大分子强极性化合物的溶解介质，憎水部分则溶于超临界 CO_2 中。这些研究把超临界流体萃取技术的应用领域扩展到水溶液体系，为超临界流体提取天然植物中极性化合物提供了可借鉴的方法。

近年来，超临界流体萃取技术已广泛应用于制药、食品、饲料、化妆品等领域的天然植物化学素的萃取中，但超临界设备投资较大，适合作超临界流体的溶剂不多，比较成熟的是用 CO_2 作溶剂，这在一定程度上也会限制超临界流体萃取技术的应用范围。

4. 微波辅助提取法

微波是频率为 $0.3 \sim 300 GHz$ 的电磁波，具有波动性、高频性、热特性和非热特性四大基本特性，可以选择性地作用于可吸收微波的极性分子（如 H_2O 等），使分子在微波电磁场中极为快速地转向及定向排列而发热。微波直接可作用于被加热物质，因而加热具有选择性、直接性和快速均匀性，保证了能量的充分利用。在微波辅助提取法（microwave assisted extraction）中，热量传递和质量传递的方向是一致的，这两种作用同时加速了提取过程，从而提高提取效率。微波辅助提取法一般分为无溶剂提取法（一般适用于不稳定化合物）和有溶剂提取法（一般适用于稳定化合物）。

目前微波辅助提取大多应用于水提、醇提等项目中，微波萃取主要有以下基本特点：①微波提取物纯度高，可采用水、醇、酯等常用溶剂进行提取，适用范围广；②溶剂量少（比常规法少50%~90%）；③由于微波采取穿透式加热，大大缩短了提取时间。微波提取设备可在几十分钟内完成常规的多功能萃取罐 8.0h 的提取工作，节省了高达 90% 的时间；④微波能有超强的提取能力，同样的原料在微波场下仅一次就可提净，而常规法则需多次才可提净，简化了工艺流程；⑤微波萃取更易于控制，能够实现即时停止和加热。有研究表明，与索氏提取法相比，采用 60% 乙醇溶液作为溶剂，通过微波辅助提取法获得的扁桃斑鸠菊叶提取物中总酚和总黄酮的含量更高，相应的也具有更好的抗氧化活性。

5. 动态逆流萃取法

动态逆流萃取法（dynamic countercurrent extraction）是将物料与溶剂从提取器的两端加入，在机械力与重力作用下，溶剂向物料内渗透，浓度变高的过程。目前，动态逆流提取设备主要有罐组式、螺旋推进式、平转式和拖链式等，为了更好地发挥连续动态逆流提取法的优势，超声波、微波的机械效应、空化效应、热效应等也被引入了此类设备中。表9-1列举了采用动态逆流提取技术在几种植物化学素提取中的应用。

表9-1 动态逆流提取技术在几种植物化学素提取中的应用

天然产物来源物	主要成分	分离特点
丹参（*Salvia miltiorrhiza* Bge.）	丹参素	与热回流提取相比，溶剂用量减少 3/4，提取率提高 19.4%
虎杖（*Polygonum cuspidatum*）	大黄素	与热回流、渗漉、索氏提取工艺相比，具有较高回收率、较少溶剂消耗等特点
刺五加叶（*Acanthopanax senticosus*）	多酚类	溶剂用量为传统的超声提取工艺的 2/5，提取时间为超声提取工艺的 1/6
花生豆芽（*Arachis hypogaea* Linn）	白藜芦醇	与单锅萃取相比，省时节能，用溶剂少，原料残留少

6. 水蒸气蒸馏法

水蒸气蒸馏法（steam distillation）适用于提取所有水蒸气蒸馏而不被破坏的植物成分。这些化合物与水不相溶或仅微溶，且在约 100℃ 时有一定的蒸气压，当水蒸气加热沸腾时，能将该物质一并随水蒸气带出，譬如植物中的挥发油、某些小分子生物碱如麻黄碱、烟碱、槟榔碱等及某些小分子的酸性物质单品分等均可以应用本法提取。对一些在水中溶解度较大的挥发性成分，可用低沸点非极性溶剂，如使用乙醚提提取出来。例如，将徐长卿 [*cynanchum paniculatum*（*bunge*）*kitagawa*] 加水浸泡，然后水蒸气蒸馏，蒸馏液用乙醚提取，醚提取液浓缩即析出丹皮酚结晶。

7. 固相提取法

固相提取法（solid phase extraction）有以下两种形式：①样品中的干扰性杂质被吸附住上，而所需的化合物被吸收下来；②需要的化合物被保留在柱上，而干扰性杂质被吸收出来。在上述第二种情况中，固相提取法可以起到浓缩的作用，通过更换溶剂可将所需的化合物从柱上洗脱下来。固相提取法很适用于自动化操作，尤其适用于需对大量样品进行常规纯化时。有研究者将番茄酱的石油醚提取物，通过一装有硅胶的短柱，并用石油醚进行洗脱，除番茄红素之外的类胡萝卜素化合物被洗脱下来。用氯仿可将番茄红素洗脱下来，经过进一步的半制备型高效液相色谱分离后得到纯品。

8. 酶辅助提取法

酶辅助提取法（enzyme assisted extraction）主要是利用生物酶对细胞壁的水解作用，促进植物胞内物质的溶出。也有采用生物酶预处理技术同其他物理化学预处理技术组合成协同体系，达到高效率降解细胞壁纤维素的效果。由于酶反应具有高度专一性，选择适当的酶水解这些细胞壁组分可以破坏细胞壁的结构增加细胞壁的通透性，从而加速植物细胞内成分（营养元素）向溶剂中扩散。酶反应提取是应用于植物有效成分提取的一种新技术，同时酶反应过程也不会对植物中的有效成分造成影响。酶处理过程中应考虑的因素有反应时间、反应温度、pH、粒径大小、酶的类型和浓度等。最应该注意的是酶反应的温度，由于酶的特性，温度过低，酶的反应速率过低而温度过高则会造成蛋白质变性使酶失活，通常，酶处理果蔬的

最佳反应温度在 $25 \sim 65℃$。有研究报道，采用果胶酶和纤维素酶的协同作用降解了千层金（*melaleuca bracteata* F. Muell.）的细胞壁，使其释放出植物精油，可将千层金精油得率从 0.91%（水蒸气蒸馏法）提高至 3.96%，解决了传统精油提取法产率低的不足。采用红曲霉菌发酵番石榴叶可有效促进植物细胞中结合性多酚的释放以及黄酮糖苷的水解，大大提高了总黄酮和总酚含量，同时使得有刺激性气味的植物醇和 β-石竹烯含量下降。将纤维素酶预处理的菠菜采用超声波提取，可显著提高菠菜中总黄酮的提取得率，比单一采用超声波辅助提取得率提高了 19.2%。

酶辅助提取法有以下优点：①生物酶辅助技术促进后续提取过程中提取效率的提高，对比直接提取，可以极大地缩短提取时间；②生物酶预处理过程条件温和，不存在或极少存在逆反应；③生物酶用量可以准确控制，并且反应过程专一性强，因此可以有序地控制整个预处理过程；④商业化生产的生物酶种类明确，作用机制清晰，可根据实际需求进行筛选、组合。因此，酶辅助提取法在醇、酯、黄酮等多种植物化学素的提取中都有应用（表9-2），将该技术与多种辅助提取手段结合可大大提高提取效率和目标成分得率。

表9-2　　　　　　　　　　　酶辅助提取技术在植物化学素提取中的应用

分类	来源	产物	酶	提取方法	提取得率
醇类	虎杖	白藜芦醇	纤维素酶和阿魏酸酯酶复合酶	溶剂提取	1.51%
	山葡萄渣	白藜芦醇	纤维素酶	超声波辅助	0.12%
醛类	肉桂	肉桂醛	纤维素酶	水提法	1.44%
	紫苏叶	紫苏醛	纤维素酶	溶剂提取	0.32%
酯类	银杏叶	银杏叶萜内酯	纤维素酶	溶剂提取	0.40%
	裙带菜	岩藻聚糖硫酸酯	复合纤维素酶	热水浸提	5.72%
皂苷	盾叶薯蓣	薯蓣皂苷	纤维素酶	溶剂提取	1.53%
	茶粕	茶皂苷	纤维素酶	溶剂提取	9.77%
	人参茎叶	总皂苷	漆酶、纤维素酶、甘露聚糖酶的复合酶	水提法	11.82%
	龙牙楤木	龙牙楤木皂苷	纤维素酶	水提法	3.97%
酚类	陈皮	总黄酮	纤维素酶	溶剂提取	4.13%
	苦瓜叶	总黄酮	纤维素酶和果胶酶的复合酶	溶剂提取	3.13%
	猴头菇	多酚	蛋白酶、纤维素酶和果胶酶的复合酶	溶剂提取	32.36%
	月桂叶	酚类化合物	纤维素酶、半纤维素酶、木聚糖酶的复合酶	溶剂提取	9.20%
生物碱	黄连	总生物碱	纤维素酶和果胶酶的复合酶	溶剂提取	85.36%
	马齿苋	总生物碱	纤维素酶	超声波辅助	0.36%

9. 高压均质技术

高压均质提取法（high-pressure homogeneous extraction，HPH）是一种非热加工技术，通过剪切、碰撞、空穴、湍流、加热等作用，可大大减小流体物料中颗粒粒径的大小。高压均质作为一种提取方法，主要利用剪切、高速撞击等综合效应使物料达到破壁的效果，极大地破碎植物细胞组织结构，加速了可溶物的扩散和渗透。此方法具有提取效率高、提取时间短、提取成分生物活性高等优点。均质压力、均质次数是对植物天然活性成分提取率和稳定性产生影响的关键因素。为提高 HPH 技术在提取天然活性成分方面的应用，还需开发新型的设备材料，以提高均质阀的抗压、耐腐蚀等性能。随着科技的进步和仪器设备的发展，高压均质技术将会在提取天然活性成分方面的应用更广泛。

10. 其他新型提取方法

植物化学素种类繁多、结构复杂不一。不断出现了许多新型提取方法，以期获得更高效、更环保的效果。例如，脉冲电场辅助提取法（pulsed electric field extraction）通过破坏细胞膜来促进胞内物质转移，有效缩短提取时间、提升提取效率；闪式提取法（flash extraction）通过高速机械剪刀和超分子渗滤技术，瞬间将植物破碎成细微颗粒，以促进组织内部成分溶出。闪式提取法又被称为组织破碎提取法，是通过高速机械剪刀和超分子渗滤技术，瞬间将药材破碎成细微颗粒，以促进组织内部成分的溶出。此外，将多种提取方法结合使用也是高效提取植物化学素的策略，克服了采用单一方法时的局限性。

二、植物化学素的分离

经不同提取方法得到的粗提物所含的化学成分往往比较复杂，在功能性食品开发中往往还需要经过进一步的分离纯化。针对粗提物中目标成分和其他杂质的物理或化学性质的差异，所有的分离方法也有差异，主要分为经典分离方法、色谱法、分子印迹技术等。

（一）经典分离方法

所谓的经典分离方法是从早期迄今一直被采用的方法，这些方法一般操作比较简单且无需复杂、昂贵的仪器，如溶剂法、分馏法、沉淀法、膜分离法、结晶法等。

1. 溶剂法

植物化学素结构千差万别，分子结构中极性基团多少及取代位置决定了其在不同溶剂中的溶解性。根据有机物相似相溶特性，即极性化合物与极性溶剂互溶，非极性化合物与非极性溶剂互溶，一般来说，化合物都易溶于同类分子或官能团相似的溶剂中。常用溶剂的极性大小顺序为：石油醚（低沸点<高沸点）<四氯化碳<二氯乙烷<苯<二氯甲烷<氯仿<乙醚<乙酸乙酯<丙酮<乙醇<甲醇<水。采用溶剂法可以快速分配不同极性的化合物组分，除去大量不需要的杂质。例如，在提取分离皂苷类植物成分时，经乙醇提取、浓缩后的溶液，依次采用由低极性有机试剂到高极性有机试剂进行萃取，即首先采用氯仿萃取，然后采用乙酸乙酯萃取，去除低极性杂质，最后采用正丁醇萃取，可使皂苷类成分富集于正丁醇部位，从而达到初步纯化效果。在分离生物碱类成分时，在调节水相 pH 后，利用有机溶剂进行萃取，可使生物碱类成分得到富集，进而使强碱性生物碱与弱碱性生物碱得到初步分离。

2. 分馏法

根据提取成分的沸点不同这一性质，可使用分馏法（fractionation）对植物化学素进行分离。例如，在分离石榴皮中的伪石榴皮碱、异石榴皮碱和甲基异石榴皮碱时，均可采用减压分馏法对目标物对行初步分离，然后再进行纯化精制。

3. 沉淀法

沉淀法（precipitation）是利用有机物的溶解性或与某些试剂产生沉淀的性质，实现植物化学素的初步分离。对所分离成分来讲，往往这种沉淀反应是可逆的。中性乙酸铅或碱性乙酸在水或稀溶剂中能与许多物质生成难溶的铅酸盐或络合盐沉淀，然后，再采用硫化氢气体、硫酸及钠盐、磷酸及钠盐等脱铅剂将铅沉淀物分解，达到使所需成分与杂质分离的效果。几种实验室常用的沉淀剂见表9-3。合适的沉淀剂应具备下述条件：①能获得溶解度小的沉淀。②沉淀剂应易挥发或易分解。③沉淀剂本身的溶解度要尽可能大，以减少沉淀对它的吸附。④沉淀剂应有良好的选择性。例如，在分离油茶皂苷时，将油茶饼用乙醇提取，醇提液减压浓缩，残渣加乙醚脱脂，不溶物再溶于乙醇中加乙醚使其皂苷析出，沉淀物溶于乙醇，加胆固醇的乙醇溶液沉淀，过滤，沉淀干燥后置于索氏提取器中，用苯回流，不溶物即为皂苷，苯液浓缩后可回收胆固醇。

表9-3　　　　　　　　　　　几种实验室常用的沉淀剂

常用的沉淀剂	目标化合物
中性乙酸铅	酸性、邻位酚羟基化合物、有机酸、蛋白质、黏液质、鞣质、树脂、酸性皂苷、部分黄酮苷
碱式乙酸铅	除上述物质外，还可沉淀某些苷类、生物碱等碱性物质
明矾	黄芩苷
雷氏铵盐	生物碱
碘化钾	季铵生物碱
咖啡碱、明胶、蛋白	鞣质
胆固醇	皂苷
苦味酸、苦酮酸	生物碱
氯化钙、石灰	有机酸
乙醇、丙酮、乙醚	多糖、蛋白质

4. 膜分离法

膜分离法（membrane filtration）具有高效、绿色环保、节能、容易控制、过程简单等特点。其原理是利用混合物中化合物分子大小不同，小分子物质在溶液中可通过半透膜，而大分子物质不能通过半透膜的性质，对混合物进行分离。膜分离法可以根据目标物的分子大小，选择不同膜孔径（微滤、超滤和纳滤）实现目标物和杂质的初步分离。例如，采用乙醇/水/氢氧化钠溶液从玉米麸皮中提取阿魏酸；此外，许多蛋白的工业化生产采用膜分离。

5. 结晶法

植物化学素大部分是固体状态，其中有一些化合物可通过结晶（crystallization）法达到分离纯化目的。此法不需要复杂的仪器设备，相对于制备型色谱分离法，成本低，适用于大量制备。由于最初析出的结晶通常会带有一些杂质，需通过反复结晶才能得到纯粹的单一晶体，所以又称重结晶或复结晶。植物中某一成分含量特别高时，用合适的溶剂进行提取，提取液放冷或稍浓缩便可得到结晶。若目标组分不易结晶，可采用制备具有结晶性的衍生物，经结晶纯化后采用化学法处理，使其恢复到原来的化合物结构，达到分离纯化的目的。分离生物碱类化合物通常以成盐的方式来达到纯化的目的，常用的盐有盐酸盐、氢溴酸盐、氢碘酸盐、过氯酸盐和苦味酸盐等，如粉末状链心碱是通过过滤酸盐结晶纯化而得。

利用结晶法研究植物化学素会受限制，需要结晶的溶液往往呈过饱和状态，通常是加温的情况下使化合物溶解、过滤、去除不溶的杂质。浓缩、放冷以后又析出结晶，所用的溶剂最好是能对所需成分的溶解度随温度的不同而有明显差距的，即热时溶解，冷却时析出。对杂质来说，在该溶剂中不溶或难溶时，也可采用对杂质溶解度大的溶剂，而对于分离的物质，不溶或难溶，则可用洗涤法去除杂质后，再用合适的溶剂结晶。对于一些微量成分或难以结晶的成分，分离结晶法更是没有效果。

6. 植物中几种常见杂质的去除方法

叶绿素、蜡状物和单宁类物质是分离纯化植物化学素过程中需要去除的主要杂质。叶绿素能溶于许多有机溶剂，特别是氯仿、乙醚等低极性溶剂，也溶于氢氧化钠溶液等碱性溶剂。可根据目标物质与叶绿素在不同溶剂中溶解度差异进行分离；若不存在溶解度差异，可采用十八烷基硅胶（C18）柱层析的方法进行色素去除。此外，活性炭吸附法也可以有效脱除提取液中叶绿素，但活性炭吸附无选择性，脱除色素时常常也会损失一些其他物质。蜡质可溶于石油醚和乙醚，根据此性质可在植物化学素提取时先用这些溶剂处理以去除蜡质，再进一步采用其他溶剂提取。此外，采用乙腈处理植物提取物，可以有效沉淀其中的蜡质，如将植物的氯仿提取物悬于沸腾的乙腈中搅拌 1h，冷却至 5℃后即可看到析出的蜡质沉淀。单宁是一类多羟基酚类化合物，在进行生物活性测定时，有时要求从植物提取物或某一部位中去除单宁类物质。聚酰胺注色谱法可以有效脱除单宁类成分，但其选择性较差，有时也会吸附一些除单宁之外的多酚类化合物，具有一定的不足。此外，乙酸铅沉淀法可用于沉淀和去除所有的酚类化合物，在植物化学素研究中也有较多应用。

（二）色谱法

色谱法（chromatography）是利用不同的物质，在固定相与流动相中不同的平衡分配系数来进行分离的一种方法。在色谱分离中，试样混合物在固定相和流动相之间连续不断的进行分配以达到平衡，不同的化合物由于它们之间的理化差异，在两相中存在量也各不相同。

色谱法的起源与天然植物化学素研究工作密切相关。早在 20 世纪初，Tswett 首先运用液–固吸附色谱成功分离了植物色素。直到国外研究者采用色谱柱分离技术将 α–胡萝卜素和 β–胡萝卜素分开，色谱分离技术才逐渐引起关注。近年来，高效液相色谱问世以及与之配套的检测器不断开发，使色谱法分离的效率和精度较传统方法具有更大优势。但高效液相色谱成本较高，通常作为最后的分离纯化手段。目前，进行植物化学素色谱分离方法很多，本节从实用性出发，对几种方法进行简单介绍。

1. 吸附柱色谱法

吸附柱色谱法（column chromatography）根据天然产物对表面吸附剂亲和度的不同而进行分离，由于其操作简单、容量大、成本低等优点，被广泛应用于天然产物的分离，特别是在分离的初期阶段。为了实现天然产物的良好分离，并最大限度地回收目标化合物，以及避免目标化合物在吸附剂上的不可逆吸附，固定相和流动相的选择至关重要。

硅胶是植物化学素研究中应用最为广泛的吸附剂。据估计，近 90% 的植物化学素的色谱分离是采用硅胶。硅胶是一种富含硅醇基团的极性吸附剂，目标分子通过氢键和偶极-偶极相互作用而被硅胶吸附保留。因此，极性化合物在硅胶柱中的保留时间更长。硅胶柱层析法在黄酮类、萜类、生物碱等均有较成熟的应用。

氧化铝是一种强极性吸附剂，适合生物碱类天然产物的分离。由于铝离子的强正电场和氧化铝中的碱性位点对极性化合物的影响，目标分子在氧化铝上的吸附作用不同于在硅胶上的吸附作用。例如，使用碱性氧化铝从东北红豆杉愈伤组织培养物中分离紫杉醇。

大孔吸附树脂是具有大孔结构但没有离子交换基的聚合物吸附剂，可以选择性地吸附几乎任何类型的植物化学素。其优势包括高吸附能力、相对低成本、易再生和易于放大，已被广泛应用于预处理过程的一部分，用于去除杂质或富集目标化合物。大孔吸附树脂与植物化学素之间静电力大小及其比表面积、孔径、极性是影响树脂性能的关键因素。

凝胶是具有多孔隙网状结构的固体颗粒，具有分子筛的性质。基于试样中分离物质大小不同，它们能够进入凝胶内部的能力也不同。凝胶中的孔隙大小与分子大小有相仿的数量级。当混合物通过凝胶相时，比孔隙小的分子可以自由进入凝胶内部，而比孔隙大的分子则不能，导致不同大小分子在移动速度上发生差异，即大分子不被迟滞而随洗脱液走在前面，而小分子则因向孔隙内扩散或移动而滞留，所以落后于大分子而得到分离。此法在蛋白质及多糖等大分子化合物的分离中用得较多。凝胶可分为亲水凝胶（如交链葡聚糖凝胶）和疏水凝胶（如交联葡萄糖凝胶 sephadex G-25）。

聚酰胺是通过酰胺基聚合而成的一类高分子化合物，分子中丰富的酰氨基可与酚基、酸基、醌基、硝基化合物等形式氢键结合而被吸附，进而与不能形成氢键的化合物进行分离。因此，聚酰胺柱层析是分离蒽醌类、酚酸类、黄酮类等天然多酚类物质的常用方法。

2. 制备型高效液相色谱法

制备型高效液相色谱法（preparative high performance liquid chromatography）是目前植物化学素研究领域发展最快、应用最广泛的分离纯化技术，具有载样量大、分离度高、重现性好等优点。

反相制备型高效液相色谱是目前实际生产和科研事业中的主流技术，其固定相一般为 C8、C18、芳基、氰基和氨基键合硅胶；流动相一般为甲醇-水或乙腈-水，可依据化合物的本身性质在流动相中添加酸、碱、缓冲盐，改善其色谱行为，得到分离度良好的色谱峰；常用的检测器为紫外检测器。有研究将粗茎鳞毛蕨干燥根茎的95%乙醇提取液经石油醚萃取后，采用硅胶柱色谱、凝胶柱色谱、中压柱色谱进行初步分离得到粗馏分，并进一步经制备型高效液相色谱（配 C18 色谱柱）进行精制，最终获得 5 种 β-生育酚衍生物。

正相高效液相色谱虽然应用较少，但是由于挥发油以及一些弱极性化合物在含水的反相流动相中难溶或不溶，正相制备型高效液相色谱在挥发油以及一些弱极性化合物的分离纯化过程中具有一定的优势。广藿香挥发油经硅胶、中压柱色谱、凝胶柱色谱等初步分离后，进行正相制备型高效液相色谱纯化，从中发现了 2 个新的倍半萜类成分。

3. 制备型薄层色谱法

制备型薄层色谱法（preparative thin layer chromatography）是将吸附剂均匀的铺在玻璃板上，把预分离的样本点加到薄层上，然后用合适的溶剂展开以达到分离目的。它具有简便易行，快速灵敏等特点。常用的吸附机为硅胶或氧化铝，可用它来进行分离，亲脂或亲水性物质。在传统型的制备型色谱中，流动相靠毛细管作用经过固定相。此外，流动相也可靠外力强迫流经固定相，如离心薄层色谱和加压薄层色谱。

4. 逆流色谱法

逆流色谱法（counter-current chromatography）是基于某一样品在两种互不相溶的溶剂之间分配作用，溶质中的各种组分在通过两溶剂相的过程中按不同的分配系数得以分离。与固态固定相色谱柱分离法相比，流体静力和流体动力逆流色谱法可避免样本的不可逆吸附现象，且具有高载量、样品回收率高、样品变性风险小、溶剂消耗少等优势。较为经典的逆流色谱有液滴逆流色谱和离心分配色谱。例如，液滴逆流色谱是实验室应用于分离极性植物化学素的合适技术，特别适用于酚类和糖苷类化合物的分离。但是，逆流色谱的局限性在于其仅适用于相对较窄极性范围内的化合物的分离。因此，常采用多种色谱法联合使用提高分离效果，如采用离心分配色谱结合半制备型高效液相色谱可从银杏中分离出银杏黄酮，效果较好。

5. 离子交换色谱法

离子交换色谱法（ion-exchange chromatography）是基于化合物净表面电荷差异进行分离的方法。许多植物化学素如生物碱和有机酸等其结构中含有能够电离的官能团，故可以通过离子交换色谱进行分离。通常采用改变 pH 或盐溶液浓度来调节流动相离子强度，带电分子可以被离子交换树脂捕获和释放。阳离子交换树脂适用于生物碱的分离，阴离子交换树脂适用于有机酸和酚类物质的分离。核苷酸结构中含有 3 个高度极性的基团——磷酸基、核碱基和糖取代基。有研究通过离子交换色谱，结合超滤、凝胶过滤色谱和反相高效液相色谱分离，离子阱串联质谱法分析，从大豆蛋白水解物中鉴定出 2 种三肽化合物。

6. 制备型气相色谱法

气相色谱法（gas chromatography）具有分离度高、分析和分离速度快的特点，是挥发性化合物分离的理想制备方法。由于目前缺乏商业性的制备型气相色谱法（preparative gas chromatography），普通气相色谱仪的进样口、色谱柱、分流装置、收集系统需通过改进来达到高效分离制备目标化合物的目的。但制备型气相色谱存在明显缺点导致其应用受限较大，如耗气量大、操作温度高、馏分萃取困难和产量低等。

（三）分子印迹技术

分子印迹技术（molecular imprinted technology）因其选择性高、成本较低且易于制备等特点近年来引起了越来越多植物化学素研究领域学者的关注。其原理为当洗脱分子印迹聚合物将内部的模板分子除去后，聚合物内部就留下许多与模板分子形状、大小和官能团相互匹配的印迹空穴。因此，模板分子及其衍生物对于分子印迹聚合物具有特异性识别和选择性吸附的作用。具有可以选择性吸附、吸附量大和可重复利用等特点。目前，分子印迹聚合物已广泛应用于植物化学素的分离或作为固相萃取吸附剂用于植物样品的制备。例如，有学者以咖啡酸为模板分子、丙烯酰胺为功能单体，从甘川铁线莲［clematis akebioides（Maxim.）Veitch］提取物中富集咖啡酸及其类似物，结合高速逆流色谱法从中纯化得到咖啡酸、香豆酸和阿魏酸 3 个咖啡酸类似物；以苦参碱和氧化苦参碱为模板分子，制备了可特异性识别苦参碱型生物碱的双模板分子印迹聚合物，开发了一种基于双模板分子印迹固相萃取结合高效液相色谱和串联质谱的方法，并从青藏高原产苦参中提取和纯化得到了苦参碱、氧化苦参碱和槐果碱。

（四）其他分离方法

半仿生提取（semi-bionic extraction）技术是从生物药剂学的角度，模拟口服给药及药物经胃肠道转运的过程，采用近似胃和肠道的酸碱水溶液提取 2~3 次，从而得到指标成分含量高的活性混合物。植物药的高效作用往往是各种化学成分相互协同、相互制约的结果，酸碱法仅仅是增加单个有效单体的溶解度，半仿生提取则是有效增加了整个有效群体的溶解度。

模拟移动床色谱法（simulated moving bed）通过使用多根串联的色谱柱作为固定相（床），通过旋转阀门模拟固定相与流动相的逆流流动。模拟移动床色谱工作过程中，每隔一段固定的时间，4 个外部的进出口同时向流动相的流动方向切换一个位置，从而实现固定相与流动相的模拟逆流移动。模拟移动床色谱溶剂消耗量低、分离速度快，是一种适合于大规模植物化学素连续分离的方法。近年来，已经开发出可用于精制阶段的模拟移动床等新技术，可连续高纯度地分离糖苷。

第四节　植物化学素的制备方法及应用

功能性食品在我国发展 30 多年，近几年年增长速度更是高达 20%，如今已成为全球第二大功能性食品市场。从食品原料或食药两用植物中获取的功能性植物化学素，用以开发新的功能性食品是目前的研究热点之一。例如，动物实验和人体研究证实人参提取物能增强体力和智力，并具有抗疲劳、免疫调节等功效，相关功能产品有饮料、粉剂、含片等。葡萄皮和籽中富含抗氧化、减肥降脂成分如白芦藜醇、花青素等，已被开发成复合胶囊、口服液等。随着食品工业的发展和天然产物分离提取鉴定技术的进步，以功能性植物化学素为主料开发出不同功能、不同形式、不同载体的功能性食品将会加快走进百姓生活，保障人民健康。

一、茶多酚的制备

1. 茶多酚的制备

中国是发现和利用茶最早的国家。茶多酚（tea polyphenols）是茶叶中多酚类物质的总称，是茶叶发挥保健功能如抗氧化、抗菌、防癌、抗辐射、增强免疫力的重要成分，主要以茶叶及其提取物的形式添加到食品中。近年来，与茶相关功能性食品开发利用呈现出多元化形态，如茶爽含片、茶酒、高香冷溶/速溶茶、风味茶浓缩汁、鲜茶固体饮料、茶叶糖果、茶叶糕点、茶叶冷冻制品、茶叶膨化食品、茶叶果酱、茶类面制食品、烘焙食品等新型食品。食品中增添了"茶"元素，既提高了产品营养价值和保健功效，又给产品赋予了新的外观、质构以及风味特征，把茶的独特风味、营养成分、保健功效与食品有机结合，有效提升了产品品质，延长了食品的货架期，具有十分广阔的市场前景和巨大的发展空间。

茶多酚能全面调节血脂、抑制甚至逆转动脉粥样硬化，具有防治高血压、脑卒中、冠心病等心脑血管疾病的功能。已开发成以茶多酚为主要功能成分的保健产品，并获得了国家食品药品监督管理局国食健字证书。近年来，关于茶多酚的提取工艺不断涌现。图 9-1 为吸附分离法提取茶叶中的茶多酚。该工艺能够解决传统工艺去杂效果差、有效成分损失严重、溶剂损耗大、污染大等缺点，且避免使用有毒溶剂，提高了产品质量，但吸附柱投资花费较大。

图 9-2 为金属离子沉淀法提取茶叶中茶多酚的工艺流程，其原理是先用热水将茶叶中的茶多酚浸提出来，然后在碱性条件下利用茶多酚能与钙离子、锌离子、镁离子、铝离子、钡离子、铁离子等金属离子产生络合沉淀，离心分离茶多酚络合沉淀物，再用酸转溶，最后用

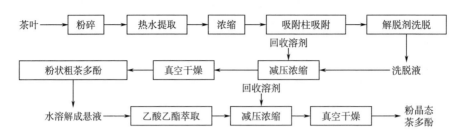

图9-1 吸附分离法提取茶叶中茶多酚的工艺流程

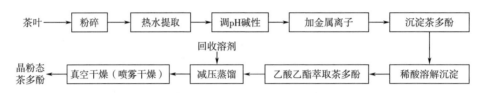

图9-2 金属离子沉淀法提取茶叶中的茶多酚的工艺流程

乙酸乙酯萃取游离的茶多酚。沉淀和酸溶过程的原理是：

(1) 茶多酚络合沉淀 $nR\text{——}OH+M^{n+}\longrightarrow M(R\text{——}O)_n\downarrow+nH^+$

(2) 沉淀的溶解（酸溶）$M(R\text{——}O)_n+nH^+\longrightarrow nR\text{——}OH+M^{n+}$

上述金属盐中多用钙盐，因为其他盐类在成品中若有残留会对人体造成危害。钙盐既可用氯化钙，也可用碳酸钙，但用氯化钙时要用氢氧化钠调节 pH 至 8 以上，而碳酸钙或石灰粉则无需调节 pH 能直接产生沉淀。此外，用铝离子、锌离子也较为理想，必须注意调节 pH 的碱性，以碳酸氢钠溶液较为适宜。所用的金属离子可循环使用。该方法的优点是溶剂用量少，工艺简单，产品纯度高，提取率可达 10.5%，纯度大于 99.5%，但得率较低。

图9-3 为有机溶剂法提取茶叶中茶多酚的工艺流程。该方法制备的茶多酚得率较高，将茶叶中的色素和咖啡因分别脱除，便于提纯、精制和利用。但溶剂用量较大，且所用试剂中有氯仿（三氯甲烷），毒性大。

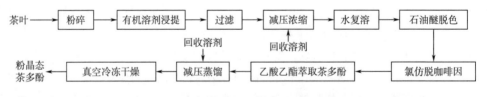

图9-3 有机溶剂法提取茶叶中茶多酚的工艺流程

图9-4 为低温钝化酶法提取鲜茶叶中茶多酚的工艺流程。该方法前处理少且茶多酚得率高，茶叶中的色素和咖啡因也有效脱除，但因原料为鲜茶叶，需在茶场附近设厂生产，成本会增加，且所用氯仿有毒。

2. 茶多酚的应用

基于茶多酚显著的降脂功效，国内外多家保健食品公司已开发了茶多酚相关产品如绿茶多酚胶囊、自旋肉碱茶多酚片、茶多酚荷叶片等。

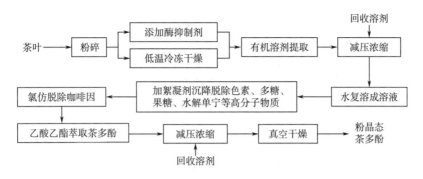

图 9-4 低温钝化酶法提取鲜茶叶中茶多酚的工艺流程

以茶叶为主要原料开发成的软饮料不含酒精。茶叶经沸水提取后，过滤，杀菌制成罐装茶水，或分别加入香精、CO_2、中草药提取物等制成多味饮料如碳酸饮料、保健型饮料等。以茶提取物茶多酚、澄清荔枝汁等为主要成分研制出具有抗疲劳和抗氧化功能，并有一定的延缓衰老作用的保健功能饮料。也可采用红茶提取物茶多酚和其他植物中的水溶性成分为原料，研制成色香味协调的茶可乐，将传统的红茶与现代流行的可乐型风味融为一体，其香味浓醇，酸甜适宜，呈琥珀色，澄清透明无混浊。

茶与酒两大饮品的融合产品也成为新热点。以茶叶为主料酿制或配制而成的饮用酒，例如以高粱、白糖、红茶、绿茶、乌龙茶等为原料，按传统工艺制备酒精度 8%~18% 的绿茶酒、红茶酒、乌龙茶酒等发酵型茶酒；采用茶叶、中药组合物、水果组合物、冰糖和酵母发酵而成的保健茶酒；仿照传统香槟酒的风味和特点，添加其他辅料并人工充入 CO_2，制成茶叶汽酒；模拟果酒营养、风味，添加食用酒精、蔗糖、有机酸等配制而成的配制型茶酒。此外，目前市场上销售的还有糯米茶酒、白茶酒、单丛茶汁酒等。

茶多酚在糕点和糖果类食品中的应用主要是由于其具有的抗菌作用和抗氧化性能。糕点中加入茶多酚不仅能阻止其色变，而且具有抑菌、延长保鲜期作用，同时对糕点的品质有很大的改善。糖果中加入茶多酚，能起到抗氧化保鲜、固色固香、除口臭等作用。另外，茶多酚还可使高糖食品中的"酸尾"消失，使口感甘爽。例如，在戚风蛋糕制作中添加茶多酚不仅赋予了戚风蛋糕天然的茶色和独特的茶香味，而且对蛋糕的品质有很大的改善，表现为体积增大接近两倍，气孔更加致密和细小，弹性也更加柔韧。茶多酚添加到桃酥制品中，可发挥其优异的保鲜功能。添加了绿茶多酚的胶姆糖能有效改善牙龈出血症状，对牙龈炎具有较好的防治效果。茶多酚还可应用于加工冷冻制品。例如，用茶汁代替水分，按常规工艺加工而成的雪糕、冰淇淋等食品，可以改进冷冻制品口感，增加其风味，又能预防疾病，发挥茶多酚的药理功效。

二、黄酮类化合物

1. 黄酮类化合物的制备

黄酮类化合物是人体必需的营养元素，具有抗癌、抗衰老、调节内分泌等多种功能。但人体自身不能合成，必须依靠从食物中摄取，如大豆异黄酮、葡萄籽黄酮、银杏叶黄酮。这些黄酮类成分均有望开发成功能性食品。过程一般采用如下两种方式：①直接应用含黄酮的植物提取液制备功能性食品；②将含黄酮的植物提取液经浓缩、分离纯化、干燥等精制步骤，制取高纯度的黄酮类化合物，再用于功能性食品研发。

以超声波辅助提取银杏叶中总黄酮为例。步骤一般包括：①采用超声波从银杏叶中提取总黄酮，以料液比、提取液浓度、超声功率、超声时间等为变量，采用响应面设计或正交试验法等优化超声波提取银杏叶总黄酮的最佳工艺条件。②对提取液中的脂溶性杂质、水溶性杂质分别采用超声波-水法和聚酰胺柱方法去除。超声波-水法脱脂工艺时，将超声波提取液减压浓缩成一定体积（即为脱脂前溶液），加入等体积的水后，超声波处理30min后，溶液中有沉淀生成，过滤得滤液，即为脱脂后的溶液。③用红外光谱（IR）分析、热分析对产品进行了评价，其图谱与芦丁标准图谱相似。黄酮产品谱图及其产品质量评价说明：①比较芦丁标准品 IR 谱和黄酮产品 IR 谱，主要吸收峰的位置极为一致，它们谱图指纹区（1333～677cm^{-1}）的差异，说明产品含多种黄酮及其他一些成分；②比较黄酮产品和芦丁标准样品的热分析曲线可知：两条曲线有很多类似之处，但近完全失重黄酮产品所需温度比芦丁标准品高，这可能与黄酮产品含有多种黄酮，其中有些成分较难分解有关。

图 9-5 为超声波辅助提取银杏叶中总黄酮的工艺流程。

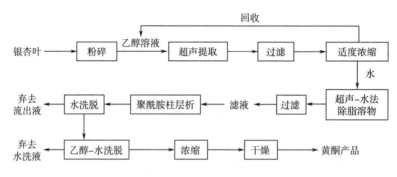

图9-5　超声波辅助提取银杏叶中总黄酮的工艺流程

大豆异黄酮主要来源于豆科植物的荚豆类，尤其在大豆中含量较高，为 0.1%～0.5%，大豆异黄酮因其化学结构与天然雌激素十分相似，故有"植物雌激素"之称，它在人体内同样能与雌激素受体结合，故能有效预防一系列与激素有关的疾病（包括乳癌、骨质疏松症和年期综合征等）。有研究报道了富含大豆异黄酮的大豆粉末及其制作方法与应用，以大豆籽粒经非生物胁迫且联合褪黑素发芽得到富含异黄酮的豆芽为原料，经粉碎、调制、灭菌和包装制成富含大豆异黄酮的软糖。产品中大豆异黄酮含量达 80～110mg/100g。该制作工艺简单，工业化程度高，所得产品口感优良，具有异黄酮的生理功能并能够满足人们对食品的感官嗜好性，是一种理想型的膳食补充剂。针对大豆分离蛋白生产过程中的副产品大豆乳清液的再利用，提取分离大豆异黄酮，采用气冲强化动态超滤分离其中的蛋白质，然后采用纳滤将乳清液浓缩，并脱除其中的盐分，接着对纳滤浓缩液进行萃取，对萃取液用减压蒸馏法进行浓缩，可得纯度40%以上的大豆异黄酮产品（图 9-6），操作简便，经济效益高，适合工业化生产。

2. 黄酮类化合物的应用

黄酮类化合物在功能饮料中的应用最为广泛，产品种类多。根据其工艺可以分为 3 类：①根据黄酮类化合物的水溶性，采取水提法获得植物提取液，经过滤、均质、杀菌等过程后直接制成功能性饮料，可进行浓缩处理也可不浓缩，如葛根黄酮功能饮料、桑叶汁饮料等；

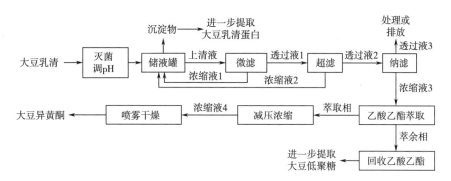

图9-6　从大豆乳清液中提取大豆异黄酮的工艺流程

②由富含黄酮的植物提取液，经浓缩、分离、精制等步骤，制取高纯度的黄酮类化合物。将制作的浓缩黄酮类化合物作为添加剂加入果汁中，辅以甜味剂、香精、柠檬酸、色素等进行调配，得到果汁功能饮料。功能饮料也可采用黄酮植物提取物直接与果汁、调味剂等配料混合调配。该类产品品类很多，如橙汁黄酮饮料、山楂汁黄酮饮料、黄酮葛根山楂果茶、果汁复合黄酮碳酸饮料等；③将黄酮的植物提取液与奶粉混合，用嗜热链球菌、乳酸杆菌等接种发酵，制成风味独特的发酵功能饮料，如荞麦苗汁发酵乳。

　　从葡萄皮和葡萄籽中提取所得的黄酮类物质白藜芦醇现已成为国际市场上的畅销天然功能因子。白藜芦醇可有效预防脑卒中与冠心病。在功能性食品开发中具有较大应用前景。有研究者将白藜芦醇、两亲性短链寡肽经4-二甲氨基吡啶催化反应，调节pH，减压干燥得到白藜芦醇-两亲性短链寡肽组合物，与多肽混合制粒，即得多肽白藜芦醇功能性制剂。

　　黄酮类化合物热稳定性较好，研究表明，向焙烤食品中添加生物类黄酮，其损失率为20%~30%。面包中黄酮类化合物的损失率比桃酥高10%，原因可能是面包生产所用的发酵醒发工艺会产酸，造成黄酮类化合物的损失。黄酮类化合物在焙烤食品中的应用比较简单，可以通过直接添加黄酮提取物，也可直接添加含黄酮类化合物的植物粉体。一般来说，除添加银杏叶粉制品有轻微苦味外，按3%面粉量添加植物粉末，对面包和桃酥的感官以及食用品质均无不良影响，并能改变面包及桃酥的色泽和风味，增加焙烤食品的花色品种。还可将提取黄酮后的原料渣粉碎后与黄酮一起加到焙烤食品中，在增加活性黄酮成分的同时也补充了膳食纤维。

　　黄酮类化合物在小吃食品中的可应用范围很广，如在冰淇淋配料中加10%黄酮类化合物预煮去皮去芯的银杏制成银杏冰淇淋，其质地细腻，膨胀率最佳，并具有独特的银杏风味，可为供健康人群和心脑血管疾病患者食用的功能食品。黄酮化合物也可应用于糊状功能食品，目前市场上有各类糊状食品，如绿豆羹、黑米粉、营养糊等，深受广大人民欢迎。而黄酮醇溶产品具有溶解性差的特点，为此可以选择糊状食品，将提取物按合适比例加入，制成功能性食品；也可制成添加了黄酮类功能成分的糖果、口香糖、巧克力、片剂等。

　　迄今为止，真正开发上市的黄酮类功能食品种类并不多，而已发现的植物黄酮至少有几千种。今后将会有更多的植物黄酮类功能性产品陆续被研发出来，其市场前景无限广阔。

三、原花青素

　　目前，国内外市场上的原花青素功能食品主要是从葡萄籽、松树皮、蔓越莓等中提取的原花青素低聚物为主料，主要利用原花青素清除自由基的功能来达到抗衰老、预防心脑血管疾病等效果。植物中提取出来的原花青素还是一种天然的染色剂，安全且来源广泛，既可以丰富口感，又具有一定的营养价值，作为食品添加的辅料，广泛的被添加到酸奶、蛋糕等食品当中，深受人们的喜爱。不仅如此，原花青素还可作为一种天然防腐剂，被用来延长食品的货架期，不仅符合人们回归自然的要求，而且消除了合成防腐剂可能带来的食品安全风险。

以水果为原料，经过发酵、蒸馏、贮藏后酿造而成的白兰地（常采用葡萄为原料），是世界六大蒸馏酒之一。桑葚白兰地是以桑葚为原料的蒸馏酒，其主要的活性成分之一便是原花青素，因此是一种具有抗氧化、预防心血管疾病、抗炎等多种功能的保健酒。桑葚白兰地的制备工艺流程见图9-7。

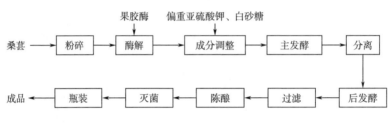

图9-7　桑葚白兰地的制备工艺流程

目前各国都在加强这方面的研究，原花青素将在调节生理节律、防治疾病等方面发挥越来越重要的作用。关于昆仑雪菊原花青素的提取方法及在延缓衰老中的应用的研究，选用生长在海拔2600米以上的昆仑雪菊花为原料，采用动态超高压微射流辅助提取技术从中提取出雪菊原花青素，制备的原花青素的总抗氧化活性优于抗坏血酸，原花青素具有延缓果蝇衰老功效，昆仑雪菊原花青素可降低血清ALT和AST活性，对四氯化碳致小鼠肝损伤有一定的保护作用。针对原花青素的楮桃果浆及其制备，有研究报道了富含原花青素的楮桃果浆及其制备方法和应用，制备方法是对楮桃果实进行离心甩浆和粗滤，再经超声波提取和精滤，最后冷冻分离浓缩后获得成品，将其应用于生产楮桃口服液、饮料、酒、茶、片剂、胶囊、粉剂和食品添加剂中。该制作工艺从楮桃中获得原花青素，具有原花青素含量高的优点；不仅制备工艺简单、成本较低，而且果浆保鲜时间长，还具有原花青素损耗小、口感好、可溶性固形物含量高和有效营养成分含量高的优点。在油茶果壳利用方面，通过对油茶果壳进行多级浸提、大孔树脂串联吸附、选择性洗脱、重结晶等步骤，最终提取分离出低聚原花青素和茶皂素，在同一工艺中实现了低聚原花青素和茶皂素两类活性成分的同步提取分离，使所得产品具有得率和纯度高等优点，实现了油茶果壳废弃物的综合利用（图9-8）。

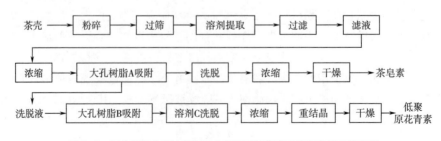

图9-8　同步提取分离油茶果壳中低聚原花青素和茶皂素的工艺流程

除了提取工艺外，其功效研究也较多。针对原花青素在护眼方面的功效，有人开发了具有抗眼疲劳的饮料，是由原花青素、小米草、栀子、枸杞、菊花、决明子、胡萝卜辅以三氯蔗糖和柠檬酸，通过水提、酶解等步骤制备而成，经功能学评级证实该饮料对眼疲劳和视力减退有保护作用。针对原花青素减肥降脂方面的功效，以葡萄籽提取物、荷叶提取物、辣椒碱、决明子提取物、西蓝花提取物等制成的复合物片剂，具有辅助减肥功能。也有人采用黑枸杞原花青素作为纯天然添加剂制作的黑枸杞原花青素米酒，具有抗氧化性、抗衰老、抗肿瘤、提高免疫力、帮助消化和促进食欲等功效，适合工业化生产加工，对于食品行业具有广泛的实用性和开发价值。

此外，将原花青素添加到食用油中可以部分替代合成抗氧化剂 BHT、TBHQ，有防止油品氧化酸败效果；原花青素应用于肉品中可以发挥护色与抗脂肪氧化作用；原花青素应用于油炸食品中可降低致癌物丙烯酰胺的生成；在制备发酵蔬菜时添加原花青素可有效抑制亚硝酸盐的产生。

作为工业制备原花青素的最主要来源，葡萄籽中的原花青素大部分存在于葡萄籽的外珠被，与细胞基质中的蛋白质、纤维素、半纤维素、木质素等连接。原花青素的抗氧化活性依赖其暴露的多羟基，因此原花青素的抗氧化性随着聚合度的升高而降低，天然原花青素在低聚合物中的比例很低，低聚物如原花青素单体和二聚体的比例小于10%。从葡萄籽中提取的大部分原花青素都是聚合度大于5的高聚原花青素，其难以穿透生物膜，生物利用度很低。此外，大量高聚原花青素在肠道内的积累会刺激肠道，诱发肠上皮炎症反应，损害身体健康。因此，如何获得低聚原花青素、增加原花青素在体内的利用率也是需要关注的重点之一。

四、萜类化合物

人参（panax ginseng C. A. Meyer）滋补增氧、调节免疫系统和神经系统、抗癌、抗衰老等功效均与其富含的皂苷类化合物密切相关。除在中医药领域具有广泛的应用外，人参也是一种优良的可用于保健食品开发的原料。以人参茎叶总皂苷为主要有效成分制成的胶囊、片剂等具有健脾益气，改善气虚引起的心悸、气短、疲乏无力、纳呆等作用。图 9-9 为人参茎叶中总皂苷的提取工艺流程。

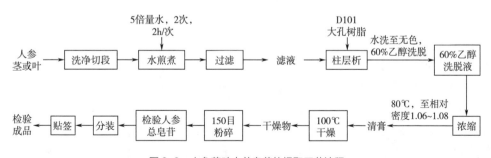

图9-9 人参茎叶中总皂苷的提取工艺流程

人参提取物、人参皂苷、人参皂苷衍生物在制备用于防治人类巨细胞病毒感染相关疾病药物或功能性食品中的新应用，复配有时显示较好的功效，将人参、山药、灵芝、墨旱莲、川芎和茯苓复配制成了一种能够增强免疫力的功能食品。此外，以人参浸提物、三七浸提物、芹菜提取物制成的口服剂型的功能性食品，具有调节血压、血脂的作用；以人参、西洋参、琥珀和金樱子药材经现代工艺手段制备而成了具有延缓衰老功效的功能性食品组方；人参为主剂的改善记忆类、抗疲劳类功能性食品也均获得了相关发明权利授权。

以罗汉果三萜皂苷为主成分开发的罗汉果咽喉片能改善患者咽喉干疼、灼热感、多言后病症加重、口渴、咽部充血、咽黏膜干燥、淋巴滤泡增生等症状，总有效率可达 97.5%，并且无任何毒副作用。罗汉果皂苷的提取工艺流程见图 9-10。

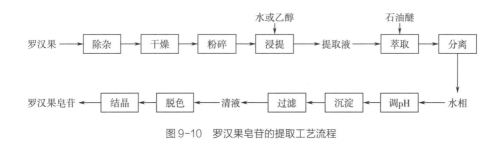

图 9-10　罗汉果皂苷的提取工艺流程

以罗汉果提取物、苦荞提取物、薄荷脑辅以填充剂、润滑剂复配制成的荞果利咽含片，能发挥罗汉果皂苷和苦荞功能成分协同增效作用，有效缓解咽部炎症。以柿子树叶、罗汉果、薄荷叶、桑叶、桂花和百合花为原料，罗汉果才沸水提取获得提取液，将其余原料浸泡于罗汉果提取液中 48h 后，取出柿子树叶、薄荷叶、桑叶、桂花烘干装袋即可获得润肺清喉茶，产品可有效地分解香烟中的尼古丁等有害物质，减弱人体对其的依赖性，清凉润肺、口感舒适，对支气管炎、咳嗽、哮喘有一定的作用，特别适合于免疫力低下，咽喉、肺不适的人群，对长期抽烟的人士效果更好。

银杏叶属于可用于保健食品开发的原料，银杏萜内酯是其主要活性成分之一。20 世纪 60 年代，德国学者首先报道了其提取物具有防治心脑血管系统及外周血管循环障碍疾病的作用，并经大量化学、药理和临床研究成功开发成了相关药物；20 世纪 80 年代发现银杏内酯为血小板活化因子拮抗剂，白果内酯具有多种神经系统活性，并进一步应用于防治老年痴呆的功能因子，应用范围不断扩大；到 20 世纪 90 年代末，其国际销售额已跃居植物药的第一位，此时逐步进入对银杏内酯、白果内酯在功能性食品中的基础和应用研究阶段。

五、生物碱类化合物

许多生物碱都具有很高的功能活性，广泛存在于食物中，如莲子、莲叶、辣椒、番茄、绿茶等。生物碱对机体具有特异性，与摄入量有关，适量摄入具有调节血压血脂、降胆固醇、抗心律失常、抗氧化等功能；有些生物碱在人体内还能发挥止痛、欣快、催眠等功效，但过量或反复摄入将成导致成瘾，如毒品就是一大类特殊的生物碱品种；而高海拔植物中含有的生物碱甚至具有抗病毒活性。食品中生物碱有巨大的开发潜力，如番茄中青果碱可开发作为天然食品防腐剂、茶叶中咖啡碱可取代部分添加剂和药物、魔芋生物碱可望取代有毒害的杀虫剂等。这为生物碱在功能性食品开发中的应用提供了很好的依据和广阔的前景。

莲子心味苦寒，与其富含的生物碱成分有关。已确定的有莲心碱、异莲心碱、甲基莲心碱。其中，莲心碱具有降压、抗心律失常和短暂的降血压作用。研究者首先对比优选了莲心碱提取方法和参数，然后通过感官评定筛选，以 2% 白砂糖、0.15% 麦芽糊精、0.01% 的柠檬酸为调配剂制备的莲心饮料口感最佳。

荷叶碱具有降脂活性，以晒干荷叶为原料，经纤维素酶预处理后，稀盐酸浸提，超声辅助提取、氯仿萃取等方法提取出来。制成的荷叶碱提取物可进一步开发为具有减肥降血脂功能的复方制剂，如三叶减肥茶、荷叶合剂、祛脂汤、降脂胶囊、绿瘦胶囊等；也可制作成荷叶提取物胶囊用于防治冠心病、动脉粥样硬化等。此外，荷叶碱还被用于抗衰老功能性饮料的开发中。以含荷叶碱类的荷叶、荷梗、藕蒂为原料制成饮料，原料以有机酸溶液浸泡，加热煮沸、过滤，向合并的提取液中加入糖、蜂蜜、维生素 C、色素，再于搅拌下加热煮沸，自然冷却，2~10℃冷沉，粗滤后向滤液中加入澄清吸附剂、经搅拌吸附、板框过滤、无菌过滤和无菌灌装得成品。该产品具有减肥降脂、清暑解毒的作用，且工艺简单，投资少。

采用溶剂提取法从辣椒中获得的辣椒碱具有镇痛、止痒、抗炎、抑菌以及对心血管和消化系统的保护等作用。如辣椒碱制成的软膏对带状疱疹神经痛、外科手术神经痛、糖尿病神经痛等慢性顽固性神经痛以及关节痛、风湿病等有明显疗效；高纯度辣椒碱制成的戒毒针剂已经成为了一种广谱高效的戒毒新药；辣椒碱还有助于缓解各种瘙痒及皮肤病，如牛皮癣、荨麻疹、湿疹、瘙痒症等。基于辣椒碱在加速脂肪代谢、加快体内脂肪燃烧、防止脂肪过度累积等方面的功效，以辣椒碱为主要功效成分的辣椒提取物胶囊、减肥软膏等也广受欢迎。此外，低浓度的辣椒碱作为优良食品添加剂具有促进食欲、增强胃肠蠕动、改善消化功能的作用；尤其是在南方潮湿的城市，人们吃得更多，可帮助身体发汗。辣椒素的提取研究在国内外已比较成熟。目前辣椒素的提取方法主要有溶剂提取法、超临界 CO_2 提取法、超声波提取法、微波提取法、酶法提取和固相萃取法等。图 9-11 为溶剂法提取辣椒生物碱的工艺流程。

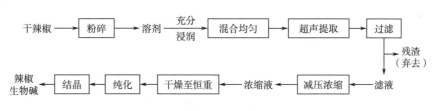

图 9-11 溶剂法提取辣椒生物碱的工艺流程

燕麦是一种公认的有益于心脏的健康食品，其保健功能除归因于高含量的 β-葡聚糖外，还因其富含多种功能成分，如植酸、维生素 E、黄酮类和超过 20 种的燕麦生物碱等。燕麦生物碱是燕麦特有的酚酸类衍生物，具有多种生物活性，对人类健康十分有益，具有抗氧化、抗炎、抗增殖、舒张血管、预防冠心病、预防结肠癌等功能。近期研究发现，天然的燕麦中含有燕麦酰胺 Bp、燕麦酰胺 Bf 和燕麦酰胺 Bc 具有抗组胺活性，即能发挥止痒、抗红肿、减轻红斑等功效。此外，以燕麦生物碱为活性成分开发的燕麦素、燕麦饼干等也深受消费者青睐。

生物碱在酒中的应用的基本原理是将含生物碱的植物或提取物直接浸入基酒，根据相似相溶原理，原料经过长期浸泡或加工处理后释放生物碱，制成以生物碱为主要活性成分的保健酒，常见的有玛咖酒、槟榔酒、荷叶酒等。例如，以 0.5~5L 基酒、20~60g 玛咖为原料，采用古法炮制而得，玛咖营养活性成分充分激活，大大提高了玛咖酒中营养成分的含量，口感纯正味绵甜醇厚，配方科学，能为人体补充大量营养成分，具有加速血液循环、改善微循环、激活松果体、改善睡眠、抗疲劳、抗贫血、调整血压平衡、调整血糖平衡、调节荷尔蒙分泌、增强性功能、养颜美容的保健功效。玛咖酒酒体色泽亮丽、澄清，不易变质，保质期长。再如槟榔酒的制备，将槟鲜果榨汁后，常温条件下在槟榔汁中加入低温复合酶提取，经静置澄清、粗滤、精滤、浓缩、干燥、粉碎，得到鲜槟榔粉，备用；将枣槟榔干果破碎，用白酒在常温状态下进行了浸泡得枣槟榔浸出液；在枣槟榔浸出液加入鲜槟榔粉，搅拌至溶解，然后再加入白酒稀释，均质、纯化后过滤、灌装、包装即得槟榔酒。该发明工艺简单，成本低，将槟榔、枣槟榔的提取物进行科学配伍，使槟榔的有效成分与白酒进行完美融合，所得槟榔酒的色泽为清澈透明的淡黄色至琥珀色，具有香醇可口、舒顺谐调、风味独特、醉不冲头等特点，有明显醒酒、解酒作用，是一种功能型保健饮料酒。

富含益母草碱的益母草红糖姜茶具有活血化瘀、利尿消肿、缓解痛经等功能，有研究报道了含植物乳杆菌 KC3 菌株和益母草提取物作为有效成分的防治呼吸系统疾病的药物组合物、预防或改善呼吸系统疾病的功能性食品，对由微粉尘等空气污染物造成的呼吸系统的损伤具有防御作用，并且可以抑制炎症指标 IL-17A、TNF-α 和 CXCL-1 的表达，因此可有效改善或预防包括慢性阻塞性肺疾病在内的呼吸系统疾病。咖啡豆中的咖啡碱（咖啡因），具有刺激心脏、神经系统和肾，消除疲劳、提高工作效率，促进血液流通、止痛等作用，例如咖啡因是市面上多种提神抗疲劳功能饮料和能量棒的重要配料。存在于食药同源植物马齿苋和蒲公英中的生物碱，也被证实具有良好的降血糖作用。此外，还有海洋生物中的生物碱，主要在抗肿瘤、抗菌、抗病毒、抗氧化、抗炎等方面发挥作用，且结构复杂多样，其作用机制具有多样性和独特性。

虽然越来越多的生物碱被发现并证明了具有很好的活性和很高的安全性，但因生物碱往往风味不佳（如偏苦）且工业化分离纯化成本高或难度大，故在产品开发应用时多以混合物形式出现，实际应用于功能性食品的不多。如何掩盖生物碱不良风味、提高工业化分离纯化水平对生物碱产品开发推广具有重要意义。

第五节　植物化学素类产品展望

随着营养科学的发展，在膳食营养与健康和疾病关系研究中，除食物中已知的必需营养素如生素和矿物质等外，植物化学素的发掘和研究引起人们关注，其中有些成分已作为保健食品功能因子广为应用。尽管植物化学素在植物中含量很少，但种类繁多且对人体健康不容忽视。精准营养、分子水平营养产品会越来越受到重视。随着植物化学素研究的关注度不断提高，与其相关的构效关系及作用机理不断被挖掘，都为功能性食品的研发提供更多了资源和参考。

思考题

1. 简述植物化学素的定义。
2. 列出 4 种以上食药同源植物及其生理功效。
3. 简述黄酮类化合物的主要来源。
4. 简述原花青素的结构特点。

5. 简述萜类化合物的分类，并列举 5 种以上萜类化合物的功效。

6. 选取 2 个生物碱化合物，列举其提取分离方法。

7. 简述常见的类胡萝卜素来源及功能。

8. 简述常见的有机硫化合物来源及功能。

9. 简述植物化学素提取的常用方法。

10. 简述超声波辅助提取的原理。

11. 举例说明抗氧化功能性食品的工艺流程。

12. 举例说明免疫调节功能性食品的工艺流程。

第十章

功能性食品原料

学习目标

了解功能性食品原料的种类，熟悉其主要活性成分及功能；掌握常见的食药同源名单；掌握几种不同类别的常见的功能食品原料的成分及其药理活性；了解几种常见的功能性食品原料的应用及生产工艺。

名词及概念

食药同源物品、新资源食品、微生态制剂、透明质酸、枇杷叶、显齿蛇葡萄叶、铁皮石斛。

第一节　中药类功能性食品原料

食药两用植物是重要的生物资源，在食品工业中具有广泛用途。近年来，随着中国食品工业的发展与食品科学的进步，中草药、民族草药与食品的交叉、融合日益增强，食药两用植物一词的使用频率也越来越高，成为食品科学领域的重要术语。食药两用植物又称食药同源植物，通常是指按照传统既是食品又是中药材的植物。

一、食药同源物质名单

2023年11月，国家卫生健康委员会、国家市场监督管理总局发布《按照传统既是食品又是中药材的物质目录管理规定》的通知，将党参、肉苁蓉（荒漠）、铁皮石斛等9种物质纳入按照传统既是食品又是中药材的物质目录。现行食药同源物质最新名单见表1-3。下面介绍常用食药同源物质。

1. 西红花

西红花，又称藏红花、番红花，是一种鸢尾科番红花属的多年生球根类草本植物。西红花的最早栽培记录可以追溯到公元前2300年。在众多产类胡萝卜素的植物中，西红花是唯一产生大量特有的类胡萝卜素的植物。西红花中富含多种活性物质，其体内的药理学活性代谢物可归纳为3大类：①藏红花素，是一种水溶性类胡萝卜素，是藏红花花丝呈现鲜红色的主要成分；②藏红花苦苷，是形成藏红花苦味的主要成分；③藏红花醛，一种易挥发的油类，是藏红花呈现独特风味的主要成分。除了这三类主要活性物质外，藏红花中还有含有其他丰富的化学物质，如蛋白质、氨基酸、糖类、维生素（尤其是维生素 B_2）、类黄酮、矿物质等。

西红花具有活血化瘀、消肿止痛、舒经活络、凉血解毒、散郁开结等功效，可用于预防和改善血亏体虚、脉管炎、产后瘀阻、脑血栓等疾病。现代药理实验证明，藏红花提取物能够抑制癌细胞增殖、诱导癌细胞凋亡和清除自由基，起到抗癌、抗抑郁和镇痛的作用，并且还具有提高免疫力、预防心血管和中枢神经系统疾病等功效。

2. 当归

当归，又称云归、秦归，为伞形科多年生草本植物，其干燥根为我国常用大宗药材。目前，从当归中分离和鉴定出来的成分主要包括：①有机酸类：阿魏酸、烟酸、棕榈酸、琥珀酸、香草酸等，阿魏酸作为最主要的有机酸，其在当归生药中的含量在 $0.03\% \sim 0.09\%$；②挥发油类：藁本内酯、洋川芎内酯、丁烯欧当归内酯 A、新川芎内酯、基酞内酯和丁基苯酞等，其中藁本内酯的含量约占总量的 0.5%；③多糖类：甘露糖、葡萄糖、阿拉伯糖、半乳糖、木糖和岩藻糖等；④氨基酸：谷氨酸、赖氨酸、精氨酸、缬氨酸、天门冬氨酸、组氨酸、色氨酸和亮氨酸等；⑤维生素类：维生素 A、维生素 E、维生素 B_{12} 等。除此之外，还含有黄酮类化合物、香豆素类、油脂类、呋喃香豆素衍生物、腺嘌呤、尿嘧啶等化学成分。

当归根具有补血活血、调经止痛等功效，可以消肿止痛、排脓生肌、补血散寒、养血补虚，常用于妇女月经不调、经闭痛经、痈疽疮疡、痹痛麻木、虚寒腹痛、血虚萎黄等。现代药理研究表明，当归有促进造血、抗炎镇痛、抗氧化、免疫调节、抗肿瘤、保肝护肾等广泛的药理作用。

（1）对血液及造血系统的作用　当归通过促进造血细胞的生成、增殖及分化、抑制造血细胞的凋亡、抑制氧化应激和改善血液生物化学标志物水平等来促进机体造血。当归中同时含有抗血管生成和促血管生成的成分，可用于防治心血管疾病。

（2）抗炎作用　当归主要通过阻断炎症信号通路中相关蛋白、基因的表达以及核转位来抑制炎症介质的释放，降低免疫细胞的免疫活性而发挥抗炎作用。

（3）抗氧化作用　当归可以通过抑制和清除自由基、增加抗氧化酶活性、减少氧化损伤、抑制细胞凋亡和自噬、增强细胞抗氧化能力发挥抗氧化作用。

（4）对免疫系统的作用　当归可通过促进 T 淋巴细胞、B 淋巴细胞、巨噬细胞和自然杀伤细胞的增殖，促进细胞因子如一氧化氮和肿瘤坏死因子-α 的产生，从而调节免疫系统，可作为免疫增强剂，影响非特异性和特异性免疫系统。

3. 桑叶提取物

桑叶为桑科植物桑（*Morus alba* L.）的干燥叶，主要分布于全球的热带、亚热带和温带地区，在中国、日本、韩国和印度等国家广泛种植。桑叶是我国传统中药材，其含有多种活性成分，包括酚类、生物碱类、多糖类、氨基酸类及挥发性成分，其中 1-脱氧野尻霉素（1-deoxynojirimycin，1-DNJ）、黄酮类、酚酸和多糖类的药用价值较高。

桑叶具有利尿、降血糖、降血脂、降血压、清除氧自由基等作用。2020 年，降血糖原创天然药物获国家药品监管局批准上市，它是我国首个获批的中药创新药，也是中国首个原创降血糖天然药物。桑枝总生物碱（sangzhi alkaloiols，SZ-A）主要由 3 个成分组成，分别为 1-DNJ、荞麦碱（fagomine，FAG）和 1,4-双脱氧-1,4-亚氨基-D-阿拉伯糖醇（1-4-

dideoxy-1，4-imino-D-arabinitol，DAB），三者之和占总生物碱的 90% 以上，其中，1-DNJ 含量最高，占总生物碱的 60% 以上。桑叶与桑枝同属桑科植物桑的一部分，在桑叶中，1-DNJ 和 FAG 是最重要的生物碱，有研究表明，1-DNJ 和 FAG 在桑叶中的含量分别为 0.212～2.630mg/g、0.022～2.630mg/g。研究发现，桑叶也具有很好的降血糖作用，它可能通过改善周围组织及肌细胞葡萄糖转运、调控蛋白水平、控制炎症反应、抑制胰岛细胞凋亡等达到防治各型糖尿病的作用，在糖尿病初期和糖代谢异常时期可以通过调整机体状态达到预防糖尿病、延缓糖尿病进展等多种目的，对于已经较为严重的糖尿病患者也可以起到缓解症状、减慢病情发展速度等效果。

4. 丁香

丁香是一类富含丁香酚的食药两用植物，经过其作用后并没有任何化学残留和毒副作用，对环境"零污染"，因此符合人们的绿色环保理念和对食品安全保鲜的诉求。丁香中的丁香油占 15.20%，油中主要成分包含 78%～95% 的丁香油酚、9% 的石竹稀和的 7.33% 乙酰丁香油酚及少量的其他物质；丁香中除了主要含有挥发油成分外还含黄酮类化合物如鼠李素、没食子单宁、山柰酚等。除上述成分外，丁香中还含三萜类化合物如齐墩果酸，在花蕾中还分离到丁香鞣质、鞣花酸和没食子酸。

丁香中的主要活性成分丁香酚是天然植物类香料，其毒性较小，已作为牙科常用的镇痛剂广泛应用于医学领域；丁香酚对人无毒害，作为新型鱼用麻醉剂，不必担心对人和环境造成危害，另外丁香酚价格低，市场推广可行性强，国内外已经开展了丁香酚对多种淡水海水鱼类麻醉行为、麻醉生理和麻醉效果的研究。丁香有阻止血小板凝集作用，对肝酶活性也有较好作用。另外，丁香还具有较好的减肥功效。

5. 山药

山药，又称薯蓣，是一年生或多年生藤本植物，能形成肥大的地下肉质块茎供食用或药用，营养价值高。山药中除了含有水分、蛋白质、脂肪、碳水化合物、微量元素等基本营养成分外，还含有多种有效活性物质，包括甾体皂苷类、多糖、尿囊素、黄酮类和菲醌类化合物等。山药中的皂苷类主要包括纤细薯蓣皂苷、薯蓣皂苷和延龄草皂苷等；山药多糖包括均多糖、杂多糖及糖蛋白，其糖基组成和含量也各不相同，糖基组成主要有葡萄糖、半乳糖、鼠李糖、阿拉伯糖、木糖、甘露糖和葡萄糖醛酸。

山药具有抗氧化、抗突变、抗肿瘤、降血糖、降血脂、保护肝脏损伤和免疫调节等功能。山药可以直接作用于脂质过氧化链式反应，减少链长，从而阻断脂质过氧化的进行，也可以作用于抗氧化酶，提高体内原有抗氧化酶活性，从而间接发挥抗氧化的作用。山药多糖具有一定的抗肿瘤作用，可以抑制肿瘤细胞的增殖，增强白细胞的吞噬能力，是良好的抗癌辅助物。山药中富含抗性淀粉，对普通淀粉在机体中的水解起到抑制作用，同时山药多糖可以加快糖代谢速率，提高酶活性，从而降低血液中血糖水平。山药多糖具有较强的保护肝脏作用，可降低由金属元素引起的肝脏损伤。山药还可调节机体免疫力，促进吞噬细胞的吞噬作用，增加皮质细胞、淋巴细胞数量，延缓免疫器官衰老。

6. 山楂

山楂，又称红果、山里红，山楂属植物，是我国特有的果树品种。山楂有南北山楂之分，全国各地均有栽培，为食药同源植物。山楂中的化学成分主要有苷类、黄酮类、山楂酸、胡萝卜素、鞣质、蛋白质、果糖、熊果酸、齐墩果酸、酒石酸、枸橼酸、内酯、糖类、解脂酶等。山楂中的含酸量为 2%~3%，以三萜类为主，还含有柠檬酸、苹果酸等；迄今为止，已从山楂中分离得到了 60 多种黄酮类的化合物，其主要苷元为：芹菜素、山奈酚、槲皮素、双氢黄酮苷类等。

山楂黄酮类中的表儿茶素、多酚类缩合黄烷聚合物及有机酸中的总三萜酸等不饱和酸是其降血脂的活性成分；山楂中富含的维生素及各种有机酸，可以通过刺激胃蛋白酶的分泌，从而达到促进消化的作用，一般认为山楂对胃肠功能紊乱具有明显的调节作用。而山楂本身特殊的色、香、味可以起到增加食欲的功效。山楂中的膳食纤维还对便秘、结肠癌具有预防作用；山楂也具有较好的抗氧化作用，这主要与其富含黄酮类物质和原花青素类物质有关。

7. 木瓜

木瓜又称海棠梨、铁脚梨，性温、味甘酸，蔷薇科木瓜属灌木。木瓜食药兼用，以药用为主，有平肝和胃、活血通络、滋脾益肺等功效，防治风湿、关节疼痛、肢体麻木及吐泻腹痛、四肢抽搐等症。木瓜果实味涩，水煮或浸渍糖液中供食用。木瓜果实含蔗糖、还原糖、木瓜酚、黄酮、皂苷、氨基酸、维生素 C、酒石酸、反丁烯二酸等。

木瓜中含有许多抗肿瘤的化学成分，例如，齐墩果酸、熊果酸、桦木酸、木瓜蛋白酶、木瓜凝乳蛋白酶；齐墩果酸有消炎、抑菌、降低转氨酶作用。木瓜对四氯化碳引起的大鼠急性肝损伤有明显的保护作用，还有促进肝细胞再生，防止肝硬化，增强机体免疫功能等作用；木瓜作为祛风除湿中药对类风湿关节炎疗效显著；其次还有抑菌、抗氧化活性、清除自由基、降血压、抗心律不齐等作用。

8. 甘草

甘草主要分布在我国西北干旱区域的温带草原以及纬度较高的地区，甘草在我国药典中收录的有光果甘草、胀果甘草和乌拉尔甘草。甘草的活性成分组成十分复杂，其中代表性的黄酮成分包括甘草素、异甘草素、甘草苷、异甘草苷、刺甘草查尔酮、甘草查尔酮 A、光甘草定、甘草香豆素等；甘草中的五环三萜类的皂苷主要是 3β-羟基齐墩果型衍生物。

甘草中的甘草酸、甘草次酸以及甘草黄酮类化合物等都具有良好的解毒作用；甘草中分离得到的甘草酸可以一定程度的降低肝损伤造成的肝脏坏死等，从而对肝脏具有良好的保护功能；甘草中富含多种天然活性成分，很多活性成分具有较强的抗氧化功能。研究表明，甘草中的黄酮类化合物、三萜类化合物和多糖类化合物具有显著的活性氧自由基清除作用；甘草酸、甘草次酸以及甘草的活性成分衍生物能够提高吞噬细胞的吞噬功能，调节淋巴细胞数量和功能，在炎症造成的皮肤病上具有一定的改善作用，可以产生抗炎的药理作用。

9. 决明子

决明子又称马蹄子、草决明，为一年生草本植物。决明子中含有丰富的蛋白质、多糖、维生素和矿物质，蒽醌和萘醌类化合物，蛋白含量较高，为 18.5%~23%，具有较高的药用及营养价值，其中蒽醌类和萘吡酮类是主要的功能成分，约占 1.2%，决明子中蒽醌类化合物主要有：大黄酚、大黄素甲醚、决明素、美决明子素、橙黄决明素、大黄素、大黄酸、芦荟大黄素、黄决明素、葡萄糖橙黄决明素、钝叶素、大黄素葡萄糖苷、大黄素蒽酮、意大利鼠李蒽醌-1-O-葡萄糖苷等。

决明子在中国被视为食用和药用植物，被用作饮料或改善眼科疾病、头痛、高脂血症和高血压。此外，在临床上，决明子长期以来被用在糖尿病性高脂血症的中药配方中和糖尿病便秘。现代医学研究表明，决明子具有抗高脂血症、抗糖尿病、抗氧化、降血压、抗便秘、抗炎、增强视力等多种生物活性。作为药物使用时，具有镇痛、抗惊厥、抗氧化、抗炎、保肝、平喘等作用。

10. 牡蛎

牡蛎是我国第一大养殖贝类，目前的牡蛎品种有近江牡蛎、巨牡蛎和密鳞牡蛎等。新鲜牡蛎中蛋白质含量为6%~12%，且富含20多种氨基酸，必需氨基酸完全程度优于牛乳，其中富含的牛磺酸具有多种活性功能。此外，牡蛎多肽的活性功能研究备受关注。

牡蛎具有一定抗肿瘤活性作用，对人体中枢系统、免疫系统等具有良好保护作用；牡蛎多糖主要有增强免疫功能、抗肿瘤、抗病毒以及抗氧化等功能活性；目前大量研究集中在牡蛎蛋白的利用，尤其是功能多肽的开发，通过化学提取法、微生物发酵法、化学合成法、基因工程法以及酶解法，制备具有抗氧化、抗肿瘤、缓解疲劳以及抑制ACE等功能活性的牡蛎肽。

11. 罗汉果

罗汉果为葫芦科（Cucurbitaceae）罗汉果属（Siraitia）多年生攀援藤本植物。葫芦烷型三萜苷类属于四环三萜类化合物，是罗汉果果实中的主要活性成分。从罗汉果果实中分离鉴定的葫芦烷型三萜类化合物共13种，其中，罗汉果苷V是罗汉果成熟果的主要成分，而罗汉果苷IIE是未成熟果中的主要成分；目前在罗汉果果实中发现的黄酮类化合物主要为槲皮素和山奈酚，其常以苷元的形式存在，即黄酮苷。从罗汉果鲜果中分离得到的黄酮苷有：山奈酚-3-O-α-L-鼠李糖-7-O-［β-D-葡萄糖基-（1-2）-α-L-鼠李糖苷］（罗汉果黄素，Grosvenorine）和山奈酚-3,7-α-L-二鼠李糖苷。

罗汉果果实味甘、性凉，有清热凉血、清肺化痰、生津镇咳、润肠排毒等多种功效，此外还有防治呼吸道感染、护肝、调节血糖、调节免疫系统、抗氧化、抗肿瘤等功效。研究发现，罗汉果苷类可通过以下四种途径对血糖进行调节：修复损伤的胰腺β细胞、刺激胰岛素分泌、调控腺苷酸活化蛋白激酶抑制糖异生途径、抑制体内糖苷酶活性。

12. 金银花

金银花隶属忍冬科，又称忍冬花、鹭鸶花、银花和双花等。金银花的主要有效成分为绿原酸、咖啡酸及异绿原酸等有机酸及挥发油。挥发油主要含芳樟醇、双花醇、香叶醇、β-苯乙醇、苯甲醇、异双花醇、α-松油醇、丁香油酚、棕榈酸乙酯、棕榈酸、二十四酸甲酯等。

金银花中富含的黄酮类物质能防治心脑血管系统和呼吸系统的疾病，具有抗炎抑菌、降血糖以及增强免疫功能等药理作用。金银花还具有清热解毒、凉散风热、增强机体免疫功能、轻身健体等功能。

13. 鱼腥草

鱼腥草是传统的食药同源植物之一，不仅含有多种的营养成分，例如，蛋白质、脂肪、碳水化合物、维生素、矿物质等，同时含有挥发油、多糖、黄酮类及多酚类等多种药效成分。鱼腥草全草约含0.05%的挥发油，主要成分有癸酰乙醛（又称鱼腥草素）、甲基正壬酮及月桂醛、葵酸、葵醛、乙酸龙脑酯等；它含有多种黄酮及酚类物质，主要包括：紫花牡荆素、牡荆素、绿原酸、异槲皮苷、槲皮苷、猫眼草酚、芦丁、东莨菪内酯、芸香柚皮苷、山奈苷、阿福豆苷、山奈素、槲皮素、5-羟基-3′,4′,6,7-四甲氧基黄酮、5-羟基-3,3′,4,7-四甲氧基黄酮和槲非醇-3,7,4′-三甲醚等；鱼腥草中的生物碱主要有蕺菜碱、顺式-N-苯甲酰胺、反式-N-苯甲酰胺。

鱼腥草具有广谱的抗菌作用,在体外对金黄色葡萄球菌、溶血性链球菌、肺炎双球菌、流感杆菌、大肠杆菌和痢疾杆菌均有不同程度的抑制作用。它也具有一定的抗病毒作用,能抑制单纯疱疹病毒、流感病毒、艾滋病病毒、乙型肝炎病毒。它能够增强免疫力,具有抗炎、抗肿瘤、抗辐射等作用。

14. 枸杞子

枸杞子,是茄科植物枸杞的干燥成熟果实,常作为滋补类中药及补品食用。枸杞子化学成分主要包括碳水化合物、类胡萝卜素、类黄酮、甜菜碱、脑苷、α-谷甾醇、氨基酸、微量元素、维生素等。最近几年,在枸杞子中提取分离的枸杞多糖(lycium barbarum polysaccharide,LBP)已被鉴定为主要药理活性成分之一;枸杞子中主要的活性成分除了 LBP 之外,另外一个重要的活性成分是甜菜碱(betaine),《中国药典》中表明,枸杞子中含有不少于 0.3% 的甜菜碱。

枸杞子具有入肝肾经,滋肾、润肺、补肝、明目、补益精气等功效,用于预防和改善糖尿病、癌症、抗衰老、头晕目眩、腰膝酸软、虚劳咳嗽、消渴等症症。LBP 具有多种生物药理活性,例如抗氧化剂、免疫调节、抗肿瘤、神经保护、放射防护、抗糖尿病、保肝、抗骨质疏松和抗疲劳等;甜菜碱是人类必需的一种营养品之一,已经被证明具有显著的抗衰老作用,可以通过调节无毛小鼠的基质金属蛋白酶-9 活性,减少紫外照射引起的光损伤。

15. 桔梗

桔梗,是桔梗科植物桔梗 [Platycodon gradiflorum(Jacq.)A. DC.] 的干燥根,是一种传统药材。桔梗的成分主要有三萜皂苷类、黄酮类和多糖类等。从桔梗中分离得到的皂苷类化合物均为齐墩果烷型的五环三萜,桔梗皂苷上所连的糖基主要有 D-葡萄糖、D-木糖、D-芹糖、L-阿拉伯糖、L-鼠李糖及其衍生物等;桔梗中黄酮类化合物主要包括飞燕草素二咖啡酰芦丁醇糖苷、黄杉素、(2R,3R)-黄杉素-7-O-α-L-吡喃鼠李糖基-(1→6)-β-D-吡喃葡萄糖苷、槲皮素-7-O-葡萄糖苷、槲皮素-7-O-芸香糖苷、木犀草素-7-O-葡萄糖苷、芹菜素-O-葡萄糖苷、木犀草素和芹菜素。桔梗根中多糖主要由果糖聚合而成,多为桔梗聚糖和菊糖型果聚糖。

现代药理研究表明,桔梗除了传统药理活性"镇咳祛痰",还具有抗炎抑菌、抗肿瘤、抗氧化、抗肥胖、降血脂、降血糖、保肝、改善肺损伤、免疫调节等作用。除此之外,桔梗提取物具有一定的酪氨酸酶抑制作用,其中桔梗总皂苷的抑制作用较强,具有一定的美白作用。

16. 荷叶

荷叶(lotus leaf)是睡莲科(Nymphaeaceae)莲属(Nelumbo)荷花的叶,又称莲叶、莲茎。荷叶由多种化学成分组成,除了最主要的营养素碳水化合物、蛋白质、脂肪和灰分外,荷叶中还含有许多生物活性物质,如生物碱、黄酮、有机酸、挥发性油类等。荷叶中的生物碱种类繁多,按照其母核结构及连接基团的不同,可以分为阿朴啡类、去氢阿朴啡类、单苄基异喹啉类、原阿朴啡类、氧化阿朴啡类、双苄基异喹啉类等。荷叶黄酮主要包括槲皮素、异槲皮素、莲苷、山柰酚等,主要以单体或者苷的形式存在;荷叶中的有机酸包括柠檬酸、酒石酸、苹果酸、琥珀酸、邻羟基苯甲酸等;除以上提到的成分外,荷叶中还含有多糖、胡萝卜苷、维生素 C 等活性成分。

传统医学认为,荷叶有清暑化湿、升发清阳、凉血止血等功效。现代研究表明,荷叶提取物有很好的抗氧化、保肝、降脂减肥、抑菌、抗炎症等多种生物学功效,且上述许多生物学功效中都与生物碱有关。

17. 紫苏

紫苏属于唇形科紫苏属一年生草本植物，主要种植在亚洲。紫苏中的活性化合物包括萜类、酚类、黄酮类、挥发性化合物和花色苷类等；紫苏中的萜类成分，主要有紫苏醛、紫苏烯、芳樟醇，其中紫苏醛是紫苏挥发油中含量较高的单萜成分；黄酮类化合物主要是木犀草素和芹菜素等。

紫苏叶具有广泛的药理活性，如抗氧化、抗肿瘤、抗菌、抗炎等。紫苏叶中提取的花色苷、挥发油、花青素、多糖、黄酮类和酚酸类物质具有良好的抗氧化作用，可对抗机体衰老。紫苏叶对急、慢性炎症，局部组织和全身炎症有一定的改善作用，其抗炎的活性物质为挥发油、黄酮和酚酸等。紫苏叶提取物有良好的降脂作用，其作用机理与其影响脂肪合成、蛋白质代谢及抗氧化作用有关；此外，还有降血糖、抗动脉粥样硬化等作用。研究表明，紫苏叶提取物如挥发油、花色苷、迷迭香酸、黄酮类对神经系统有一定的作用，能修复神经创伤、影响神经递质传递。

18. 蒲公英

蒲公英属于菊科多年生草本植物，又称婆婆丁、黄花地丁、华花郎等。蒲公英的功能性活性物质复杂多样，其中含量较多的功能活性物质有黄酮类、多糖类、酚酸类、萜醇类、微量元素等。蒲公英中的黄酮类化合物主要包括木犀草素及其衍生物、槲皮素及其衍生物、异鼠李素及其衍生物等；多糖是蒲公英主要的功效成分之一，蒲公英多糖由 D-鼠李糖、D-半乳糖、葡萄糖、D-木糖及阿拉伯糖组成；蒲公英萜醇是三萜五环类化合物，包括蒲公英甾醇、伪蒲公英甾醇乙酸酯、蒲公英赛醇、豆甾醇、谷甾醇、香树脂醇等化合物。

蒲公英的生理活性包括抑菌、抗氧化、抗肿瘤、抑癌以及抗炎症等。蒲公英具有广谱抑菌作用，对革兰氏阴性菌、革兰氏阳性菌、真菌和病毒均有不同程度的抑制作用。蒲公英中的酚类、多糖、总黄酮具有很强的清除自由基作用，且能提高体内 SOD 等抗氧化酶的水平。蒲公英及其有效成分具有显著的抗肿瘤作用，目前已有多项研究表明，蒲公英有效成分对乳腺癌、肺癌、肝癌等多种癌症具有显著抑制作用，

19. 薄荷

薄荷，植物属于唇形科，薄荷亚族，是芳香多年或一年生草本，分布于北半球的温带地区，少数见于南半球。薄荷主要含有挥发油类、黄酮类、萜类、酚酸类、醌类、苯丙素类等化学成分。薄荷植物中的挥发油类成分是其特征性成分，主要包括醇、酮、酯、萜烯、萜烷类化合物，且这些成分的种类、含量随薄荷品种的不同、产地的不同以及采集时间的不同而变化，这些成分主要为：薄荷醇、薄荷酮、异薄荷酮、胡薄荷酮、异胡薄荷醇、胡椒酮、桉油精、芳樟醇、香芹酮、香芹酚、柠檬烯、3-辛醇、3-辛酮、α-蒎烯、β-蒎烯、α-松油醇、乙酸松油酯、乙酸薄荷酯等。

薄荷具有抗菌、抗病毒、抗炎、抗氧化、抗肿瘤、抗生育等作用。薄荷对多种致病细菌有抑制作用，包括枯草芽孢杆菌、大肠杆菌、沙门氏菌、金黄色葡萄球菌等，薄荷挥发油中的薄荷醇是其抗菌的有效成分之一。对呼吸系统，薄荷挥发油中的薄荷醇可以通过调控瞬时受体电位 M8（TRPM8）通道抑制香烟烟雾引起的呼吸道刺激，这种抗刺激作用可以导致呼吸道产生新的分泌物，使黏稠的痰液易于排出，表现出祛痰作用。因此，薄荷也是缓解咳嗽的常用药。薄荷芳香辛散，对中枢神经系统类疾病也有一定的功效，内服少量薄荷有兴奋中

枢神经系统的作用，通过末梢神经使皮肤毛细血管扩张，促进汗腺分泌，增加散热，故有发汗解热作用。

二、可用于保健食品的中药名单

（一）根茎类植物

1. 三七

三七（*panax notoginseng*），又称田七、参三七、血参，是五加科（Araliaceeae）人参属（*Panax. L.*）多年生草本植物，有"南方人参"之称。云南文山是中国三七的主要产地，占全国总产量的90%以上。三七的化学成分中含有三萜皂苷、黄酮、多糖、氨基酸等重要生物活性成分。三七皂苷是三七中最主要的活性成分，在三七中含量较高（约10%），种类也较多。到目前为止，已从三七的不同组织分离了70多种三萜皂苷，分为人参皂苷、三七皂苷和绞股蓝皂苷等。

三七的主要药理作用主要有：①止血作用，三七在血液中的作用自古已被观察到，许多经典中医著作也有所记载。现代研究也证实了，三七对血液系统有重要的生理作用，三七的乙醇提取物可以缩短出血时间，具有很好的止血效果；②对心血管系统的影响：三七中活性成分对心血管系统有抗休克、抗心律失常、改善心脏功能等作用；③抗炎作用：三七总皂苷具有明显的抗炎作用；④对免疫系统的调节；⑤对脑血管的影响以及阿尔兹海默症的缓解：三七总皂苷作为一种外在调节剂，可以激活抗氧化防御系统，并抑制 NF-κB 炎症信号转导以减弱有害物对血脑屏障破坏和单核细胞在体外对脑内皮细胞的黏附；例如，从三七中提取的人参炔醇具有缓解阿尔兹海默症的潜力。

2. 丹参

丹参为唇形科植物丹参（*salvia miltiorrhiza* bge.）的干燥根和根茎，主产于山东、陕西、山西、河北、安徽、四川、江苏等地。丹参中的化学成分主要包括丹参酮类、挥发油类、酚酸类、黄酮类、多糖类、无机盐类等。丹参酮是丹参中最主要的脂溶性部分，为丹参酮型类二萜类化合物，主要有丹参酮Ⅰ、丹参酮ⅡA、丹参酮ⅡB、隐丹参酮等，其中，丹参酮ⅡA活性最为突出。丹参挥发油主要成分有石竹烯、正十六酸、铁锈醇、邻苯二甲酸二异丁酯、大根香叶 D、油酸、正二十烷等。丹参中的酚酸类化合物，主要包括丹参素、丹酚酸 A、丹酚酸 B、迷迭香酸、原儿茶醛、紫草酸等。

丹参的中活性成分的药理作用有：①对心血管疾病的防治作用。丹参对心血管疾病和脑缺血有较好的保护作用，丹参提取物可通过减少黏附分子的表达、抑制炎症分子的积聚，预防动脉粥样硬化；②对血液的影响和对肝脏的保护作用。丹参中存在的某些活性成分是潜在的抗血小板活性成分；③抗菌消炎作用。丹参饮片水提取物对变形杆菌、伤寒杆菌等有较显著的抑制作用，并且丹参有效活性成分丹参酮ⅡA、丹参酸甲酯等对金黄色葡萄球菌具有明显的杀灭作用。除此之外，丹参对于部分皮肤真菌同样具有良好的抑制作用，且具有良好的抗雄性激素作用、抑制痤疮丙酸杆菌和皮脂腺增生作用；④免疫功能。研究者发现伽马刀在丹参注射液的作用下，原发性肝癌患者免疫球蛋白水平有明显提高；⑤对肿瘤的影响。丹参的乙醇提取物能抑制肿瘤细胞增殖并诱导肿瘤细胞凋亡，同时能影响肿瘤细胞端粒酶的活性，影响半胱氨酸蛋白酶蛋白作用机制；⑥抗氧化。丹参的丹参酮ⅡA、丹参素、丹酚酸等活性成分具有较强的抗氧化作用，其中丹酚酸的效果最为显著，具有很强的清除自由基作用。

3. 白芍

白芍为毛茛科植物芍药（*paeonia tactilora* pall.）的干燥根，是著名的"浙八味"药材之一，具有平肝止痛、养血调经、敛阴止汗等功效。白芍化学成分主要为挥发油类、单萜类、三萜类及黄酮类化合物等。白芍中的萜类化合物主要为单萜，还有其糖苷类化合物和三萜类化合物，研究最为广泛的是单萜及其糖苷类化合物，包括芍药苷、芍药内酯苷、氧化芍药苷等成分。其中，芍药苷是发现最早的一种蒎烷单萜苷，也是最主要的活性成分。白芍中的黄酮类化合物包括山奈酚-3-7-di-O-β-D-葡萄糖苷、山奈酚-3-O-β-D 葡萄糖苷、儿茶素、儿茶酸、山奈酚、二氢芹菜素、花青素等 20 多种黄酮类化合物。

白芍具有免疫调节、抗炎症、肝脏保护和脑以及神经保护等功能，同时还具有皮肤屏障修护、肾脏保护以及抑制细胞增殖等作用。关于免疫调节方面，白芍总苷可以缓解系统性红斑狼疮、口腔扁平苔干燥综合征、类风湿性关节炎以及银屑病等免疫缺陷疾病。芍药苷和芍药内酯苷可提高肝脏组织的抗氧化水平，对四氯化碳诱导的急性肝损伤具有保护作用。白芍总苷对脑和神经有保护作用。

4. 石斛

石斛是中国传统的名贵中药材，在中国主要分布于秦岭至淮河以南地区。石斛富含酚类、多糖类、生物碱、黄酮类和倍半萜类生物活性成分。石斛的主要有效成分是多糖，总多糖含量为 30%~45%。按照石斛药材传统的质量标准"质重，嚼之粘牙，味甘，无渣者为优"，常以多糖含量的高低来判断石斛质量的优劣。石斛中另一类主要成分为黄酮类化合物，包括牡荆素糖苷、芦丁、夏佛塔苷、柚皮素和异夏佛塔苷等。石斛中的生物碱依据结构分为 5 种，包括倍半萜类、八氢中氮茚类、酰胺碱类、四氢吡咯类和咪唑类生物碱。

石斛具有提高免疫力、抗肿瘤、护肝、降血糖等作用。研究表明，石斛的抗癌作用可能与其改善免疫系统活性有关。随着糖尿病患病率的日趋增高，铁皮石斛在降血糖方面的作用越来越引起人们的关注。研究表明，石斛通过调节血脂平衡和抗氧化活性来发挥降血糖作用。

5. 太子参

太子参的化学成分主要包括糖类、皂苷类、环肽类、留醇类、油脂类、挥发油类、氨基酸类、磷脂类、脂肪酸类和微量元素等。太子参中的糖类包括太子参多糖 PHP-A 和 PHP-B、麦芽糖、蔗糖和 α-槐糖等；太子参中还含有皂苷类成分，其中包括太子参皂苷 A、刺槐苷、尖叶丝石竹皂苷 D、胡萝卜苷、7-豆甾烯醇 3-O-β-D-葡萄糖苷、α-菠菜甾醇-β-D-吡喃葡萄糖苷、腺嘌呤核苷、尿嘧啶核苷等；环肽类化合物是太子参的特征性成分之一，目前已经从太子参中分离得到了数十种环肽类化合物，按照环肽分子中氨基酸的数量不同，可分为环七肽、环八肽、环二肽环十肽等。

太子参具有多种药理活性，包括抗菌、抗炎、抗脂质过氧化、抗心肌梗死、抗心力衰竭、降血糖、降血脂等，还可以增强机体免疫功能、改善记忆障碍。太子参中的多糖具有降血糖、降血脂、保护肾脏、消除胰岛素抵抗、提高人体糖耐量、增加免疫后血清中溶血素的含量和防治糖尿病及其并发症等功效；太子参内的皂苷成分对视网膜激光损伤具有保护作用；太子参中环肽类化合物可以通过抑制酪氨酸酶的合成而减少皮肤中的黑色素堆积。

6. 木香

木香的主要成分包括萜类、生物碱、蒽醌、黄酮类成分等，其中木香烃内酯和去氢木香内酯为木香中的主要活性成分，其含量因产地的不同而存在一定差异，其成分含量为1.47%~2.13%。

木香烃内酯具有抗肿瘤、抗炎、抑制微生物活性、降血糖等作用。去氢木香内酯也具有显著的抗肿瘤活性，能够通过抑制 Wnt 信号通路，阻止 β-连环蛋白进入核内的过程，从而抑制癌细胞恶性增殖分化。

7. 玫瑰茄

玫瑰茄（hibiscus sabdariffa L.）为锦葵科（Malvaceac）植物，又称洛神花、芙蓉茄、山茄子、红果梅、苏丹茶。玫瑰茄主要成分为花青素、酚酸、黄酮等，其中花青素类包括飞燕草素-3-桑布双糖苷、矢车菊素-3-桑布双糖苷等；酚酸类包括绿原酸、儿茶酸、没食子酸、鞣花酸、柠檬酸等；黄酮类包括木犀草素、紫云英苷、杨梅素、儿茶素等。

在中医中，玫瑰茄味酸性凉，归肾经，具有敛肺止咳、降血压、解酒等功效。现代药理研究表明，玫瑰茄具有抗炎、抗高血压、抗肥胖、调节血脂、抗高血氨、抗焦虑和镇静等多种药理作用。除此之外，玫瑰茄提取物还被发现有抗氧化、抗突变、抑制平滑肌收缩、预防糖尿病并发症、护肝、免疫调节等多种功效。

8. 苍术

苍术中含有多种药效活性成分，包括烯炔类成分如苍术素、倍半萜类成分如 β-桉叶醇、茅术醇、苍术酮、苍术内酯等挥发性成分，以及寡糖、多糖、甾类化合物等。

现代药理学研究证实，苍术具有多种药理活性，包括抗炎、抗病毒、抗溃疡、保肝以及抗肿瘤等。苍术具利尿活性、抗炎活性以及抗癌活性等，这些药理活性与苍术中的烯炔类成分以及倍半萜类成分密切相关；β-桉叶醇对胃肠道运动功能有双向调节作用，既能在胃肠道功能不足时促进胃肠道运动，又能在脾虚泄泻或胃肠功能亢进时显示出明显的抑制作用，这可能是由于 β-桉叶醇的抗胆碱作用或直接作用于胃肠道平滑肌引起。因此，β-桉叶醇是苍术健脾燥湿作用的有效活性成分。同时，β-桉叶醇还能抑制肿瘤生长和血管增生。

9. 土茯苓

土茯苓中的活性成分包括黄酮类、酚酸、糖类、甾醇类、苯丙素类、多酚、挥发油等，其中黄酮和黄酮苷类化合物是土茯苓中的主要成分，包括落新妇苷、异落新妇苷、黄杞苷等。

土茯苓具有降尿酸及保护肾功能、镇痛抗炎利关节、抗肿瘤、肝保护、免疫调节、抗菌抑菌和抗心律失常等作用。

10. 知母

知母主要含有甾体皂苷类、木脂素类、双苯吡酮类、多糖类、黄酮类等有效成分，甾体皂苷类在知母中含量丰富且种类较多，已知知母根茎中的皂苷含量约6%，其中含量较高的甾体皂苷成分是知母皂苷 AⅢ、知母皂苷 BⅠ、知母皂苷 BⅡ、知母皂苷 BⅢ、知母皂苷 E1、知母皂苷 C、知母皂苷 Ⅰ；知母中的黄酮类化合物包括氧杂蒽酮类、黄酮醇类、查尔酮类和黄酮类。

知母不仅具有抗肿瘤、抗凝血、抗炎以及改善阿尔兹海默症的功效，而且知母的复方制剂对免疫系统还有一定的调节作用，例如，草果知母汤、桂枝芍药知母汤等。

11. 骨碎补

骨碎补是水龙骨科植物槲蕨的干燥根茎，主要化学成分包括黄酮类、苯丙素类、三萜类、木脂素及甾体类等化合物；骨碎补绝大多数药理作用都与黄酮类化合物有关，黄酮是骨碎补最重要的活性成分，其中柚皮苷作为药典含量检测的指标成分被广泛研究。

骨碎补有着丰富的药理作用，包括抗骨质疏松作用、促骨折愈合作用、肾保护作用、抗炎作用、促进牙齿生长作用、防治氨基糖苷类耳毒性以及降血脂作用等。骨碎补提取物通过促进骨髓间充质干细胞的成骨性分化，促进成骨细胞的增殖，抑制破骨细胞所介导的骨吸收作用等多种代谢途径防治骨质疏松症。柚皮苷是骨碎补中的主要活性物质，它可通过降低炎症因子的表达，抑制包括骨关节炎症在内的各种炎症反应。

12. 平贝母

平贝母（*fritillaria ussuriensis Maxim*），百合科贝母属，又称平贝、贝母、北贝，是一种多年生的草本植物。平贝母中含有多种活性成分，如生物碱类、生物碱苷、腺苷类及多糖类等成分，其中甾体生物碱是其主要的生物活性成分，主要包括贝素乙、贝母辛、贝母甲素、平贝碱甲、平贝碱乙、平贝碱丙、乌苏里宁、乌苏里啶、乌苏里啶酮、乌苏里酮、平贝酮、平贝定苷、西贝素苷、平贝碱苷等。

平贝母的药理作用包括镇咳、祛痰、平喘、降压以及抗炎等。平贝总碱可抑制多种类型溃疡的发生，例如，平贝总碱可抑制胃蛋白酶活性，具有抗胃溃疡作用。平贝母主要活性成分是贝母素乙，具有一定的抗癌作用。

表 10-1 列举了可用于保健食品的中药根茎类植物名单。

表 10-1 可用于保健食品的中药根茎类植物名单

序号	名称	主要活性成分	药理作用
1	茜草	大叶茜草素、羟基茜草素	利尿、除虫、抗肿瘤
2	三七	皂苷类	抗炎、止血、镇痛、抗疲劳、降血脂、降血压、壮筋骨
3	土茯苓	有机酸、植物甾醇、黄酮	镇痛、利尿、抗癌、护肝
4	川牛膝	甾体、三萜皂苷和多糖类	祛风湿、活血
5	川贝母	贝母辛、西贝母碱、贝母素甲、贝母素乙	抗菌、降压、耐缺氧
6	川芎	川芎嗪	抗菌、降压、镇静
7	丹参	邻醌型的丹参酮类	抗菌、消炎、护肝、抗肿瘤
8	五加皮	原儿茶酸、紫丁香苷、绿原酸	抗炎、镇静、镇痛、降压、降血糖
9	升麻	三萜皂苷类化合物、酚酸类物质、色原酮、挥发油	抗炎、镇痛、抗溃疡、抗氧化
10	天门冬	天门冬素、甾体皂苷、低聚糖和多糖类	抗菌、镇咳、止血、抗肿瘤、生津、清热化痰
11	太子参	多糖、皂苷、环肽	抗疲劳、耐缺氧
12	巴戟天	低聚糖类	健脾补肾、强筋健骨
13	木香	木香烃内酯、去氢木香内酯	降压、解痉、抗菌
14	牛蒡子	牛蒡子苷、牛蒡子苷元	抗菌、降血压、祛热消肿
15	北沙参	槲皮素、β-谷甾醇、豆甾醇	清肺、祛痰止咳、养胃生津

续表

序号	名称	主要活性成分	药理作用
16	玄参	哈巴俄苷、安格洛苷 C、类叶升麻苷、肉桂酸	降压、降血糖、抗菌
17	白及	糖、联苄类、菲类、三萜及其皂苷、甾体及其皂苷	收敛止血、消肿生肌
18	白术	白术内酯 I、II、III	利尿、降血糖、抗凝血、抗菌
19	白芍	白芍	镇痛、保肝、耐缺氧
20	石斛	多糖、石斛碱、酚类、必需氨基酸、倍半萜类、甾体类、芪类和木质素类	生津、清热
21	玫瑰茄	花青素、多酚、多糖、黄酮	利尿、降血压
22	苍术	β-桉叶醇	健脾、祛风湿
23	赤芍	萜类及其苷、黄酮及其苷、鞣质类、挥发油类、酚酸及其苷	清热、清肝明目
24	志远	远志皂苷、生物碱、内酯类、山酮类及苯丙素类	抗衰老、祛痰、抑菌、解酒
25	麦门冬	鲁斯可皂苷元	抗菌、耐缺氧
26	泽泻	三萜、倍半萜、多糖	利尿、减肥、降血脂、抗脂肪肝
27	知母	皂苷及其苷元	抗衰老、解热、滋阴降火
28	香附	挥发油	抗菌、抗炎、镇痛
29	骨碎补	柚皮苷	补肾、镇痛、促进骨吸收、降血脂
30	桑枝	黄酮类化合物、生物碱、多糖	抗癌、利尿、抗菌
31	熟大黄	蒽醌类，多糖类，鞣质	抗衰老、益智、提高免疫力
32	平贝母	甾体生物碱	镇咳、祛痰、降压
33	浙贝母	浙贝甲素、浙贝乙素	祛咳止痰、清热润肺
34	湖北贝母	浙贝甲素、浙贝乙素、湖贝甲素、湖贝甲素苷、湖贝乙素	止咳、平喘、祛痰、降压
35	竹茹	酚性物质、黄酮类	祛痰、止吐、清热
36	金荞麦	黄酮和酚类	抗肿瘤、抗感染、抗炎
37	首乌藤	蒽醌类化合物	调节血脂、镇静催眠

（二）叶类植物

1. 苦丁茶

苦丁茶中的化学成分主要有多酚、黄酮、多糖、皂苷、生物碱、三萜类、咖啡碱等，其中黄酮、多酚类、咖啡碱等是重要物质。茶叶中富含有茶多酚，其多酚类物质是茶叶中很具有代表性的次生代谢产物，茶叶中多酚类物质含量为 20%～35%，但苦丁茶中的多酚类含量比茶叶低，冬青属苦丁茶的多酚类含量为 10%左右，贵州女贞属苦丁茶茶多酚类含量约为

8%。研究发现，苦丁茶中含有表儿茶素、表没食子儿茶素没食子酸酯和表儿茶素没食子酸酯，但基本上不含有表没食子儿茶素和儿茶素。芦丁、槲皮素和杨梅酮是中药植物中三种最常见的黄酮类化合物，它们3种成分的总含量在大叶冬青苦丁茶中占有很大的比率，比普通的茶叶如绿茶等的含量要高出很多倍。

三种苦丁茶多糖对多种活性氧自由基均有一定清除作用，表现出较好的抗氧化活性。采用灌胃法给高血压模型动物喂食冬青属苦丁茶提取物，显示出其显著降压作用，有望以此研制出一种新的调节血压功能性食品。苦丁茶提取物不仅有明显的降压作用，还可以显著降低皮下脂肪指数，有一定的减肥功效。苦丁茶可以显著降低高脂血症动物血清总胆固醇、甘油三酯并提高高密度脂蛋白/低密度脂蛋白比值，为相关功能性食品研发提供了科学依据。苦丁茶提取物对金黄色葡萄球菌、伤寒杆菌、乙型溶血性链球菌的抑菌作用较强。苦丁茶还具有许多其他的生物活性，如止血消炎、提高记忆力、抗辐射、抗突变、抗衰老、利尿、促进肝损伤修复活性等生理功能。

2. 芦荟

芦荟中含有丰富的生物学活性成分，包括蒽醌类、多糖、氨基酸（多肽类）、矿物质、维生素、活性酶和有机酸等。蒽醌类化合物是芦荟中最主要的生物活性成分，包含芦荟苷、芦荟大黄素、大黄酚、大黄素、大黄酸和大黄素甲醚等；多糖是芦荟成分中重要的活性物质，芦荟叶肉中的黏性物质以甘露聚糖为主。

芦荟中的蒽醌类化合物可以通过抑制细菌的呼吸代谢作用起到杀灭微生物的效果，以及通过破坏细菌细胞壁膜和干预细菌生物膜的形成以达到抗菌目的；芦荟多糖有消炎、促进蛋白质和核酸的生物合成、调节细胞生长、免疫调节等重要作用，此外，芦荟中含有的多糖、单宁、芦荟皂苷和植物固醇等成分也具有一定的抗菌的功效。

3. 淫羊藿

淫羊藿含有黄酮类、多糖类、生物碱、木脂素、微量元素等，主要活性成分为淫羊藿总黄酮和淫羊藿多糖。其中淫羊藿总黄酮是淫羊藿的关键活性成分，主要包括淫羊藿苷、淫羊藿次苷和阿可拉定（淫羊藿素）等。

现代药理学实验研究表明，淫羊藿具有壮阳、改善机体的造血功能、增加心脑血管血流量、预防心脑血管疾病、消除乳房肿块、防治骨质疏松、延缓衰老以及改善机体的免疫功能、防治神经性疾病、抑制肿瘤生长等显著功效，具有很高的开发潜力；淫羊藿苷中活性特征成分淫羊藿次苷 I 和淫羊藿次苷 II 具有改善免疫功能、抑制肿瘤、增加血管中血流量而保护心脑血管系统、调节甲状腺激素的分泌而壮阳补肾等药理功效。

4. 泽兰

泽兰是一种食用根茎野菜资源，其食用部分含有9种人体必需的氨基酸和维生素 C、维生素 B_1、维生素 B_2 及含量丰富的无机微量元素。除此之外，泽兰中含黄酮苷、酚类、氨基酸、有机酸、皂苷、漆蜡酸、β-谷幽醇、桦木酸和熊果酸等活性成分。

泽兰对金黄色葡萄球菌、表皮葡萄球菌、埃希氏大肠杆菌、肺炎杆菌、伤寒杆菌等都有很强的抗菌作用。近年临床报道，泽兰对流行性出血热有抑制作用，并有一定的抗炎作用。药理学研究表明，泽兰水煎剂能降低血液黏度、纤维蛋白原含量、红细胞压积及缩短红细胞电泳时间、减少红细胞聚集，还有抑制血小板聚集、抗血凝和血栓形成、改善微循环、调节血脂代谢等作用。实验研究还表明，泽兰有抗实验性肝硬化、利尿、镇痛、镇静及促进肝再生等作用。

表 10-2 列举了可用于保健食品的中药叶类植物名单，包括活性成分、药理作用等。

表 10-2　　　　　　　　　　可用于保健食品的中药叶类植物名单

序号	名称	主要活性成分	药理作用
1	侧柏叶	挥发油、黄酮、鞣质	利尿、抗菌、止咳祛痰
2	番泻叶	二蒽酮类衍生物	抗菌、止血、致泻
3	苦丁茶	苦丁皂苷、氨基酸、维生素 C、多酚类、黄酮类、咖啡碱、蛋白质	抗菌、抗氧化、抗疲劳、降血糖
4	芦荟	多糖	美容、致泻、抗菌、解毒、护肝
5	佩兰	叶含香豆精、香豆酸、麝香草氢醌	抗炎、祛痰、抗肿瘤
6	人参叶	人参皂苷	抗疲劳、调节免疫系统、保护心肺、抗肿瘤、抗衰老、抗氧化
7	淫羊藿	淫羊藿苷	提高机体性能、提高免疫力、耐缺氧、抗病毒
8	泽兰	三萜酸、酚酸、黄酮类和挥发油	利尿、镇痛、降压

（三）花草类植物

1. 红花

红花中的主要活性成分为黄酮类成分，与红花的药理作用密不可分。黄酮类成分中主要发挥药效的为黄酮醇和查耳酮类，如山奈酚糖苷、槲皮素、6-羟基山奈酚、红花黄色素、羟基红花黄色素等。

红花中黄酮类化合物的药效作用较为复杂，对机体的炎症、免疫调节、肿瘤生长均有显著的抑制作用，且与氧化作用有密切联系。红花抗氧化作用的活性成分主要是黄酮类、多糖类和生物碱类，而抗氧化机制具有多途径、多靶点、多种效应的特点。

2. 红景天

红景天（*crassulaceae rhodiola* L.）为景天科红景天属多年生草本或亚灌木植物，主要活性成分有生物碱、黄酮类、糖苷类、苯酚类化合物、挥发油、香豆素类、甾体以及有机酸和微量无机元素等，其中红景天苷被认为是红景天中最具药用价值的功能性成分，其含量的多少也是评价红景天药效的重要因素。

红景天提取物具有抗疲劳作用，能够增加精神功能，特别是集中精神注意力，并减少倦怠和疲劳综合征患者觉醒应激的皮质醇反应。红景天能够影响单胺和阿片样肽如 β-内啡肽的水平和活性，具有提高适应性和调节中枢神经系统的作用；红景天具有延缓衰老、抗氧化、抗炎、美白等作用；其还可缓解轻度或中度抑郁症患者的抑郁症状，改善精神状态。

3. 罗布麻

罗布麻叶中的化学成分较多，主要包括黄酮类、儿茶素、酸类、脂肪酸醇脂、醇类、甾体类、糖类、烷类、氨基酸类、矿物质元素等多种成分。黄酮类化合物是罗布麻叶的主要成分，其含量为 0.20%~1.14%，包括金丝桃苷、异槲皮苷、紫云英苷、异槲皮苷 6'-O-乙酰基等，其中金丝桃苷含量最多；罗布麻叶中的三萜及甾醇类化合物，主要有正三十醇、中肌醇、羽扇豆醇、β-谷甾醇等。

罗布麻叶在降血压、降血脂、保肝、抗抑郁等方面具有十分明显的功效，还具有防治糖尿病、增强免疫功能、对血小板的解聚、抑制脂质过氧化、抗辐射等作用。

4. 益母草

益母草的活性成分包括生物碱类、萜类、黄酮类和挥发油等多种化合物，其中，生物碱类是益母草药用的主要活性成分，包括盐酸益母草碱、水苏碱益母草啶、三尖杉碱、益母草宁和葫芦巴碱等多种生物碱成分；二萜类化合物是目前从益母草属植物中提取到数量最多的化合物，包括呋喃环型半日花烷二萜、二氢呋喃环型半日花烷二萜、四氢呋喃环型半日花烷二萜、内酯型半日花烷二萜和 α,β-不饱和内酯型半日花烷二萜等，主要是半日花烷型二萜。

益母草除保护心血管、免疫调节、抗炎症以及抗氧化等方面的作用外，还具有双向调节子宫的作用。

5. 积雪草

积雪草中的主要化学成分包括三萜化合物、黄酮类化合物，如槲皮素、儿茶素、芦丁、柚皮苷等、挥发油如香叶烯等，以及丰富的维生素 C、维生素 B_1、胡萝卜素以及无机盐类。积雪草的中最主要的活性成分是三萜化合物，包括羟基积雪草酸、积雪草酸、羟基积雪草苷以及积雪草苷等。

积雪草有清热利湿，活血化瘀，解毒消肿的作用。其干燥全草被用来增强记忆和防治神经系统疾病，比如认知障碍或神经中毒。积雪草提取物可以改善高血压患者的静脉功能不全和微血管病变，并保护心肌免受缺血再灌注引起的心肌梗死。此外，它可以促进伤口愈合，也被用于改善皮肤和胃肠问题。

6. 野菊花

野菊花的生物活性成分主要有黄酮类化合物、挥发油类、多糖、有机酸及多种微量元素。黄酮类化合物是野菊花发挥药理作用的最重要活性成分之一，可分为黄酮及其苷、黄酮醇及其苷及二氢黄酮类化合物。挥发油是野菊花发挥药理作用的重要因素，包括烷类化合物、倍半萜、单萜类及其氧化物三大类，但以萜类化合物的药用机理为主。

菊花具有抑菌、抗病毒、抗氧化、肝保护、抗肿瘤等功效，并能在自由基清除、心血管系统保护、胆固醇代谢促进等方面发挥作用。

表 10-3 列举了可用于保健食品的中药花草类植物名单，包括活性成分、药理作用等。

表 10-3　　　　　　　　　　　可用于保健食品的中药花草类植物名单

序号	名称	活性成分	药理作用
1	木贼	山柰素、棉花皮异苷	保肝、镇痛、抗衰老
2	车前草	酮类化合物、烷烃类化合物、醇类化合物、酚类化合物、醚类化合物	抗炎、明目、缓泻、抗炎
3	红花	黄酮	美容祛斑、耐缺氧、抗凝血
4	红景天	苯丙酯类和类黄酮类	耐寒、耐高温、抗疲劳、抗衰老

续表

序号	名称	活性成分	药理作用
5	罗布麻	槲皮素、羽扇豆醇、三十烷醇、金丝桃苷、紫云英苷	镇咳、降压、降血脂
6	厚朴花	酚类、挥发油、生物碱	抗炎、抗菌、抗病毒、抗氧化、降血糖、神经保护
7	益母草	益母草碱	抗血栓、利水消肿、改善微循环
8	积雪草	积雪草酸，羟基积雪草酸，积雪草苷、羟基积雪草苷	抗菌、镇静、抗肿瘤
9	野菊花	挥发油、黄酮类化合物	降压、抗病原微生物、促进白血病吞噬
10	蒲黄	黄酮及甾类	凝血、兴奋子宫、抗结核
11	蒺藜	总皂苷类、总黄酮类	降压、降血脂、抗衰老
12	墨旱莲	三萜皂苷、黄酮类化合物、噻吩化合物、香草醚类	抗炎、免疫调节和酶激活

（四）果类植物

1. 人参果

人参皂苷为人参的主要有效成分之一，具有人参根的主要生理活性，人参果所含的总皂苷为人参根含量的 4 倍。除了有效成分人参皂苷外，人参中还有多糖、氨基酸、多肽、挥发油、微量元素等多种活性成分。

人参果皂苷有抗休克、保护心肌作用，对失血性休克犬心肌有保护作用；其次，还有抗衰老、促进物质代谢、降血糖抑菌以及提高记忆力等作用。

2. 女贞子

女贞子为木犀科植物女贞（*ligustrum lucidum* ait.）的干燥成熟果实。女贞子化学成分多样，主要为三萜类化合物、环烯醚萜类化合物、苯乙醇类化合物、黄酮类化合物，其次还含有丰富的挥发油类、脂肪酸、糖类、氨基酸、微量元素、甾醇类等。三萜类是女贞子中的主要成分，其中齐墩果酸含量最大，女贞子中三萜类主要为齐墩果烷型、乌苏烷型以及少量的四环三萜。环烯醚萜类化合物也是女贞子中一类重要的活性物质，其中以裂环环烯醚萜占大多数；女贞子的苯乙醇苷类化合物主要包括红景天苷、毛蕊花苷、松果菊苷、北升麻宁和酪醇等；女贞子中分离得到芹菜素、木樨草素、槲皮素、花旗松素和木樨草素-7-O-β-D-葡萄糖苷等。女贞子中分离得到的甾醇类有 β-谷甾醇、豆甾醇、β-胡萝卜苷等；女贞子中还含有大量的氨基酸类和微量元素，包括硒、锌、铜、锰等，是其发挥活性作用的物质基础。

现代药理学研究发现女贞子具有抗骨质疏松、抗肿瘤、抗氧化、增强免疫力、抗衰老等作用。

3. 五味子

五味子为木兰科植物五味子或华中五味子的成熟果实。五味子的化学成分主要包括木脂素类化合物、挥发油类化合物、有机酸类化合物、黄酮类化合物、多糖和无机元素等。木脂素为五味子的主要成分，占 2%～8%，其中种类最多以及活性最强的是联苯环烯类木脂素。五味子中挥发油类占 5%～6%，主要由萜类化合物组成，有单萜类、含 U 氧单萜类、倍半萜类等。多糖也是五味子中重要的活性成分之一，占 7%～11%。

五味子中木脂素类化合物拥有的药理活性很广泛，包括保肝、抗炎、抗肿瘤、镇静催眠、保护心血管、降血糖、抗菌等。

4. 牛蒡子

牛蒡子为菊科二年生草本植物牛蒡（*Arctium lappa* L.）的干燥成熟果实。牛蒡子的化学成分丰富，主要有木脂素类、挥发油及脂肪酸类、萜类以及酚酸类化合物等。木脂素类是牛蒡子中的主要活性成分，其中又以络石苷元的作用为最强，牛蒡子中的木脂素主要包括牛蒡子苷、牛蒡子苷元、罗汉松脂素、络石苷元、牛蒡酚、牛蒡素、双牛蒡子苷元等；以及数十种 2,3-二苄基丁内酯木脂素等。此类化合物以结构类型可分为木脂内酯型、倍半木脂素型和双木脂素型。

牛蒡子味辛苦、性寒，归肺胃二经，具有疏散风热、解毒透疹、利咽消肿等功效，主要用于缓解外感风热、咳嗽痰多、咽喉肿痛、发热咳嗽；麻疹初期、疹出不畅；风热疹痒；热毒疮肿；疖腮丹毒；咽喉肿痛等。牛蒡叶含抗菌物质最多，水煎当茶，可缓解急性乳腺炎。现代药理学研究证明，牛蒡子提取物有抗菌、抗肿瘤、降血糖、降血压及抗 HIV 病毒等多种药理作用。

5. 诃子

诃子为使君子科植物诃子（*terminalia chebula*）的成熟果实。诃子富含鞣质（鞣花单宁）类、酚酸类、三萜类成分，其中酚酸类，如没食子酸、咖啡酸、香草酸、对香豆酸、阿魏酸、鞣花酸等是诃子的重要活性成分。

诃子多酚类化合物具有清除活性氧自由基作用，研究人员发现，诃子多酚类化合物能有效清除活性氧自由基，对卵磷脂脂质过氧损伤有显著抑制作用，因此具有良好的抗氧化作用及多种生理活性。诃子多酚类化合物抑制脂质过氧化，保护肝细胞膜。

6. 金樱子

金樱子（*rosa laevigata*）为蔷薇科（Rosaceae）蔷薇属（*Rosa*）木本植物，主产于我国四川、广东、云南等地，其干燥成熟果实为传统中药金樱子。金樱子植物中的化学成分主要包括黄酮类、三萜类、鞣质类、苯丙素类、甾体类、多糖类等，其中五环三萜类化合物是金樱子中最为重要的活性成分，近年来通过各种色谱技术从金樱子果实中共分离得到 100 多种五环三萜类化合物，都是以乌苏烷型、齐墩果烷型、羽扇豆烷型为基础母核的化合物；金樱子中含有的黄酮类化合物同样是其具有重要药理作用的成分之一，主要包括槲皮素、山奈酚、芹菜素、甘草素、柚皮素、木犀草素等；金樱子中含有的苯丙素类化合物主要包括简单苯丙素类、香豆素类和木脂素类化合物，其中以木脂素类为主；金樱子植物中甾体类化合物主要包括 β-谷甾醇、7-氧谷甾醇-β-D-吡喃葡萄糖苷、7-羟基谷甾醇-3-O-β-D-吡喃葡萄糖苷、谷甾-3-O-β-D-吡喃葡萄糖苷和豆甾-3α，5α-二醇-3-O-β-D-吡喃葡萄糖苷等；金樱子多糖的单糖组成包括阿拉伯糖、鼠李糖、木糖、甘露糖、半乳糖、葡萄糖、果糖；研究发现不同产地采集的金樱子果实中的多糖含量均高于金樱子根、叶等药用部位。

金樱子植物全株均可入药，其根称金樱根，具有固精涩肠的作用；其花称金樱花，具有止冷热痢，杀虫等功效；其叶称金樱叶，能够缓解疮痈肿毒、烧烫伤等。现代中药学研究表明，金樱子植物具有以下功能：①免疫调节作用；②抗氧化作用；③降血脂作用；④对肝、肾的保护作用；⑤抗菌、抗病毒作用。

7. 枳实

枳实（*fructus aurantii immaturus*）是芸香科柑橘属植物酸橙及其栽培变种或甜橙的干燥幼果。枳实中黄酮类成分含量较高，占 22.45%~33.76%。现已从枳实中分离的黄酮类成分主要为橙皮苷、柚皮苷、新橙皮苷等；枳实中挥发油类主要包括柠檬烯、癸醛、壬醛、十二烷醛、乙酸芳樟油等，其中主要成分为柠檬烯，其相对百分含量高达 68.25%。生物碱类成分主要是辛弗林、N-甲基酪胺；枳实中还含有 5,7-二羟基香豆素、6,7-二羟基-3,7-二甲基-1-烯-3-基香豆素等。

枳实的功能活性包括：①对胃肠道的保护作用；②对心血管系统的保护作用；③抗癌作用；④抗氧化作用。

8. 枳壳

枳壳（*fructus aurantii*）为芸香科柑橘属植物酸橙及其栽培变种的干燥未成熟果实。挥发油类成分是枳壳中含量最多，也是主要的活性成分。枳壳挥发油类物质中柠檬烯含量最高，可占挥发油总量的 30%~70%，其次为芳樟醇，占挥发油总量的 10%~20%。香豆素类化合物是枳壳中一类较为重要的生物活性成分，目前已有研究人员从枳壳中分离出异前胡素、伞形花内酯、葡萄内酯等；枳壳中的黄酮类化合物有柚皮苷、新橙皮苷、川陈皮素、橙皮苷；枳壳中含有多种生物碱，其中主要的活性成分是辛弗林和 N-甲基酪胺，这两种生物碱均具有升压作用。枳壳具有改善胃肠道、保护心血管系统、抗癌等作用。

表 10-4 列举了可用于保健食品的中药果类植物名单，包括活性成分、药理作用等。

表 10-4　　　　可用于保健食品的中药果类植物名单

序号	名称	活性成分	药理作用
1	人参果	多糖、人参皂苷、氨基酸	抗衰老、增强免疫、抗肿瘤
2	女贞子	齐墩果酸、熊果酸、红景天苷、酪醇、女贞子苷	降血脂、降血脂、抗肿瘤
3	五味子	木脂素、多糖、挥发油	对中枢神经有兴奋作用
4	牛蒡子	牛蒡苷和牛蒡苷元	抗菌、降血糖
5	白豆蔻	桉树脑、α-蒎烯、β-蒎烯、d-柠檬烯和香叶醇	止吐、消食、兴奋、抗癌
6	吴茱萸	生物碱、苦味素、挥发油和黄酮	镇痛、止吐、利尿、降血压、抗菌
7	补骨脂	香豆素类、黄酮类及单萜酚类	抗菌、止血、乌发、抗肿瘤
8	诃子	鞣质类	收敛、止血、抗菌
9	金樱子	多糖类、黄酮类、甾体及其皂苷、三萜及其皂苷、木脂素、可水解鞣质	抗菌、解痉、降血压、止咳平喘
10	枳壳	芸香柚皮苷、橙皮苷、新橙皮苷、柚皮苷、枳壳多糖	利尿、升血压、抗胃溃疡

续表

序号	名称	活性成分	药理作用
11	枳实	黄酮类、生物碱类、挥发油类	抗炎、强心、利尿、升血压
12	酸角	饱和脂肪酸	抑菌、抗癌、抗突变、降血糖

（五）种子类植物

苯乙醇苷类化合物是车前子中一类主要的活性化合物，主要包括大车前苷、毛蕊花糖苷和异毛蕊花糖苷等；车前子中富含多种黄酮类化合物，如二氢槲皮素等。

抗氧化是车前子的重要生理功能之一，车前子多糖和苯乙醇苷类化合物均具有抗氧化和防衰老作用。止泻利尿也是车前子作为中药最为广泛的应用之一。车前子粗多糖还可以通过调节肠道菌群微生态，降低机体炎症水平，进而干预老年慢性阻塞性肺疾病。表10-5列举了可用于保健食品的中药种子类植物名单，包括各植物的活性成分、药理作用等。

表10-5　　　　　　　　　　可用于保健食品的中药种子类植物名单

序号	名称	活性成分	药理作用
1	车前子	苯乙醇苷类、环烯醚萜类、黄酮类、生物碱、萜类、多糖	利尿、镇咳、促进肠道和子宫运动
2	沙苑子	黄酮类化合物	保肝、降压、降脂、抗炎
3	柏子仁	柏木醇、谷留醇和双萜类	益智、镇静
4	葫芦巴子	呋甾皂苷	降血脂、降血糖、抗肿瘤、抗胃溃疡
5	韭菜子	生物碱类、核苷类	补肝、益肾
6	菟丝子	生物碱、蒽醌、香豆素、黄酮、苷类	止咳、抗菌、补肾壮阳、明目
7	槐实	芸香苷、槐实苷、槐黄酮苷、山奈素	止血、抗菌、消炎、降压、抗疲劳

（六）皮类植物

1. 杜仲

杜仲（*eucommia ulmoides* Oliv.）是单种属的第三纪子遗植物，主要分布于湖北、四川、云南、贵州、河南、浙江、甘肃等地。杜仲中的化学成分主要为木脂素类、环烯醚萜类、黄酮类、酚酸类、甾体类和萜类及其他类化合物。木脂素类化合物是杜仲化学成分中被研究得最多的一类化合物，主要有双环氧木脂素类（如松脂醇二葡萄糖苷、中脂素、丁香脂醇二葡萄糖苷）、单环氧木脂素类（如橄榄素、橄榄素二糖苷）、新木脂素类（如二羟基脱氢二松柏醇、柑橘素B）和倍半木脂素类［如耳草素（醇）二糖苷等］。杜仲皮和叶中的环烯醚萜类化合物，主要有京尼平苷、京尼平苷酸、桃叶珊瑚苷、杜仲苷、筋骨草苷、车叶草酸等；苯丙素类化合物有绿原酸、绿原酸甲酚、咖啡酸、松柏酸、松柏苷、丁香苷、香草酸等；黄酮类化合物包括三蔡酚、槲皮素、紫云英、陆地锦苷、芦丁、茨菲醇和桃苷等。

杜仲具有双向调节血压的作用，对高血压患者有降低血压，对低血压患者有升高血压的作用；杜仲具有抗肿瘤的功效；杜仲提取液可有效地预防溴苯对其造成的肝细胞损伤，可促进肝功能及肝组织成分再生；杜仲能增强机体的非特异性免疫功能，对细胞免疫具有双向调节、抗衰老作用。

2. 牡丹皮

牡丹皮（*paeonia suffruticosa* Andr.）为毛茛科植物牡丹的干燥根皮，主要含有多酚、单萜、三萜、甾醇、有机酸、香豆素、多糖及挥发油等成分。牡丹皮中的多酚是牡丹皮中含量较高的一类化合物，主要是以丹皮酚为母核所衍生的一系列苦类化合物，包括丹皮酚、丹皮酚原苷、丹皮酚苷、丹皮酚新苷，其中，丹皮酚是牡丹皮中含量最高的化合物，同时也是牡丹皮中的主要药理活性物质；牡丹皮中的单萜类化合物包括芍药苷、氧化芍药苷、苯甲酰芍药苷、苯甲酰氧化芍药苷、没食子酰芍药苷、没食子酰氧化芍药苷、没食子酰羟基芍药苷等。

牡丹皮的药理研究主要集中在丹皮酚、丹皮总苷、丹皮多糖等成分上，具有降压、抗菌、镇静、催眠、镇痛、抗病毒和降低血管通透性等作用。丹皮酚具有一定的毒性，分别给小鼠静脉注射、腹腔注射、灌胃时，其 LD_{50} 依次为 196mg/kg、781mg/kg 和 3430mg/kg。

3. 桑白皮

桑白皮（*cortex Mori*）为桑科桑属植物桑（*morusalba* L.）的干燥根皮，其主要的化学成分有黄酮类化合物、Diels-Alder 型加合物、苯并呋喃衍生物、生物碱、多糖、香豆素和挥发油等多类化合物。Diels-Alder 型加合物是桑属植物的特征性成分之一，是由查尔酮及其衍生物与异戊烯基衍生物发生环加成反应得到的产物。从桑白皮中的 Diels-Alder 型加合物主要有全反型黄酮、黄酮醇、二氢黄酮、二氢黄酮醇等。桑白皮中的黄酮类化合物大多具有异戊烯基，主要有桑素、桑色烯、桑白皮素、桑根白皮素、桑根皮素等。

桑白皮具有平喘、消肿和利水等多种功效，在临床上主要用于缓解喘咳、水肿和肌肤浮肿等症状。现代药理研究表明桑白皮还具有降压、镇静、利尿、降糖、抗病毒等作用。

表 10-6 列举了可用于保健食品的中药皮类植物名单，包括活性成分、药理作用等。

表 10-6　　　　　　　　　　　可用于保健食品的中药皮类植物名单

序号	名称	活性成分	药理作用
1	杜仲	苯丙素类、环烯醚萜类、木脂素类、多糖类及黄酮类	利尿、除虫、抗肿瘤
2	厚朴	厚朴酚	抗痉挛、抗过敏、抗肿瘤、抗溃疡
3	牡丹皮	丹皮酚	镇痛、降压、抗菌、催眠、镇静
4	青皮	挥发油、黄酮	祛痰、止咳、平喘、强心、升血压
5	桑白皮	二苯乙烯苷类	利尿、降压、镇静
6	地骨皮	生物碱类、有机酸及其酯类、苷类、甾醇类	降血脂、降血糖、抗菌、抗病毒

（七）保健食品禁用物品名单

保健食品禁用物品名单为八角莲、八里麻、千金子、土青木香、山莨菪、川乌、广防己、马桑叶、马钱子、六角莲、天仙子、巴豆、水银、长春花、甘遂、生天南星、生半夏、生白附子、生狼毒、白降丹、石蒜、关木通、农吉利、夹竹桃、朱砂、米壳（罂粟壳）、红升丹、红豆杉、红茴香、红粉羊角拗、羊踯躅、丽江山慈姑、京大戟、昆明山海棠、河豚、闹羊花、青娘虫、鱼藤、洋地黄、洋金花、牵牛子、砒石（白砒、红砒、砒霜）、草乌、香加皮（杠柳皮）、骆驼蓬、鬼臼、莽草、铁棒槌、铃兰、雪上一枝蒿、黄花夹竹桃、斑蝥、硫黄、雄黄、雷公藤、颠茄、藜芦、蟾酥。

第二节　新食品原料

一、新食品原料申报

新食品原料，原为新资源食品，应当具有食品原料的特性，符合应当有的营养要求，且无毒、无害，对人体健康不造成任何急性、亚急性、慢性或者其他潜在性危害。

在我国无传统食用习惯的以下物品属于新食品原料的申报和受理范围：①动物、植物和微生物；②从动物、植物和微生物中分离的成分；③原有结构发生改变的食品成分；④其他新研制的食品原料。其中"传统食用习惯"是指某种食品在省辖区域内有 30 年以上作为定型或者非定型包装食品生产经营的历史，并且未载入《中华人民共和国药典》。

在中国新研制、新发现、新引进的无食用习惯的，符合食品基本要求的食品称新食品原料。新食品原料应当符合《新食品原料安全性审查管理办法》及有关法规、规章、标准的规定，对人体不得造成任何急性、亚急性、慢性或其他潜在性健康危害。

新食品原料申请材料包括申请表、新食品原料研制报告、安全性评估报告、生产工艺、执行的相关标准、标签及说明书、国内外研究利用情况和相关安全性评估资料、申报委托书和有助评审的其他资料。其中，安全性评估报告应当包括下列材料：

（1）成分分析报告：包括主要成分和可能的有害成分检测结果及检测方法。

（2）卫生学检验报告：3 批有代表性样品的污染物和微生物的检测结果及方法。

（3）毒理学评价报告。

①国内外均无传统食用习惯的（不包括微生物类），原则上应当进行急性经口毒性试验、三项遗传毒性试验、90d 经口毒性试验、致畸试验和生殖毒性试验、慢性毒性和致癌试验及代谢试验。

②仅在国外个别国家或国内局部地区有食用习惯的（不包括微生物类），原则上进行急性经口毒性试验、三项遗传毒性试验、90d 经口毒性试验、致畸试验和生殖毒性试验；若有关文献材料及成分分析未发现有毒性作用且人群长期食用历史而未发现有害作用的新食品原料，可以先评价急性经口毒性试验、三项遗传毒性试验、90d 经口毒性试验和致畸试验。

③已在多个国家批准广泛使用的（不包括微生物类），在提供安全性评价材料的基础上，原则上进行急性经口毒性试验、三项遗传毒性试验、28d 经口毒性试验。

④国内外均无食用习惯的微生物，应当进行急性经口毒性试验/致病性试验、三项遗传毒性试验、90d 经口毒性试验、致畸试验和生殖毒性试验。仅在国外个别国家或国内局部地区有食用习惯的微生物类，应当进行急性经口毒性试验/致病性试验、三项遗传毒性试验、90d 经口毒性试验；已在多个国家批准食用的微生物类，可进行急性经口毒性试验、致病性试验、二项遗传毒性试验。

⑤大型真菌的毒理学试验按照植物类新食品原料进行。

⑥根据新食品原料可能的潜在危害，选择必要的其他敏感试验或敏感指标进行毒理学试验，或者根据专家评审委员会的评审意见，验证或补充毒理学试验。

（4）微生物耐药性试验报告和产毒能力试验报告。

（5）安全性评估意见按照危害因子识别、危害特征描述、暴露评估、危险性特征描述的原则和方法进行。

其中卫生学检验报告、毒理学评价报告、微生物耐药性试验报告和产毒能力试验报告应当由我国具有食品检验资质的检验机构出具，进口产品毒理学评价报告、微生物耐药性试验报告和产毒能力试验报告可由国外符合良好实验室规范的实验室出具，安全性评估意见应当由有资质的风险评估技术机构出具。

二、新食品原料种类

《新食品原料管理办法》规定新食品原料具有以下特点：在我国无食用习惯的动物、植物和微生物；在食品加工过程中使用的微生物新品种；因采用新工艺生产导致原有成分或者结构发生改变的食品原料。

新食品原料和保健食品的区别在于：保健食品是指具有特定保健功能的食品，而且申请审批时也必须明确指出具有哪一种保健功能，并且需要在产品包装上进行保健功能标示及限定，而新食品原料具有一种或者多种功能则不在产品介绍中详细标示。新食品原料和保健食品的适用人群不同，前者适用于任何人群，而后者适宜于特定人群食用，目前国家批准的新食品原料见表1-4。

1. 二氢槲皮素

二氢槲皮素是一种常见的分布在水果和蔬菜当中的黄酮化合物，常见于洋葱、奶蓟、柑橘类、红豆杉以及一些松科植物，属于维生素 P 族，化学名为 5,7,3′,4′-四羟基二氢黄酮类化合物，是一种天然抗氧化剂，被誉为"清基之王"，可以有效清除体内自由基和毒素。

二氢槲皮素可降低脂质过氧化损伤，对大鼠缺血/再灌注损伤具有明显的保护作用；二氢槲皮素具有较好的抗肿瘤活性，能抑制肿瘤细胞增殖和分化；二氢槲皮素还具有一定的肾脏保护作用和血糖调节作用。

2. 透明质酸钠

透明质酸钠，是人体内本身就存在的一种物质，广泛存在于皮肤真皮层、关节软骨等组织和器官中，透明质酸钠是由马链球菌兽疫亚种，以葡萄糖、酵母粉、蛋白胨等为培养基，经过发酵方法制得的，其结构为 D-葡糖醛酸和 N-乙酰基-D-氨基葡萄糖双糖构成葡聚糖醛酸大分子多糖。

透明质酸分子中的羧基及其他极性基团可与水形成氢键而结合大量水分，在皮肤组织中的保水作用是其最主要的生理功能之一，其理论保水值高达 500mL/g 以上，在结缔组织中的实际保水值约为 80mL/g。透明质酸在较高浓度时，其分子链互相交错呈网状，与水的氢键结合，从而起到很强的保水作用；其次，透明质酸在表皮中可清除阳光中的紫外线照射所产生的活性氧自由基，保护皮肤免受其害，被称为高效的自由基"清道夫"，研究发现，无论是在身体内部还是在皮肤表面，透明质酸的羟基官能团都可以实现与活性氧自由基的结合，从而起到抗氧化的作用，还可以帮助阻挡紫外线透过皮肤，对于紫外线损伤起到抵抗预防作用，所以具有一定的防晒作用；另外还可以进一步帮助缓解由于暴晒等紫外线问题所造成的皮肤损伤问题，修复皮肤晒伤。此外，对于皮肤的轻微烫伤或者烧伤等损伤问题，透明质酸也可以起到帮助皮肤愈合、修复的作用。

3. 番茄籽油

番茄籽油是从番茄籽中提取而得，番茄籽油呈亮黄色，稳定性好，属于半干性油脂。酸价和过氧化值低，碘值较高，表明番茄籽油不易被酸败、氧化，且含有较高的不饱和脂肪酸。番茄籽油含有多种有益伴随物，例如番茄红素、β-胡萝卜素、植物甾醇、生育酚等；番茄红素是主要存在于番茄、西瓜、木瓜、番石榴等其他水果中的天然色素，是番茄籽油特有的伴随物，在其他植物油中不被检出。

番茄红素具有较强的抗氧化活性，在保护肝脏、预防动脉粥样硬化和保护心血管系统中有着重要作用。研究结果表明，番茄红素能够通过诱导三磷酸腺苷结合盒转运体 A1（ABCA1）的表达，使巨噬细胞内的胆固醇流出细胞外，增加血浆 HDL-C 水平，促进胆固醇的逆转运。与其他植物油相比，番茄籽油中的植物甾醇较为丰富。植物甾醇是胆固醇的结构类似物，能竞争性抑制胆固醇在肠道的吸收，进而达到降低机体胆固醇的目的；番茄籽油还具有增强机体免疫力和润肠通便功效。

4. 枇杷花

枇杷为蔷薇科苹果亚科枇杷属植物，枇杷花，又称土冬花，是枇杷的干燥花蕾及花序。三萜类化合物是枇杷花主要活性成分；枇杷花气味香醇独特，其主要赋香成分是挥发油，包括小分子醇、醛、酸及酯等。

枇杷花的生物活性包括：①抗氧化作用，枇杷花醇提物和水提物均具有抗氧化活性，且花的抗氧化活性高于枇杷叶，且枇杷花抗氧化活性与花期有很大关系。研究发现枇杷花的总还原力和总抗氧化性最强的时期是露白期，此时它对 DPPH·和·OH 自由基的清除率最高，都显著高于其他 3 个花期；②止咳、抗炎作用，高剂量的枇杷花醇提物和高剂量的枇杷花水提物一样都有较好的止咳、祛痰和抗炎效果；③抑菌作用；④护肝作用，枇杷花水提物及其黄酮类物质可有效降低小鼠急性酒精性肝损伤发病率，对小鼠急性酒精性肝损伤有保护作用；⑤抗高血糖、通便、降脂等作用。

5. 黑果腺肋花楸果

黑果腺肋花楸（aronia melanocarpa）又称黑色石楠，俗称不老莓，属蔷薇科腺肋花楸属落叶灌木，黑果腺肋花楸果颜色为紫黑色，含有膳食纤维、蛋白质、糖类和多酚等营养物质，其中多酚是其主要活性成分，包括原花青素、黄酮和酚酸等。原花青素是黑果腺肋花楸果实最主要的酚类活性物质，这也是果实产生苦涩味的主要原因；黑果腺肋花楸果实中花青素成分主要有矢车菊素-3,5-二己糖苷，矢车菊素-己糖苷二聚体，矢车菊素-3-O-（半乳糖苷，葡萄糖苷，阿拉伯糖苷，木糖苷）和飞燕草素-3-O-芸香糖苷二聚体；还含有黄酮化合物如芦丁、槲皮素、金丝桃苷等；黑果腺肋花楸果中酚酸主要成分是绿原酸和新绿原酸，绿原酸含量为 72~84mg，新绿原酸含量为 62.2~72.1mg。

黑果腺肋花楸提取物具有很强的抗氧化活性，研究发现，黑果腺肋花楸去籽果实的提取物比有籽果实具有更强的体外抗氧化能力，这可能与多酚含量的高低有一定的关系；其次具有抑菌、抗炎、抑制肿瘤细胞生长、降血压、降血糖、抗疲劳、抗抑郁等，还具有预防各种物质的毒性的作用；最后还有提高记忆力的作用，黑果腺肋花楸提取物可以直接或间接地抑制病毒的复制，具有预防流感的潜力。

6. 裂壶藻来源的 DHA 藻油

裂壶藻，又称裂殖壶菌，是一种真核海洋微藻。壶藻 DHA 合成途径复杂，有一套独特的生物合成途径，是基于聚酮合成酶（polyketides，PKS）的合成途径，能够高效高量的合成 DHA，所以将其归于藻类。大部分微生物 DHA 的合成是从头合成途径。裂壶藻的 DHA 合成途径不是常规的 FAS 途径，而是利用 PKS 途径，但是又与已知的 PKS 途径不完全一致，底物是丙二酰 CoA，以聚酮合成酶催化，经过缩合、还原、脱水等步骤形成游离的二十二碳六烯酸，其中聚酮合成酶是一个复杂的酶复合体，含有不同的功能域，起着不同的作用，合成过程中不依赖氧离子。

目前，国内外保健品和功能性食品所含的 DHA 大多来源为鱼油，但鱼类自身无法合成 DHA，而是从其饮食中获得。同时，随着营养品需求数量的增加，鱼类捕捞量急剧增加，加速了环境恶化。从微藻中提取的 DHA 藻油无鱼腥味、无环境污染，是替代鱼油的最佳营养补充剂。与鱼油相比，DHA 微藻油中 EPA 含量极少，更适合在婴幼儿生长发育期间作为膳食补充剂。

7. 人参组培不定根

人参为五加科植物人参的干燥根及根茎，是名贵中药材。人参皂苷在人参中含量较低，而人参人工种植需要 4~15 年的生长栽培周期，又面临农药残留、重金属污染及品质退化等问题，因此，为了适应日益增长的用药需求、保护人参资源，近年来国内外学者通过组织培养、生物转化及合成生物学等途径对人参皂苷合成进行探索研究。人参的主要有效成分人参皂苷具有抗肿瘤、抗衰老、抗炎、抗氧化等药理活性。人参皂苷属于三萜类成分，至今已从人参中分离并确认 110 多种，根据苷元不同，可分为 3 种类型：一类为齐墩果烷型五环三萜类皂苷（如 Ro 等）；另两类属于达玛烷型四环三萜类皂苷，包括人参二醇型皂苷（如 Rb1、Rb2、Rc、Rd、F2、Rg3、Rh2 等）和人参三醇型皂苷（如 Re、Rg1、Rg2、Rf、Rh 等）。

人参的主要有效成分人参皂苷具有抗肿瘤、抗衰老、抗炎、抗氧化等药理活性。

8. 茶叶茶氨酸

茶氨酸（theanine）为 γ-谷氨酰-L-乙胺，是茶叶中的一种特殊氨基酸，在茶叶生产和研究中受到广泛关注。一般来说，茶氨酸占干茶产品中游离氨基酸总量的 50%以上，茶氨酸是谷氨酸的一种天然乙酰胺类似物，它是茶树特征性非蛋白质氨基酸，茶叶中发现并已经过鉴定的游离氨基酸目前已有 20 多种，基本涵盖了所有的氨基酸种类，但在茶叶新梢中，茶氨酸含量占游离氨基酸总量的 40%~70%，同时占茶叶干重的比例为 1%~2%。茶氨酸含量与茶叶品质具有显著相关性，是影响绿茶的滋味品质的决定性因子之一。

茶氨酸可影响大脑中多巴胺和 5-羟色胺的浓度，具有抗焦虑作用。研究发现，当被测试者服用茶氨酸（200mg）后，在静息状态下茶氨酸对人的精神有放松作用。此外，茶氨酸是一种特殊的游离氨基酸，在人体内具有良好的吸收和转运特性，可以跨越血脑屏障，具有抗焦虑、抗肿瘤、保护神经元、改善记忆等多种健康作用。

9. 圆苞车前子壳

圆苞车前子壳为车前科车前属植物圆苞车前的干燥种皮，圆苞车前子壳药用历史悠久，应用广泛，为《美国药典》《英国草药典》《欧洲药典》收录，是一种丰富的膳食纤维来源，其膳食纤维含量高达80%以上，可溶性膳食纤维与不溶性膳食纤维的比例可达7：3。圆苞车前子壳含有大量以阿拉伯糖和木糖为主要单糖的复杂异木聚糖，被称为阿拉伯木聚糖（arabinoxylan，AX）。PSHAX是一种高度分支化的多糖，在圆苞车前子壳中含量很高，占62%~63%，其结构特殊难以被消化道酶及菌群分解。此外，圆苞车前子壳还含有其他活性成分，如4-甲基葡萄糖醛酸、桃叶红色素、菜油甾醇、亚油酸、油酸、甾醇、β-谷甾醇、单宁、维生素 B_1 和胆碱等。

圆苞车前子壳能够在小肠内保留水分，增加进入结肠的水分，进而增加结肠内容物流动性，并且通过增加粪便水含量，改善肠道微生物环境，达到通便效果，且在便秘人群中效果最为显著；圆苞车前子壳可以降低高脂血症患者血液中低密度脂蛋白胆固醇、总胆固醇、甘油三酯等含量，具有降血脂作用；圆苞车前子壳可以通过降低肠黏膜的通透性、影响肠内菌群等途径保护肠黏膜，缓解溃疡性结肠炎患者腹泻、腹胀、腹痛、排便不畅等症状。

10. 植物甾烷醇酯

植物甾醇酯和植物甾烷醇酯的制取一般通过相应的甾醇化合物同脂肪酸酯化或同脂肪酸甲酯酯交换或通过它们同脂肪酸卤化物或脂肪酸酸酐反应来制取。

植物甾醇酯和甾烷醇酯可作为调节高胆固醇的药物，同时减轻动脉粥样硬化。有研究显示，高溶性植物甾醇酯能更强地发挥出其降胆固醇生理功能效果。它具有比植物甾醇更高的脂溶性，且比植物甾醇具有更佳的降低血胆固醇效果。多不饱和脂肪酸（PUFA）作为药物具有多种生理功能；植物甾醇能降低血液中胆固醇，防止前列腺疾病，抗癌以及具有抗炎活性和抗病毒作用，PUFA甾醇酯具有这两种生理功能。合成的植物甾醇酯、甾烷醇酯具有更高的溶解性、分散性，因此可作为药物吸收载体及营养补充剂用于喷雾和口服药物中。

11. 杜仲雄花

杜仲雄花的有效成分包括环烯醚萜类、木脂素类、苯丙素类、松脂醇双糖苷、黄酮类、生物碱及氨基酸等。目前为止，从杜仲中分离的环烯醚萜类化合物主要有桃叶珊瑚苷、京尼平苷酸、京尼平苷、筋骨草苷、杜仲醇、哈帕苷乙酸酯等；此外，杜仲雄花富含矿质元素锌、锰、铜、铁、磷、硼、镁、钾等，与杜仲叶相比，杜仲雄花有效成分最为全面，且含量更高。

杜仲雄花具有抑菌、抗氧化、镇静催眠、降血压、调血脂、抗疲劳、抗肿瘤及抗衰老等作用。其中桃叶珊瑚苷具有明显的保肝作用、抗菌及利尿活性；京尼平苷有泄下作用和利胆作用；京尼平苷酸有降压、抗癌、抗氧化、增强记忆力、泻下及促进胆汁分泌的功能。

12. 显齿蛇葡萄叶

显齿蛇葡萄为葡萄科蛇葡萄属的一种野生木质落叶藤本植物，又名白茶、藤茶、龙须茶、甘露茶等。显齿蛇葡萄叶中黄酮化合物含量高达43.4%~45.5%，包括二氢杨梅素、槲皮素、山奈酚等，其中主要为二氢杨梅素。一般情况下，幼叶中黄酮含量比中龄叶和老龄叶含量高，叶片比茎含量高。

齿蛇葡萄提取物具有调节人体免疫机能、抗氧化、抗菌、抗肿瘤、降低血糖、调血脂、保肝护肝、抗血栓、抗病毒、抗抑郁及神经保护等作用。

13. 青钱柳叶

青钱柳系胡桃科青钱柳属速生落叶乔木，是我国特有单种属植物，也是珍稀食药同源植物。青钱柳尤其是叶片中含有多种生物活性物质，如多糖、黄酮、萜类和有机酸等。三萜类化合物是青钱柳化学成分中数量最多的一类化合物，迄今为止，已从青钱柳中得到140多种三萜，其中有90多个达玛烷型及3,4-裂环达玛烷型三萜的单糖和双糖新化合物，有10多个齐墩果烷型和乌苏烷型三萜新化合物。在青钱柳中发现的所有达玛烷三萜和3,4-裂环达玛烷型都是新化合物，达玛烷三萜皂苷及其苷元是青钱柳叶的标志物和活性分子，皂苷中连接的糖主要是阿拉伯糖、鸡纳糖，还有少量的葡萄糖和个别的核糖。青钱柳含有种类多样的多糖，青钱柳多糖主要由鼠李糖、阿拉伯糖、木糖、甘露糖、葡萄糖、半乳糖、半乳糖醛酸、葡萄糖醛酸和核糖等单糖组成，还有少量的多糖与蛋白结合。青钱柳中的黄酮类化合物，其母核多为黄酮醇，其中以山柰酚和槲皮素母核为主要的苷元，糖苷配基部分以葡萄糖、鼠李糖和葡糖醛酸为主。此外，青钱柳叶中还含有丰富的维生素C和维生素E，同时含有多种人体必需的大量元素和微量元素，如铁、锰、锌、钴、铜等。

我国南方居民在很久以前就开始用青钱柳的叶子泡茶，近年来，青钱柳叶被炮制成干制品，作为一种生津止渴的保健茶。青钱柳的生物活性包括：①降血糖；②降血脂；③抗氧化；④抑菌作用；⑤免疫调节作用。

14. 辣木叶

辣木，原产于印度，属于辣木科辣木属多年生热带落叶乔木，在全世界大约有14个品种。辣木叶含有丰富的氨基酸、蛋白质、维生素和矿物元素等营养成分，营养价值较高。辣木叶中多酚类成分主要为黄酮和酚酸两类，辣木叶总多酚含量为2.94%~4.25%，总黄酮含量为2.21%~4.43%。多糖作为辣木叶中有效活性成分之一，其含量一般为8.61%~33.61%。辣木叶中还含有挥发油、甾醇类及糖苷类等成分。

辣木叶可食用，营养成分种类丰富，含有人体所必需的营养物质，有增强营养和保健的功能。同时，研究发现由于辣木叶黄酮、多糖等功能性成分含量较为丰富，使其具有多种生物活性，包括抗氧化、降血糖、降血脂、降血压、抗炎、抗衰老、调节肠道功能、调节睡眠质量等。研究指出，长期服用辣木叶食品可提高人体免疫力，同时具有一定的疾病预防作用。美国救济组织在世界许多国家倡导辣木种植，在救援非洲儿童时采用辣木叶粉替代奶粉，用于增强营养。通过食用辣木叶粉帮助艾滋病患者提升免疫力，降低艾滋病相关并发症的发生概率。

15. 玛咖粉

新食品原料玛咖（*lepidium meyenii* Walpers）是原产于秘鲁海拔3500m以上安第斯山区的草本植物，通常以黑色、紫色和黄色等进行区分且活性成分含量差异较大。玛卡富含营养素，且它的营养成分比较合理，蛋白（10%~18%），碳水化合物（59%~76%），以及大量的游离氨基酸和丰富矿物质，包括锌、钙、铁、钛、钶、钾、钠、铜、锰、镁、锶、磷、碘等矿物质，并含有维生素C、维生素B_1、维生素B_2、维生素B_6、维生素A、维生素E、维生素B_{12}、维生素B_5，脂肪含量不高但其中多为不饱和脂肪酸，特别是亚油酸和α-亚油酸等多不饱和脂肪酸（PUFA）的比例特别高。除丰富的营养成分外，玛卡还含有多种次生代谢物质为玛卡烯（macaene）、生物碱［如玛卡酰胺（macamide）］、芥子油苷及其水解产物、甾醇、多酚类及其他成分，这些次生代谢物质被认为与玛卡的保健功效有密切关系。

玛卡酰胺和玛卡提取物的活性作用主要包括提高生育力、改善性功能、抗前列腺增生、调节内分泌、改善更年期综合征、增加骨密度、增强免疫力、抗氧化等。

16. 表没食子儿茶素没食子酸酯

茶是一种饮用历史悠久的饮料，具有多种健康功效，而表没食子儿茶素没食子酸酯（EGCG）是绿茶中的主要活性成分。儿茶素是茶树的主要次级代谢产物，占茶叶干重的12%~24%。EGCG属于儿茶素类物质，包含3个基本环，3个环上含有较多的酚羟基（—OH），这一结构决定了其独特的化学性质，如能与蛋白质、生物碱、多糖等结合。

诸多研究表明，EGCG具有优异的抗氧化活性，并对基因表达、信号转导及其他细胞功能具有良好的作用。同时，EGCG的健康益处已能够通过许多潜在的机制解释清楚，例如抗氧化活性、抑制脂肪细胞分化、诱导肿瘤凋亡等，使得EGCG有潜力成为防治一些疾病的替代疗法。同时EGCG具有优异的生物活性，如抑菌、抗炎、抗病毒、抗氧化、防癌抗癌、保护神经系统等。

17. 磷脂酰丝氨酸

磷脂酰丝氨酸（phosphatidylserine，PS）是细胞膜磷脂家族的成员之一，不仅在细菌细胞膜，酵母细胞膜和哺乳动物细胞膜中大量表达，也可从天然大豆榨油剩余物中提取。磷脂酰丝氨酸的生物合成主要由位于内质网中的PS合成酶1和PS合成酶2催化磷脂酰胆碱或磷脂酰乙醇胺与丝氨酸合成，是人体细胞膜中主要的酸性磷脂，通常是细胞内膜小叶的组成部分，占人类血浆和细胞膜中总磷脂质量的2%~20%。

磷脂，尤其是神经元细胞膜中的PS的含量的降低可导致记忆障碍以及心理认知能力缺陷，因此，给予内源性磷脂可预防或者及逆转与年龄相关的神经退行性疾病。PS在神经元细胞膜中高浓度存在，对于神经元的功能起到至关重要的作用。此外，PS还可以促进神经递质的释放和加速神经递质的回收，使得脑细胞更为活跃，注意力更集中以及增强短时记忆力。

18. 枇杷叶

枇杷（*eriobotrya japonica* Lindl.）属于蔷薇科枇杷属双子叶植物，不仅是重要的亚热带经济果树，还是很多地方用于道路庭院绿化的观赏树种。枇杷叶在我国具有很长时间的药用与食用价值，其药用价值是根本，食用价值起着辅助作用。枇杷叶是传统意义上的中药材，其功能成分起到了不可或缺的作用。从枇杷叶中分离出的主要功能成分有多酚类、三萜酸类、有机酸类、挥发油类、倍半萜类、皂苷类等，其抗氧化活性也是重要的功能指标。枇杷叶中的多酚类化合物以黄酮类和酚酸类化合物为主，枇杷叶中黄酮类化合物种类丰富，含量仅次于三萜酸类化合物，而酚酸类化合物以羟基肉桂酸型为主。

枇杷叶作为传统中药材，具有悠长的药用历史，药用最早记录于《名医别录》中。唐代《食疗本草》、明代《本草纲目》以及历代《中国药典》均有记录。枇杷叶性微寒，味苦辛，毒性较低，具有止咳、祛痰、抗炎、抗菌、抗病毒、抗肿瘤、降血糖、缓解骨质疏松等功效。枇杷叶三萜酸表现出极强的抗氧化能力，研究发现枇杷叶黄酮不仅具有很强的体外抗氧化作用，而且在体内实验中也表现出了同样的效果。

第三节 其他常见功能性食品原料

一、常用动物原料

常用动物原料含有丰富的蛋白质、氨基酸、多不饱和脂肪酸（PUFA）、维生素和矿物质等。此外，卫生部公布的既是食品又是药品的名单和可以用于保健食品的名单中列入了许多动物资源，可以在功能性食品开发中进行广泛应用。

1. 蜂王浆

蜂王浆是由工蜂头部腺体分泌的浆状物质，pH 3.5~4.0，其化学成分十分复杂，富含蛋白质、氨基酸、糖类、脂类以及微量维生素、矿物质等。相关研究表明蜂王浆中含有 20 种不同种类的有机酸，其中癸烯酸和癸二酸占有机酸总含量的 80%~90%，癸二酸具有抗真菌、抗氧化和抗炎活性，可以纳入蜂王浆的质量评价标准。王浆主蛋白（main royal jelly proteins，MRJPs）是蜂王浆蛋白质的主要构成成分，其含量占总蛋白质含量的 80%~90%，是蜂王浆生物学活性的主要承担者。

蜂王浆具有抗氧化、抗肿瘤、抗衰老、亲神经和抗炎剂的生物活性。据报道，蜂王浆中的蛋白质成分对人体神经系统特别是中枢神经有很大影响，摄入一定量的蜂王浆可以保证机体神经系统的正常运行。研究表明，蜂王浆对阿兹海默症患者的神经具有保护作用，蜂王浆中含有促进长寿的因子，可以延长秀丽隐杆线虫的寿命。

2. 蜂胶

蜂胶是蜜蜂从植物芽孢和分泌物中提取，并与其分泌的蜡、花粉等混合形成的具有黏性的胶状物。蜂胶是由蜜蜂通过其下颚腺分泌物与从植物组织中收集到的树脂混合而产生的一种天然且无毒的黏性胶状物，在蜂巢中起密封和杀菌的作用。国外常用的蜂胶为热带蜂胶，如巴西绿蜂胶，其主要活性成分为烯萜类和脂肪酸；国内研究常使用的蜂胶多为以伊利黑蜂胶为代表的温带型蜂胶，其主要活性成分为咖啡酸苯乙酯。

蜂胶具有一定的抗氧化活性，这主要与其高含量的酚类物质有关。类黄酮是蜂胶中的主要酚类物质，与蜂胶的生物学活性密切相关，其含量的多少被认为是评估蜂胶质量的标准。这些黄酮类物质很大程度上决定了蜂胶抗氧化、抗菌、抗真菌、抗龋和抗癌特性。

3. 海参

海参属于棘皮动物，是底栖海洋和深海中发现的重要海洋无脊椎动物。目前全世界发现的海参有 1700 多种，但大多数属于不可食用品种，可食用品种仅有 40 多种。体壁是海参主要的食用和药用部位。蛋白质是海参体壁营养元素的主要组成部分，干重占比绝大多数为40%~60%，极少数超过 60% 或低于 40%。大部分以胶原蛋白的形式存在，具有促进细胞修复和再生以及增强人体免疫力等功能。

不同产地海参体壁脂质总量虽然基本相同，但是磷脂的脂肪酸组成，尤其是 EPA 和 DHA的含量差异却十分显著。脂肪酸组成的不同导致其生理活性有所不同，EPA 磷脂在改善脂质代谢方面效果更好，而 DHA 磷脂则在调节血压方面效果最佳。海参多糖是体壁重要的功能性成分，主要包括海参硫酸软骨素和海参岩藻聚糖硫酸酯，已被证实具有抗肿瘤、抗氧化、抗凝血和抗帕金森等多种生理活性，其含量一般在干重的 10% 左右。海参体壁中的海参皂苷、海参肽、三萜苷以及脑苷脂等活性物质在抗肿瘤、抗菌、抗氧化以及调节机体免疫、促皮肤创面愈合等方面也都具有良好的功效。

表 10-7 列举了可用于保健食品的常用动物原料。

表 10-7　　　　　　　　　　可用于保健食品的常用动物原料

序号	名称	主要活性成分	药理作用
1	林蛙油	蛋白质、脂肪、雌酮	提高免疫力、抗缺氧
2	蜂蜜	葡萄糖、果糖、糊精、树胶、有机酸、酵母、酶类、维生素	提高免疫力、降血糖、保护心血管、抗肿瘤、抗菌
3	蜂王浆	脂肪酸、维生素类、酶类、激素	提高免疫力、改善营养
4	蜂胶	黄酮类、黄酮醇类、维生素类	抗菌、抗病毒、消炎、保肝、抗氧化、抗癌
5	蚂蚁	蛋白质、游离氨基酸、酶类、甾类化合物、维生素	提高免疫力、抗衰老、护肝
6	蝮蛇	蛋白质、氨基酸、脂肪、维生素及微量元素	扩血管、降血压、降血脂、抗血栓、抗肿瘤
7	乌梢蛇	1,6-二磷酸果糖酶，肌球蛋白，胆酸，胰岛素	抗炎消肿、镇痛、抗惊厥
8	牡蛎	蛋白质、牛磺酸、糖原及锌元素、牡蛎肽、多糖	提高免疫力、保护心血管、抗菌、抗病毒
9	鳖	蛋白质、不饱和脂肪酸、多糖、多种微量元素及维生素	抗疲劳、延缓衰老、抗肿瘤
10	鲨鱼	抗癌因子、角鲨烯、黏多糖	补气血、抗癌、防治心血管疾病
11	鲍鱼	脂质、活性多糖类、苷类、糖蛋白	抗菌、抗病毒、抗肿瘤
12	海参	多糖、海参皂苷、脑苷脂、神经节苷脂	补血益精、养血润燥
13	海龙	甾体化合物、脂肪酸类	兴奋、补肾壮阳
14	鱼鳔胶	胶原蛋白、维生素及钙、锌、铁、硒	抗疲劳、增强体力、健脑、促进内分泌
15	马鹿茸	磷脂、糖脂、胶脂、激素、脂肪酸、氨基酸、蛋白质	提高免疫力、促进造血
16	鸡内金	胃激素、角蛋白、氨基酸	增强人体胃功能
17	阿胶	蛋白质、氨基酸、微量元素	补血、抗休克、改善钙代谢平衡、调节免疫功能
18	羊胎素	蛋白质、卵磷脂、脑磷脂、SOD	调节人体机能、增强免疫力、美白肌肤

二、微生态制剂

微生态制剂，又称微生态调节剂，具有维持宿主微生态平衡，调整其微生态失调，提高其健康水平等生物功效。根据其主要成分，微生态制剂可以分为益生菌、益生素和合生素。

益生菌是活的微生物补充品，能改善宿主肠道微生态的平衡，促进健康。益生菌主要是乳酸菌，特别是双歧杆菌。

工业上在筛选菌种时，除满足生产方面的要求外，还应使所筛出菌种具有黏附性高、竞争排斥力强、环境适应能力强和生长快等特点。因为机体内的任何一种菌群组成，无论是正常或非正常的，都会对外来细菌产生排斥作用。若用在功能性食品上的菌株，本身特性就较弱，就不能有效地在肠道内定殖繁殖，而被迅速排出体外。

益生素是一类不被消化吸收的功效成分，能够选择性地刺激和促进一种或几种结肠内对宿主健康有益的微生物的生长和活力，改善宿主健康。合生元（synbiotics）是指同时包括益生菌和益生素的微生态制剂。我国颁发的可用于食品的益生菌种类见表 8-1。

第四节　功能性食品原料工艺及应用

一、透明质酸

透明质酸（hyaluronic acid，HA），又称玻璃酸，广泛存在于人体中，是细胞外基质的重要成分，具有独特的流体力学性质、良好的黏弹性和应变性。目前透明质酸被广泛用于生物材料、药物靶向制剂、保健食品、美容以及腹部手术后预防粘连等。随着透明质酸应用范围的扩展及新型医用材料的不断涌现，近年来对透明质酸的研究日益增加。由于透明质酸具有的抗黏附、受体识别、结构易修饰等特性构建新型抗菌制剂体系，已经成为目前国内外开发新型抗菌药物的研究热点之一。图 10-1 为透明质酸的提取工艺流程。

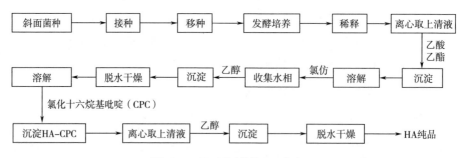

图 10-1　透明质酸的提取工艺流程

透明质酸可通过微生物发酵获得，将发酵液加热去除菌体、添加蛋白酶去除蛋白质、使用超滤技术去除金属离子小分子和有色物质，可制备获得高相对分子质量、低蛋白质含量的透明质酸钠。

一些高档的美容、保健食品、医药原料常采用一些纳米小分子透明质酸，它能更好地促进毛细血管形成、促进创伤愈合，具有显著的皮肤亲和性和渗透性等功能特点。它的制备常采用酶解法，将相对分子质量为几万到几百万的透明质酸水解，得到纳米小分子透明质酸。

二、人参

人参，属于三七属、马齿苋科，由于其具有很好的药用价值，在东亚地区被作为一种草药植物广泛使用。近年来，以人参为原料和基础在药品、食品、保健食品、日化品等领域不断被研究和开发，进一步拓宽了人参的应用领域及市场空间。据报道，人参的某些成分已经显示对培养的肿瘤细胞具有细胞毒或者细胞抑制活性，并对正常细胞具有一定的保护作用，人参能调节新陈代谢、免疫功能和血压，在抗氧化、清除氧自由基和抗衰老方面具有很强的活性。

以新鲜人参为原料，采用乙醇等溶剂进行提取，过滤、浓缩后，采用喷雾干燥或者冷冻干燥获得人参提取物，具体工艺流程见图10-2。人参提取物可用于防治核辐射，改善受损细胞，修护微量核辐射长期累积在皮肤导致的皮肤问题，改善身体机能，以及用于改善放、化疗患者的身体健康。

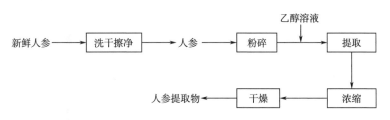

图 10-2　人参提取物的制备工艺流程

三、枇杷叶

枇杷果实、花朵食用历史悠久，而枇杷叶长期以来作为传统中药材。近年来，枇杷叶在抗炎、止咳、抗氧化、护肝、降血糖等方面的作用逐渐受到关注，目前，在枇杷叶有效成分的提取中，大多采用某种乙醇浓度进行提取。

枇杷叶提取物的制备以新鲜枇杷叶为原料，干燥粉碎后，采用乙醇等有机溶剂进行提取，通过超声辅助等方法，促进活性物质的溶出，再进行过滤、浓缩、干燥后，获得枇杷叶提取物，具体工艺流程见图10-3。药理学研究和临床应用证实，枇杷叶提取物有着明显的清热化痰功效。此外，研究发现枇杷叶提取物具有促进紫外损伤修复和促进能量代谢的作用，可作为添加剂应用于化妆品中。

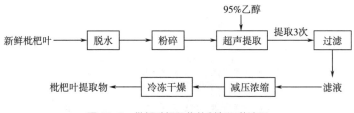

图 10-3　枇杷叶提取物的制备工艺流程

四、显齿蛇葡萄叶

显齿蛇葡萄叶，由葡萄科齿蛇葡萄的嫩茎和叶加工而成，它是我国西南地区的食药茶饮料，含有蛋白质、多糖、氨基酸、黄酮类等多种活性成分。显齿蛇葡萄叶是一种独特的中国茶，药用植物，在 2013 年可作为新的食品配料使用。对显齿蛇葡萄叶的成分研究表明，显齿蛇葡萄叶的药效成分为二氢杨梅素、杨梅苷、杨梅素等黄酮类化合物。显齿蛇葡萄叶具有降血脂、抗氧化、抗炎、抗肿瘤等功效。

显齿蛇葡萄叶的提取常采用乙醇等有机溶剂，通过超声波辅助提取，促进二氢杨梅素等有效物质的溶出，再经过过滤、浓缩、干燥，得到显齿蛇葡萄叶提取物（图 10-4）。显齿蛇葡萄叶提取物中富含二氢杨梅素，它具有良好的解酒功能，还能够有效阻止因酒精导致的肝脏还原型谷胱甘肽耗竭和丙二醛升高，降低甘油三酯含量，减轻肝细胞脂肪变性程度，具有较好的防治酒精性肝损伤效果。此外，二氢杨梅素还具有较好降血糖功效，具有较高的药用价值和市场应用前景。

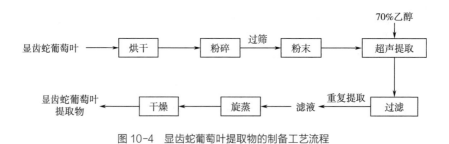

图 10-4　显齿蛇葡萄叶提取物的制备工艺流程

五、铁皮石斛多糖

铁皮石斛具有"益胃生津，滋阴清热"的功效，临床上主要用于热病津伤、口干烦渴、胃阴不足、食少干呕、病后虚热不退、阴虚火旺、骨蒸劳热、目暗不明、筋骨痿软等症，现代医学研究表明其具有增强免疫、调节胃肠、降血糖、降血压、抗肝损伤等作用。图 10-5 为铁皮石斛多糖的提取工艺流程。

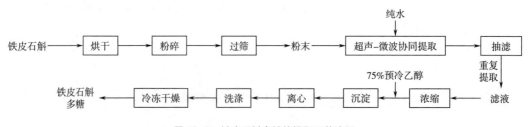

图 10-5　铁皮石斛多糖的提取工艺流程

铁皮石斛临床用药对糖尿病、癌症的临床研究较多，并且已取得显著的临床疗效，与其他中成药、西药联用能有效增强临床试验效果。此外，研究发现铁皮石斛提取物能够改善胃肠道黏膜的完整性，改善肠道炎症症状。铁皮石斛多糖在治疗骨关节炎和保护软骨方面的显著效果。

六、骨碎补

骨碎补，味苦，气温，无毒。骨碎补可以应用于改善膝骨关节病、颈椎腰椎骨质增生、足跟骨骨质增生、腰肌劳损、传染性软疣、阑尾炎等疾病。现代药理研究，此药具有促进骨折愈合、抗动脉粥样硬化斑块形成、降低胆固醇、降血脂、强心等作用，还有镇静、镇痛的作用。图 10-6 为骨碎补提取物的制备工艺流程。

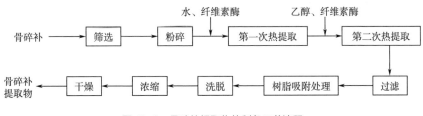

图 10-6　骨碎补提取物的制备工艺流程

通过过滤操作得到提取液后，再将提取液通过离子交换树脂处理，利用离子交换树脂去除过滤液中的无机离子，从而将最终产品中的灰分含量降低至 2%～3%，大大提高了产品纯度。也有报道通过将杜仲、骨碎补与菟丝子单独提取得到的提取物进行复配制备出一种具有促进骨质健康作用的中药复方组合物，该中药复方组合物无副作用、易吸收，可以有效改善中老年人的骨质健康问题，还能有效避免因骨质疏松引起的其他并发疾病，中药复方组合物可作为膳食补充剂或保健食品原料，用于防治骨质疏松、促进骨质健康。

第五节　新食品原料未来展望

现代居民十分关注健康和抗衰老，因此未来对新食品原料的关注十分重要，首先是开发能促进细胞增殖和代谢能力的原料，这类原料能够促进细胞的分裂增殖，促进细胞新陈代谢，加速表皮细胞的更新速度，延缓皮肤衰老。如细胞生长因子（包括表皮生长因子、成纤维细胞生长因子、角质形成细胞生长因子等）、脱氧核糖核酸（DNA）、维甲酸酯、果酸、海洋肽、羊胚胎素、β-葡聚糖、尿苷及卡巴弹性蛋白等。其次是抗氧化类原料，身体衰老与体内诸多生化反应，尤其是氧化反应密切相关，通常抗氧化就能抗衰老，所以此类原料在口服美容膳食补充剂中具有无可取代的作用。微量元素的抗衰老作用近年来成为衰老生物学的研究热点。生物酶类主要有 SOD、辅酶 Q10 等；植物来源的主要有葡萄籽提取物、原花青素、红石榴提取物、茶多酚、芦荟提取物、针叶樱桃提取物、玫瑰花提取物等；葡萄籽提取物被称为可以吃的化妆品，不仅能够有效清除机体的自由基，加快身体内自由基代谢，还能滋养肌肤美容养颜，由于富含丰富维生素和抗氧化成分，能有效保护皮肤中的胶原蛋白，提高机体皮肤弹性并能防止皮肤暗淡无光，能让皮肤变得光滑细嫩而有弹性。辅酶 Q10 存在于肌肤的细胞中，对促进肌肤旺盛的新陈代谢有重要作用，有助于肌肤再生周期顺利进行和保持肌肤健康。

思考题

1. 列出4种以上食药同源植物及其生理功效。
2. 列举5种中药类功能性食品原料，并简单介绍其有哪些有效成分和功能活性。
3. 列举5种新食品原料，并简单介绍其有哪些有效成分和功能活性。
4. 简述微生态制剂的定义和分类。
5. 简述透明质酸的功能活性及其制备工艺。
6. 简述枇杷叶的功能活性及其制备工艺。
7. 简述显齿蛇葡萄叶的功能活性及其制备工艺。

第十一章

功能性食品加工技术

第一节　功能性食品的产品类别和剂型

　　功能性食品是提高我国居民身体素质和慢性病营养干预的重要途径，但在我国功能性食品并不是一个独立的食品类别，其涉及面较广，涵盖保健食品、特殊膳食用食品（包括婴幼儿配方食品、特殊医学用途配方食品、其他特殊膳食食品）和添加具有一定功能原料的普通食品，主要涵盖的产品类别有饮料类、乳制品类、特殊膳食用食品类、油脂类、焙烤食品类、糖果类、酒类和茶类等。从产品的剂型角度分有溶液剂、乳剂、混悬剂、膏剂、粉剂、颗粒剂、片剂、胶囊、微胶囊、丸剂等，其中保健食品常见剂型有片剂、胶囊、口服液、颗粒剂等；特殊膳食用食品常见的剂型有粉剂、液体剂（溶液剂、乳剂、混悬剂等）。另外，功能性食品作为一个特殊的食品品类，具有各类食品应有的形态。从产品的形态上可以分为液态（包括可流动的溶液、胶体等）、固态和半固态（包括粉体、半固体等）。

一、功能性食品的产品类别

（一）功能性饮料

　　功能性饮料是指通过调整饮料中天然营养素成分和含量比例，以适应某些特殊人群营养需要的饮品，适宜于特定人群饮用，具有调节机体功能作用，不以治疗疾病为目的。功能性饮料通常含有钾、钠、钙、镁等电解质，成分与人体体液相似，饮用后能迅速被身体吸收，能及时补充人体因大量运动出汗所流失的水分和电解质（盐分），使体液达到平衡状态。通过饮料等食品途径补充如钙、钾等人体易缺乏的微量成分，不仅有益人体健康，而且为饮料行业产品创新提供一条新途径。功能性饮料从 2010 年以来风靡于欧美和日本等国家，在我国也受到越来越多的消费者喜爱，我国已逐渐成为功能性饮料的消费大国。

参考我国软饮料分类标准 GB/T 10789—2015《饮料通则》中的规定，功能性饮料可以理解为加入具有特定成分的适应所有或某些人群需要的液体饮料，主要包括运动饮料、营养素饮料、能量饮料、电解质饮料和其他特殊用途饮料四大类。下面对常见的几类功能性饮料介绍如下。

1. 运动饮料

运动饮料是指营养素及其含量能适应运动或体力活动人群的生理特点，能为机体补充水分、电解质和能量，可被迅速吸收的制品。运动饮料的基本添加成分有钠盐、钾盐和糖，且比例应在一定范围内，同时也可适当添加维生素等成分。

2. 营养素饮料

营养素饮料是指添加适量的食品营养强化剂，如维生素及矿物质等补充机体营养的制品，如营养补充液。维生素饮料一般含维生素 C、维生素 B_3（烟酸）、维生素 B_6 及维生素 B_{12}，可补充身体每日所需养分。

3. 能量饮料

能量饮料是指含有一定能量并添加适量营养成分或其他特定成分，能为机体补充能量或加速能量释放和吸收的制品。如最近通过配方注册的特殊医学用途碳水化合物组件配方食品，产品配料包括水、麦芽糊精、结晶果糖、无水葡萄糖、柠檬酸钠、柠檬酸、食品用香精，是专门为病人在手术前后研发的一种能量营养补充液，用于减轻患者禁食、禁饮期间带来的不良症状。

4. 电解质饮料

电解质饮料是指添加机体所需要的矿物质及其营养成分，能为机体补充新陈代谢消耗的电解质、水分的制品。如市场上常见的电解质饮料，产品配料包括饮用水、白砂糖、食品添加剂（柠檬酸、柠檬酸钠、氯化钾、葡萄糖酸-δ-内酯、谷氨酸钠、碳酸钙、碳酸镁、维生素 C）、氯化钠等，能迅速补充人体流失的水分和电解质。

5. 其他特殊用途饮料

其他特殊用途饮料主要是指为特殊人群的特殊需要而调整的饮料，如低热能饮料，该饮料在许多国家流行，基本不含任何糖，使用甜味剂达到甜味的要求。开始是专为糖尿病患者配制的，后来流行到担心发胖的人群中。另外，饮料行业涌现出一批新型功能性饮料，比如益生菌饮料、膳食纤维饮料和低聚糖饮料、功能性蛋白肽饮料等。特别是复合蛋白肽能量饮料，采用小分子复合蛋白肽生产技术，饮料中含有的胶原蛋白肽、小麦低聚肽、大豆肽，可以快速被人体吸收，为人体运动供能，修护运动损伤，同时给身体补充能量，加快身体自身修复，保持良好的健康状态。随着健康意识的增强，人们更关注有助于健康的新型功能性饮料的开发。

（二）功能性乳制品

乳制品因营养价值高，受到人们的喜爱。随着技术的发展，功能性乳制品更受到人们的青睐，并逐渐成为了乳制品市场的主力军。功能性乳制品除一般乳制品所具有的蛋白质、钙、维生素以及矿物质外，还具有其他促进人体健康的营养成分。通过对功能性乳制品市场调研表明，消费者对功能性乳制品越来越重视，其市场需求不断提升，进一步开拓了功能性乳制品的市场空间。

现阶段市场上已出现多种功能性乳制品，如使用富含免疫球蛋白、乳铁蛋白等免疫因子和多种促生长因子的牛初乳开发的天然功能性乳制品；添加益生菌和（或）益生元开发的具有维持肠道菌群微生态平衡、增强机体免疫力的功能性乳制品；运用酶制剂分解牛奶中的乳糖开发的无乳糖（或低乳糖）乳制品；添加二十二碳六烯酸（DHA）、二十碳五烯酸（EPA）等功能成分开发的具有促进大脑发育、保护视力、促进中枢神经系统和视网膜发育的功能性乳制品；添加活性多肽开发的具有提高人体免疫力、促进术后康复和伤口愈合、辅助降低"三高"、抗疲劳、增强体质等功能的乳制品。

（三）特殊膳食用食品

根据 GB 13432—2013《食品安全国家标准　预包装特殊膳食用食品标签》中规定，特殊膳食用食品是指为满足特殊的身体或生理状况和（或）满足疾病、紊乱等状态下的特殊膳食需求，专门加工或配方的食品。这类食品的营养素和（或）其他营养成分的含量与可类比的普通食品有显著不同。产品类别主要包括婴幼儿配方食品（婴儿配方食品、较大婴儿配方食品、幼儿配方食品和特殊医学用途婴儿配方食品）、婴幼儿辅助食品（婴幼儿谷类辅助食品、婴幼儿罐装辅助食品）、特殊医学用途配方食品、辅食营养补充品、运动营养食品以及其他符合相应国家标准的特殊食用食品。

1. 婴幼儿配方食品

（1）婴儿配方食品

婴儿配方食品是指乳类及乳蛋白制品和（或）大豆及大豆蛋白制品为主要蛋白来源，加入适量的维生素、矿物质和（或）其他原料，仅用物理方法加工制成的产品，适用于正常婴儿食用，其能量和营养成分能满足 0~6 月龄婴儿正常营养需要的配方食品。

（2）较大婴儿配方食品

较大婴儿配方食品是指乳类及乳蛋白制品和（或）大豆及大豆蛋白制品为主要蛋白来源，加入适量的维生素、矿物质和（或）其他原料，仅用物理方法加工制成的产品，适用于正常较大婴儿食用，其能量和营养成分能满足 6~12 月龄较大婴儿部分营养需要的配方食品。

（3）幼儿配方食品

幼儿配方食品是指以乳类及乳蛋白制品和（或）大豆及大豆蛋白制品为主要蛋白来源，加入适量的维生素、矿物质和（或）其他原料，仅用物理方法加工制成的产品，适用于幼儿食用，其能量和营养成分能满足正常幼儿的部分营养要求。

2. 婴幼儿辅助食品

（1）婴幼儿谷类辅助食品

婴幼儿谷类辅助食品是以一种或多种谷物（如小麦、大米、大麦、燕麦、黑麦、玉米等）为主要原料，且谷物占干物质组成的 25%以上，添加适量的营养强化剂和（或）其他辅料，经加工制成的适于 6 月龄以上婴儿和幼儿食用的辅助食品。包括婴幼儿谷物辅助食品、婴幼儿高蛋白谷物辅助食品、婴幼儿生制类谷物辅助食品、婴幼儿饼干或其他婴幼儿谷物辅助食品。

（2）婴幼儿罐装辅助食品

食品原料经处理、灌装、密封、杀菌或无菌灌装后达到商业无菌，可在常温下保存的适于 6 月龄以上婴幼儿食用的食品。包括泥（糊）状罐装食品、颗粒状罐装食品和汁类罐装食品。

3. 特殊医学用途配方食品

（1）特殊医学用途婴儿配方食品

特殊医学用途婴儿配方食品是指针对患有特殊紊乱、疾病或医疗状况等特殊医学状况婴儿的营养需求而设计制成的粉状或液态配方食品。在医生或临床营养师的指导下，单独食用或与其他食物配合食用时，其能量和营养成分能够满足 0~6 月龄特殊医学状况婴儿的生长发育需求。常见的特殊医学用途婴儿配方食品有无乳糖或低乳糖婴儿配方食品、乳蛋白部分水解婴儿配方食品、乳蛋白深度水解或氨基酸婴儿配方食品、早产/低出生体重婴儿配方食品、母乳营养补充剂和氨基酸代谢障碍婴儿配方食品等。

（2）特殊医学用途配方食品

特殊医学用途配方食品是指为了满足进食受限、消化吸收障碍、代谢紊乱或特定疾病状态人群对营养素或膳食的特殊需要，专门加工配制而成的配方食品，适用于 1 岁以上人群食用。该类产品必须在医生或临床营养师指导下，单独食用或与其他食品配合食用。常见的特殊医学用途配方食品有全营养配方食品、特定全营养配方食品（包括糖尿病全营养配方食品、呼吸系统疾病全营养配方食品、肾病全营养配方食品、肿瘤全营养配方食品、肝病全营养配方食品、肌肉衰减综合征全营养配方食品、创伤感染手术及其他应激状态全营养配方食品、炎性肠病全营养配方食品、食物蛋白过敏全营养配方食品、胃肠道吸收障碍胰腺炎全营养配方食品、脂肪酸代谢异常全营养配方食品、肥胖减脂手术全营养配方食品等）、非特定全营养配方食品（包括营养素组件、电解质配方、增稠组件、流质配方和氨基酸代谢障碍配方等）。

4. 辅食营养补充品

辅食营养补充品是指一种含多种微量营养素（维生素和矿物质等）的补充品，其中含或不含食物基质和其他辅料，添加在 6~36 月龄婴幼儿即食辅食中食用，也可用于 37~60 月龄儿童。目前常用的形式有辅食营养素补充食品、辅食营养素补充片、辅食营养素撒剂。

（1）辅食营养素补充品

以大豆、大豆蛋白制品、乳类、乳蛋白制品中的至少一种为食物基质，添加多种微量营养素和（或）其他辅料制成的辅食营养补充品。食物形态可以是粉状或颗粒状或半固态等，且食物基质可提供部分优质蛋白质。

（2）辅食营养素补充片

以大豆、大豆蛋白制品、乳类、乳蛋白制品中的至少一种为食物基质，添加多种微量营养素和（或）其他辅料制成的片状辅食营养补充品，易碎或易分散。

（3）辅食营养素撒剂

由多种微量营养素混合成的粉状或颗粒状辅食营养补充品，可不含食物基质。

5. 运动营养食品

根据 GB 24154—2015《食品安全国家标准　运动营养食品通则》中规定，运动营养食品是为满足运动人群（指每周参加体育锻炼 3 次及以上、每次持续时间 30min 及以上、每次运动强度达到中等及以上的人群）的生理代谢状态、运动能力以及对某些营养成分的特殊需求而专门加工的食品。

针对能量和蛋白质等的不同需求而设计的运动营养食品可分三类，分别为补充能量类运动营养食品、控制能量类运动营养食品、补充蛋白类运动营养食品。

（1）补充能量类运动营养食品

补充能量类运动营养食品指以碳水化合物为主要成分，能够快速或持续提供能量的运动营养食品。人体运动时能量代谢具有强度大、消耗率高的特点，可以达到安静时能量消耗水平的两三倍甚至上百倍。运动时及时补充能量，对于保障既定强度的锻炼是必需的，且有助于延缓运动疲劳，防止运动损伤。碳水化合物是提供能量的最佳来源，其产能速度快，还可以在缺氧情况下通过糖酵解释放能量，对从事高强度运动、机体相对缺氧的运动人群是非常重要的。另外，糖是中枢神经系统的主要能源物质，还利于保护肝脏免受有毒物质损害。运动前补充碳水化合物可增加肌糖原储备，保持血糖浓度和胰岛素水平，减少运动过程中蛋白质的消耗。运动后补充糖类可促进体力恢复，加强肝糖原和肌糖原的合成与储存。市售常见的补充能量类运动营养食品有能量胶，其中碳水化合物提供的能量占产品总能量≥60%。

（2）控制能量类运动营养食品

控制能量类运动营养食品指能够满足运动控制体重需求的运动营养食品，含促进能量消耗和能量替代两种。控制能量类运动营养食品是针对这类人群的需求而专门配制的能够满足运动控制体重需求的食品，这类食品还可以添加运动人群所需的营养物质，以维持机体的正常生理功能。促进能量消耗产品通过添加促进运动中能量消耗的营养物质，满足运动控制体重需求的食品，这类产品还可选择有助于运动中能量消耗的营养强化剂或营养成分，通过脂肪酸的转移等达到促进能量消耗的目的。能量替代产品根据营养需要须添加蛋白质，还可添加运动所需非能量营养物质（如维生素、矿物质），以维持正常的运动能力。常见的市售产品有蛋白奶昔、蛋白能量棒等，其中促进能量消耗固态产品的能量≤3kJ/g，半固态或液态产品的能量≤0.8kJ/g，脂肪提供的能量占产品总能量的比例≤25%；能量替代产品中部分代餐能量控制在 835~1670kJ/餐（1kJ=0.2389kcal），完全代餐能量控制在 3350~5020kJ/餐，蛋白质提供的能量占产品总能量的比例控制在 25%~50%。

（3）补充蛋白质类运动营养食品

补充蛋白质类运动营养食品指以蛋白质和（或）蛋白质水解物为主要成分，能够满足机体组织生长和修复需求的运动营养食品。高强度运动会引起肌肉蛋白不同程度的分解，这也进一步增加了运动人群对蛋白质的需求，摄入足量的蛋白质或其水解物有助于修复肌体组织。蛋白质水解物是指蛋白质在酸性物质或者蛋白质水解酶的作用下得到的物质，根据水解程度不同，含有不同长度的肽以及游离的氨基酸分子。研究表明，蛋白质水解物的主要功效有：①显著的提高肌肉力量，增加瘦体重。②运动中服用带蛋白水解物的饮料能够有效减轻肌肉疲劳。③促进肌糖原的合成。④增进胰岛素的分泌以及肌肉蛋白的合成。常见的市售补充蛋白类运动营养食品有浓缩乳清蛋白、乳清分离蛋白、蛋白棒，其中固态产品中蛋白质含量≥15%，半固态或液态产品中蛋白质含量≥4%，粉状产品（需冲调后食用）中蛋白质含量≥50%。

针对不同运动项目的特殊需求而设计的运动营养食品可分为三类，分别是速度力量类运动营养食品、耐力类运动营养食品、运动后恢复类运动营养食品。

（1）速度力量类运动营养食品

速度力量类运动营养食品指以肌酸为特征成分，适用于短跑、跳高、球类、举重、摔跤、柔道、跆拳道、健美及力量器械练习等人群使用的运动营养食品。速度、力量型项目主要供能物质就是磷酸肌酸和三磷酸腺苷（ATP），而肌酸在体内与磷酸结合生成磷酸肌酸，磷酸肌酸可以快速分解并促进 ATP 再合成，从而使 ATP 始终处于动态平衡状态，补充肌酸可以直接提高体内能量储备，提高机体爆发力。因此，该类产品把肌酸这种对力量、速度型运动非常重要的营养素作为速度力量项目的特征营养素。常见的市售速度力量类运动营养食品有强力恢复速度力量运动营养粉，配料包括食用葡萄糖、L-谷氨酰胺、肌酸、柠檬酸、牛磺酸、柠檬酸钠、三氯蔗糖、羧甲基纤维素钠、维生素 B_1、维生素 B_2 等；锌镁肌酸运动营养粉，配料包括一水肌酸、葡萄糖、乳酸镁、葡萄糖酸锌、维生素 B_6、三氯蔗糖、食用香精等。

（2）耐力类运动营养食品

耐力类运动营养食品指以维生素 B_1 和维生素 B_2 为特征成分，适用于中长跑、慢跑、快走、自行车、游泳、划船、有氧健身操、舞蹈、户外运动等人群使用的运动营养食品。耐力运动主要指长时间的有氧运动，运动员的能量消耗极大，消耗的能量主要由糖和脂肪的有氧氧化功能来实现。决定耐力项目运动能力的主要因素包括血糖水平、糖原储备、心力储备、血液的携氧能力、有氧代谢酶调控因子的水平、水合电解质的平衡等。而 B 族维生素（如维生素 B_1、维生素 B_2）作为辅酶因子在糖酵解、三羧酸循环、氧化磷酸化、脂肪 β-氧化和氨基酸降解供能中起到调控和限速作用。耐力运动对线粒体内调控有氧氧化代谢及电子转移链的酶有极高的挑战，当影响耐力运动的关键营养物质（如 B 族维生素）补充不及时或者不足的情况下，调控有氧氧化和电子转移链的酶的活性降低，有氧氧化供能速度下降，导致运动员无法及时补充能量，进而影响运动能力。补充 B 族维生素可以提高新陈代谢，提高有氧氧化酶类的活性，进而促进三大能源物质参与有氧氧化，加快机体产生能量的速度。常见的市售耐力型运动营养食品有咖啡因耐力营养粉，配料包括葡萄糖、牛磺酸、麦芽糊精、柠檬酸、DL-苹果酸、羧甲基纤维素钠、咖啡因、葡萄糖酸锌、维生素 B_1、维生素 B_2、红甜菜汁粉、β-胡萝卜素、食用盐、三氯蔗糖等。

（3）运动后恢复类运动营养食品

运动后恢复类运动营养食品指以肽类为特征成分，适用于中、高强度或长时间运动后恢复的人群使用的运动营养食品。大强度、长时间运动后，经常会因恢复不佳导致体能下降，甚至出现免疫力持续低下等问题；利用机械进行大强度负重练习，肌肉受到强烈的刺激，如果破坏了的肌肉未能得到及时修复，继续大强度训练，使得身体疲劳积累，时间长了会产生过度训练，导致肌肉生长缓慢、力量下降、肌肉长时间酸痛僵硬，并伴随精神不佳、疲劳感等症状。合理使用运动营养食品是帮助运动人群加快体能恢复和疲劳消除的重要手段之一。肽类是蛋白通过蛋白酶水解后得到的蛋白质水解物，相对分子质量在 5000 以下，它的吸收速率比单个氨基酸高 2~3 倍。运动后补充肽类，可以提高血清睾酮水平，降低运动后自觉疲劳分级（rating of perceived exertion，RPE）的等级。研究表明，肽类可以促进蛋白质合成，将肽类列为运动后恢复类产品的特征成分。常见市售运动后恢复类产品有：①运动恢复饮，配料包括脱脂乳粉、谷氨酰胺、结晶果糖、食用葡萄糖、植物源速溶支链氨基酸微囊粉（L-亮氨酸、L-异亮氨酸、L-缬氨酸）、胶原蛋白肽粉、可可粉、氯化钾、水解乳清蛋白粉、磷脂、食用盐、三氯蔗糖等；②快速恢复蛋白粉，配料包括碳水化合物混合物（46%，麦芽糊精、果糖）、蛋白质（46%，大豆分离蛋白）、电解质（8%，氯化钠、氯化钾、乳酸铜、氧化镁）、亮氨酸、维生素和矿物质（抗坏血酸、烟酰胺、维生素 E、焦磷酸铁、硫酸锌、泛酸钙、盐酸吡哆醇、核黄素、盐酸硫胺素、柠檬酸钙、叶酸、碘化钾、生物素、维生素 D_3、氰钴胺）等。

（四）功能性油脂

功能性油脂是一类具有特殊生理功能的油脂，它所具有的一些特殊营养素或活性物质对人体某些疾病具有积极的防治作用，其中主要的活性物质有多不饱和脂肪酸（PUFA）如亚油酸、α-亚麻酸、γ-亚麻酸、花生四烯酸、二十碳五烯酸（EPA）和二十二碳六烯酸（DHA）；磷脂如卵磷脂、脑磷脂、肌醇磷脂、丝氨酸磷脂等。其可分为天然型功能性油脂和制备型功能性油脂，常见的天然功能性油脂有植物油脂中的橄榄油、红花籽油和动物油脂中的深海鱼油等；常见的制备型功能性油脂有添加深海鱼油或植物甾醇的食用调和油、OPO 结构脂（1,3-二油酸-2-棕榈酸甘油三酯）等。

（五）功能性焙烤食品

焙烤食品是以面粉、酵母、食盐、白砂糖和水为基本原料，添加适量油脂、乳品、鸡蛋和食品添加剂等，经过一系列复杂的工艺手段烘焙而成的方便食品。可以分为面包、糕点、蛋糕和其他甜点四大类。近年来，随着人们生活节奏加快以及西方饮食文化的渗透，烘焙食品逐渐在早餐市场中崭露头角，显示出一定的正餐化趋势，在烘焙食品正餐化与休闲需求的双重推动下，行业的市场规模也进一步增大，其中健康化、功能化是焙烤食品发展趋势之一。焙烤食品的主要的功能性配料有膳食纤维、低聚糖、糖醇、大豆蛋白、功能性脂类、植物活性成分、活性肽、维生素和矿物元素等，低能量的健康烘焙食品是大势所趋。如市场上销售的麦麸饼干，4 块饼干含 13g 膳食纤维；能量棒，每份含 15g 大豆蛋白，用橄榄油、茶树油等代替传统油脂。

（六）功能性糖果

糖果是一种非常传统的食品，人们吃糖的目的一般是为了体验到甜味所带来的愉悦和满足，但是随着生活水平提高，吃糖不仅是为了满足对甜味的需要，还被赋予了很多情感因素与对美好生活的追求。糖果最主要的创新体现在功能方面，其发展方向就是糖果中添加某些营养素或功能性成分，让人们在吃糖果的同时也能为身体的健康补充更多的有益成分。此外，结合目前国际上颇为流行的膳食纤维、低聚糖、糖醇等配料给糖果功能性增加了新的概念，如含钙糖果、茶糖、止咳糖、无糖糖果等。目前国内糖果市场上功能性糖果主要包括：维生素糖果、无糖口香糖、无糖硬糖、具有醒脑作用的薄荷糖、含有中草药成分的润喉糖等。近几年，由于功能性软糖更贴近零食的形态，也深受消费者的欢迎，发展非常迅速。常见的功能性软糖主要包括：含 γ-氨基丁酸、茶叶茶氨酸的助眠软糖；含胶原蛋白、透明质酸钠的美容软糖；含叶黄素酯的护眼软糖；含白芸豆的控卡软糖；补充维生素的多维软糖；含活性益生菌的支持肠道健康的软糖，含 DHA 的益智类软糖以及解酒类软糖等。

（七）保健茶

随着人们养生意识的增强，以茶及传统中草药为主要成分的保健茶已成为健康产品市场的新亮点。保健茶涉及了茶饮料、保健品、药品三大行业，既保健又养生。现在市场上以保健养生茶作为礼品也越来越多，基本上以美容润颜、强身健体、解酒、降压、降糖等保健功效为产品特点。

（八）保健酒

保健酒已有数千年的历史，是中国医药科学的重要组成部分，中国的历代医药著作中几乎无一例外地有药酒治病健身的记载。随着科学技术的进步，从中药浸酒的传统工艺基础上发展到利用萃取、浸提和生物工程等现代化技术手段，来提取中药中的有效成分并制成高含量的功能药酒。现在，保健酒含有多种皂苷类、黄酮类、活性多糖等功能因子以及多种氨基酸、有机酸和人体所需的微量元素等营养成分，具有抗疲劳、免疫调节的保健功能，配料包括优质白酒、水、淮山药、仙茅、当归、肉苁蓉、枸杞子、黄芪、淫羊藿、肉桂、丁香、冰糖。

二、功能性食品剂型选择

功能性食品剂型是根据配方中原料化学成分的性质、功能与适用人群的食用需要以及生产的实际条件综合考虑确定的，适宜的剂型有利于功效成分的稳定，有利于发挥其功能。如果以水溶性好且在水中稳定不易分解和氧化的原料（成分）来生产功能性食品，一般情况下可选择口服液、饮料、糖浆等液体剂型；以难溶于水或者水溶液中不稳定的原料（成分）来生产功能性食品，可选择固体剂型；以易氧化变质的脂溶性成分如鱼油、磷脂、番茄红素等为原料来生产功能性食品，可选择软胶囊剂型。由于剂型不同，采用的工艺路线、生产环境、生产设备等要求均有差异。因此，对于功能性食品剂型的选择，除要考虑其功能特性的发挥外，也要考虑充分利用原有设备，设计的工艺路线要适用于工业规模化生产，要求选择的工艺简便、成本较低、方便食用、便于携带运输和储存的剂型。根据功能性食品的形态，功能性食品剂型可以分为液态剂型、固态和半固态剂型。

（一）液态剂型

液态功能性食品有浓度稳定、定量准确、使用方便等特点，是开发功能性食品常见的剂型，也是保健食品和特殊膳食常用剂型。液态剂型是将原材料用水或其他溶剂，采用适宜的方法提取，经浓缩制成的方便食用的液体剂型，其特点是：①能浸出原料中的多种有效成分；②吸收快，显效迅速；③食用量减小，便于携带、储存和服用；④在液体中可以加入了矫味剂，口感好，易为人们所接受；⑤成品经灭菌处理，密封包装，质量稳定，不易变质。常见的液态剂型包括溶液剂、乳剂和混悬液等多种形式。

1. 溶液剂

溶液剂是指以小分子物质为分散介质溶解于适宜的分散相中（通常指水），制成澄清可供食用的液体制剂。溶液剂配方的设计要考虑分散介质在分散相中的溶解性及稳定性、微生物控制以及辅料（甜味剂、香精、增稠剂、色素等）的使用。分散介质在分散相中的保质期限内应处于溶解状态，不随温度变化发生结晶析出现象。影响分散介质溶解速度的因素有分散介质的粒径和表面积、溶解温度、分散相的体积、扩散系数、扩散层的厚度等。分散相的选择对溶液剂的稳定性和功效发挥有直接影响。因此，分散相应具备的特点有：①易溶解分散介质。②性质稳定，不与分散介质和辅料发生化学反应。③不影响分散介质的营养功效和含量测定。④无毒、无臭味、不易腐败等。

2. 乳剂

乳剂是由两种不混溶的液态（通常是油和水）组成，其中一种液体在另一种液体中分散成小球形液滴。在大多数食品中，液滴的直径通常为 100nm~100μm，近年来人们越来越关注直径更小（直径<100nm）的乳剂。根据油相和水相的相对空间分布可对乳剂进行分类，由分散在水相中的油滴组成的体系称为水包油（O/W）乳剂，如牛乳、稀奶油、乳饮料等。由分散在油相中的水滴组成的体系称为油包水（W/O）乳剂，如人造黄油和黄油等。由于受物理或化学变化的影响，乳剂的稳定体系容易遭破坏，出现分层、破乳、絮凝和聚结等现象。其中，重力作用是导致乳化体系出现分层或沉降现象最主要的原因。由于液滴间的吸引力作用会引起液滴的絮凝，但这种作用往往较弱，通过搅动可以使絮凝物分开。一般情况下絮凝物中液滴的大小和分布没有明显的变化，不会发生液滴的聚结，液滴仍然保持其原有特性。如果絮凝物的液滴发生凝结，其中的小液滴的液膜被破坏，聚结形成较大的液滴，这一过程是不可逆过程，它会导致液滴数目的减少和乳液体系的破坏，出现油水分离。絮凝是聚结的前奏，而聚结则是乳化体被破坏的直接原因。

在大多数食品的乳剂体系中，水相可能含有多种水溶性成分，如糖、盐、缓冲剂、乙醇、表面活性剂、蛋白质、多糖和防腐剂等，油相中可能含有脂溶性成分的复杂混合物，如三酰甘油、二酰甘油、单酰甘油、游离脂肪酸、甾醇、维生素、脂肪替代品、色素、香料和防腐剂等，界面区域可能含有不同表面活性组成的混合物，包括蛋白质、多糖、磷脂、表面活性剂、乙醇等，这些组分还可以形成油、水或界面区域中各种类型的结构实体如脂肪晶体、冰晶、生物聚合的聚集体、气泡、液晶等，也有可能形成较大的结构如生物聚合物或微粒网络。因此，功能性食品的乳液体系比简单三组分（油、水和乳化剂）体系复杂得多。乳剂产品在生产、储存和处理过程中受到温度、压力和机械搅拌的作用，会影响乳剂的整体性质。

为了提高食品乳剂体系的稳定性，通常会添加稳定剂。根据稳定剂在体系中的作用形式可以分为乳化剂、调质剂、增重剂。乳化剂是在均质过程中吸附到新形成的液滴表面形成保护层，防止液滴靠近而产生液滴聚集的表面活性分子。大多数乳化剂是两性分子，最常用的增稠剂和胶凝剂通常是用于 O/W 乳剂的多糖或蛋白质和用于 W/O 乳剂中的脂肪晶体。增重剂是添加到分散相（液滴）中的物质，以降低液滴与周围液体之间的密度差，从而阻碍重力分离，增重剂通常用于饮料工业中以增加乳液的密度来提高其稳定性。

在功能性食品加工中，可利用搅拌机、胶体磨、超声波乳化器、均质机等设备使油相破坏形成小液滴，结合稳定剂的使用来提高乳剂体系的稳定性。

3. 混悬剂

混悬剂是指固体粒子分散在悬浮介质或载体（大多数为水，也可用植物油）中形成的热力学不稳定的非均相分散体。按固体粒子的粒径大小可分为胶体混悬剂、粗混悬剂和纳米混悬剂。被分散的固体粒子大的表面积可以加速产品的吸收，混悬剂中的固体粒子不像片剂或胶囊剂中的固体粒子，其由胃肠道液中稀释后开始溶出并吸收，细粒子比大粒子有更高的相对溶解度，溶出更快。

（二）固态和半固态剂型

1. 散剂（粉剂）

散剂是指原料或适宜的辅料经粉碎、均匀混合后制成的干燥粉末状制剂。散剂的表面积较大，具有易分散、起效快的特点。散剂一般溶于或分散于水或者其他液体中再食用，也可以直接用水送服。粒度大小、混合均匀度、水分是决定散剂质量的关键指标。

2. 颗粒剂

颗粒剂是指原料与适宜的辅料混合制成具有一定粒度的固体制剂，其主要特点是原料全部或大部分经过提取精制、体积缩小、运输携带食用方便、味甜适口。颗粒剂可分为可溶颗粒、混悬颗粒、泡腾颗粒。颗粒剂经提取、精制、制粒、整粒、包装、质检等工艺生产，颗粒剂应干燥、颗粒均匀、色泽一致、无吸潮软化结块潮解等现象。

3. 片剂

片剂是指原料细粉或提取物加辅料压制而成片状或异形片状的制剂，具有含量准确、稳定性好、携带和食用方便等特点。片剂分口服普通片、含片、咀嚼片、泡腾片。片剂的制作方法有颗粒压片法和直接压片法两大类，以颗粒压片法为主，其中颗粒压片法又分为湿颗粒法和干颗粒法，前者适用于原料不能直接压片或遇湿、遇热不起反应的片剂制作，后者适用于热敏性物料，遇水易分解原料的片剂制作。片剂外观应完整光洁、色泽均匀、有适宜的硬度和耐磨性。

4. 硬胶囊

硬胶囊是指采用适宜的制剂技术，将原料或加适宜辅料制成的均匀粉末、颗粒、小片、小丸、半固体或液体等，充填于空心胶囊中的胶囊剂。硬胶囊剂具有以下特点：①外观光洁、美观，可掩盖原料不适当的苦味及臭味，使人易于接受，方便服用；②生物利用度高，辅料用量少，在制备过程中可以不添加黏合剂、不加压，因此在胃肠道中崩解速度快，一般服后3~10min即可崩解释放功能物质。与丸剂、片剂相比，硬胶囊显效快、吸收好；③稳定性好，光敏物质和热敏物质（如维生素）宜装入不透光的硬胶囊中，便于保存；④可延长释放功能成分，先将原料制成颗粒状，然后用不同释放速度的材料包衣，按比例混匀，装入空胶囊中即可达到延效的目的。

硬胶囊的生产工艺流程一般为制备空囊、原料和辅料混合、胶囊的填充、整理、包装、质检。明胶是制备空胶囊的主要原料，除了明胶以外，制备空胶囊时还应添加适当的辅料，以保证其质量。胶囊内填充物，一般均要求是混合均匀的细粉或颗粒。由于填充物的密度、晶态、颗粒大小不同，所占的容积也不相同，所以一般按照其剂量所占的容积来选用空胶囊的规格，空胶囊常用规格为0~3号，规格越大，容积越小。胶囊剂应整洁、无异臭，不得有黏结、变形、渗漏或破裂现象。胶囊剂应密封储存，存放环境温度不应过高，湿度适宜，防止发霉和变质。

5. 较胶囊

较胶囊是将一定量的液体原料直接包封，或将固体原料溶解或分散在适宜的辅料中制备成溶液、混悬液、乳状液或半固体，密封于球形、椭圆形或其他形状的软质囊材中的胶囊剂，制备方法可分为滴制法或压制法。软质囊材一般是由明胶、甘油或其他适宜的辅料单独或混合制成。软胶囊的特点有：①可塑性强、弹性大，这是由软胶囊囊材组成的性质所决定的，取决于明胶、增塑剂和水三者之间的比例。②可弥补其他固体剂型的不足，如含油量高或液态成分不易制成丸剂、片剂时，可制成软胶囊。③具有与硬胶囊相同的特点，如服用方便、利用率高、稳定性好等。

软胶囊的制作包括胶囊囊材制作和胶囊填充。胶囊囊材的组成主要是胶料（明胶）、增塑剂（甘油、山梨醇等）、附加剂（防腐剂、香料、遮光剂等）和水。在保证填充物达到有效含量的前提下，软胶囊的容积要求尽可能减小。

6. 丸剂

丸剂是指原料与适宜的辅料制成的球形或类球形固体制剂。丸剂包括蜜丸、水蜜丸、水丸、糊丸、蜡丸、浓缩丸等，具有食用方便、吸收较缓慢、药力较持久等特点。若原料中功能成分具有不耐高热、难溶于水、容易挥发等特点，则适合做丸剂。蜜丸是指将原料细粉用炼制过的蜂蜜作黏合剂制成的丸剂，丸粒具有光洁滋润、含水量少、崩解缓慢、作用缓和且持久等特点。水丸俗称水泛丸，是指将原料细粉（一般按 80～120 目筛）以水或配方规定的水性液体（如酒、醋、蜜水、药汁等）为赋形剂，用泛法制备的丸剂，适用于原料本身具有一定黏性且所含有效成分遇水稳定。水蜜丸是指原材细粉用炼蜜和水为黏合剂制成的丸剂，其制法等同水丸。糊丸是指将原物细粉用米糊（糯米糊、黄米糊）或面糊为黏合剂制成的丸剂。蜡丸是指将药物细粉以蜂蜡（又称黄蜡）为黏合剂制成的丸剂。浓缩丸是指将原物或配方中部分原料提取的清膏或浸膏配以适宜的辅料，用水、蜂蜜为赋形剂制成的。

丸剂制作工艺流程一般为原料粉碎、过筛、配料、搅拌混合、炼制、制丸、筛选、包装等。制丸方法可分泛制法和塑制法，泛制法如同"滚雪球"，塑制法如同"搓汤丸"。蜜丸和蜡丸常用塑制法制作，水丸、水蜜丸、糊丸、浓缩丸可采用泛制法或塑制法制作。丸剂外观应圆整、大小和色泽均匀、无黏连现象。

7. 浸膏剂

浸膏剂是指原料用适宜的溶剂提取，蒸去部分或全部溶剂，调整至规定浓度而成的制剂。浸膏剂的优点是有效成分含量高、体积小、不含浸出溶媒、有效成分较流浸膏稳定。浸膏生产工艺一般包括原料预处理、提取、浓缩、灭菌、包装、检查等。提取通常采用煎煮法、回流法或渗漉法，全部提取液应低温浓缩到稠膏状。

8. 煎膏剂

煎膏剂是指饮片用水煎煮，取煎煮液浓缩，加炼蜜或糖制成的半流体制剂，由汤剂浓缩演变发展而来。煎膏剂（膏滋）避免了汤药煎煮麻烦的弊端，食用方便。煎膏剂（膏滋）经原料炮制、浸渍、煎煮、浓缩、化胶、收膏、包装等工艺制备，煎膏剂应无焦臭、异味，且无糖结晶析出。

第二节　液态功能性食品加工技术

一、液态功能性食品加工关键技术

液态功能性食品加工的关键技术主要包括搅拌混合、酶工程、微生物发酵、杀菌、无菌灌装等。

（一）搅拌混合

搅拌混合是将粉体和液体加入液体基料中进行分散、乳化或溶解的过程，操作简单但很难掌控，只有选择合适的搅拌混合设备才能保证稳定的高质量产品。液态功能性食品生产中常见的搅拌混合设备有螺旋桨式搅拌器、桨式搅拌器、涡轮式搅拌器和高剪切搅拌器等几种类型。

1. 螺旋桨式搅拌

螺旋桨式搅拌器叶轮直径与罐体直径之比为 0.2～0.3，搅拌速度在 400～1750r/min。适应搅拌低黏度的液体，通常液体黏度<1Pa·s。通过搅拌器的搅拌，使液体产生对流循环。

2. 桨式搅拌

桨式搅拌器叶轮直径与罐体之比为 0.5～1.0，低速条件下的搅拌，搅拌速度在 10～150r/min。适合用于中等黏度物料的搅拌，一般搅拌器的搅拌面积较大。

3. 涡轮式搅拌

涡轮式搅拌器叶轮直径与罐体之比为 0.2～0.5，涡轮搅拌器速度较大，一般为 300～600r/min。涡轮在旋转时产生离心力，可在液体中产生辐射液流与切线液流，能有效地完成所有的搅拌操作，不论液体的黏度高低均可很好地搅拌。

4. 高剪切搅拌

高剪切搅拌器常用于破碎颗粒，一般有定子和转子组成，转子速度可达到 3000r/min，靠定子和转子的摩擦与剪切，将物料中的颗粒物质分散在介质中，可以混料器中间歇搅拌，也可以在线混合搅拌。

5. 真空高剪切搅拌

为了减少工艺过程中空气混入，降低维生素等对氧气敏感的功能性成分损失，混料可在真空条件下进行。真空高剪切搅拌器不仅可以减少对氧气敏感功能性成分的损失，还可以降低流量计扰动和脱气困难，对热交换器中的结垢有积极作用。

（二）酶工程

酶工程是利用酶的催化作用进行物质转化的技术，它是现代生物技术的重要组成部分。酶是由生物体产生的具有活性的蛋白质，有些酶本身就是保健食品的重要功效成分，如乳过氧化物酶、溶菌酶等。酶工程包括自然酶的开发及应用、酶的固定化、酶传感器等。酶工程在功能性食品中的应用广泛，如功能性低聚糖、功能性肽、功能性氨基酸、功能性维生素等功效成分的生产。

（三）微生物发酵

微生物发酵是指微生物在适宜的条件下，将物料经过特定的代谢途径转化为人类所需要的产物的过程。微生物发酵生产水平主要取决于微生物本身的遗传特性和培养条件。根据发酵目的对微生物的采集、分离和选育提出要求，对发酵工艺进行设计和优化，对发酵设备提出改进和配套选型。它的主要内容包括工业生产菌种的选育，最佳发酵条件的选择和控制，生化反应器的设计以及产品的分离、提取和精制等过程。微生物发酵在功能性食品生产过程中应用十分广泛，如功能性糖醇、乳酸菌、富含 ω-3 PUFA 的微生物、单细胞海藻、真菌多糖、氨基酸、维生素等的发酵法培养。

（四）杀菌

杀菌是功能性食品储存、保鲜、延长保质期和货架期的重要手段。液态功能性食品中常见的杀菌技术有巴氏杀菌、超高温杀菌、保持灭菌。

1. 巴氏杀菌

巴氏杀菌这个名称是为纪念路易斯·巴斯德。在19世纪中期，他对微生物的热致死效果进行了研究，并将热处理作为一项防腐技术。巴氏杀菌的主要目的是杀死产品中病原性微生物，确保产品食用过程中的安全性，同时杀灭产品中影响风味和保质期的绝大多数其他微生物以及酶类，且使产品的营养成分破坏程度最小，保证产品的新鲜口感和较高的营养价值，巴氏杀菌的工艺条件见表11-1。

表11-1　　　　　　　　　　　　　巴氏杀菌的工艺条件

杀菌方法	温度	时间
低温长时间巴氏杀菌	63~65℃	30min
高温短时间巴氏杀菌	72~75℃	15~20s
	>80℃	1~5s
超巴氏杀菌	125~138℃	2~4s

巴氏杀菌可广泛应用于功能性牛奶、功能性饮料等产品的生产中。

2. 超高温杀菌

超高温杀菌简称UHT杀菌，是指加热温度为135~150℃、加热时间为2~8s、加热后的食品达到商业无菌要求的杀菌过程。这个过程中，微生物细菌的死亡速度远比食品受热发生化学变化而劣变的速度快，因而瞬间高温可完全杀死细菌，但对食品的质量影响较小，几乎可完全保持食品原有的色、香、味。这种杀菌技术已广泛应用于牛奶、果汁及各种饮料、奶茶、酒等产品的生产过程中。

1956年，超高温杀菌技术首创于英国，在1957—1965年，通过大量的基础理论研究和细菌学研究后才用于生产。超高温杀菌最早用于乳品工业中牛奶的杀菌作业，超高温杀菌装置由荷兰的斯托克（Stork）公司在20世纪50年代初率先研制，随后国际上又出现了许多类型的超高温处理装置。20世纪60年代初，无菌灌装技术获得成功，促进了超高温杀菌与无菌灌装技术相结合，从而发展了灭菌乳生产工艺。自20世纪80年代后，超高温杀菌技术得到了更大的发展，其应用范围不仅仅限于液体产品，还可应用于固液混合产品和固体粉状产品等。

超高温杀菌的基本原理是建立在微生物受热死亡（即热致死）和最大限度地保持食品品质及营养成分这两个最重要的基础之上的。以牛乳的超高温灭菌为例，牛乳在加热过程中，杀灭细菌孢子的效率随着温度的上升而上升，并且大大高于牛乳中化学变化（褐变、维生素破坏、蛋白质变性等）。在温度有效范围内，热处理温度每升高10℃，细菌孢子的破坏速度提高11~30倍。通常以Q_{10}来表述温度上升时反应加速的程度，即系统温度每上升10℃，反应速度增加的倍数。风味变化以及绝大多数的化学反应的Q_{10}为2~3，细菌芽孢的致死Q_{10}一般为 8~30，随不同种属的细菌对温度增加的敏感程度不同而变化，如枯草芽杆菌芽孢致死 Q_{10} 为 30，嗜热脂肪芽孢杆菌致死 Q_{10} 为 11，而牛乳中化学变化褐变速度仅提高 2.5~3.0 倍，Q_{10} 为 2.5~3.0，这意味着温度越高，其灭菌效果越明显，而引起的化学变化很小。当温度在 135℃以上，灭菌效果比褐变的增长要快得多。温度超过 150℃，相应加热时间必须随之更加缩短，但这在工艺操作上准确控制这样的加热时间是很困难的，流速稍有一点波动就会产生相当大的影响。超高温杀菌，不仅杀菌效果显著，杀菌时间缩短，对食品营养成分的保存率也高。

超高温杀菌方法分为直接加热法和间接加热法。

（1）直接加热法

直接加热法是指采用过热纯净的蒸汽直接喷入液体食品进行热交换，蒸汽释放出潜热将食品快速加热到135~160℃的灭菌温度，通常称为直接蒸汽喷射或 DSI。直接加热法还可分为直接注射式杀菌和直接喷射式杀菌。直接注射式杀菌即将高压过热蒸汽注射到食品物料中进行灭菌，直接喷射式杀菌即将食品物料喷射到高压过热蒸汽中进行灭菌。直接喷射式杀菌往往物料通常向下流动，而蒸汽向上运动。由于加热蒸汽与食品直接接触，故对蒸汽的纯净度要求甚高。这种直接加热系统加热食品的速度比其他任何间接系统都要快，有如下特点：①加热和冷却速度较快，UHT 瞬时加热更容易通过直接加热系统来实现。②热处理时间短，食品色泽、风味和营养成分损失少。③能加工黏度高的产品，尤其对那些不能通过板式热交换器进行良好加工的产品来说，它不容易形成结垢，但蒸汽压力将限制设备长时间运转。④由于不可避免地有部分蒸汽冷凝进入食品中，又有部分食品中水分因受热闪蒸而逸出，故易挥发的风味物质随之将部分损失掉。⑤控制系统复杂，加热蒸汽需要净化而带来产品成本提高，同时食品灭菌后需要进行无菌均质，由此设备本身的成本和运转成本大大增加。因结构复杂，装置大多是非标准型，系统成本是同等处理能力的板式或管式加热系统的两倍。⑥运转成本高，能量回收的限制性使加热成本增加。但从某种程度上说，该系统连续运转较长时间可适当弥补其高成本的缺陷。

直接加热法最大的优点是快速加热和快速冷却，最大限度地减少超高温处理过程中可能发生的物理变化和化学变化，如蛋白质变性、褐变等，常常用于牛奶以及其他需脱去不良风味食品的杀菌。尤其对于液态乳制品来说，间接系统会产生严重的结垢现象，直接加热体系更符合产品的特性和质量要求。

（2）间接加热法

间接加热法是指以高压过热蒸汽或过热水为加热介质，采用管式或板式热交换器与食品进行热交换而间接灭菌。间接加热法采用的热交换器一般有片（板）式、环形管式和刮面式（搅拌式），每一种方式都有其特点。片式热交换器的特点是处理能力大，结构紧凑；无缝环形管式的特点是具有极高强度，可以承受高压；刮面式则适用于黏度大的产品。

间接加热法由于加热介质不直接与食品接触，可以更好地保存食品的营养成分和风味物质，易于控制温度。该设备占地小，杀菌效率高，成本低，目前越来越广泛应用于液态功能性食品中。

3. 保持灭菌

保持灭菌又称二次灭菌，是指物料在密闭容器内被加热到至少110℃，保持 15~40min，经冷却后制成成品。成品的特性是经加工处理后产品中不含有任何在储存、运输及销售期间能繁殖的微生物及对品质有影响的酶类。

保持灭菌法按设备运行方式可分为间歇式和连续式。间歇式是指产品第一次灭菌采用管式超高温灭菌机，然后经灌装、封盖后放入间歇式灭菌器内进行第二次灭菌。连续式是指产品第一次灭菌采用管式或板式超高温灭菌机，第二次灭菌采用连续式灭菌机。该法灭菌处理的产品保存期长，有利于长途运输。

保持灭菌技术的特点有：①间歇式保持灭菌法设备简单，投资较低，但产品质量不稳定。②连续式保持灭菌线的特点是投资大，产量高，产品质量稳定。③保持灭菌机是二次灭菌生产线的核心设备，要求其升温、降温快，传热均匀，尽量减少热冲击和热惯性，性能良好，严格执行灭菌规程。

杀菌釜又称杀菌锅或杀菌机，是保持灭菌常用设备，主要由锅体、锅盖、开启装置、锁紧楔块、安全联锁装置、轨道、灭菌筐、蒸汽喷管及若干管口等组成。锅盖密封采用充气式硅橡胶耐高温密封圈，密封可靠，使用寿命长。以一定压力的蒸汽为热源，具有受热面积大、热效率高、加热均匀、液料沸腾时间短、加热温度容易控制等特点。内层锅体采用耐酸耐热的奥氏体不锈钢制造，配有压力表和安全阀。从杀菌方式上可分为热水循环式杀菌、蒸汽式杀菌和淋水式杀菌。热水循环式杀菌时锅内食品全部被热水浸泡，这种方式热分布比较均匀。蒸汽式杀菌是指食品装到锅里后不是先加水，而是直接进蒸汽升温，由于在杀菌过程中锅内存在空气会出现冷点，所以这种杀菌方式热分布不是最均匀。淋水式杀菌是采用喷嘴或喷淋管将热水喷到食品上，杀菌过程是通过装设在杀菌锅内两侧或顶部的喷嘴喷射出雾状的波浪形热水至食品表面，所以不但温度均匀、无死角，而且升温和冷却速度迅速，能全面、快速、稳定地对锅内产品进行杀菌，特别适合软包装食品的杀菌。

在杀菌时，由于加热使锅内罐头食品温度升高，罐内压力会超过罐外（锅内）的压力，特别是经过杀菌后降温冷却时，关闭蒸汽将冷却水泵入喷淋管时，此时锅内温度下降，蒸汽冷凝，使锅内压力降低，但罐头尚未冷却，罐内压力会超过罐外压力，压差太大时往往出现玻璃瓶跳盖、马口铁罐两端凸出、软罐头破裂等情况，采用压缩空气的压力来补偿即可避免这类情况的发生。因此，为避免杀菌降温时玻璃瓶罐内外的压差而跳盖或马口铁罐两端面凸出，必须施加反压力。由于压缩空气是不良导热体，在升温过程中先不进压缩空气，而只在达到杀菌温度后处于保温时，才打开压缩空气进入锅内，使锅内压力增加 $0.5 \sim 0.8 \times 10^5 Pa$。若产品的黏稠度很高，由于热传导的效果下降，杀菌过程中的升温和降温速度会变慢，会影响杀菌效率，因此，杀菌过程中产品需要旋转，应选择旋转式杀菌锅。保持灭菌适用于各类耐高温包装材料，包括塑料容器（PP 瓶、HDPE 瓶）和软袋包装（铝箔袋、透明袋、真空袋、高温蒸煮袋）等。

（五）无菌灌装

无菌灌装工艺技术是一种依据微生物栅栏技术的原理和危害分析的临界控制点（hazard analysis and critical control point，HACCP）理论，利用洁净的灌装设备，在洁净的充填环境下，将杀菌合格的物料充填到洁净的包材中，在不添加防腐剂条件下密封包装，从而达到延长产品保质期目的的技术。无菌灌装技术的核心要求是包装容器（或材料）的灭菌、产品的商业无菌、无菌输送以及在无菌环境下充填，然后进行完整封合以防止再污染，从而生产出无菌产品。

食品无菌包装在 20 世纪 60 年代初开始商业应用，瑞典在 1961 年开发 UHT 杀菌的牛奶无菌包装机，1963 年生产砖形纸盒（tetra brik）的无菌包装机，1969 年纸盒无菌包装机已成批生产并在世界各国得到广泛应用。近年来，无菌包装技术的应用领域已扩大到含颗粒食品的包装，可将含大颗粒的炖牛肉、干酪沙司、蔬菜等流体食品连续超高温瞬时杀菌处理并无菌包装。

无菌包装技术的最显著特点是被包装食品与包装容器材料分别杀菌。无菌包装食品的色、香、味和营养价值损失小、能耗少，可实现连续杀菌、灌装、密封，大幅提升生产线的工作效率。

无菌添加单元（aseptic dosing unit）是一种新的独特创新技术，它能够在完成最终热处理并且即将实施罐装之前，将功能性配料高精度地注入基础产品。可确保热敏性配料的留存和稳定性，避免过量添加配料，同时具有灵活性、精确性、节能性、可追溯性等优点。其特点如下：①配料预处理后以无菌袋的方式添加，无需对设备进行原位清洗，减少能源及洗涤剂的消耗。②产品灵活性上实现最大化，无需调节整个生产流程即可通过在线添加功能性配料，快速切换实现新产品产业化。③可实现全自动的高精度添加，既减少昂贵功能性配料的浪费，又确保产品品质的一致性。

无菌添加单元目前可实现精确添加的功能性配料有乳糖酶、益生菌、乳铁蛋白、ω-3 功能油脂、维生素、钙等，未来将探索更多可能性，如添加抗氧化剂、共轭亚油酸、益生元、铁或其他对热处理敏感的添加物。目前，市场上见到无乳糖牛奶，采用在线无菌添加乳糖酶，分解牛奶中不易被身体分解的乳糖，从而缓解饮奶不适，帮助乳糖不耐受人群获取牛奶中的营养物质，开创"零乳糖"乳制品的新时代。

二、常见的液态功能性食品制备工艺

液态功能性食品的生产工艺和同类型的普通食品生产过程大致相同，如功能性碳酸饮料的生产工艺同样包括水处理、CO_2 处理、调配和灌装四大系统，功能性乳酸菌饮料的生产工艺也基本与普通乳酸菌饮料的生产工艺相同。但由于功能性食品在生产中添加了功能性原料，这些原料的特性有别于普通原料，所以在配料、调制、后处理等工序上需根据实际情况进行优化调整。根据液态功能性食品的主要产品类别，以电解质功能饮料、无乳糖牛奶、低温长时间发酵型乳酸菌饮料、特殊医学用途全营养配方食品（乳剂）、保健酒为例进行制备工艺介绍。

（一）电解质功能饮料

电解质功能饮料产生的渗透压一般与人体自身的渗透压相等，主要配料包含碳水化合物（其中以容易被人体吸收的葡萄糖为主）及钠、钾等矿物质，电解质饮料有以下功能：①提供运动时所需的能量物质。②补充因汗液分泌失去的水分。③补充需要的矿物质及其他营养物质。④具备优良的风味和香气。总之，电解质功能饮料可提供充足的水分及碳水化合物，易被人体吸收，保持体液平衡及能量储备，符合生理需要。

电解质功能饮料的生产工艺流程见图 11-1。

工艺要点如下：

①原辅料溶解：原辅料包括维生素、矿物质、白砂糖、果葡糖浆、甜味剂、酸味剂、色

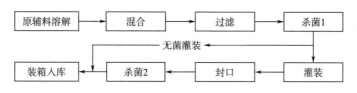

图 11-1　电解质功能饮料的生产工艺流程

素等，将上述原料按一定比例用纯净水溶解。白砂糖用纯净水溶解后需在 90℃ 以上保温 10min 进行杀菌处理。

②混合：将溶解后的原辅料进行搅拌混合，并确保混合均匀。

③过滤：将混合后的料液经过过滤设备，滤掉颗粒物，保留澄清的液体。

④杀菌 1：对滤清液采用超高温瞬间（UHT）杀菌。

⑤无菌灌装（无菌灌装工艺）：UHT 杀菌后，采用无菌灌装，以达到常温储存的目的。

⑥灌装、封口、杀菌 2（二次灭菌工艺）：UHT 杀菌后冷却后至 90℃ 左右进行热灌装，并用热水喷淋继续保温杀菌，以达到常温储存的目的。

⑦装箱入库：按设计要求装箱，产品在常温条件下储存。

（二）无乳糖牛奶

乳糖是一种双糖，由葡萄糖和半乳糖组成的，在人体中不能直接吸收，需要在乳糖酶的作用下分解才能被吸收。缺少乳糖分解酶的人群在摄入乳糖后，不能消化的乳糖会被肠道中的细菌利用，继而出现腹部不适、胀气和腹泻等胃肠道症状。据报道，乳糖不耐受影响了全球 65%～74% 的人群，具有广泛的地区和民族差异，我国乳糖不耐受的人群大约为 85%。乳糖不耐受主要分为先天性乳糖酶缺乏、继发性乳糖酶缺乏及最常见的后天性乳糖酶缺乏（又称成人型乳糖酶缺乏）。大多数新生儿的乳糖酶浓度很高，但断奶后浓度会下降，随着年龄的增长，人体内乳糖酶活性会有不同程度地降低，部分人成年后的乳糖酶活性仅为正常婴儿的 5%～10%，即最常见的后天性乳糖酶缺乏。

传统的无乳糖（或低乳糖）牛奶是通过添加乳糖酶来分解乳糖后再高温杀菌，但在这个过程中会产生美拉德反应，严重影响无乳糖（或低乳糖）牛奶的色泽和口感。若通过超滤技术去除牛奶中的大部分乳糖，工艺复杂且生产成本高，在口感和风味上消费者也很难接受。随着无菌添加技术的成熟，可以创新性地通过乳糖酶在线无菌添加方式来实现无乳糖牛奶的生产。即牛奶经超高温灭菌后在无菌灌装前添加在线添加无菌乳糖酶，产品中的乳糖酶可以与乳糖发生反应数天，当乳糖反应至含量非常低时，乳糖酶的反应就会终止。乳糖酶把 90% 以上的乳糖分解成易于吸收的葡萄糖和半乳糖，可以满足不同程度的乳糖不耐受者及乳糖酶缺乏者的饮奶需求，从根本上解决我国人群健康饮奶问题。

目前市面上典型的无乳糖牛奶采用自主研发的乳糖水解专利技术（lactose hydrolysis technology，LHT），将牛奶中不易被吸收的乳糖分解为易被人体可消化吸收的半乳糖和葡萄糖，解决乳糖不耐受患者饮奶后的腹胀、腹泻等症状，让牛奶营养更易被人体吸收。

在线无菌后添加技术生产无乳糖牛奶的生产工艺流程见图 11-2。

工艺要点如下：

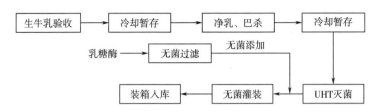

图 11-2 在线无菌后添加技术生产无乳糖牛奶的生产工艺流程

①生牛乳验收　生牛乳到厂后取样送化验室做各项指标检验,包括感官指标(滋味、气味、色泽、组织状态等)、理化指标(酒精试验、滴定酸度、相对密度、脂肪、蛋白质、乳糖、乳固体、温度、抗生素残留、煮沸试验、冰点等)、微生物指标(大肠杆菌、菌落总数、嗜冷菌、芽孢杆菌、耐热芽孢等)、体细胞数等,按规定所检验结果符合要求方可使用。

②冷却暂存　生乳接收时经脱气罐真空脱气、过滤器过滤后,再通过板式换热器进行冷却,冷却后的生乳泵入奶仓暂存。

③净乳、巴杀、冷却暂存　生牛乳通过板式换热器升温后采用离心净乳机,去除机械杂质并减少微生物数量,再过巴氏杀菌机(72~90℃、5~15s)杀菌,冷却后进入暂存罐暂存。

④UHT 灭菌　将净乳后生牛乳经 UHT 杀菌(135~139±2℃、4s),并将灭菌后的牛奶冷却至25℃以下。

⑤无菌过滤　采用膜过滤技术制备无菌乳糖酶,并在正压的无菌充填室中进行无菌包装。

⑥无菌添加　在牛奶完成 UHT 杀菌后和无菌灌装前,把封闭的无菌乳糖酶包装通过无菌传输软管连接到产品输送管路,再通过称重系统和流量传送控制器,将无菌乳糖酶精准添加到牛奶中。

⑦无菌灌装　包装材料或包装容器经灭菌,在无菌的环境中将牛奶灌入无菌的容器中,形成足够紧密防止再污染的包装。

⑧装箱入库　按设计要求装箱,常温条件下储存。

(三)低温长时间发酵型乳酸菌饮料

低温长时间发酵型活性乳酸菌饮料的生产工艺流程见图 11-3。

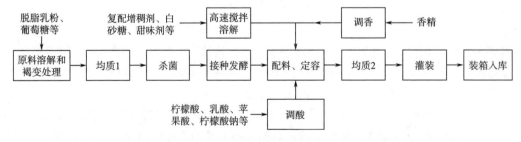

图 11-3　低温长时间发酵型活性乳酸菌饮料的生产工艺流程

工艺要点如下:

①原料溶解和褐变处理　将脱脂乳粉和葡萄糖经高剪切搅拌溶解后，加热到120℃，保温10~20min进行褐变处理。

②均质1　将经过褐变处理的料液通过换热器降到60~70℃，进行均质，均质压力18~20MPa。

③杀菌　杀菌温度95℃，保温时间300s，然后冷却到37℃。

④接种发酵　按配方量添加发酵剂，发酵时间48~72h。

⑤高速搅拌溶解　将75~80℃水加到乳化罐，打开剪切机，把混合好的稳定剂等辅料慢慢撒入，剪切机调至1400r/min以上，剪切15~20min，使稳定剂等辅料充分溶解，将溶解好的稳定剂等辅料加热至90~95℃，保温300s，降温至25℃，泵入配料罐。

⑥配料、定容　将发酵液泵入配料罐和稳定剂等辅料混合，初步定容搅拌10~15min，使料液混合均匀。

⑦调酸、调香　用30℃以下水溶解柠檬酸、乳酸、苹果酸、柠檬酸钠等，配成10%以下酸液，再对混合液进行调酸，产品调酸至滴定酸度50~54℃，再加入香精调香，用纯水定容。

⑧均质2　将配好的料液进行均质，压力控制在15MPa。

⑨灌装　用灌装机灌装，保证封灌效果良好，充填量按生产净含量要求，封口严密、平整，现场检验密封性符合规定。

⑩装箱入库　按要求装箱，储存温度要求控制在2~10℃。

（四）特殊医学用途全营养配方食品（乳剂）

乳剂类特殊医学用途配方全营养配方食品主要由蛋白质、碳水化合物（包括膳食纤维）、脂肪、矿物质、维生素等几大营养素组成的乳化体系，由于营养素种类多样、体系复杂，加工过程易发生蛋白质絮凝沉淀、脂肪球颗粒聚集上浮等现象。因此，对乳化、均质要求比较高，同时还需关注体系的pH，不同的维生素在不同的酸碱度体系中的稳定性差异较大。根据产品的生产工艺可以分为UHT无菌灌装工艺和二次灭菌工艺。

二次灭菌工艺全营养配方食品的生产工艺流程图11-4。

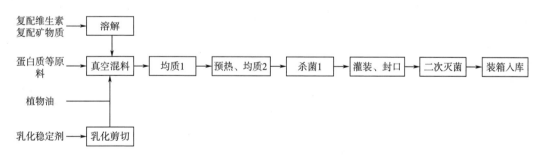

图11-4　二次灭菌工艺全营养配方食品的生产工艺流程

工艺要点如下：

①乳化剪切　先将称量好的稳定剂（微晶纤维素、卡拉胶等）与麦芽糊精等混合，溶解于加有60~70℃热水的乳化剪切罐中，待完全分散后加入真空剪切罐中。

②真空混料　将麦芽糊精、浓缩乳清蛋白粉、牛奶蛋白、植物油、酪蛋白酸钠、聚葡萄糖、多聚果糖、低聚果糖、乳化剂溶液等原料，按配方要求称量，加入至真空混料罐中高速乳化剪切，高速乳化剪切时间为5~10min。

③溶解　将复配维生素和矿物质分别溶解后，依次加入真空混料罐中，真空高速乳化剪切3~5min。

④均质1　混合料液在37~43MPa压力条件下进行均质。

⑤预热、均质2　第一次均质后混合料液经板片预热至60~75℃，在25±2MPa压力条件下进行二次均质。

⑥杀菌1　二次均质后料液经85~95℃杀菌15s。

⑦灌装、封口　灌装温度≥80℃，封口后检测封口的完整性。

⑧二次灭菌　灌装后产品装篮并及时采用杀菌釜杀菌，杀菌温度121~123℃，保温时间15~20min，杀菌后冷却温度<37℃。

⑨装箱入库　按要求装箱，在常温条件下储存。

（五）保健酒

保健酒是以发酵酒、蒸馏酒或食用酒精为酒基，以可食用动植物为保健功效成分的来源，以食品添加剂为呈香、呈色、呈味物质的一种饮料酒。保健酒的特点是在制造的过程中加入了中药材，有滋补养生、强身健体的作用，适用于特定人群，一般不具备治疗作用。酒剂是中医用于防治疾病、历史悠久的传统剂型之一，不但能提高药物有效成分的浸出率、增强药物的疗效，而且还具有降低药物毒性、引药归经、改善口感等优势。酒剂在我国的医药行业有着举足轻重的地位，在现代的医疗保健行业也发挥了重要的作用。

传统保健酒通常是以通过浸泡或者其他方法提取得到原料有效成分的提取液，然后直接与基酒混合得到的保健酒。近年来，发酵型保健酒开始出现，该酒利用原料有效成分的提取液与大米或其他原料混合发酵，或者直接把原料处理成粉末与大米、酒曲等混合发酵制成的低度保健酒。相比于传统的高度浸泡型保健酒，发酵型保健酒凭借自身保健功效以及酒精度低，逐渐引起了人们的关注。根据生产工艺的特点，保健酒的酿制可分为三种，即直接发酵、外加糖源发酵、浸提发酵。直接发酵的原材料淀粉含量比较高，可以直接进行糖化发酵，如山药、薏米等；外加糖源发酵是因发酵原材料中糖源含量不高，加入谷类或者蔗糖提高其糖源含量再进行发酵，很多以中药材为原料进行发酵的保健酒，普遍采用此种方法；浸提发酵是先对原材料进行了浸提，以此提高保健酒有效成分的含量。

浸泡型保健酒的生产工艺流程见图11-5。

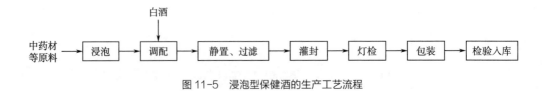

图11-5　浸泡型保健酒的生产工艺流程

工艺要点如下：

①浸泡　先将检验合格的原料按配方称量，放入浸提罐，用50度3倍的白酒进行浸泡，每日搅拌2次，每次10min左右，浸泡周期15d，用200目的筛网进行过滤，收集滤液和滤渣，对滤渣采用同样的方法进行第二次浸泡和过滤，两次滤液进行充分混合，舍弃滤渣。

②调配　向上述滤液中添加配方量的可溶性成分，再添加50度白酒以及纯水调配到配方

量，确保酒精度为 35%±1%（V/V）。

③静置、过滤　把上述溶液置于 0~4℃环境下，存放 2d，用板框过滤。

④灌装　酒瓶和瓶盖用饮用水冲洗后再用纯水冲洗并烘干，瓶盖再用 75%乙醇浸泡 1h。将过滤后的滤液进行灌装封盖。

⑤灯检　将灌装好的产品放在灯检台上检查，剔除有杂质、瓶子破损、瓶盖松动、漏酒等不合格产品。

⑥包装　按要求贴标、装盒、装箱。

⑦检验入库。

第三节　固态和半固态功能性食品加工技术

一、固态和半固态功能性食品加工关键技术

固态和半固态功能性食品常用的加工技术主要包括：微粉碎或超微粉碎、浓缩、干燥、混合、制粒、压片、胶囊剂和丸剂制备等。

1. 微粉碎或超微粉碎

根据被粉碎物料和成品粒度的大小，粉碎可以分成粗粉碎、中粉碎、微粉碎和超微粉碎 4 种。粗粉碎的原料粒度为 40~1500mm，成品颗粒粒度为 5~50mm，中粉碎的原料粒度为 10~100mm，成品颗粒粒度为 5~10mm，微粉碎的原料粒度为 5~10mm，成品颗粒粒度在 100μm 以下；超微粉碎的原料粒度为 0.5~5mm，成品颗粒粒度在 10~25μm 及以下。在功能性食品生产中，超微粉碎技术是非常重要技术之一。某些微量活性物质（如硒）的添加量很小，如果颗粒稍大，就可能带来毒副作用，需要非常有效的超微粉碎手段将之粉碎至足够细小的颗粒，加上有效的混合才能保证在功能性食品中的均匀分布，使功能活性成分更好地发挥作用。

常见的超微粉碎方式有气流式超微粉碎、高频振动式超微粉碎、旋转球（棒）磨式超微粉碎、转辊式超微粉碎。

（1）气流式超微粉碎

气流式超微粉碎的基本原理是利用空气或其他气体，通过一定压力的喷嘴喷射产生高度的湍流和能量转换流，使物料颗粒在这种高能气流作用下悬浮输送，相互之间发生剧烈的冲击、碰撞和摩擦，加上高速喷射气流对颗粒的剪切冲击作用，使得物料颗粒间得到充足的研磨而粉碎成超微粒子，同时进行均匀混合。被压缩的空气在粉碎室中膨胀，产生的冷却效应与粉碎时产生的热效应相互抵消。

气流式超微粉碎概括起来有以下特点：①粉碎比大，粉碎颗粒成品的平均粒径在 5μm 以下。②粉碎设备结构紧凑、磨损小且维修容易，但动力消耗大。③在粉碎过程中设置一定的分级作用，粗粒由于受到离心力作用在细粒成品中分离，这保证了成品粒度的均匀一致。④易实现多单元联合操作，在粉碎同时还能对两种配合比例相差很远的物料进行很好混合。⑤在粉碎的同时可喷入所需的包囊溶液对粉碎物料进行包囊处理。⑥易实现无菌操作，卫生条件好。

（2）高频振动式超微粉碎

高频振动式超微粉碎的原理是利用球形或棒形研磨介质在高频振动时产生的冲击、摩擦和剪切等作用力，来实现对物料颗粒的超微粉碎，并同时起到混合分散作用。振动磨是进行高频振动式超微粉碎的专门设备，在干法或湿法状态下均可工作。

（3）旋转球（棒）磨式超微粉碎

旋转球（棒）磨式超微粉碎的原理是利用水平回转筒体中的球或棒状研磨介质，由于受到离心力的影响产生了冲击和摩擦等作用力，达到对物料颗粒粉碎的目的。它与高频振动式超微粉碎的相同之处都是利用研磨介质实现对物料的超滤粉碎，但两者在引发研磨介质产生作用力方式上存在差异。

（4）转辊式超微粉碎

转辊式超微粉碎技术是利用转动的辊子与另一相对表面之间产生摩擦、挤压或剪切等作用，达到粉碎物料的目的。根据相对表面形式的不同，专用设备有盘辊研磨机和辊磨机两种类型。

2. 浓缩

在食品工业中，浓缩就是指从溶液中除去部分溶剂（通常是水）的操作过程，也是溶质和溶剂混合液部分分离过程，是功能食品生产中常用的加工技术之一。浓缩的作用有：①通过浓缩可除去食品中大量的水分，减少质量和体积，降低食品包装、储存和运输费用。②浓缩可以提高制品浓度，增大渗透压，降低水分活度，抑制微生物生长，延长保质期。③浓缩可作为干燥、结晶或完全脱水的预处理过程，通过浓缩可以降低食品脱水过程中的能耗，降低生产成本。④浓缩还可以有效除去不理想的挥发性物质和不良风味，改善产品质量。但是物料在浓缩过程中会丧失某些风味或营养物质，因此，选择合理的浓缩方法和适宜的条件是非常重要的。

在实际生产中用到的浓缩方法主要有真空浓缩、冷冻浓缩、反渗透膜浓缩等。

（1）真空浓缩

真空浓缩由于在较低温度下蒸发，可以节省大量能源，同时物料不受高温的影响，避免了热不稳定成分的破坏和损失，更好地保存了原料的营养成分和香气，特别是某些氨基酸、黄酮类、酚类、维生素等物质可防止受热而破坏，而一些糖类、蛋白质、果胶、黏液质等黏性较大的物料，低温蒸发可以防止物料焦化。常用的真空浓缩设备主要有以下几种：①盘管式蒸发器。该设备主要由盘管式加热器、蒸发室、泡沫捕集器、进出料阀及各种控制仪表所组成。盘管式蒸发器结构简单，料液流动通道大，适于黏度较高的液料，便于根据料液的液面高度独立控制各层盘管内加热蒸汽通入，以满足生产或操作要求，但传热面积小，料液对流循环差，易结垢，料液受热时间长，在一定程度上对产品质量有影响。②单效升膜式蒸发器。该设备由垂直加热管束、分离器、液沫捕集器、水力喷射泵、循环管等组成。单效升膜式蒸发器结构简单、制造方便、占地面积小、投资省、经济实用、生产能力大、传热系数高、蒸汽消耗较低、可连续出料、有利于提高质量、特别适用于牛奶等易起泡沫的物料，但由于管子较长，清洗不太方便，且不太适用于黏性较大或高浓度物料。③单效降膜式蒸发器。该设备由加热器体、分离器和泡沫捕集器等装置组成，其中分离室设置于加热器体的下方。降膜式蒸发器传热效率高，料液受热时间短，有利于对食品营养成分的保护，料液在蒸发时以薄膜状进行的，故可避免泡沫的形成，浓缩强度大，清洗较方便，料液保持量少。适合于果汁及乳制品浓缩，但不适于易结晶料液的浓缩。④双效升（降）膜式蒸发器。该设备的结构及工作原理与单效膜式蒸发器相似，主要是增加了一台热泵，并增加了二效加热器、二效分离器等，使得二次蒸汽能够加以利用，降低了能耗，增大了生产能力。

（2）冷冻浓缩

冷冻浓缩是在常压下，将溶液中的水分子凝固成冰晶体，用机械手段将冰去除，从而减少了溶液中的水，提高溶液浓度，使溶液得到浓缩。由于在低温常压下操作，可阻止不良化学变化和生物化学变化，具有风味、香气和营养损失小的优点。

冷冻浓缩特别适用于浓缩热敏性液态食品、生物制药、要求保留天然色香味的高档饮品及中药汤剂等，这种低能耗、可生产高品质产品的加工技术具有大的发展潜力。随着社会对高档产品需求量的增加，冷冻浓缩技术将进一步显示出其必要性。

（3）反渗透膜浓缩

反渗透浓缩是指溶液进入反渗透膜，溶剂中水分子在压力作用下渗出，达到浓缩的目的。反渗透又称逆渗透，与正常的渗透过程相反，对膜一侧的料液施加压力，当压力超过它的渗透压时，溶剂会逆着自然渗透的方向作反向渗透。该过程在常温下即可进行，且不涉及相的变化，能够较大程度地保持物质原有性质，提高浓缩效率的同时降低能耗。

用反渗透膜浓缩果汁是近 30 年来果汁加工业的关注热点。与传统蒸发法相比，反渗透膜浓缩果汁在低温下进行、无相变、具有较好保存果汁风味和营养成分、降低能耗和操作简单等优点。如采用蒸发浓缩的果汁，其中芳香成分几乎全部消失，采用冷冻浓缩的果汁芳香成分保留 8%，而采用反渗透膜浓缩芳香成分可保留 30%～60%，而且脂溶性部分比水溶性成分保留更多，维生素 C 和氨基酸的损失均比真空浓缩要小。在多糖浓缩中研究表明，与真空浓缩相比，反渗透膜浓缩的效率要远大于真空浓缩，整个浓缩过程在常温下进行，可防止多糖因高温发生性质改变，且反渗透膜浓缩所得产品的清除 DPPH·自由基的能力强于真空浓缩。

3. 干燥

干燥是将固体、半固体或浓缩液等物料中的水分除去的过程，其目的是提高产品的稳定性、使之易于保存和运输。在实际生产中用到的干燥方法主要有热风干燥、喷雾干燥、冷冻干燥等。

（1）热风干燥

热风干燥是在常压下利用高温的热空气为热源，借对流传热将热量传递给物料，使物料水分蒸发而得到干燥制品。常用的设备有热风干燥器（或称空气干燥器）、对流干燥器。空气既是载热体又是载湿体，物料在接近于大气压下进行干燥，空气在换热器中通过蒸汽加热至所需温度，也经常采用油或煤气加热系统的烟道气作为干燥介质。热风干燥主要用于干燥固体物料，如西兰花老茎粉、香菇等植物原料或产品的干燥。

热风干燥器有以下几种：①厢式干燥器，小型称烘箱，大型称烘房。常用于需要长时间干燥的物料、数量不多的物料以及需要有特殊干燥条件的物料，如水果、蔬菜、叶菜等的干燥。②隧道式干燥器，常用于大量果蔬，如蘑菇、葱头、叶菜等的干燥。③带式干燥器，常用于切片或切丁的果蔬的干燥，但不适用于去皮的梅子、葡萄等水果的干燥。④涡轮干燥器，适用于需要长时间干燥的物料。⑤沸腾床干燥器，又称流化床干燥器，适用于砂糖、干酪素、葡萄糖、奶粉等物料的干燥。⑥气流干燥器，适用于面粉、谷物、葡萄糖、肉丁、马铃薯丁等物料的干燥，也常用于酶制剂的干燥。

（2）喷雾干燥

喷雾干燥是利用雾化器将溶液、乳浊液、悬浮液或膏状液分裂成细小雾状液滴，在其下落过程中，与热气体（空气、氮气或过热水蒸气）接触进行传热传质，瞬间将大部分水分除去而成为粉末状颗粒状的产品。喷雾干燥具有以下特点：①干燥速度快、时间短。料液雾化后表面积很大，与高温热介质的热交换非常迅速，一般只需几秒到几十秒就干燥完毕。②干燥温度较低，非常适合热敏性物料的干燥，能保持最终产品的营养成分、色泽和风味。③能使最终产品具有良好的分散性、溶解性和疏松性。④生产过程简单，操作和控制方便，适合连续化、自动化大规模生产。

根据雾化方式，喷雾干燥可分为：压力式、气流式和离心式。①压力式雾化是指利用高压泵，以 $0.7 \sim 20MPa$ 的压力，将浓缩后的浓溶液通过雾化器（喷枪）使之克服浓溶液的表面张力，而雾化成直径为 $10 \sim 20\mu m$ 的雾状微粒喷入干燥室，常用于奶粉、蛋粉和酵母生产。②气流式雾化是指利用蒸汽或压缩空气的高速运动（一般为 $200 \sim 300m/s$）使料液在喷嘴出口处相遇后产生液膜分裂而雾化。由于料液速度不大，而气流速度很高，两种液体存在着相当高的相对速度，液膜被拉成丝状，然后分裂成细小的雾滴。雾滴大小取决于相对速度和料液的速度，相对速度越高，雾滴越细，黏度越大，雾滴越大。增加气液的质量比，可得到均匀的雾滴，在一定范围内，液体出口越大，雾滴也越细。③离心式雾化是指利用水平方向做调整旋转的圆盘给溶液以离心力，使其被高速甩出，形成薄膜、细丝或液滴，由于受周围空气的摩擦、阻碍与撕裂等作用，随圆盘旋转产生切向速度与离心力产生的径向加速度，结果以一定速度在圆盘上运动，液体自圆盘抛出后，分散成很微小的液滴，液滴则以平均速度沿着圆盘切线方向运动，同时液滴又受到地心吸力的作用而下落，由于喷洒出的微粒大小不同，因而它们飞行的距离也不同。

喷雾干燥技术是制备微胶囊的主要技术之一。例如，蜂胶是具有生物学活性的保健食品，被广泛地应用于改善心脑血管病、糖尿病、肿瘤等疾病，但蜂胶提取物大都是醇溶性物质，遇水难溶，且有较重的苦味。若将其直接用于功能性保健食品，不仅难以与食品中的其他成分均匀混合，而会严重影响产品的风味和口感，利用喷雾干燥技术选择合适的壁材将蜂胶提取物（芯材）包埋成包埋率高的微胶囊粉末，可解决上述缺点。喷雾干燥技术也广泛应用于热敏性营养素、果蔬汁的加工，如番茄中含有丰富的番茄红素，番茄红素是类胡萝卜素的一种，具有优越的抗氧化、抗癌防癌、提高免疫力、降血脂等多种生理活性功能。由于番茄红素为脂溶性类胡萝卜素，难以均匀地添加到食品、药品等水溶性产品中，且对氧、光、热等条件敏感、稳定性差，极易发生氧化降解和顺反异构化，极大地限制了番茄红素的应用和推广，采用喷雾干燥技术对番茄红素微胶囊进行微胶囊化处理后，可解决上述缺陷，并提高其在功能性食品中的应用。

喷雾干燥技术自 19 世纪以来一直在工业上使用，该技术也已经得到不断的发展。传统喷雾干燥采用加热至 $180 \sim 200℃$ 的干燥气体，其强热可能会降解最终产品，其干燥颗粒的液滴内或表面仍然有活性成分，导致微胶囊化不能完成实现。静电干燥机开创了喷雾干燥技术新领域，其核心原理是使喷雾干燥雾化液滴中的水或者其他溶剂在静电作用下相互排斥在液滴边缘，核心的固体成分保留在液滴中心，从而降低了干燥蒸发水分的难度，可降低水分蒸发所需的温度，减少高温导致的核心有效成分的损失、降解或者变性，使微胶囊包埋达到较好的效果。通过调节电场强度及频率等参数，干燥后所得到的粉体物理性质会得到显著的改善，所生产的产品的溶解性、流动性、颗粒大小及分布，均优于传统技术。目前国外在热敏性食品、生物制药等生产方面均有应用案例。图 11-6 为传统喷雾干燥与静电喷雾干燥对比示意图。

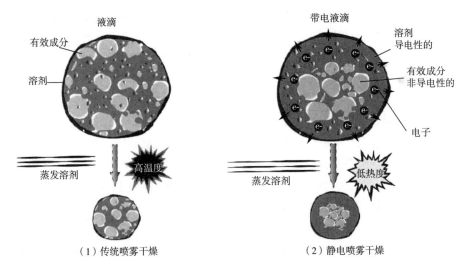

图 11-6　传统喷雾干燥与静电喷雾干燥对比示意图

（3）冷冻干燥

冷冻干燥又称真空冷冻干燥、冷冻升华干燥，是将湿物料先冻结至冰点以下，使水分冻结成冰，然后在低温下抽真空，使冰直接升华转化为气体除去，物料被干燥，即通过升华排除冻结物料中的水分。冷冻干燥装置由制冷系统、真空系统、加热系统、干燥系统等组成，是国际公认的用于生产高品质、高附加值食品的加工方法，具有以下特点：①冷冻干燥特别适用于热敏性及易氧化食品的干燥，可保留食品原有的色、香、味及维生素，也适用于对热非常敏感而有较高价值的酶的干燥。②干燥后的产品不失原有的结构，保持原有的形状。③干燥后的产品具有良好的复水性，极易恢复原有的形状、性质和色泽。④热量利用经济，可用常温或稍高温度的液体、气体为加热剂。⑤由于冷冻干燥是在高真空和低温下进行，需要一整套真空及制冷设备，投资大、成本高。

真空冷冻干燥在生物制品方面具有优势。例如，在纳豆制备中，该方法可有效保护纳豆的纤溶活性。在枸杞干燥中，冷冻干燥制备枸杞微粉的总糖、还原糖、类胡萝卜类、维生素 C 和黄酮含量均比热风干燥、微波干燥、滚筒干燥以及喷雾干燥等方式要最高，且色泽的亮度值高，具有最高的溶解性、吸湿性和复水性。

4. 混合

混合是指两种或两种以上的颗粒原料相互分散而达到均匀状态的过程，是功能性食品生产中不可或缺的生产工序。混合包括自流混合和机械混合，自流混合指物料间运动，通过自身摩擦达到最后的均匀混合；机械混合指物料通过机械强制作用达到最后的均匀混合。功能性食品生产中所用到三维混合设备的混合为自流混合与机械混合的结合。

粉体混合设备的种类繁多，目前常用设备双螺旋锥形混合机、卧式无重力混合机、卧式犁刀混合机、卧式螺带混合机、可抽拉式双轴桨叶无重力混合机。

（1）双螺旋锥形混合机

双螺旋锥形混合机的混合空间为倒圆锥形，桶体内有两条螺旋轴在自转的情况下又沿着桶壁公转，电机减速机等动力装置处于混合机的上端。混合物料适用范围大，对混合的物料密度偏差，粒径偏差要求不很严格，易控制物料的摩擦起热或起静电，混合物料时对晶体的破坏作用小，混合时间相对比较长。其主要应用于粉体与粉体的混合，可以在混合时往物料中喷入大量的液体，但混合的整个过程中物料体现为固态粉体。

（2）卧式无重力混合机

卧式无重力混合机混合空间为孪生 U 形圆桶卧式形式，桶体内有两条卧式的轴，轴上伸出带叶片的臂，两混合轴沿相反方向旋转，电机减速机处于主体设备的侧边。混合时间是机械混合设备中最短的。混合时由于物料作大范围的运动，对物料的晶体有小范围的破坏；设备混合时所有物料都处于高运动状态，动力要求也最高。主要应用于粉体与粉体的混合，不适用轻质物料的混合，混合的物料可以是粒子形式，可以在混合时往物料中喷入少量的液体，但混合的整个过程中物料体现为固体粉体。

（3）卧式犁刀混合机

卧式犁刀混合机的混合空间为圆桶卧式形式，桶体内有一条带犁刀的卧式轴，在桶体的侧面带大量的高转速飞刀，与主混合轴呈 90°，电机减速机处于主体设备的端面。混合时由于飞刀的高速运动，对物料的晶体有很大程度破坏。主要应用于粉体与粉体的混合，混合的物料可以带少量的短纤维，可以在混合时往物料中喷入少量的液体。

（4）卧式螺带混合机

卧式螺带混合机的混合空间为 U 形圆桶卧式形式，桶体内有一条整体螺带轴，电机减速机处于主体设备的端面。混合比较平稳，对晶体的破坏作用小；设备混合时所有物料处于整体运动状态，动力要求高；混合时间相对较短。其主要应用于粉体与粉体或带黏稠物料的混合，可以在混合时往物料中喷入大量的液体，混合的整个过程中物料体可以体现固体粉体也可以体现黏稠状。

（5）可抽拉式双轴桨叶无重力混合机

双轴桨叶无重力混合机卧式筒体内装有双轴旋转反向的桨叶，桨叶成一定角度将物料沿轴向、径向循环翻搅，使物料迅速混合均匀。双轴桨叶无重力混合机是充分利用对流搅拌原理，即利用物料在混合器内的上抛运动形成流动层，产生瞬间失重，使之达到最佳混合效果。减速机带动轴的旋转速度与桨叶的结构会使物料重力减弱，随着重力的缺乏，各物料存在颗粒大小、比重的悬殊在混合过程中被忽略。搅拌运动缩短了混合的时间，更快速、更高效。即使物料有比重、粒径的差异，在交错布置的搅拌叶片快速的翻腾抛洒下，也能达到很好的混合效果。对比重、粒径差异较大的物料混合不产生分层离析现象，一般粉体混合只需 2～3min 即可达到混合均匀的效果。

5. 制粒

根据制粒的工艺可分为湿法制粒、干法制粒。按制粒设备类型可分为流化床制粒、喷雾干燥制粒等。根据不同的物料性质和所需颗粒要求，可选用不同的制粒方法、不同的制粒条件。各种制粒方法的特点如下。

（1）湿法制粒

通常湿法制粒需加入黏合剂，粉末物料因为黏合剂的作用形成颗粒。湿法制粒可分为挤压制粒、离心制粒、高速和低速剪切及转动的同时制粒等多种方法。湿法制粒从摇摆制粒发展到高、低速剪切制粒，在颗粒制备中占重要地位。近年来，一些新型的制粒方法也融合了多种制粒技术和设备，例如，转动制粒可以制备球形颗粒，与挤压制粒相结合开发了转动机、转动流化制粒机，将几种制粒技术融合在一个机器内研发了新型制粒设备，综合了各种制粒特点，取长补短，提升制粒效率。

（2）干法制粒

干法制粒是将原辅料的粉末混合均匀，压成大片状后，粉碎成小颗粒的方法。干法制粒常用于对热、水不稳定的物料。

根据压制原理干法制粒可分为重压制粒和滚压制粒。重压制粒是将主料和辅料混合均匀后，先用重型压片机压实成片坯，然后再粉碎成一定粒度的颗粒。滚压制粒是将主料和辅料混合均匀后，通过滚压机压成所需硬度的薄片，再将薄片粉碎成一定粒度的颗粒，可以根据不同物料的要求，调整设备的滚制压力、滚压速度和送料速度。滚压制粒主要由滚压、碾碎、分级等步骤组成，具有制粒工艺简单、生产效率高、产品稳定性高的优点。

（3）流化床制粒

流化床制粒是将粉末物料用气流吹起呈悬浮状，犹如水沸腾，再喷入雾状黏合剂，使粉末聚集逐渐形成颗粒，最后采用流动的热气流干燥得到干燥的颗粒。其原理为粉末接触到黏合剂润湿，黏结附近的粉末，以此为核心，继续喷入的液滴在核心表面产生液体桥，使粒子核之间逐渐结合相互凝聚成颗粒，两个或两个以上的颗粒团聚成一个较大颗粒。在干燥时，液体蒸发后，粉末间的液体桥变成固体桥，因而得到均匀圆整的球状颗粒。

流化床制粒的优点有：①在同一设备中完成混合、制粒、干燥过程，生产工艺简单。②颗粒均匀性好，易溶解。③在密闭容器内操作，避免了粉尘飞扬。④操作人员可以通过数字控制台操作整个生产流程。

（4）喷雾干燥制粒

喷雾干燥制粒是将一定浓度的液体物料，经雾化后，雾滴与热空气接触、混合，进行热交换，使溶解迅速蒸发，完成干燥的过程。喷雾干燥制粒的过程分为三个阶段：雾化、热交换、干燥颗粒与空气分离。

喷雾干燥制粒的优点有：①活性物质分布均匀。②干燥时间短，只要 $3 \sim 10s$，对物料的稳定性影响较小。③干燥颗粒的溶解性、流动性较好。④喷雾干燥整个过程在一个设备中完成，能避免环境污染。⑤喷雾干燥过程连续进行，适合于连续工业化大生产。

其缺点主要有：①热量消耗大，热效率较低。②得到的物料颗粒较小，只适合颗粒小的产品。③黏性较大的料液易粘壁。

目前喷雾干燥制粒常用于植物提取物的干燥中，分散性和流动性好，制备微胶囊包埋如缓控释放剂、蛋白质和多肽类微囊化，热敏性原料如维生素 E 油的包埋等。

6. 压片

片剂是指主料与适宜的辅料混匀、压制而成的片状固体制剂，具有溶出度高及生物利用度高特点，而且还具有剂量准确、片重差异度小、产量大、自动化程度高、受外界空气光水分等因素的影响较小、服用携带和运输方便等优点。在保健食品中常见的片剂有普通片、包衣片、泡腾片、咀嚼片、分散片、缓释片、控释片、多层片等。

压片是指将粉状或颗粒状物料在模具中压缩成形的过程，其中物料的特性是压片成败的关键，因此要求物料必须具有以下特点：①流动性好，以保证物料在冲模内均匀充填，有效减少片重差异。②压缩成型好，有效防止裂片、松片，而获得致密而有一定强度的片剂。③润滑性好，较好的润滑性可有效避免粘冲，获得光洁的片剂。

常见的压片方法分为制粒压片和直接压片。制粒压片可分为湿法制粒压片和干法制粒压片，直接压片包括粉末直接压片和结晶物料直接压片。其中制粒是改善物料流动性或压缩成型性的最有效的方法之一，因此，制粒压片法是最传统、最基本的片剂制备方法。制备片剂的第一道工序是将主料进行粉碎、过筛，获得小而均匀的粒子，以便与各种辅料混合均匀，减少劣质片的产生。粉碎过筛时多选用80目或100目的网筛。物料混合的均匀程度不但会影响片剂的外观形状，还会影响片剂的内在质量。常见的问题有原辅料的粒度小、形状不一、大小不均匀、表面粗糙度不同，影响混合均匀性。不同物料之间粒径、粒子形态和密度等存在很大差异时，混合过程中或者混合后物料容易出现离析现象，可以通过改进配料方法、加入适量液体如水、改进加料方式等方面防止离析现象。

（1）湿法制粒压片

湿法制粒压片是将物料经湿法制粒干燥后进行压片的方法，该方法靠黏合剂的作用使粉末粒子间产生结合力。湿法制粒压片的优点有：①颗粒具有良好的压缩成型性。②粒度均匀、流动性好。③耐磨性较强。缺点是不适合用于热敏性、湿敏性、极易溶解的物料。

（2）干法制粒压片

干法制粒压片是将主料和辅料的粉末混合均匀之后制成大片状，再根据要求制成不同大小颗粒的方法。此种方法是依靠物料之间的压缩力使粒子间产生结合力。干法制粒压片又分为压片法和滚压法。压片法是利用压片机的压力将物料压成大块状的颗粒，然后在根据压片需要破碎成各种大小颗粒的方法。滚压法是利用两个圆筒之间的缝隙将物料压成大块状物，然后根据压片需要破碎成各种大小颗粒的方法。干法制粒在生产中常用于热敏性、遇水易分解的物料，需加入干粘合剂，保证片剂的质量指标硬度或脆碎度合格。

（3）粉末直接压片

粉末直接压片法是指不需将物料制粒，直接把主料和辅料进行混合均匀，控制好水分和流动性而压片的方法。因省去了粉碎、制粒等步骤，所以具有省时节能的优点，适用于对湿、热不稳定的物料。然而粉末直压技术辅料的要求较高，如流动性、压缩成形性、吸湿性等，普通的辅料很难满足这些要求。改善流动性和可压性的方法有：①改变主料的粒子大小及分布而改变形态来改善流动性和可压性。②通过添加压片辅料如微晶纤维素、预胶化淀粉、乳糖、羧甲基淀粉钠、各种糖醇等。③压片机械改进。

（4）结晶物料直接压片

有些晶体性物料其流动性较好，而且具有很好的可压性，可适当添加辅料，直接压片。该法适用于对湿、热敏感的物料，不利之处在于晶体物料与粉末辅料存在粒度差异，不易混匀，容易分层。

7. 胶囊剂

胶囊剂是保健食品常用的剂型，其特点有：①能掩盖某些原料的令人不悦的气味和滋味。②由于内容物通常为粉末或颗粒，提高生物利用度。③提高产品的稳定性。④油性原料可制成软胶囊剂，方便定量。

胶囊剂可以分硬胶囊剂、软胶囊剂和肠溶胶囊。硬胶囊剂其内容物是固体或半固体，也可以填充液体，包层是空心胶囊壳。软胶囊剂的内容物是具有一定流动性的液体或者半固体，外层的囊材是软质的。肠溶胶囊外层的囊材是肠溶材料，在肠道内囊材才溶解，内容物被小肠吸收。几种胶囊剂的制备方法如下。

（1）硬胶囊剂的制备

硬胶囊剂的内容物以固体为主，一般有以下几种：①直接用原料粉末。②将原辅料均匀混合后制成的粉末、颗粒、小丸、小片。③将原料制成包合物、微囊。④半固态的混合物。⑤油状液体、混悬液、乳状液等。

胶囊壳的囊材主要由明胶、增塑剂和水组成。明胶来源于胶原质，是天然蛋白质，由动物的骨、皮水解而得，明胶是生成胶囊壳的首选材料，它具有可食用、体温可溶、可形成硬质薄膜的特点。用明胶生产出的胶囊壳十分结实，能耐受填充和包装的机械应力，但明胶胶囊壳存储时间长，胶囊壳失水，胶囊壳就会变脆，易碎裂。目前采用羟丙甲纤维素可替代明胶制造胶囊壳，是植物胶囊壳，可以满足素食者的需求。增塑剂是为了增加明胶的韧性，保持胶囊壳的湿度，使胶囊壳不易变干，造成脆裂，一般用甘油、山梨醇、羟丙基纤维素等。其他成分包括遮光剂、色素和增稠剂，其中遮光剂是为降低对光敏感原料的见光分解，如二氧化钛，色素可以遮盖不好看的内容物颜色，增加美观；增稠剂可增加胶冻力。明胶胶囊壳的含水量一般在 13%~16%，水作为增塑剂是保持胶囊柔软性的重要因素，如果太低胶囊容易干燥而破损，含水量过高又会粘在一起结团。

硬胶囊剂的制备工艺包括内容物填充和套合。如果原料粉碎后粒度适宜，具有一定的流动性，能满足硬胶囊剂的填充要求，即可直接填充。如果原料流动性差，可加入一定量的稀释剂、润滑剂等辅料，制粒后填充。颗粒、小丸和片剂也可以填充胶囊，这几个剂型结合可以改善有效成分的释放速率，还可以隔开不相容组分。液体内容物可以用容量泵计量，其装量均匀性比粉末填充要好。

（2）较胶囊剂的制备

软胶囊的内容物可以是流动液体、混悬液或糊状物。填充到软胶囊的内容物多数是液体状物质，如油性物质、溶液、混悬液或乳剂等；固体内容物也可填充到软胶囊中，先把不溶性原料通过 80 目或更细的筛，再把不溶于溶剂的原料混悬于溶剂中，混悬剂有石蜡、蜂蜡、氢化植物油等。

软胶囊的囊材主要由明胶、增塑剂、水组成，也可以按需要加入着色剂和遮光剂，还可以加入香精等。常用增塑剂有甘油、山梨醇或它们的混合物，增塑剂的选择和用量对产品最终的硬度有决定性影响，也会影响软胶囊的溶出和崩解以及稳定性。因此，明胶与增塑剂的比例对软胶囊剂的质量非常重要，需要通过多次实验确定。

由于囊材的主要成分是明胶，明胶是蛋白质，设计内容物配方时必须考虑是否会引起蛋白质变性。软胶囊的内容物多为液体，因此应当注意：①内容物中水分不应超过 5%。②避免使用会使明胶软化或溶解的酸性物料或有机物如乙醇、丙酮、酸等。③内容物的 pH 应控制在 2.5~7.5，否则会使明胶水解或变性。

（3）肠溶胶囊的制备

肠溶胶囊剂有两种制备方法：①将内容物制成肠溶性制剂。②使用肠溶性胶囊壳，填充成胶囊。

8. 丸剂制备

丸剂是由主要原料与适宜的辅料以一定的加工工艺制成的球状或类球状固体制剂，包含有滴丸、糖丸、小丸等。滴丸是指将适宜的辅料基质通过加热熔融，再把固体或液体的主料溶解、乳化或混悬于基质中，然后滴入互不混溶、不会发生反应的冷凝液中，由于表面张力的作用会使液滴收缩然后冷却成小丸状的制剂。糖丸是指以糖粒或基丸为核心原料，用糖粉和其他辅料的混合物作为撒粉材料，选用一定量的黏合剂或润湿剂制丸，并将主料以适宜的方法分次包裹在糖丸中而制成的制剂。小丸（通称为丸）是指将主料与适宜的辅料均匀混合，加入一定量的黏合剂或者润湿剂制成的球状或类球状的固体制剂，小丸的粒径应控制为0.3~3.5mm。

滴丸剂属于先进剂型，它是利用固体分散技术制成的制剂形态，具有使用剂量小、生物利用度高、服用方便等优点，可提高难溶性物料的生物利用度。尤其适合于含液体的主料及主料体积小或有刺激性的主料制成丸，可减少物料的不稳定性、特殊刺激气味等，随着滴丸剂辅料和工艺研究的不断深入和发展，滴丸剂得到了日益广泛的应用。

二、常见的固态和半固态功能性食品制备工艺

根据固态和半固态功能性食品的主要产品类别，这里以软糖、功能性奶粉、益生菌冲剂、母乳营养补充剂、B族维生素片、蜂胶软胶囊、膏方产品为例进行制备工艺介绍。

1. 软糖

功能性软糖是一类具有特殊功效的糖类碳水化合物，可分为美容养颜、助眠、护眼、控卡减肥、肠道健康、补充维生素和矿物质、补充DHA等健康功能，携带和食用方便。这两年，功能性软糖逐渐成为全球健康营养品和保健食品行业的明星，迅速成为一种重要的健康和营养功能性的食品载体。一种以黄精多糖、核桃肽、γ-氨基丁酸为主要原料，异麦芽糖醇、白砂糖、明胶和琼脂等为辅料的有利于改善记忆的功能性软糖的生产工艺见图11-7。

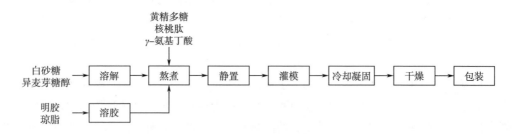

图 11-7　功能性软糖的生产工艺流程

工艺要点如下：

①溶胶　按配方要求称取凝胶剂（琼脂和明胶），与5倍胶总量的白砂糖混合均匀（避免胶溶解时结块），加入20倍胶总量的水，浸泡20min后，加热至95℃使其充分溶解。

②溶解　按配方称取白砂糖、异麦芽糖醇，加入0.5倍糖总量的水，加热溶解。

③熬煮　将溶解有白砂糖、异麦芽糖醇的溶液继续加热熬煮、搅拌，当挑起糖液不易断落时，把溶胶加到糖液中，搅拌均匀后，再加入称量好的黄精多糖、核桃肽、γ-氨基丁酸，搅拌均匀，继续熬煮。为了避免凝胶剂的凝胶性能被破坏，温度应保持在104~107℃。当体

系水分含量降低至 22%~24% 时，达到熬制终点，停止加热。

④静置　静置 3min 去除糖浆中的气泡。

⑤灌模　将糖浆倒入模盘中，灌注时注意量要一致，动作要快，以保证软糖均匀一致。

⑥冷却凝固　冷却是为了糖浆混合液凝固，脱模时一定要轻。

⑦干燥　采用热风对成型的糖体进行干燥，烘干温度为 45℃，烘干时间为 8~10h，当水分含量达到 14%~18% 时到达干燥终点。

⑧包装　待其冷却至室温后，即可包装成成品。

2. 功能性奶粉

功能性奶粉是指除具有一般奶粉固有的化学成分和营养作用外，还含有某些特殊营养物质或功能性成分，兼具一种或多种特定生理健康功能的乳制品。目前市场上主要功能性奶粉有特殊膳食用婴儿配方奶粉、较大婴儿配方奶粉、幼儿配方奶粉、无乳糖配方奶粉、乳蛋白部分水解配方奶粉、早产儿配方奶粉及青少年奶粉、孕产妇奶粉和中老年奶粉等。一般情况下，强化的维生素包括维生素 A、维生素 D、维生素 E、维生素 K_1、维生素 B_1、维生素 B_2、维生素 B_6、维生素 B_{12}、维生素 C、烟酸、叶酸、泛酸、生物素、胆碱，矿物质包括钙、磷、镁、铁、锌、锰、铜、碘、钠、钾、氯等，除这些成分严格按照国家标准的有关规定进行添加或强化，另外还可以根据需求添加双歧杆菌增殖因子（如低聚果糖、低聚半乳糖等）、免疫活性因子（如乳铁蛋白等）、促进钙吸收因子（如酪蛋白磷酸肽 CPP）等。这里主要介绍婴儿配方奶粉（乳基）和中老年奶粉。

（1）婴儿配方奶粉（乳基）

婴儿配方奶粉是以乳类及乳蛋白制品为主要蛋白质原料，加入适量的维生素、矿物质和（或）其他原料，仅用物理方法生产加工制成的粉状产品，适用于正常婴儿食用，其能量和营养成分能够满足 0~6 月龄婴儿的正常营养需要。

母乳是婴儿最理想的食物，但由于各种原因，在母乳不足或无法实现母乳喂养时，婴儿配方奶粉是非母乳喂养婴儿不可或缺的主食。因牛乳营养成分与母乳存在较大差异（蛋白质、脂肪酸、矿物质等的含量和比例均不适合婴儿，易造成消化不良，上火等症状），故需以母乳为标准，对牛乳各种成分进行调整，即配方或调制，使其成分和功能最大限度地接近母乳，满足婴儿消化吸收和营养需要。

（2）中老年奶粉

中老年奶粉是根据中老年人的生理特点和营养需求，以优质鲜牛奶为主要原料，采用先进的生产工艺和设备精制而成，是中老年人理想的营养饮品。目前市场上主要中老年奶粉具有调节血糖功能的齐梅牌降糖奶粉，主要配料包括鲜牛乳、三氯化铬、谷氨酸、胱氨酸；具有调节血脂的秦俑牌脂乐舒奶粉，主要配料包括脱脂奶粉、植物甾醇、维生素 E、氧化锌、氧化镁；伊利欣活配方奶粉，主要配料包括全脂奶粉、脱脂奶粉、固体玉米糖浆、脱盐乳清粉、植物油、乳矿物盐、富硒酵母、维生素 A、维生素 D、维生素 E、维生素 B_6、维生素 C、碳酸钙、硫酸亚铁、硫酸锌、动物双歧杆菌 Bb-12、磷脂等。

功能性奶粉的生产工艺流程见图 11-8。

工艺要点如下：

①预处理　生乳检验合格后，经脱气罐真空脱气后冷却，待生乳收集到一定量后开启离心净乳机，去除生乳中杂质及部分微生物。

图 11-8   功能性奶粉的生产工艺流程

②巴氏杀菌   净乳后的生乳通过板式换热器加热至巴氏杀菌温度，流经保温管保温后冷却至配料所需温度，进入配料罐。巴氏杀菌温度为 75~85℃，保温时间为 15s。

③溶解   根据配方精确称取维生素和矿物质，分别用 30~45℃ 反渗透处理过的水溶解，分别缓慢加入配料罐中。要求使用不锈钢容器，避免容器对维生素和矿物质的影响，不得使用同一容器溶解维生素和矿物质。

④配料   严格按配方要求准备好原辅料，按规定的次序加入配料罐中，配料温度控制在 50~60℃，混合均匀后进入均质工序。根据功能因子的特性，对热不敏感的功能因子可以考虑在此工序加入。

⑤均质   混料完成后的料液泵入均质机进行均质，一般采用二级均质，一级均质压力为 14~21MPa，二级均质压力为 3.5~5.0Mpa，均质温度控制在 60℃ 左右。

⑥杀菌、浓缩   采用高纯蒸汽直接喷射方法，能高效杀菌料液中的微生物，杀菌温度为 90~125℃ 并保温 5s。杀菌后的料液泵入真空浓缩设备进行浓缩，浓缩后出料的浓度控制在 40%~55%。

⑦喷雾干燥   高压泵工作压力为 16~25MPa；进风温度为 150~200℃；排风温度为 75~95℃；塔内负压为 -180~-60Pa，塔内温度控制在 70~90℃ 范围内。

⑧流化床冷却   经过喷雾干燥后奶粉的必须及时冷却至 30℃ 以下。

⑨混合   根据功能因子的特性，对热敏感的功能因子可以考虑在此工序加入，由于功能因子的添加量往往比较少，可以采用二次混合的工艺，确保混合均匀。

⑩灌装入库   由于奶粉脂肪含量高，需冲氮包装，残氧控制在 ≤3.0%，产品经检验合格后出厂。

3. 益生菌冲剂

肠道是人体最大的微生态系统，它的正常和失调对人体的健康和寿命有着举足轻重的影响。益生菌能够调节人类肠道菌群平衡，促进人体健康。肠道内的益生菌能帮助人体合成 B 族维生素、维生素 K、叶酸以及食物中没有而人体又必需的维生素，同时益生菌产生的丁酸、醋酸等抗菌物质，可以抑制有害细菌的生长繁殖，增强肌体的免疫能力。常见的益生菌冲剂的配料主要包括麦芽糊精、无水葡萄糖、低聚果糖、水果粉（如草莓粉、柳橙粉等）、柠檬酸、乳双歧杆菌、鼠李糖乳杆菌等。

益生菌冲剂（颗粒型）的生产工艺流程见图 11-9。

工艺要点如下：

①原辅料验收   所有的原辅料使用前均按规定进行检验，检验合格方可使用。

②混合 1   按配方称好原辅料放入沸腾制粒机中，先预混，使物料温度控制在 40~45℃。

③制粒   喷水制粒，至取样口的颗粒达到 20 目左右时，关闭喷液按钮。

图 11-9 益生菌冲剂（颗粒型）的生产工艺流程

④干燥 启动干燥按钮，使物料温度控制在 40~50℃，干燥至水分≤3%。

⑤整粒 将物料置入整粒机（20目）整粒，得到粒子中间体。

⑥混合2 按配方称取菌粉和辅料，手工充分混合，得手工混合物。

⑦混合3 将手工混合物与粒子中间体置于混合机中按工艺要求进行混合。

⑧包装 混合后的样品按要求进行复合膜条形包装。

⑨成品。

4. 母乳营养补充剂

营养是保证早产儿体格生长及神经系统发育的基础，对早产儿来说，母乳喂养在营养、免疫和代谢方面有诸多优势，但随着泌乳期的延长，母乳中蛋白质、钙、磷等营养素的水平明显降低，不再满足早产儿生长的需求。有临床研究发现，用非强化的纯母乳喂养出生两周以后的早产儿，可出现蛋白质、钙、磷、钠和能量不足的情况，长期喂养甚至会出现营养缺乏影响早产儿的发育。与用强化母乳营养补充剂喂养早产儿相比，仅用母乳喂养的早产儿易出现生长速度较慢和头围增加较少。因此，添加母乳强化剂是补偿母乳营养素不足的方法之一，推荐有指征的母乳喂养的早产儿使用母乳强化剂。GB 25596—2010《食品安全国家标准 特殊医学用途婴儿配方食品通则》，对母乳营养补充剂做了相应的规定。2019 年《早产儿母乳强化剂使用专家共识》发布，介绍了母乳强化剂的种类和性状、使用对象、开始使用时机、使用方法、个体化强化原则、使用中的监测及注意事项、可能存在的问题、母乳成分检测等。

母乳营养补充剂配料主要包括麦芽糊精、水解乳清蛋白粉、中链甘油三酯、磷酸氢钙、葡萄糖浆、酪蛋白、醋酸视黄酯、胆钙化醇、dl-α-生育酚、植物甲萘醌、盐酸硫胺素、核黄素、盐酸吡哆醇、氰钴胺、烟酰胺、叶酸、D-泛酸钙、L-抗坏血酸钠、D-生物素、氯化钠、柠檬酸钾、硫酸铜、氯化镁、硫酸亚铁、硫酸锌、硫酸锰、碳酸钙、碘化钾、亚硒酸钠、单，双甘油脂肪酸酯。目前仅有少数企业获得母乳营养补充剂的配方注册和生产许可，产品为粉状小条包装，以干法工艺生产。

母乳营养补充剂的生产工艺流程见图 11-10。

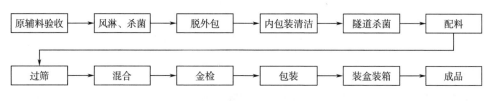

图 11-10 母乳营养补充剂的生产工艺流程

工艺要点如下：

①原辅料验收 所有的原辅料使用前均按规定进行检验，检验合格方可使用。

②风淋、杀菌 原辅料进入准清洁作业区前，先将其放入风淋间进行风淋、杀菌处

理，处理后方可进入脱包间进行脱外包处理。风淋、杀菌时间：≥30s；紫外线强度：≥70μw/cm²。

③脱外包 对原辅料进行脱除外包装处理时，注意脱外包人员的手套避免与内包材的直接接触，要避免外包装碎屑、线头等黏附在原辅料内包装上。

④内包装清洁 采用72%~76%（20℃）酒精消毒的方法对内包装表面进行清洁处理。

⑤隧道杀菌 脱除外包的原辅料隧道杀菌后才能进入清洁作业区。隧道杀菌时间40~60s；紫外线强度≥70μW/cm²。

⑥配料 严格按照配方进行配料、计量，采用双人复核制度，确保配料无误。

⑦过筛 原辅料经筛网过滤投入混合设备，筛网的目数≥12目，剔除物料中可能混杂的异物。

⑧混合 开启混合设备，按规定的工艺要求操作，确保混合均匀。

⑨金检 用金属检测仪探测，以防止金属进入产品。

⑩包装 成品物料通过自动计量包装设备进行充氮包装。在自动计量包装过程中，对包装外观、净含量、封口密封性、残氧量等进行抽检。残氧量：≤3.0%。

⑪装盒装箱 按规定要求进行装盒装箱。

⑫成品 按照产品执行标准中规定的出厂检验项目要求进行抽样检验，检验合格后方可入库。

5. B族维生素片

B族维生素可以帮助维持心脏、神经系统功能，维持消化系统及皮肤的健康，参与能量代谢，能增强体力、滋补强身。而紧张的生活、工作压力中，不当的饮食习惯或因某些特定药物的使用，加上B族维生素本身溶于水的属性，均会使人体内的B族维生素快速被消耗。B族维生素是维持人体正常机能与代谢活动不可或缺的水溶性维生素，人体无法自行合成，必须额外补充。

B族维生素片的配料包括维生素B₁（盐酸硫胺素）、维生素B₂（核黄素）、维生素B₆（磷酸吡哆醇）、维生素B₁₂（氰钴胺素）、叶酸、烟酰胺、泛酸钙、微晶纤维素、麦芽糊精、玉米淀粉、羟基甲纤维素、硬脂酸镁。

B族维生素片的生产工艺流程见图11-11。

图11-11 B族维生素片的生产工艺流程

工艺要点如下：

①粉碎 原料经检验合格后，按要求进行粉碎，改善可压性。

②过筛 B族维生素等原料、内加辅料（麦芽糊精、玉米淀粉、微晶纤维素）过100目筛，外加辅料硬脂酸镁过60目筛，过筛后外观检查无异物。

③混合 原料与内加辅料用高速混合制粒机混合，混合时间为180s。

④湿法制粒 用高速混合制粒机制粒，边加黏合剂边混合制粒，制粒时间为70s，湿法制

粒的粒度要求均匀，外观检查无异物。

⑤干燥　用高效沸腾干燥机干燥，控制进风温度55℃，最高温度不能超过60℃，颗粒水分控制在4.5%~6.0%。

⑥整粒　用快速整粒机16目筛网整粒。

⑦总混　加入干颗粒和外加辅料，用三维混合机混合，总混时间为20min。

⑧压片　用压片机压片。

6. 蜂胶软胶囊

蜂胶软胶囊的配料主要包括蜂胶、辛癸酸甘油酯、聚甘油脂肪酸酯、丙二醇、明胶、甘油、水。蜂胶软胶囊的生产工艺流程见图11-12。

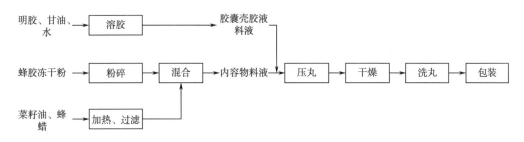

图11-12　蜂胶软胶囊的生产工艺流程

工艺要点如下：

①溶胶　将水加热至50℃，加入明胶、甘油，溶解后抽真空脱气，加入色素，继续搅拌均匀，制成胶囊壳胶液，在保温桶中放置备用。

②加热、过滤　将菜籽油和蜂蜡加热到78~80℃使蜂蜡融化，过200目。

③粉碎　称取配方量的蜂胶冻干粉，粉碎过100目。

④混合　将菜籽油和蜂蜡溶液降到40~50℃时加入经粉碎的蜂胶冻干粉，过胶体磨2~3次。

⑤压丸　用软胶囊机压制胶囊，调节软胶囊装量，取样检测胶丸的接缝、外观、内容物重。

⑥干燥　转笼出的软胶囊置于托盘上，在干燥室内继续干燥，每3h翻丸1次，使干燥均匀并防止黏连，干燥温度为20~25℃，转笼干燥相对湿度不高于20%，托盘干燥相对湿度25%~40%。

⑦洗丸　用95%酒精洗丸。

⑧包装。

7. 膏方产品

膏方又称中药膏剂、膏滋方，是中国传统的制药方法，是中医里八种剂型中的一种，是根据中医辨证理论进行组方配伍和煎制，具有浓度高、作用相对稳定持久和缓和、体积小、易保存、服用方便等优点。随着人们对健康的渴求，对祖国医学的重新关注，膏已广泛运用于临床。随着近些年人们健康观念的改变，传统医疗模式逐渐向"防、治、养"模式转变。现代医学特别是预防科学的发展，提倡防患于未然，即以养生保健为主，用功能性食品来预防疾病、延年益寿、强身健体，以至发病后调养、辅助、病后康复的手段。膏方剂作为一种特殊的基于食药同源的功能性食品，引领食药同源功能性食品未来发展趋势。膏方制作工艺流程见图 11-13。

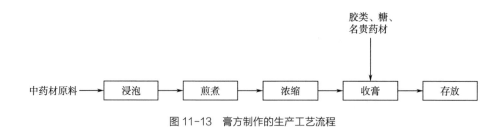

图 11-13　膏方制作的生产工艺流程

工艺要点如下：

①浸泡　使用 10 倍量的冷凉水将食药同源的中药材浸泡 12h 以上。

②煎煮　用大火煮沸，再用小火煮 1h 左右，转为微火以沸为度，约 3h，此时药汁渐浓，用纱布过滤取出药汁，药渣加清水再煎，这样反复 3 次，合并药液。

③浓缩　煎完"三汁"后，静置沉淀，再用 4 层纱布过滤 3 次，尽量减少药液中的杂质，将过滤的药汁倒入锅中，进行浓缩，加速水分蒸发，并随时撇去浮沫，让药汁慢慢变成稠厚，再改用小火进一步浓缩，为药汁粘底烧焦，此时应不断搅拌煎出的药液，直到药汁滴在纸上不散开来为度，方可暂停煎熬，这就是经过浓缩而成的清膏。

④收膏　把蒸洋化开的胶类与糖（以冰糖和蜂蜜为佳）倒入清膏中，放在小火上慢慢熬炼，不断用铲搅拌，直至能扯拉成旗或在滴水成珠（将膏汁滴入清水中凝结成珠而不散）即可。如果用人参、冬虫夏草等贵重药物，要另外用小火熬成浓汁或研成细粉，在收膏时调入。

⑤存放　待收好的膏冷却后，装入清洁干净的瓷质容器内，先不加盖，用干净纱布将容器口遮盖上，放置一夜，待完全冷却后，再加盖，放入阴凉处。

第四节　功能性食品加工技术展望

随着人民生活水平的提高，人们对生活质量和健康有了新的追求。针对目前糖尿病、高血压、冠心病等慢性疾病高发，以及亚健康人群增多的情况，消费者更加关注饮食和健康的相互关系，从而推动功能性食品的快速发展。

在功能性食品加工技术上，生物活性物质是生产功能性食品的主要原料之一，其化学成分多种多样。除传统技术外，最常用的萃取技术包括微波辅助萃取、超声波辅助萃取、高压辅助萃取、高压放电辅助萃取、脉冲电场辅助萃取和超临界流体萃取等。创新食品原料具有快速、可持续、选择性和热敏感等优点，但不利于工业生产，故需关注现代高新技术，如膜分离技术、微胶囊技术、超临界液体萃取技术等在功能性食品开发上的应用。从原料中提取有效成分实现更绿色、环保和安全。随着生命科学和食品加工技术的进步，未来功能性食品的加工更精细、配方更科学、功能更明确、效果更显著、食用更方便。产品形式除目前流行的口服液、胶囊、饮料、冲剂、粉剂外，一些新形式的食品，如烘焙、膨化、挤压类等也将上市，功能性食品的形态向多元化方向发展。

思考题

1. 简述常见的功能性食品的产品类别。
2. 简述功能性食品与保健食品的区别。
3. 简述功能性食品与普通食品的区别。
4. 运动营养食品包含哪些？未来的发展方向如何？
5. 简述特殊医学用途配方食品的定义及产品分类。
6. 功能性食品常见的液态剂型有哪些？
7. 功能性食品常见的固态和半固态剂型有哪些？
8. 简述直接蒸汽喷射杀菌的优缺点。
9. 简述冷冻干燥的优缺点。
10. 请描述婴幼儿配方乳粉的工艺流程及工艺要点。
11. 请描述 UHT 全营养配方食品的工艺流程及工艺要点。
12. 请分析功能性食品未来的发展方向。

第十二章

功能性食品的申报与管理

学习目标

掌握食品安全毒理学评价的方法与程序；掌握保健食品产品技术要求规范；了解保健食品的注册与备案管理办法。

名词及概念

毒理学、评价方法、保健食品注册、保健食品备案、技术规范、技术要求。

第一节　食品安全性毒理学评价程序

为了推进我国的食品安全性毒理学评价工作，早在1983年我国卫生部就颁布了《食品安全性毒理学程序》试行草案，1985年修改后，《食品安全性毒理学评价程序》（试行），在全国执行。1994年我国制定了国家强制性标准 GB 15193.1—1994《食品安全性毒理学评价程序》，2003年9月由卫生部牵头修订并颁发了 GB 15193.1—2003《食品安全性毒理学评价程序》，又于2014年12月由国家卫生和计划生育委员会结合《食品安全法》相关要求修订并颁布了 GB 15193.1—2014《食品安全国家标准　食品安全性毒理学评价程序》。

《食品安全性毒理学评价程序》的制定旨在为我国食品安全性毒理学评价工作提供了一个统一的评价程序和各项实验方法。通过该程序的评价，可以确定食品添加剂在不同食品中的使用限量，便于食品添加剂的使用限量标准的制定；还可以评估食品中各种污染物和其他有害物质的毒性，为制定食品中污染物限量和有毒有害物质的允许含量标准提供依据；并为评价新食物资源，新的食品加工、生产和保藏方法，提供毒理学依据，从而确保这些新方法不会对食品的安全性产生不良影响，保障食品的安全性。总之，食品安全性毒理学评价程序的制定，为我国的食品安全监管提供了有力的技术支持，有助于保障人民群众的饮食安全。

GB 15193.1—2014
《食品安全国家标
准 食品安全性
毒理学评价程序》

第二节 保健食品注册与备案管理办法

为贯彻落实法律对保健食品市场准入监管工作提出的要求，规范统一保健食品注册备案"双轨制"的管理工作，原国家食品药品监督管理总局组织修订并颁布了《保健食品注册与备案管理办法》，自 2016 年 7 月 1 日起实施。后于 2020 年 10 月国家市场监督管理总局第 31 号令修订。

该办法明确了在中华人民共和国境内保健食品的注册与备案及其监督管理的适用规定。其中，市、县级市场监督管理部门负责本行政区域内注册和备案保健食品的监督管理，并承担上级市场监督管理部门委托的其他工作。国家市场监督管理总局行政受理机构则负责受理保健食品注册和接收相关进口保健食品备案材料。

对于保健食品注册申请人或者备案人，该办法要求他们应当具有相应的专业知识，熟悉保健食品注册管理的法律、法规、规章和技术要求。同时，他们应当对所提交材料的真实性、完整性、可溯源性负责，并对提交材料的真实性承担法律责任。

总之，《保健食品注册与备案管理办法》是一部针对我国保健食品注册与备案的详细法规，旨在通过明确各方责任和规范流程，确保保健食品的安全性和有效性。

保健食品注册与
备案管理办法

思考题

1. 食品安全性毒理学评价试验的内容包括哪些？
2. 保健食品注册和备案的适用范围有什么区别？

参考文献

[1] GB 2760—2024《食品安全国家标准 食品添加剂使用标准》.

[2] John Shi. 功能性食品活性成分与加工技术 [M]. 魏新林等译. 北京：中国轻工业出版社，2010.

[3] 贝利舍，陈君石，闻芝梅. 功能性食品的科学 [M]. 北京：人民卫生出版社，2002.

[4] 曹燕妮，华蓉，邓雅元，等. 食用菌中维生素测定方法研究 [J]. 中国食用菌，2022，9：44-47.

[5] 车云波. 功能性食品加工技术 [M]. 北京：中国质检出版社，2013.

[6] 陈雪花，杨万根. 增强机体免疫力功能性食品研究进展 [J]. 粮食与油脂，2022，35（8）：20-22.

[7] 陈瑗，周玫. 自由基-炎症与衰老性疾病 [M]. 北京：科学出版社，2007.

[8] 丛艳君，薛文通. 活性蛋白质和肽的制备及在功能食品中的应用 [M]. 北京：中国轻工业出版社，2011.

[9] 邓泽元. 功能食品学 [M]. 北京：科学出版社，2019.

[10] 高泉坚. 维生素在食品加工中的应用 [J]. 中国食品工业，2000，6：20.

[11] 葛可佑. 中国营养师培训教材 [M]. 北京：人民卫生出版社，2005.

[12] 郭本恒，刘振民. 益生菌 [M]. 北京：化学工业出版社，2016.

[13] 郭俊霞，陈文. 保健食品功能评价实验教程 [M]. 北京：中国质检出版社，2018.

[14] 郭明若，于国萍，程建军. 功能性食品学 [M]. 北京：中国轻工业出版社，2011.

[15] 林卫华，吴志刚. 我国近年食品毒理学应用与研究进展 [J]. 中国热带医学，2014，14（8）：1019-1022.

[16] 侯振建. 食品添加剂及其应用技术 [M]. 北京：化学工业出版社，2004.

[17] 胡国华. 食品添加剂应用基础 [M]. 北京：化学工业出版社，2005.

[18] 金青哲，王兴国，刘国艳. 食用油中脂肪伴随物的营养与功能 [J]. 中国粮油学报，2012，9：124-128.

[19] 金青哲. 功能性脂质 [M]. 北京：中国轻工业出版社，2013.

[20] 金征宇，程昊，陈龙. 功能性碳水化合物研究进展 [J]. 食品科学技术学报，2023，41（6）：1-8.

[21] 景兴科. 营养与膳食 [M]. 北京：中国科学技术出版社，2022.

[22] 李莉. 木质纤维素生物质中 B 族维生素的微生物提取及其发酵应用 [D]. 上海：华东理工大学，2019.

[23] 李宁. 国内食品安全性毒理学评价的现状和发展 [J]. 毒理学杂志，2007，5：368-370.

[24] 李世敏. 功能食品加工技术 [M]. 北京：中国轻工业出版社，2003.

[25] 李文哲，张彦龙. 糖基化修饰与糖复合物功能 [M]. 北京：科学出版社，2013.

[26] 李云捷，黄升谋. 食品营养学 [M]. 成都：西南交通大学出版社，2018.

[27] 刘翠格. 营养与健康 [M]. 3 版. 北京：化学工业出版社，2017.

[28] 刘振民. 益生菌新技术与应用 [M]. 北京：化学工业出版社，2022.

[29] 鲁长征，山永凯，刘洪智，等. 天然维生素之王——沙棘在食品配料中的应用 [J]. 中国食品添加剂，2008，S1：229-235.

[30] 马志远，路旭辉，宫可心，等. 维生素 A 微胶囊在营养强化食品中的应用 [J]. 食品工业，2020，41（8）：327-330.

[31] 孟宪君，迟玉洁. 功能食品 [M]. 北京：中国农业大学出版社，2010.

[32] 潘道东. 功能性食品添加剂 [M]. 北京：中国轻工业出版社，2006.

[33] 郭咪咪，王瑛瑶，栾霞，等. 植物甾醇的提取、生理功能及在食品中的应用综述 [J]. 食品安全质量检测学报，2014，9：2771-2775.

[34] 宋画. 人体必不可少的维生素 B₁ [J]. 食品与健康，2022，34（10）：22-23.

[35] 孙长颢. 营养与食品卫生学 [M]. 8 版. 北京：人民卫生出版社，2017.

[36] 王尔茂. 食品安全与营养 [M]. 北京：高等教育出版社，2018.

[37] 王梦军，年琳玉，曹崇江. 功能性食品包装材料的研究进展及发展趋势 [J]. 包装工程，2020，41（7）：

65-76.

[38] 王甜，焦燕，段荣帅．辅助降血糖功能性食品的研究进展［J］．中外食品工业，2021，12：140-141.

[39] 李婷婷，朱勇辉，李欢君，等．功能性食品的研究进展［J］．现代食品，2022，28（12）：79-81.

[40] 吴海燕，施晓玲，袁秋梅，等．响应面优化超声波辅助提取荠菜维生素 C 工艺［J］．粮油食品科技，2022，30（4）：143-149.

[41] 吴谋成．功能食品研究与应用［M］．北京：化学工业出版社，2004.

[42] 武利梅，赵晶晶，蔡静薇，等．食用植物油中脂肪伴随物的种类、含量及健康功能［J］．河南工业大学学报（自然科学版），2022，43（6）：10-29.

[43] 相坛坛，王明月，吕岱竹，等．食品中水溶性维生素测定方法的研究现状［J］．食品研究与开发，2021，42（18）：190-196.

[44] 谢明勇．天然产物多糖结构与功能研究［M］．北京：科学出版社，2014.

[45] 徐任生．天然产物化学［M］．2 版．北京：科学出版社，2004.

[46] 闫海，尹春华，刘晓璐．益生菌培养与应用［M］．北京：清华大学出版社，2018.

[47] 尤新．功能性低聚糖生产与应用［M］．北京：中国轻工业出版社，2004.

[48] 于长青，王颖．功能食品科学［M］．哈尔滨：哈尔滨工程大学出版社，2013.

[49] 张双庆．特殊医学用途配方食品理论与实践［M］．北京：中国轻工业出版社，2019.

[50] 张小莺，孙建国，陈启和．功能性食品学［M］．2 版．北京：科学出版社，2017.

[51] 张小莺，孙建国．功能性食品学［M］．北京：科学出版社，2012.

[52] 张瑶，吴邦富，吕昕，等．油料作物中特异性脂类伴随物及其分析方法研究进展［J］．中国油料作物学报，2021，43（3）：530-541.

[53] 冯丁山．食品毒理学新技术应用进展［J］．食品安全导刊，2018，18：88-89.

[54] 郑建仙．功能性食品学［M］．3 版．北京：中国轻工业出版社，2019.

[55] 郑建仙．功能性低聚糖［M］．北京：化学工业出版社，2004.

[56] 郑建仙．功能性食品生物技术［M］．北京：中国轻工业出版社，2004.

[57] 郑建仙．功能性食品甜味剂［M］．北京：中国轻工业出版社，1997.

[58] 中国保健协会，中国社会科学院食品药品产业发展与监管研究中心．消费者对保健食品功能认知状况的调查分析［M］．北京：社会科学文献出版社，2012.

[59] 中国营养学会．中国居民膳食营养素参考摄入量（2023 版）［M］．北京：人民卫生出版社，2023.

[60] 钟耀广．功能性食品［M］．北京：化学工业出版社，2020.

[61] 周才琼，唐春红．功能性食品学［M］．北京：化学工业出版社，2015.

[62] 周家春．食品工艺学［M］．2 版．北京：化学工业出版社，2008.

[63] 周坚，肖安红．功能性食品及其加工技术丛书：功能性膳食纤维食品［M］．北京：化学工业出版社，2005.

[64] 朱蓓薇．料生产工艺与设备选用手册［M］．北京：化学工业出版社，2003.